위험물 기능사 필기

CBT 시험
모의고사 15회

은송기 저

다락원

QPASS 위험물기능사 필기
CBT 시험 모의고사 15회

지은이 은송기
펴낸이 정규도
펴낸곳 (주)다락원

개정2판 1쇄 인쇄 2022년 1월 1일
개정2판 1쇄 발행 2022년 1월 10일

총괄편집 이후춘
책임편집 배혜숙

디자인 정현석, 윤미정

다락원 경기도 파주시 문발로 211
내용문의: (02)736-2031 내선 291~293
구입문의: (02)736-2031 내선 250~252
Fax: (02)732-2037
출판등록 1977년 9월 16일 제406-2008-000007호

정가 17,000원

ISBN 978-89-277-7185-2 13570

● 다락원 원큐패스 카페(http://cafe.naver.com/1qpass)를 방문하시면 각종 시험에 관한 최신 정보와 자료를 얻을 수 있습니다.

머리말

Introduction

급진적인 화학산업의 성장과 경제 발전으로 위험물 제조 및 취급, 저장시설이 대규모화되어 가고 있습니다. 따라서 각 산업체에서는 유능한 인재의 체계적인 운영과 대형사고의 방지를 위해 위험물안전관리에 대한 필요성이 대두되고 있고, 위험물 자격증의 취득도 필수 요소로 인식되고 있습니다. 이에 본 저자는 위험물기능사 자격시험 합격을 위해 열심히 공부하는 수험생 여러분을 돕고자 합니다.

본서의 특징

- ▶ 저자의 오랜 실무 경험과 학원 강의 경력을 바탕으로 집필했습니다.
- ▶ 각 과목별로 이론은 최대한 핵심적인 것만을 다루어 단기간 내에 완성할 수 있게 학습능력을 높였습니다.
- ▶ 과년도 기출문제를 분석하여 출제빈도가 높은 문제만을 모아 15회의 모의고사로 구성했습니다.

이와 같이 본 저자가 심혈을 기울여 집필했지만 그런 중에도 미비한 점이 있을까 염려되는 바, 수험자 여러분의 지도편달을 통해 지속적인 개정이 가능하도록 힘쓸 것입니다.

수험자 여러분 모두에게 합격의 기쁨이 있기를 기원하며, 본서가 발행되기까지 수고하여 주신 다락원 사장님과 편집부 직원들에게 진심으로 감사를 드립니다.

저자 **은송기** 드림

시험안내

자격종목 위험물기능사

응시방법 한국산업인력공단 홈페이지
회원가입 → 원서접수 신청 → 자격선택 → 종목선택 → 응시유형 → 추가입력 → 장소선택 → 결제하기

시험일정

회별	필기시험		
	원서접수(인터넷)	시험시행	합격 예정자 발표
제1회	1월경	2월경	2월경
제2회	3월경	4월경	5월경
제3회	6월경	7월경	7월경
제4회	9월경	10월경	10월경

*자세한 일정은 Q-net(http://q-net.or.kr)에서 확인

검정방법 객관식 4지 택일형, 60문항

시험시간 1시간(60분)

시험과목 화재예방과 소화방법, 위험물의 화학적 성질 및 취급

합격기준 100점 만점에 60점 이상

이 책의
구성

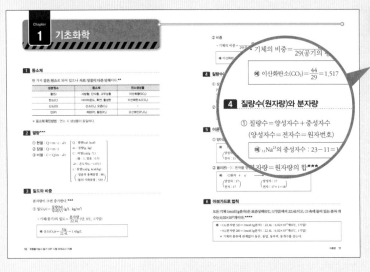

이론편

● 새 출제기준에 맞춰 중요이론을
쏙쏙 뽑아 수록했다!
● 꼭 암기해야 하는 개념만 담았다!

모의고사편

● 기출문제를 분석하여 출
제빈도가 높은 유형의 문
제를 모았다!
● CBT 시험과 유사하게 구
성하여, 시험 직전 실력테
스트를 할 수 있다!
● 이론서가 필요없는 상세
한 해설로 시험을 완벽하
게 대비할 수 있다.

이 책의
활용법

STEP 1

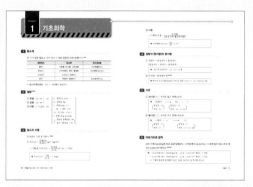

기본 개념 다지기

핵심 이론을 정독하여 꼭 암기해야 하는
개념을 정리한다.

STEP 2

기출문제로
실제 시험 유형 익히기

과년도 기출문제를 분석·정리한 모의
고사를 반복해서 풀어 본다.

STEP 3

오답체크하기

본책의 모의고사 문제를 모두 푼 후 정답
과 해설을 확인한다.
틀린 문제를 확인하고 정답과 해설을 외
우자.

차례

이론편

Chapter 1 기초화학

1 동소체

한 가지 같은 원소로 되어 있으나 원자배열 및 구조가 서로 성질이 다른 단체이다.★★

성분원소	동소체	연소생성물
황(S)	사방황, 단사황, 고무상황	이산화황(SO_2)
탄소(C)	다이아몬드, 흑연, 활성탄	이산화탄소(CO_2)
산소(O)	산소(O_2), 오존(O_3)	–
인(P)	적린(P), 황린(P_4)	오산화인(P_2O_5)

※ 동소체 확인방법 : 연소 시 생성물이 동일하다.

2 열량★★★

① 현열 : $Q = m \cdot c \cdot \Delta t$
② 잠열 : $Q = m \cdot r$
③ 비열 : $C = Q/m \cdot \Delta t$

$\begin{bmatrix} Q : 열량(cal, kcal) \\ m : 질량(g, kg) \\ C : 비열(cal/g \cdot ℃, kcal/g \cdot ℃) \\ \quad (물 : 1, 얼음 : 0.5) \\ \Delta t : 온도차(t_2 - t_1)(℃) \\ r : 잠열(cal/g, kcal/kg) \\ \left(\begin{array}{l} \cdot 얼음의 융해잠열 : 80 \\ \cdot 물의 기화잠열 : 539 \end{array} \right) \end{bmatrix}$

3 밀도와 비중

분자량이 크면 증가한다.★★★

① 밀도(ρ) $= \dfrac{질량(W)}{부피(V)}$ (g/L · kg/m³)

• 기체(증기)의 밀도 $= \dfrac{분자량}{22.4L}$ (단, 0℃, 1기압)

예 산소(O_2)$\rho = \dfrac{32g}{22.4L} = 1.43g/L$

② 비중

- 기체의 비중 $=\dfrac{\text{분자량}}{29(\text{공기의 평균분자량})}$

> **예** 이산화탄소(CO_2)$=\dfrac{44}{29}=1.517$

4 질량수(원자량)와 분자량

① 질량수＝양성자수＋중성자수

(양성자수＝전자수＝원자번호)

> **예** $_{11}Na^{23}$의 중성자수 : $23-11=12$개

② 분자량＝원자량의 합★★★

> **예** 탄산수소나트륨($NaHCO_3$)의 분자량$=23+1+12+(16\times3)=84$

5 이온

① 양이온(＋) : 전자를 잃은 변화(금속)

> **예** Na원자 $\longrightarrow$ Na^+ ＋ e^-
>
> $\begin{pmatrix} \text{양성자} : 11 \\ \text{전자} : 11 \end{pmatrix}$ $\begin{pmatrix} \text{양성자} : 11 \\ \text{전자} : 11-1=10 \end{pmatrix}$

② 음이온(－) : 전자를 얻은 변화(비금속)

> **예** Cl원자 ＋ e^- $\longrightarrow$ Cl^-
>
> $\begin{pmatrix} \text{양성자} : 17 \\ \text{전자} : 17 \end{pmatrix}$ $\begin{pmatrix} \text{양성자} : 17 \\ \text{전자} : 17+1=18 \end{pmatrix}$

6 아보가드로 법칙

모든 기체 1mol(1g분자)은 표준상태(0℃, 1기압)에서 22.4L이고, 그 속에 들어 있는 분자 개수는 6.02×10^{23}개이다.★★★★

> **예** • O_2(분자량 32)＝1mol(1g분자) : 22.4L : 6.02×10^{23}개(0℃, 1기압)
> • N_2(분자량 28)＝1mol(1g분자) : 22.4L : 6.02×10^{23}개(0℃, 1기압)
> ※ 기체의 종류에 관계없이 동온, 동압, 동부피, 동개수를 갖는다.

7 원자가와 원자단

원자가 \ 족	1족 (알칼리금속)	2족 (알칼리토금속)	3족 (알루미늄족)	4족 (탄소족)	5족 (질소족)	6족 (산소족)	7족 (할로겐족)	0족 (비활성기체)
(+)원자가	+1	+2	+3	+4 +2	+5 +3	+6 +4	+7 +5	0
(−)원자가	−	−	−	−4	−3	−2	−1	
	불변			가변				

화학식을 만드는 방법

① 원자가가 1가지일 때

$Al^{+3}O^{-2}$: Al_2O_3 [원자가는 절대값으로 표기] − Al은 3족(+3가), O는 6족(−2가)

$Mg^{+2}O^{-2}$: $Mg_2O_2 \Rightarrow MgO$ − Mg은 2족(+2가), O는 6족(−2가)

② 원자단일 때

$Al^{+3}(SO_4)^{-2}$: $Al_2(SO_4)_3$ − Al은 3족(+3가), SO_4^{-2}는 황산기의 원자단(−2가)

※ 중요한 원자단의 원자가

이름	원자단	원자가	이름	원자단	원자가
암모늄기	NH_4^+	+1	과망간산기	MnO_4^-	−1
수산기	OH^-	−1	아황산기	SO_3^{2-}	−2
시안기	CN^-	−1	탄산기	CO_3^{2-}	−2
질산기	NO_3^-	−1	크롬산기	CrO_4^{2-}	−2
황산기	SO_4^{2-}	−2	중크롬산기	$Cr_2O_7^{2-}$	−2
염소산기	ClO_3^-	−1	인산기	PO_4^{3-}	−3

8 화학방정식 세우는 방법

	수소가 산소와 반응하여 물이 되었다.	만드는 방법
기초식	$H_2 + O_2 \longrightarrow H_2O$	반응물과 생성물을 분자식으로 분자 하나씩 써 준다.
반반응식	$H_2 + \frac{1}{2}O_2 \longrightarrow H_2O$	양변에 원자수가 같게 계수를 붙인다.
화학방정식	$2H_2 + O_2 \longrightarrow 2H_2O$	계수는 정수로 고친다.

※ 미정계수법 : 화학반응식에서 반응물과 생성물의 원자 개수를 서로 똑같이 맞추어주는 방법

$$\text{예) } CH_3COCH_3 + 3O_2 \longrightarrow 2CO_2 + 3H_2O$$
$$\text{(아세톤)} \qquad \text{(산소)} \qquad \text{(이산화탄소)} \quad \text{(물)}$$

$$aCH_3COCH_3 + bO_2 \longrightarrow cCO_2 + dH_2O$$

반응물 ⌞_____⌟   생성물 ⌞_____⌟

원자의 종류	C	H	O
관계식	2a＝c	6a＝2d	a＋2b＝2c＋d
a＝1이라면	2×1＝c, c＝2	6×1＝2d, d＝3	1＋2b＝2×2＋3, d＝3

$$\therefore CH_3COCH_3 + 3O_2 \longrightarrow 2CO_2 + 3H_2O$$

9 화학반응식

① 화합 : A＋B ⟶ AB

예) $C + O_2 \longrightarrow CO_2$ [$C^{+4}O^{-2}$: C_2O_4, 약분하면 CO_2]
　　(탄소)　(산소)　　(이산화탄소)

② 분해 : AB ⟶ A＋B

예) $KClO_3 \longrightarrow KCl + 1.5O_2$ [$K^{+1}(ClO_3)^{-1}$: $KClO_3$]
　　(염소산칼륨)　　(염화칼륨)　(산소)

③ 치환 : AB＋C ⟶ CB＋A (활성도 : C ＞ A)

예) $2HCl + Mg \longrightarrow MgCl_2 + H_2$ [$Mg^{+2}Cl^{-1}$: $MgCl_2$]
　　(염산)　(마그네슘)　　(염화마그네슘)(수소)

④ 복분해 : AB＋CD ⟶ CB＋AD

예) $H_2CO_3 + 2NaOH \longrightarrow Na_2CO_3 + 2H_2O$ [$Na^{+1}(CO_3)^{-2}$: Na_2CO_3]
　　(탄산)　(수산화나트륨)　　(탄산나트륨)　(물)

10 기체의 법칙★★★

① 보일의 법칙 : $PV = P'V'$

② 샤를의 법칙 : $\dfrac{V}{T} = \dfrac{V'}{T'}$

③ 보일·샤를 법칙 : $\dfrac{PV}{T} = \dfrac{P'V'}{T'}$

(반응전)
- P : 압력
- V : 부피
- T(K) : 절대온도(273＋℃)

(반응후)
- P′ : 압력
- V′ : 부피
- T′(K) : 절대온도(273＋℃)

④ 이상기체 상태방정식★★★

$$PV = nRT = \frac{W}{M}RT$$

$$PM = \frac{W}{V}RT\left(밀도(\rho) = \frac{W}{V}(g/L)\right) = \rho RT$$

$$\left[\begin{array}{l} P : 압력(atm), \ V : 체적(L) \\ T(K) : 절대온도(273 + ℃) \\ R : 기체상수(0.082 \ atm \cdot L/mol \cdot K) \\ n : 몰수\left(n = \frac{W}{M} = \frac{질량}{분자량}\right) \end{array}\right]$$

11 고체의 용해도★★★

용매 100g에 최대한 녹을 수 있는 용질의 g수(일정한 온도)

$$용해도 = \frac{용질(g)}{용매(g)} \times 100 = \frac{용질(g)}{용액(g) - 용질(g)} \times 100$$

$$\%농도 = \frac{용해도}{100 + 용해도} \times 100$$

※ 용해도는 용매·용질의 종류 및 온도에 따라 다르다(포화용액기준).

12 용액의 농도★★★

① 중량%농도 : 용액 100g 속에 녹아 있는 용질의 g수

$$\%농도 = \frac{용질(g)}{용매(g) + 용질(g)} \times 100 = \frac{용질(g)}{용액(g)} \times 100$$

② 몰농도(M) : 용액 1,000ml(1L) 속에 포함된 용질의 몰수

$$몰농도(mol/L) = \frac{용질의 몰수(mol)}{용액의 부피(L)} = \frac{용질의 질량(g)/분자량(g)}{용액의 부피(ml)/1,000}$$

③ 규정농도(노르말, N) : 용액 1,000ml(1L) 속에 포함된 용질의 g당량수★★★★

$$규정농도(g당량수/L) = \frac{용질의 g당량수(g당량)}{용액의 부피(L)} = \frac{용질의 질량(g)/당량}{용액의 부피(ml)/1,000}$$

※   N   ×   V   =   g당량수
  (노르말농도) (부피 : L)

④ 산·염기의 당량

• 산의 1g당량 $= \dfrac{산의 \ 분자량(g)(+결정수)}{산의 \ [H^+] \ 수}$

⑳ • HCl : 1g당량 $= \dfrac{36.5}{1} = 36.5g$ [1mol = 1g당량, 즉 1M = 1N]

• H_2SO_4 : 1g당량 $= \dfrac{98}{2} = 49g$ [1mol = 2g당량, 즉 1M = 2N]

- 염기의 1g당량 $=\dfrac{\text{염기의 분자량(g)}(+\text{결정수})}{\text{염기의 }[OH^-]\text{ 수}}$

> **예** • NaOH : 1g당량 $=\dfrac{40}{1}=40g$ [1mol=1g당량, 1M=1N]
>
> • $Ca(OH)_2$: 1g당량 $=\dfrac{74}{2}=37g$ [1mol=2g당량, 즉 1M=2N]

⑤ 농도의 환산법★★

- %농도를 M농도로 환산하는 공식

> $$M농도=\dfrac{\text{비중}\times10\times\%}{\text{분자량(g)}}$$

- %농도를 N농도로 환산하는 공식

> $$N농도=\dfrac{\text{비중}\times10\times\%}{\text{당량(g)}}$$

⑥ 몰랄농도(m) : 용액 1,000g(1kg) 속에 녹아 있는 용질의 몰수

> $$\text{몰랄농도(mol/kg)}=\dfrac{\text{용질의 몰수(mol)}}{\text{용매의 질량(kg)}}=\dfrac{\text{용질의 질량(g)/분자량(g)}}{\text{용매의 질량(g)/1,000}}$$

13 원자의 궤도 함수

전자껍질 (주양자수)	K (n=1)	L (n=2)	M (n=3)	N (n=4)
최대수용 전자수($2n^2$)	2	8	18	32
오비탈 기호	s	s, p	s, p, d	s, p, d, f
오비탈	$1s^2$	$2s^2$, $2p^6$	$3s^2$, $3p^6$, $3d^{10}$	$4s^2$, $4p^6$, $4d^{10}$, $4f^{14}$

※ 에너지준위 : 1s<2s<2p<3s<3p<4s<3d<4p<5s<4d……

> **예** • $_{11}Na^{23}$원소의 전자배치 : $1s^2\,2s^2\,2p^6\,3s^1$
>
>
> $\begin{bmatrix}\text{최외각 껍질 : M}\\ \text{최외각 전자(화학적 성질을 결정) : 1개}\end{bmatrix}$
>
> • $_{14}Si^{28}$ 원소의 전자배치 : $1s^2\,2s^2\,2p^6\,3s^2\,3p^2$
>
> $\begin{bmatrix}\text{최외각 껍질 : M}\\ \text{최외각 전자(가전자) : 4개}\end{bmatrix}$

14 원소의 주기성

① 주기표와 그 성질

왼쪽 밑으로 갈수록	오른쪽 위로 갈수록
• 원자 반경 증가	• 원자 반경 감소
• 이온화 에너지 감소 (전기 음성도 감소)	• 이온화 에너지 증가 (전기 음성도 증가)
• 양(+)이온이 되기 쉬움	• 음(−)이온이 되기 쉬움
• 강한 환원제 (자신은 산화됨)	• 강한 산화제 (자신은 환원됨)
• 금속성이 강해짐	• 비금속성이 강해짐
• 산화물의 수용액은 염 기성이 강해짐	• 산화물의 수용액은 산성 이 강해짐(단, F는 제외)

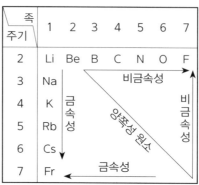

〈주기표에서의 금속성과 비금속성〉

② 원소의 금속성과 비금속성 : 여러 원자는 최외각의 전자를 내놓거나 최외각에 전자를 받아들여 ns^2, np^6(8개)의 전자 배열형을 이루려고 한다.
- 금속성 : 최외각의 전자(가전자)를 내놓아 양이온이 되기 쉬운 성질
- 비금속성 : 최외각에 전자를 받아들여 음이온이 되기 쉬운 성질
- 양쪽성 : 산, 염기에 모두 작용하는 것=Al, Zn, Sn, Pb★★(알아주나)

15 전기음성도(비금속성이 강한 순서)★★★

원자가 전자를 끌어당겨 전기적으로 음성(−)을 띠는 힘의 정도이다.

※ 산화력이 크다.

16 이온화 경향(금속성이 강한 순서)★★★

금속 원자가 전자를 쉽게 잃고 양이온(+)이 되려는 경향을 말한다.

[금속 이온화 경향의 화학반응성]

구분	크다 ← 반응성 → 작다			
	K Ca Na Mg Al Zn Fe Ni Sn Pb (H) Cu Hg Ag Pt Au (카 카 나 마) (알 아 철 니) (주 납 수 구) (수 은 백 금)			
상온 공기중 에서 산화반응	산화되기 쉬움	금속표면은 산화되나 산화물이 내부를 보호함		산화되기 어려움
물과의 반응	찬물과 반응하여 수소기체($H_2\uparrow$)를 발생함	수증기와 반응하여 수소기체를 발생함	물과 반응하지 않음	
산과의 반응	산과 반응하여 수소기체($H_2\uparrow$)를 발생함		산화성 산과 반응함 (HNO_3, H_2SO_4)	왕수와 반응함
			※ 왕수＝HNO_3＋HCl(혼합) 1 : 3	

※ 산화가 잘되며 환원력이 크다.

① 금속의 산화반응(산소와의 반응)★★★★

예　$2Mg + O_2 \longrightarrow 2MgO$ [$Mg^{+2}O^{-2}$: Mg_2O_2 약분하면 MgO]
　　(마그네슘)　(산소)　　　(산화마그네슘)

　　$4Al + 3O_2 \longrightarrow 2Al_2O_3$ [$Al^{+3}O^{-2}$: Al_2O_3]
　　(알루미늄)　(산소)　　　(산화알루미늄)

　　$4Na + O_2 \longrightarrow 2Na_2O$ [$Na^{+1}O^{-2}$: Na_2O]
　　(나트륨)　(산소)　　　(산화나트륨)

② 금속과 물과의 반응★★★★

　　금속(M)은 물[$H_2O \longrightarrow H^+ + OH^-$]과 반응시 수산기[$OH^-$]와 반응하여 염기성물질 [MOH]을 생성하고 나머지 수소(H^+)를 밀어내어 수소(H_2) 기체를 발생시킨다.

예　$Na + H_2O \longrightarrow NaOH + 0.5H_2\uparrow$ [$Na^{+1}(OH)$: NaOH]
　　(나트륨)　(물)　　　(수산화나트륨)　(수소)

　　$Mg + H_2O \longrightarrow Mg(OH)_2 + H_2\uparrow$ [$Mg^{+2}(OH)$: $Mg(OH)_2$]
　　(마그네슘)　(물)　　　(수산화마그네슘)　(수소)

③ 금속과 산 또는 알코올과의 반응★★★★

예　$Mg + 2HCl \longrightarrow MgCl_2 + H_2\uparrow$ [$Mg^{+2}Cl^{-1}$: $MgCl_2$]
　　(마그네슘)　(염산)　　(염화마그네슘)　(수소)

　　$2K + 2C_2H_5OH \longrightarrow 2C_2H_5OK + H_2\uparrow$
　　(칼륨)　(에틸알코올)　　　(칼륨에틸레이트)　(수소)

17 화학결합

① 이온결합=금속(NH_4^+)+비금속★★

> **예** NaCl, $CaCl_2$, Na_2SO_4, NH_4Cl, Al_2O_3, MgO 등

② 공유결합=비금속+비금속★★★

> **예** H_2, Cl_2, H_2O, NH_3, CO_2, CH_4, C_6H_6 등의 유기화합물

③ 배위결합 : 공유전자쌍을 한쪽의 원자에서만 일방적으로 제공하는 형식

> **예** NH_4^+, SO_4^{2+} 등

※ NH_4Cl : 이온결합+공유결합+배위결합

④ 금속결합 : 금속의 양이온(+) 사이를 자유롭게 이동하는 자유전자(−) 때문에 전기를 잘 통하는 양도체 역할을 한다.

⑤ 수소결합=극성분자+극성분자

전기음성도가 큰 F, O, N과 수소화합물인 HF, H_2O, NH_3, C_2H_5OH, CH_3COOH 등이 수소결합이 강하다.

⑥ 반데르발스결합=비극성분자+비극성분자

> **예** 승화성물질 : 드라이아이스(CO_2), 요오드(I_2), 나프탈렌 등

> **참고** 화학 결합력의 세기
> 공유결합＞이온결합＞금속결합＞수소결합＞반데르발스결합

18 금속의 불꽃반응 색상★★★★

구분	칼륨(K)	나트륨(Na)	칼슘(Ca)	리튬(Li)	바륨(Ba)
불꽃 색상	보라색	노란색	주황색	적색	황록색

19 테르밋용접

Al(분말)+Fe_2O_3를 혼합하여 3,000℃로 가열 용융시켜 용접하는 방법이다. [점화제 : 과산화바륨(BaO_2)]★★★

① 수은(Hg)의 아말감 : 수은과 합금을 만드는 것★★

② 수은과 아말감을 만들지 않는 금속(수은에 녹지 않는 금속) : Fe, Ni, Cr, Mn, Pt(철니크망백)

20 알칼리금속(1족)

① 리튬(Li), 나트륨(Na), 칼륨(K), 루비듐(Rb), 세슘(Cs), 프란슘(Fr)
② 은백색 연한 경금속으로 녹는점이 낮다.
③ 가전자가 1개이고 금속성이 크며, 전자를 잃고 ⊕1가의 양이온이 되기 쉽다.
④ 반응성 : $Li < Na < K < Rb < Cs$
⑤ 녹는점, 끓는점 : $Li > Na > K > Rb > Cs$
⑥ 밀도가 작고 원자 반지름이 크다.
⑦ 불꽃반응을 하고, 물과 폭발적으로 반응한다.

- $2Na + 2H_2O \longrightarrow 2NaOH + H_2\uparrow + 열$
- $2K + 2H_2O \longrightarrow 2KOH + H_2\uparrow + 열$

21 황산(H_2SO_4)

① 산화력이 있어 수소보다 이온화 경향이 작은 금속(Cu, Hg, Ag)과 반응하여 이산화황(SO_2)을 발생시킨다.

$$Cu + 2H_2SO_4 \xrightarrow{\text{가열}} CuSO_4 + 2H_2O + SO_2\uparrow$$

② 발연황산 = 진한 황산($c - H_2SO_4$) + 삼산화황(SO_3)★★

22 암모니아(NH_3)

① 제조법
- 하버법 : $N_2 + 3H_2 \rightarrow 2NH_3$
- 석회질소법 : $CaCN_2 + 3H_2O \rightarrow 2NH_3 + CaCO_3$

② 암모니아 검출★★
- HCl과 만나 흰 연기(NH_4Cl) 발생 : $NH_3 + HCl \rightarrow NH_4Cl\uparrow$
- NH_4^+ 이온은 네슬러시약에 의하여 황갈색 침전이 생긴다.

23 질산(HNO_3)★★

① 산화력이 강한 산으로서 Cu, Hg, Ag와 반응하여 NO 또는 NO_2가스를 발생한다.
- 묽은 질산 : $3Cu + 8HNO_3 \rightarrow 3Cu(NO_3)_2 + 4H_2O + 2NO\uparrow$ (무색)
- 진한 질산 : $Cu + 4HNO_3 \rightarrow Cu(NO_3)_2 + 2H_2O + 2NO_2\uparrow$ (적갈색)

② 금속의 부동태 : 진한질산의 산화력에 의해 금속의 산화피막(Fe_2O_3, NiO, Al_2O_3 등)을 만드는 현상이다.

- 부동태를 만드는 금속 : Fe, Ni, Al, Cr, Co★★(철니알크코)
- 부동태를 만드는 산 : 진한 H_2SO_4, 진한 HNO_3뿐임
③ 크산토프로테인반응(단백질검출반응) : 단백질에 질산을 가하면 노란색으로 변한다.

24 수성가스(water gas) : CO+H₂

$$\underset{\text{(과열된 코크스)}}{C} \quad + \quad \underset{\text{(수증기)}}{H_2O} \quad \longrightarrow \quad \underset{\text{(수성가스)}}{CO + H_2}$$

25 폭명기

① 수소의 폭명기 : $2H_2 + O_2 \longrightarrow 2H_2O + 136kcal$
$\qquad\qquad\qquad\quad 2 \; : \; 1$

② 염소의 폭명기 : $H_2 + Cl_2 \longrightarrow 2HCl + 44kcal$
$\qquad\qquad\qquad\quad 1 \; : \; 1$

26 반응속도와 농도

반응속도는 반응하는 물질 농도의 곱에 비례한다.

> 예 $2A + 3B \xrightarrow{\;v\;} 3C + 4D$의 반응에서 A와 B의 농도를 각각 2배씩하면 반응속도는?
> $v = [A]^2 \cdot [B]^3$, 이 식에서 $v = k[2]^2 \cdot [2]^3 = 32$배가 빨라진다.

※ 화학반응속도에 영향을 미치는 요소 : ① 농도 ② 온도 ③ 압력 ④ 촉매
　단, 고체의 농도는 반응속도와 무관하다.
※ 촉매 $\begin{cases} \text{정촉매(반응속도를 빠르게 함)} \\ \text{부촉매(반응속도를 느리게 함)} \end{cases}$ 모두 평형은 이동시키지 못한다.

27 평형상수(K)

반응물과 생성물의 농도의 비를 말한다.

> 예 $aA + bB \rightleftharpoons cC + dD$, $\qquad K = \dfrac{[C]^c[D]^d}{[A]^a[B]^b}$

※ 평형상수(K)값은 농도, 압력, 촉매 등에 관계없이 온도에 따라서만 값이 변한다.

28 평형이동의 법칙(르샤틀리에의 법칙)★★★

화학평형 상태에 있어서 온도, 압력, 농도 등의 외부 조건을 변화시키면, 이 조건의 변화를 작게 하는 새로운 방향으로 평형 상태에 도달한다.

※ 촉매는 화학평형은 이동시키지 못하고 반응속도에만 관계가 있다.

> 예) $N_2 + 3H_2 \rightleftharpoons 2NH_3 + 22kcal$
>
> ① 화학평형을 오른쪽(→)으로 이동시키려면 : 온도 감소, 압력 증가, N_2와 H_2의 농도 증가
>   • 온도 : 발열반응이므로 온도를 감소시킨다.
>   • 압력 : 증가시키면 몰수가 큰 쪽[N_2(1몰)+H_2(3몰)=4몰]에서 작은 쪽[NH_3(2몰)]으로 이동하므로 압력을 증가시킨다.
>   • 농도 : 질소(N_2)나 수소(H_2)의 농도를 증가시키면 묽은 쪽(NH_3)으로 이동한다.
> ② 화학평형을 왼쪽(←)으로 이동시키려면 : 온도 증가, 압력 감소, N_2와 H_2의 농도 감소

29 산, 염기

산	염기
신맛, 전기를 잘 통한다.	쓴맛, 전기를 잘 통한다.
푸른리트머스 종이 → 붉은색	붉은리트머스 종이 → 푸른색
수용액에서 옥소늄이온(H_3O^+)을 낸다.	수용액에서 수산이온(OH^-)을 낸다. (물에 녹는 염기를 알칼리라고 한다.)
염기와 중화반응 시 염과 물을 생성한다.	산과 중화반응 시 염과 물을 생성한다.
이온화 경향이 큰 금속(Zn, Fe 등)과 반응 시 $H_2\uparrow$ 발생한다. $Zn + H_2SO_4 \longrightarrow ZnSO_4 + H_2\uparrow$	강알칼리(NaOH, KOH 등) 용액은 피부접촉 시 부식한다.

산, 염기의 정의 ★★

① 아레니우스의 정의
  • 산 : 수용액 중 수소이온(H^+)을 내놓은 물질
  • 염기 : 수용액 중 수산이온(OH^-)을 내놓은 물질

> 예) 산 : HCl $\rightleftharpoons$ $H^+ + Cl^-$
> 염기 : NaOH $\rightleftharpoons$ $Na^+ + OH^-$

② 브뢴스테드의 정의
  • 산 : 양성자(H^+)를 내놓는 분자나 이온
  • 염기 : 양성자(H^+)를 받아들이는 분자나 이온

> 예)
> $$\underset{(산)}{H_2O} + \underset{(염기)}{NH_3} \rightleftharpoons \underset{(산)}{NH_4^+} + \underset{(염기)}{OH^-}$$

③ 루이스의 정의
  • 산 : 비공유 전자쌍을 받아들이는 분자나 이온

• 염기 : 비공유 전자쌍을 내놓는 분자나 이온

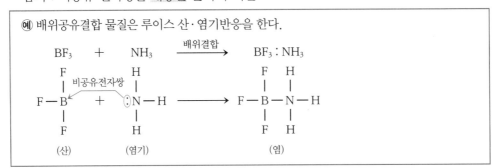

예 배위공유결합 물질은 루이스 산·염기반응을 한다.

$$BF_3 \quad + \quad NH_3 \quad \xrightarrow{\text{배위결합}} \quad BF_3 : NH_3$$

(산)　　　(염기)　　　　　　　(염)

30 강산, 강염기

$$전리도(\alpha) = \frac{\text{이온화된 전해질의 몰수}}{\text{용해된 전해질의 총 몰수}} \quad (0 \leq \alpha \leq 1)$$

※ 전리도는 온도가 높을수록, 농도가 묽을수록 커진다.

① 산(전리도가 큰 것 : 강산, 전리도가 작은 것 : 약산)
  • 강산 : 염산(HCl), 질산(HNO_3), 황산(H_2SO_4)
  • 약산 : 초산(CH_3COOH), 탄산(H_2CO_3), 황화수소산(H_2S)

② 염기(전리도가 큰 것 : 강염기, 전리도가 작은 것 : 약염기)
  • 강염기 : 수산화나트륨(NaOH), 수산화칼륨(KOH), 수산화칼슘[$Ca(OH)_2$]
  • 약염기 : 수산화암모늄(NH_4OH), 수산화마그네슘[$Mg(OH)_2$]

참고 산소를 포함하는 산소산은 산소의 수가 많을수록 강산이 된다.

$$HClO_4 > HClO_3 > HClO_2 > HClO$$
(과염소산)　　(염소산)　　(아염소산)　(차아염소산)

31 산화물의 분류

① 산성산화물[＝비금속 산화물(산의 무수물)] : CO_2, SO_2, NO_2, P_2O_5 등★★
  • 산성산화물＋물 ⟶ 산

예 $CO_2 + H_2O \rightleftarrows H_2CO_3 \rightleftarrows 2H^+ + CO_3^{2-}$

  • 산성산화물＋염기 ⟶ 염＋물

예 $CO_2 + 2NaOH \rightleftarrows Na_2CO_3 + H_2O$

② 염기성산화물[=금속산화물(염기의 무수물)] : Na_2O, CaO, BaO, CuO 등

• 염기성산화물＋물 $\longrightarrow$ 염기

예) $BaO + H_2O \rightleftharpoons Ba(OH)_2 \rightleftharpoons Ba^{2+} + 2OH^-$

• 염기성산화물＋산 $\longrightarrow$ 염＋물

예) $CaO + 2HCl \rightleftharpoons CaCl_2 + H_2O$

③ 양쪽성산화물 : 산성과 염기성의 성질을 모두 나타낸다.★★

• 종류 : Al_2O_3, ZnO, SnO, PbO 등

32 염＝금속(또는 NH_4^+)＋산의 음이온(산기)★★

예) $HCl + NaOH \xrightarrow{\text{중화}} NaCl + H_2O$
[산]　　[염기]　[염 : Na^+(금속)＋Cl^-(산의 음이온)]　　[물]

$H_2SO_4 + 2NH_4OH \xrightarrow{\text{중화}} (NH_4)_2SO_4 + 2H_2O$
[염 : $2NH_4^+$(암모늄이온)＋SO_4^{2-}(산의 음이온)]

※ 제1류 위험물(산화성고체)은 조해성을 가진 염이 대부분이다.

33 중화반응＝산＋염기 $\xrightarrow{\text{중화}}$ 염＋물

① 중화적정 : $NV = N'V'$ $\begin{bmatrix} N, N' : \text{노르말농도} \\ V, V' : \text{부피} \end{bmatrix}$★★★

• 중화 : 산의 g당량＝염기의 g당량
• $NV = $g당량 [$N$: 노르말농도, V : 부피(L)]

② 중화적정(산, 염기가 3가지 이상 혼합할 경우)★★

$NV = N_1V_1 + N_2V_2$(산＝염기＋염기) 또는 (염기＝산＋산)

34 수소이온지수(pH)

① 수소이온농도★★★★

• $pH = -\log[H^+]$　　　• $pOH = -\log[OH^-]$　　　• $pH = 14 - pOH$

• 산성용액 : $pH < 7$　　　• 중성용액 : $pH = 7$　　　• 염기성용액 : $pH > 7$

예 ① 0.01N−HCl 수용액의 pH는?

$[H^+]=0.01N=10^{-2}N$

$pH=-\log[H^+]=-\log[10^{-2}]$

∴ pH=2

② 0.01N−NaOH 수용액의 pH는?

$[OH^-]=0.01N=10^{-2}N$

$pH=14-\log[OH^-]=14-\log[-10^{-2}]$

∴ pH=14−2=12

② 물의 이온적(Kw)$=[H^+][OH^-]=10^{-14}$(g이온/L)^2⋯25℃

참고 $[H^+]=[OH^-]$ ⟶ $\begin{cases} [H^+]=10^{-7}(\text{g이온/L}) \\ [OH^-]=10^{-7}(\text{g이온/L}) \end{cases}$

35 패러데이 법칙(Faraday's Law)★★★★

① 제1법칙 : 전기분해되는 물질의 양은 통과시킨 전기량에 비례한다.

② 제2법칙 : 일정한 전기량에 의하여 석출되는 물질의 양은 그 물질의 당량에 비례한다.

• 전하량(Q)=전류(I)×시간(t)

− 1쿨롱(coul) : 1초 동안에 흐르는 전기량(A. amp)이다.

− 1C(쿨롱)=1A(암페어)×1sec(초)

예 10A로 30분간 통과시킨 전기량은 10×30×60=1,800쿨롱

• 농도, 온도, 물질의 종류에 관계없이 1F, 즉 96,500coul의 전기량으로 전해질 1g당량이 전기분해되며, 각 극에서는 1g당량의 물질을 석출한다.

참고 • 당량$=\dfrac{원자량}{원자가}$

• 1F=96500쿨롱=전자 6.02×10^{23}개의 전기량=어떤 물질이든 1g당량 석출

[1패럿(F)=1g당량 석출하는 물질의 양]

전기량	전해질	무게	부피(0℃, 1atm)	원자수	분자수
1F	H_2	1.008g	11.2L	6×10^{23}개	$\dfrac{1}{2}$개$\times6\times10^{23}$개
1F	O_2	8.00g	5.6L	$\dfrac{1}{2}\times6\times10^{23}$개	$\dfrac{1}{4}$개$\times6\times10^{23}$개
1F	$AgNO_3$	108g	−	6×10^{23}개	6×10^{23}개
1F	$CuSO_4$	63.5/2g	−	$\dfrac{1}{2}\times6\times10^{23}$개	$\dfrac{1}{2}\times6\times10^{23}$개

36 산화수를 정하는 법***

① 단원소(단체)물질의 산화수는 '0'이다(단체의 분자 : 중성).

> 예 Cu, H_2, O_2, Cl_2, P_4 등

② 공유결합인 경우 ⎡ 전기음성도가 작은 것 : ⊕산화수 ⎤
　　　　　　　　　⎣ 전기음성도가 큰 것 : ⊖산화수 ⎦

> 예 H_2O : $(+1×2)+(-2)=0$, NH_3 : $(-3)+(+1×3)=0$, OF_2 : $(+2)+(-1×2)=0$

③ 화합물에서 산소(O)의 산화수는 -2, 수소(H)의 산화수는 $+1$이며 산화수 총합은 '0'이다(단, 과산화물에서 산소(O)의 산화수 : -1).

> 예 H_2SO_4 : $(+1×2)+(+6)+(-2)×4=0$, H_2O_2 : $(+1)×2+(-1)×2=0$

④ 단원자이온과 원자단의 산화수는 이온의 전하와 같다.

> 예 Mg^{2+} : $+2$, Cl^- : -1, MnO_4^- : $x+(-2)×4=-1$　　∴ Mn의 산화수$=+7$

37 산화와 환원의 요약

구분	산화	환원
산소와의 관계	결합	잃음
수소와의 관계	잃음	결합
전자와의 관계	잃음	얻음
산화수와의 관계	증가	감소

38 산화제와 환원제**

① 산화제 : 자신은 환원되고 남을 산화시키는 물질
② 환원제 : 자신은 산화되고 남을 환원시키는 물질

③ 산화제·환원제의 일반적인 특징★★

산화제	환원제
물질 이름 앞에 '과'자가 붙는 것 : $KMnO_4$, H_2O_2, Na_2O	물질 이름 앞에 '아'자가 붙는 것 : H_2SO_3, SO_2
비금속성이 강한 것 : F_2, Cl_2, Br_2, I_2	금속성이 강한 것 : K, Ca, Na, Mg
산소를 낼 수 있는 것 : O_3, $K_2Cr_2O_7$	산소와 결합하기 쉬운 것 : CO, H_2, $C_2H_2O_4$
제2화합물 : $SnCl_4$, Fe_2O_3	제1화합물 : $SnCl_2$, FeO
산소산 : H_2SO_4, HNO_3, $HClO_4$	비산소산 : HCl, H_2S, HBr

④ 산화제도 되고 환원제도 되는 물질
- H_2O_2(과산화수소) : 보통 산화제로 작용되나 $KMnO_4$, MnO_2, PbO_2 등과 반응 시 환원제가 된다.
- SO_2(이산화황)

39 탄소화합물(유기화합물)

① 탄소화합물의 일반적 성질
- 구성 원소는 주로 C, H, O 외 N, S, P, 할로겐족으로 되어 있다.
- 공유결합으로 이루어진 분자성 물질이다.
- 유기 용매(알코올, 벤젠, 에테르 등)에 잘 녹고 물에 잘 녹지 않는다.
- 비전해질이며 연소 시 CO_2와 H_2O가 된다.

> **참고** 유기화합물 제외 : 탄소화합물 중 CO, CO_2 또는 KCN의 시안화물, $CaCO_3$의 탄산염

② 관능기(작용기)의 분류★★★

명칭	관능기	일반명	보기
히드록시기(수산기)	$-OH$	알코올, 페놀	메탄올, 에탄올, 페놀(산성)
알데히드기	$-CHO$	알데히드	아세트알데히드(환원성)
카르복실기	$-COOH$	카르복실산	아세트산, 안식향산(산성)
카르보닐기(케톤기)	$>CO$	케톤	아세톤
니트로기	$-NO_2$	니트로화합물	니트로벤젠(폭발성)
아미노기	$-NH_2$	아민	아닐린(염기성)
술폰산기	$-SO_3H$	술폰산	벤젠술폰산(강산성)
아세틸기	$-COCH_3$	아세틸화합물	아세트아닐리드
에테르기	$-O-$	에테르	디에틸에테르 (마취성, 휘발성, 인화성)
에스테르기	$-COO-$	에스테르	아세트산메틸
비닐기	$CH_2=CH-$	비닐	염화비닐(부가중합반응)

③ 이성질체(이성체) : 분자식은 같고, 시성식이나 구조식 및 성질이 다른 관계

분류	에탄올	디메틸에테르
분자식	C_2H_6O	
시성식	C_2H_5OH	CH_3OCH_3

④ 입체이성질체

- 기하이성질체 : 이중결합의 회전축의 변화로 생기는 이성체로 cis형과 trans형이 있다.★★★

> 예 • cis-디클로로에틸렌과 trans-디클로로에틸렌
>   • cis-2-부텐과 trans-2-부텐
>   • 말레산과 푸마르산

- 광학이성질체 : 부제탄소의 편광성 차이로 생긴다.

> 예 젖산(락트산), 타르타르산

40 동족체

① 알칸족탄화수소(C_nH_{2n+2})＝메탄계열＝파라핀계열[CH_4, C_2H_6, C_3H_8 …]
- 포화탄화수소 : 치환반응, 단일결합(C−C)
- 탄소수 : $C_{1\sim4}$(기체), $C_{5\sim16}$(액체), $C_{17\sim}$(고체)

② 알켄족탄화수소(C_nH_{2n})＝에틸렌계열＝올레핀계열[C_2H_4, C_3H_6, C_4H_8 …]
- 불포화탄화수소 : 부가(첨가)반응, 이중결합(C＝C), 중합반응

③ 알킨족탄화수소(C_nH_{2n-2})＝아세틸렌계열[C_2H_2, C_3H_4 …]
- 불포화탄화수 : 부가(첨가)반응, 삼중결합(C≡C), 중합반응

> 참고 • 안정성 : 메탄계열＞에틸렌계열＞아세틸렌계열
>   (단일결합)   (이중결합)   (삼중결합)
> • 결합력 반응성 : 메탄계열＜에틸렌계열＜아세틸렌계열

41 알킬기(C_nH_{2n+1}−, R −)의 명칭

n수	분자식	이름	알킬기(R−)	알킬기 이름
1	CH_4	메탄	CH_3−	메틸기
2	C_2H_6	에탄	C_2H_5−	에틸기
3	C_3H_8	프로판	C_3H_7−	프로필기
4	C_4H_{10}	부탄	C_4H_9−	부틸기
5	C_5H_{12}	펜탄	C_5H_{11}−	아밀기(펜틸기)
6	C_6H_{14}	헥산	C_6H_{13}−	헥실기

42 알코올의 분류(R – OH, C_nH_{2n+1} – OH)★★★

① –OH기의 수에 따른 분류

1가 알코올	–OH : 1개	CH_3OH(메틸알코올), C_2H_5OH(에틸알코올)
2가 알코올	–OH : 2개	$C_2H_4(OH)_2$ (에틸렌글리콜)
3가 알코올	–OH : 3개	$C_3H_5(OH)_3$ (글리세린=글리세롤)

② –OH기와 결합한 탄소원자에 연결된 알킬기(R –)의 수에 따른 분류

1차 알코올		2차 알코올		3차 알코올	

1차 알코올: R – C(H)(H) – OH, 예) CH_3 – C(H)(H) – OH (에틸알코올)

2차 알코올: R – C(H)(R') – OH, 예) CH_3 – C(H)(CH$_3$) – OH (iSO-프로판올)

3차 알코올: R' – C(R)(R'') – OH, 예) CH_3 – C(CH$_3$)(CH$_3$) – OH (tert-부탄올) (트리메틸카비놀)

43 알코올의 산화반응★★★

① 1차 알코올 $\xrightarrow[-2H]{[O]}$ 알데히드 $\xrightarrow{[O]}$ 카르복실산

(R–OH)   (R–CHO)   (R–COOH)

예) $CH_3OH \xrightarrow[-2H]{[+O]} HCHO \xrightarrow{[+O]} HCOOH$

(메틸알코올)   (포름알데히드)   (포름산)

$C_2H_5OH \xrightarrow[-2H]{[+O]} CH_3CHO \xrightarrow{[+O]} CH_3COOH$

(에틸알코올)   (아세트알데히드)   (아세트산)

※ –CHO(알데히드) : 환원성 있음(은거울반응, 펠링용액 환원시킴)

② 2차 알코올 $\xrightarrow[[-2H]]{산화}$ 케톤

$$\begin{bmatrix} & OH & \\ R & - C - & R' \\ & H & \end{bmatrix} \qquad \begin{bmatrix} & O & \\ & \| & \\ R & - C - & R' \end{bmatrix}$$

예) $CH_3 - \overset{\displaystyle OH}{CH} - CH_3 \xrightarrow[[-2H]]{산화} CH_3 - \overset{\displaystyle O}{\underset{}{C}} - CH_3 + H_2O$

(이소프로필 알코올)   (아세톤)   (물)

44 에스테르화반응(−COO− : 에스테르기)

$$R-COOH + R'-OH \xrightarrow[\text{탈수}]{\text{진한 황산}} R-COO-R' + H_2O$$

(카르복실산)　　　　(알코올)　　　　　　　　(에스테르)　　　　　(물)

예) $CH_3COOH + C_2H_5OH \underset{\text{가수분해}}{\overset{c-H_2SO_4}{\rightleftarrows}} CH_3COOC_2H_5 + H_2O$

(아세트산)　　　(에틸알코올)　　　　　　　　　(아세트산에틸)　　　(물)

---

45 −OH(히드록시기), −COOH(카르복실기)의 반응성

$$\begin{bmatrix} R-OH\text{(알코올)} \\ R-COOH\text{(카르복실산)} \end{bmatrix} + \begin{bmatrix} Na \\ K \end{bmatrix} \longrightarrow 수소(H_2 \uparrow) 발생 \text{★★★}$$

예) $C_2H_5OH + Na \longrightarrow C_2H_5ONa + H_2 \uparrow$

(나트륨에틸레이드)

$CH_3COOH + K \longrightarrow CH_3COOK + H_2 \uparrow$

(초산칼륨)

---

46 요오드포름 반응하는 물질 3가지★★★

$$\begin{bmatrix} C_2H_5OH\text{(에틸알코올)} \\ CH_3CHO\text{(아세트알데히드)} \\ CH_3COCH_3\text{(아세톤)} \end{bmatrix} + \boxed{KOH + I_2} \xrightarrow[\Delta]{\text{가열}} CHI_3 \downarrow \text{(요오드포름 : 노란색 침전)}$$

---

47 알코올(R−OH)의 에테르(−O−)화 반응과 축합반응★★

알코올에 진한 황산($c-H_2SO_4$)을 넣으면 물(H_2O)분자가 빠지는 반응을 축합반응이라 하며,
이때 에테르화합물이 생성된다.

예) $C_2H_5OH + C_2H_5OH \xrightarrow[130\sim140℃]{c-H_2SO_4} C_2H_5OC_2H_5 + H_2O$

(디에틸에테르)

※ 디에틸에테르 : 제4류 위험물(특수인화물), 지정수량 50L

---

48 방향족 화합물

고리모양의 화합물 중 벤젠핵을 가지고 있는 벤젠의 유도체를 말한다.★★★
① 벤젠(C_6H_6, ⬡) : 제4류 위험물(제1석유류)
  • 물에 녹지 않고 유기용매에 사용된다.
  • 공명현상의 안정된 π결합이 있어 부가(첨가)반응보다 치환반응이 더 잘 일어난다.
② 벤젠의 수소의 치환반응
  • 클로로화 반응($-Cl$)
  • 술폰화 반응($-SO_3H$)
  • 니트로화 반응($-NO_2$)
  • 알킬화 반응($-R$) : 촉매 $AlCl_3$ 사용

49 크레졸[$C_6H_4(OH)CH_3$] : 제4류 위험물(제3석유류)

① 페놀류로서 소독제와 방부제에 많이 사용된다.
② 3가지 이성질체가 있다.

OH
  CH₃

(o–크레졸)

OH

  CH₃

(m–크레졸)

OH

CH₃

(p–크레졸)

50 페놀(석탄산, C_6H_5OH, ⬡–OH)★

① 가장 약산성이다. [$C_6H_5OH \longrightarrow C_6H_5O^- + H^+$]
② 정색반응(페놀류검출반응) : 페놀수용액에 소량의 $FeCl_3$용액을 가하면 보라색으로 변한다.

51 아닐린($C_6H_5NH_2$, ⬡–NH₂) : 염기성★★★

① 검출법 : 표백분($CaOCl_2$)을 만나면 보라색으로 변한다.
② 커플링반응 : 아질산과 염산을 반응시키고 여기에 페놀을 작용시키면 아조기($-N=N-$)를 가진 화합물을 만드는 반응

52 방향족 화합물(페닐기, 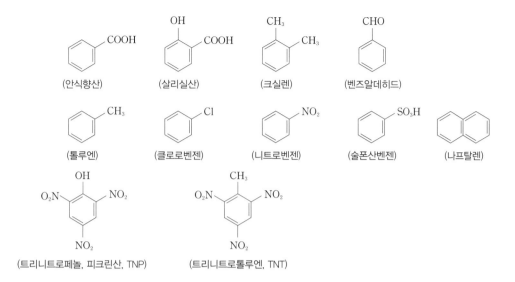)

(안식향산) (살리실산) (크실렌) (벤즈알데히드)

(톨루엔) (클로로벤젠) (니트로벤젠) (술폰산벤젠) (나프탈렌)

(트리니트로페놀, 피크린산, TNP) (트리니트로톨루엔, TNT)

53 단백질(펩타이드결합 : −CONH−)검출반응★★★

① 크산토프로테인반응 : 단백질 + 진한 질산 ⟶ 노란색
② 뷰렛반응 : 단백질(알칼리성) + $CuSO_4$ ⟶ 보라색
③ 닌히드린반응 : 단백질 + 닌히드린 ⟶ 청자색

> **참고** 펩타이드결합(−CONH−)
> • 카르복실기(−COOH)와 아미노기(−NH₂)가 반응 시 생성되는 결합이다.
> • 6.6 나일론, 단백질, 알부민 등이 가지고 있다.

54 아미노산($NH_2CHCOOH$)

분자 중에 −NH₂(아민기 : 염기성)와 −COOH(카르복실기 : 산성)를 가지고 있는 양쪽성전해질이다.

55 탄수화물[$C_m(H_2O)_n$, m≧6]

① 단당류($C_6H_{12}O_6$) : 포도당, 과당, 갈락토오스
② 이당류($C_{12}H_{22}O_{11}$) : 설탕, 맥아당(엿당), 젖당
   ※ 단당류, 이당류 : 환원성 있음(단, 설탕은 없음)

③ 탄수화물 분해효소(암기법)★★

- **아전맥포** : 전분 $\xrightarrow{\text{아밀라아제}}$ 맥아당 + 포도당
- **인설포과** : 설탕 $\xrightarrow{\text{인베르타아제}}$ 포도당 + 과당
- **말맥포** : 맥아당(엿당) $\xrightarrow{\text{말타아제}}$ 포도당
- 리유지글 : 유지 $\xrightarrow{\text{리파아제}}$ 지방산 + 글리세린
- 지포에 : 포도당 $\xrightarrow{\text{지마아제}}$ 에틸알코올 + 이산화탄소

  $(C_6H_{12}O_6)$ (C_2H_5OH) (CO_2)

56 유지의 요오드값

요오드값이란, 유지 100g에 첨가되는 요오드(I_2)의 g수이다.

① 요오드값이 ┌ 크다 : 2중 결합(불포화도)이 많다.
　　　　　　 └ 작다 : 2중 결합(불포화도)이 작다.

② ┌ 건성유 : 요오드값 130 이상(해바라기유, 동유, 아마인유, 정어리기름, 들기름 등)★★★
　 ├ 반건성유 : 요오드값 100~130(면실유, 참기름, 콩기름, 채종유 등)
　 └ 불건성유 : 요오드값 100 이하(올리브유, 동백유, 피마자유, 야자유 등)

※ 건성유 : 자연발화 위험성이 가장 크다.

1 연소의 3요소

연소의 3요소는 가연물, 산소공급원, 점화원이며 '연쇄반응' 추가 시 4요소가 된다.

① 가연물이 되기 쉬운 조건★★

- 산소와 친화력이 클 것
- 발열량이 클 것
- 표면적이 클 것
- 열전도율이 적을 것(열축적)
- 활성화 에너지가 적을 것
- 연쇄반응을 일으킬 것

② 가연물이 될 수 없는 조건

- 주기율표의 O족 원소(불활성기체) : He, Ne, Ar, Kr, Xe, Rn
- 질소와 질소산화물(산소와 흡열반응하는 물질) : N_2, NO_2 등
- 이미 산화반응이 완결된 산화물 : CO_2, H_2O, Al_2O_3 등

2 고온체의 색깔과 온도★

불꽃의 온도	불꽃의 색깔	불꽃의 온도	불꽃의 색깔
500℃	적열	1,100℃	황적색
700℃	암적색	1,300℃	백적색
850℃	적색	1,500℃	휘백색
950℃	휘적색		

3 전기 및 정전기 불꽃

① $E = \dfrac{1}{2}CV^2 = \dfrac{1}{2}QV$

$$\begin{bmatrix} E : 착화(정전기)에너지(J) & V : 전압 \\ C : 전기(정전기)용량(F) & Q : 전기량(C)[Q = C \cdot V] \end{bmatrix}$$

② 정전기 방지법★★★

- 접지할 것
- 상대습도를 70% 이상으로 할 것
- 제진기를 설치할 것
- 공기를 이온화할 것
- 유속을 1m/s 이하로 유지할 것

4 연소의 종류****

① 확산연소 : LPG, LNG, 수소(H_2), 아세틸렌(C_2H_2) 등
② 증발연소 : 황, 파라핀(양초), 나프탈렌, 휘발유, 등유 등의 제4류 위험물
③ 표면연소 : 숯, 코크스, 목탄, 금속분(Al, Zn 등)
④ 분해연소 : 목재, 석탄, 종이, 합성수지, 중유, 타르 등
⑤ 자기연소(내부연소) : 질산에스테르, 셀룰로이드, 니트로화합물 등의 제5류 위험물

> **참고**
> • 표면연소(무염연소, 작열연소) : 가연물＋산소＋점화원
> • 불꽃연소 : 가연물＋산소＋점화원＋연쇄반응

5 열에너지의 종류**

① 화학적 에너지 : 융해열, 자연발화, 연소열, 반응열, 분해열 등
② 기계적 에너지 : 마찰열, 압축열, 충격스파크 등
③ 전기적 에너지 : 저항가열, 유전자열, 아크가열, 정전스파크, 낙뢰 등
④ 원자력 에너지 : 핵분열, 핵융합

6 연소의 물성

① 인화점 : 점화원 접촉 시 불이 붙은 최저온도
② 착화점 : 점화원 없이 착화되는 최저온도(압력 증가 시 낮아짐)
③ 연소점 : 연소 시 화염이 꺼지지 않고 계속 유지되는 최저온도(인화점＋5~10℃ 높음)

> **참고** 착화점이 낮아지는 조건
> • 발열량, 반응활성도, 산소의 농도, 압력 등이 높을수록 낮아진다.
> • 열전도율, 습도 및 가스압 등이 낮을수록 낮아진다.
> • 분자구조가 복잡할수록 낮아진다.

7 중요가스 공기 중 폭발범위(연소범위)*****

가스	연소범위(%)	가스	연소범위(%)
수소(H_2)	4~75	가솔린	1.4~7.6
메탄(CH_4)	5~15	메틸알코올	7.3~36
프로판(C_3H_8)	2.1~9.5	에틸알코올	4.3~19
아세틸렌(C_2H_2)	2.5~81	아세트알데히드	4.1~57
벤젠(C_6H_6)	1.4~7.1	에테르	1.9~48
톨루엔($C_6H_5CH_3$)	1.4~6.7	아세톤	2.6~12.8
		이황화탄소(CS_2)	1.2~44

① 위험도(H) : 가연성가스의 폭발범위로 구하며, 수치가 클수록 위험성이 크다.

$$H = \frac{u - L}{L} \qquad \begin{bmatrix} H : 위험도 \\ u : 폭발상한치 \\ L : 폭발하한치 \end{bmatrix}$$

> **예** 이황화탄소(CS_2)의 위험도(연소범위 : 1.2~44%)
>
> $H = \frac{44 - 1.2}{1.2} ≒ 35.6$ ∴ 위험도 : 35.6

② 폭발과 폭굉

- 폭발 : 열의 발생속도 > 열방출속도
- 폭굉 : 화염전파속도 > 가스의 음속

> **참고** • 정상연소속도 : 0.1~10m/s
> • 폭굉전파속도 : 1,000~3,500m/s

③ 폭굉유도거리(DID)가 짧아지는 경우

- 압력이 높을수록
- 정상연소속도가 큰 혼합가스일수록
- 관속에 방해물이 있거나 관경이 가늘수록
- 점화원 에너지가 강할수록

④ 분진폭발이 없는 것★★★

- 석회석 분말
- 생석회(CaO)
- 시멘트
- 소석회[$Ca(OH)_2$]

8 자연발화★★★★

① 자연발화 형태

- 산화열 : 건성유, 석탄, 원면, 고무분말, 금속분, 기름걸레 등
- 분해열 : 셀룰로이드, 니트로셀룰로오스, 질산에스테르류 등 제5류 위험물
- 흡착열 : 활성탄, 목탄분말 등
- 미생물 : 퇴비, 먼지, 곡물 등
- 중합열 : 시안화수소(HCN), 산화에틸렌(C_2H_4O)

② 자연발화 방지법

- 통풍을 잘 시킬 것
- 습도를 낮출 것
- 저장실 온도를 낮출 것
- 물질의 표면적을 최소화할 것
- 퇴적 및 수납 시 열이 쌓이지 않게 할 것

9 피뢰설비 설치대상★★

지정수량 10배 이상의 위험물을 취급하는 제조소이다.(제6류 위험물은 제외)

10 화재의 분류★★

종류	등급	표시색상	소화방법
일반화재	A급	백색	냉각소화
유류 및 가스화재	B급	황색	질식소화
전기화재	C급	청색	질식소화
금속화재	D급	–	피복소화
식용유화재	F(K)급	–	냉각 및 질식소화

※ 화재 원인 중 1위 : 전기화재

11 유류 및 가스탱크의 화재발생 현상★★

① 보일 오버(boil over) : 탱크 바닥의 물이 비등하여 부피팽창으로 유류가 넘쳐 연소하는 현상
② 슬롭 오버(slop over) : 물 방사 시 뜨거워진 유류표면에서 비등 증발하여 연소유와 함께 분출하는 현상
③ 블레비(BLEVE) : 액화가스 저장탱크의 압력 상승으로 폭발하는 현상
④ 프로스 오버(froth over) : 탱크 바닥의 물이 비등하여 부피팽창으로 유류가 연소하지 않고 넘치는 현상

12 소화약제의 소화효과★★★

① 물(적상, 봉상)방사[A급] : 냉각효과
  • 봉상주수 : 막대모양의 물줄기로 주수(예 옥·내외 소화전설비 등)
  • 적상주수 : 물방울 형태의 주수(예 스프링클러설비 등)
  • 무상주수 : 안개와 같은 분무상태로 주수(예 물분무 소화설비 등)
② 물분무(무상)방사[A, B, C급] : 질식, 냉각, 희석, 유화효과
③ 포말[A, B급] : 질식, 냉각효과
④ 이산화탄소[B, C급] : 질식, 냉각, 피복효과

⑤ 분말 소화약제 : 질식, 냉각, 부촉매(억제)효과

- 1종, 2종, 4종[B, C급]
- 3종[A, B, C급]

⑥ 할로겐화합물[B, C급] : 질식, 냉각, 부촉매효과

⑦ 청정 소화약제[B, C급]

- 할로겐화합물 : 질식, 냉각, 부촉매효과
- 불활성가스 : 질식, 냉각효과

> **참고** 질식효과 : 공기 중 산소농도를 15% 이하로 낮추어 산소공급 차단

13 소화기

① 소화능력단위에 의한 분류

- 소형소화기 : 소화능력단위 1단위 이상 대형소화기의 능력단위 미만
- 대형소화기 : 소화능력단위 ─ A급 : 10단위 이상
  └ B급 : 20단위 이상

[소화설비의 능력단위]★★★★★

소화설비	용량	능력단위
소화전용 물통	8L	0.3
수조(소화전용 물통 3개 포함)	80L	1.5
수조(소화전용 물통 6개 포함)	190L	2.5
마른 모래(삽 1개 포함)	50L	0.5
팽창질석 또는 팽창진주암(삽 1개 포함)	160L	1.0

② 소요단위에 의한 분류

- 소요 1단위의 규정★★★★★

소요 1단위	제조소 또는 취급소용 건축물의 경우	내화구조 외벽을 갖춘 연면적 100m^2
		내화구조 외벽이 아닌 연면적 50m^2
	저장소 건축물의 경우	내화구조 외벽을 갖춘 연면적 150m^2
		내화구조 외벽이 아닌 연면적 75m^2
	위험물의 경우	지정 수량의 10배

※ 위험물의 소요단위 $= \dfrac{\text{저장(취급)수량}}{\text{지정수량} \times 10}$

- 대형소화기의 소화약제의 기준

종류	소화약제의 양
포소화기(기계포)	20L 이상
강화액소화기	60L 이상
물소화기	80L 이상
분말소화기	20kg 이상
할로겐화합물소화기	30kg 이상
이산화탄소소화기	50kg 이상

③ 소화기 사용법★★★
- 적응화재에만 사용할 것
- 성능에 따라 화점 가까이 접근하여 사용할 것
- 바람을 등지고 풍상에서 풍하로 실시할 것
- 양옆으로 비로 쓸 듯이 골고루 방사할 것

> 참고 · 소화기는 초기 화재에만 효과가 있음
> · 보행거리 : 소형 20m 이내, 대형 30m 이내
> · 소화기구 설치높이 : 바닥으로부터 1.5m 이내

14 물소화기의 약제★★

① 강화액 소화약제[물+탄산칼륨(K_2CO_3)]
- $-30℃$의 한냉지에서도 사용가능($-30 \sim -25℃$)
- 소화원리(A급, 무상방사 시 B, C급), 압력원 CO_2
  $$H_2SO_4 + K_2CO_3 \longrightarrow K_2SO_4 + H_2O + CO_2 \uparrow$$
- 소화약제 pH = 12(알칼리성)

② 산·알칼리 소화약제
- 압력원 CO_2, 방출용액 pH = 5.5
- 반응식
  $$H_2SO_4 + 2NaHCO_3 \longrightarrow Na_2SO_4 + 2H_2O + 2CO_2 \uparrow$$

> 참고 산·알칼리 사용상 주의사항
> · A급(일반화재) : 적합, B급(유류화재) : 부적합, C급(전기화재) : 사용금지
>   (단, 무상방사 시 : A, B, C급 사용가능)
> · 보관 시 : 전도금지, 겨울철 동결주의

③ 포말 소화약제(A, B급)
- 화학포★★★
  - 외약제(A제) : 탄산수소나트륨($NaHCO_3$), 기포안정제(사포닝, 계면활성제, 소다회, 가수분해단백질)
  - 내약제(B제) : 황산알루미늄[$Al_2(SO_4)_3$]
- 반응식(포핵 : CO_2)
  $$6NaHCO_3 + Al_2(SO_4)_3 \cdot 18H_2O \longrightarrow 3Na_2SO_4 + 2Al(OH)_3 + 6CO_2\uparrow + 18H_2O$$
- 기계포(공기포) : 단백포, 수성막포(light water), 합성계면활성제포, 내알코올용포★★

> 참고 • 수성막포 : 유류화재에 탁월함
>   • 내알코올용포 : 수용성 용제화재에 적합함

- 고발포 : 계면활성제포
- 저발포 : 단백포, 수성막포, 알코올포, 계면활성제포
- 팽창비 : 고발포는 80배 이상 1,000배 이하, 저발포는 20배 이하★★

15 할로겐화합물 소화약제(증발성액체 소화약제) : B, C급

구분	할론 1301	할론 1211	할론 2402	할론 1011	할론 104
화학식	CF_3Br	CF_2ClBr	$C_2F_4Br_2$	CH_2ClBr	CCl_4
상온의 상태	기체	기체	액체	액체	액체

※ 소화효과 : 할론 1301 > 할론 1211 > 할론 2402 > 할론 1011 > 할론 104
① 주된 소화효과 : 부촉매(억제)효과이고, 질식, 냉각효과도 있다.
② 사염화탄소(CCl_4, CTC소화기) : 사용 시 맹독성인 포스겐($COCl_2$)가스가 발생하므로 현재는 법적으로 사용금지되었다.

16 할론소화기 및 CO_2소화기 설치금지장소(단, 할론 1301 및 청정 소화약제는 제외)★★★★

① 지하층
② 무창층
③ 거실 또는 사무실 바닥면적이 20m² 미만인 곳

17 이산화탄소(CO_2) 소화약제 : B, C급★★

① 비중 1.52로 공기보다 무거워 심부화재에 적합하다.
② 전기화재(C급)에 매우 효과적이다.

$$③ CO_2(\%) = \frac{21 - O_2(\%)}{21} \times 100$$

$$④ G_v = \frac{21 - O_2(\%)}{O_2(\%)} \times V \quad \begin{bmatrix} G_v : CO_2 \text{ 가스 방출량}(m^3) \\ V : \text{방호구역의 체적}(m^3) \end{bmatrix}$$

18 분말 소화약제****

종류	주성분	화학식	색상	적응화재	열분해반응식
제1종	탄산수소나트륨 (중탄산나트륨)	$NaHCO_3$	백색	B, C급	$2NaHCO_3 \rightarrow$ $Na_2CO_3 + CO_2 + H_2O$
제2종	탄산수소칼륨 (중탄산칼륨)	$KHCO_3$	담자 (회)색	B, C급	$2KHCO_3 \rightarrow$ $K_2CO_3 + CO_2 + H_2O$
제3종	제1인산암모늄	$NH_4H_2PO_4$	담홍색	A, B, C급	$NH_4H_2PO_4 \rightarrow$ $HPO_3 + NH_3 + H_2O$
제4종	탄산수소칼륨 +요소	$KHCO_3 + (NH_2)_2CO$	회색	B, C급	$2KHCO_3 + (NH_2)_2CO \rightarrow$ $K_2CO_3 + 2NH_3 + 2CO_2$

※ 분말 소화약제 소화효과 : 1종＜2종＜3종＜4종
※ 제1종 및 제2종 분말소화약제의 열분해반응식에서 제 몇 차 또는 열분해 온도가 주어지지 않을 경우에는 1차 반응식을 쓰면 된다.

19 소화약제 종류별 소화성능비율***

소화약제명	이산화탄소	분말소화제	할론 1211	할론 2402	할론 1301
화학식	CO_2	–	CF_2ClBr	$C_2F_4Br_2$	CF_3Br
소화력 비율	1.0(기준)	2.0	1.4	1.7	3.0

20 오존파괴지수(ODP) 및 지구온난화지수(GWP)

① 오존파괴지수(ODP) $= \dfrac{\text{어떤 물질 1kg에 의해 파괴되는 오존량}}{\text{CFC-11 1kg에 의해 파괴되는 오존량}}$

※ CFC-11는 염화불화탄소[$CFCl_3$]로 나타냄

예 ODP : 할론 1301은 14.1, 할론 1211은 2.4, 할론 2402는 6.6

② 지구온난화지수(GWP) $= \dfrac{\text{어떤 물질 1kg이 기여하는 온난화 정도}}{CO_2 \text{ 1kg이 기여하는 온난화 정도}}$

21 소화기구 설치대상★★

① 건축물의 연면적 $33m^2$ 이상인 소방대상물
② 지정문화재 및 가스시설
③ 터널

22 주거용 주방자동소화장치

① 아파트 및 30층 이상 오피스텔 전층 주방에 설치할 것
② 가스누설경보 차단장치는 개폐밸브로부터 2m 이하에 설치할 것
③ 자동소화장치 탐지부 설치 위치
  • LNG(공기보다 가벼운 가스) : 천장면에서 30cm 이하
  • LPG(공기보다 무거운 가스) : 바닥면에서 30cm 이하

23 소화기의 표시사항★★★

구분	A-5	B-7	C적용
적응화재	A급(일반화재)	B급(유류화재)	C급(전기화재)
능력단위	5단위	7단위	능력단위 없음

※ 간이용 소화용구 : 마른 모래(건조사), 팽창질석, 팽창진주암

> **참고** 축압식 분말소화기의 압력계의 표시
> • 노란색 : 충전압력 부족상태(0.7MPa 미만)
> • 녹색 : 정상상태(0.70~0.98MPa)
> • 적색 : 과충전상태(0.98MPa 초과)

24 옥내소화전설비

① 옥내소화전 호스접속구의 높이 : 바닥으로부터 1.5m 이하
② 배관 설치기준★★
  • 전용으로 할 것
  • 옥내소화전설비 전용설비의 방수구와 연결되는 배관
    – 주배관 중 입상관의 구경 : 50mm 이상(호스릴 : 32mm 이상)
    – 가지배관 구경 : 40mm 이상(호스릴 : 25mm 이상)

- 연결송수관설비의 배관과 겸용하여 사용할 경우
  - 주배관의 구경 : 100mm 이상
  - 가지배관의 구경 : 65mm 이상
- 배관의 수압 : 체절압력의 1.5배 이상에서 견딜 것
- 배관용 탄소강 강관(KSD 3507)

③ 옥내소화전의 호스접속구까지 수평거리 : 25m 이하

④ 유량 측정장치 : 정격토출량의 175% 이상 측정성능일 것

25 옥외소화전설비***

① 사용처 : 건축물의 1, 2층의 저층에 사용된다.

② 건축물에서 호스접속구까지 수평거리 : 40m 이하

③ 옥외소화전함과 소화전으로부터 보행거리 : 5m 이하

④ 옥외소화전과 소화전함의 설치 개수

옥외소화전 개수	소화전함
10개 이하	소화전마다 5m 이내의 장소에 1개 이상 설치
11~30개 이하	소화전함 11개를 분산설치
31개 이상	소화전 3개마다 소화전함 1개 이상 설치

> **참고** 소화전함 두께와 면적
> - 강관 : 1.5mm 이상
> - 합성수지제 : 4mm 이상
> - 문짝면적 : $0.5m^2$ 이상

26 스프링클러설비**

① 스프링클러헤드는 천장에 설치하고 수평거리가 1.7m 이하가 되도록 설치할 것
(단, 살수밀도의 기준을 충족 시 : 2.6m 이하)

② 개방형 스프링클러헤드의 방사구역은 $150m^2$ 이상(단, 바닥면적이 $150m^2$ 미만인 경우 바닥면적)으로 할 것

27 위험물제조소의 소화설비의 비상전원

옥내·옥외소화전설비와 스프링클러소화설비 비상전원 : 45분

28 폐쇄형 스프링클러헤드의 표시온도(작동온도)**

부착장소의 최고 주위온도(℃)	표시온도(℃)
28 미만	58 미만
28 이상 39 미만	58 이상 79 미만
39 이상 64 미만	79 이상 121 미만
64 이상 106 미만	121 이상 162 미만
106 이상	162 이상

29 물분무등 소화설비의 종류***

① 물분무 소화설비　　② 포 소화설비　　③ 이산화탄소 소화설비
④ 할로겐화합물 소화설비　　⑤ 분말 소화설비

30 위험물제조소등의 소화설비 설치기준[비상전원 : 45분]***

소화설비	수평거리	방수량	방수압력	토출량	수원의 양(Q : m³)
옥내	25m 이하	260(L/min) 이상	350(Kpa) 이상	N(최대 5개)× 260(L/min)	Q=N(소화전 개수 : 최대 5개)×7.8m³ (260L/min×30min)
옥외	40m 이하	450(L/min) 이상	350(Kpa) 이상	N(최대 4개)× 450(L/min)	Q=N(소화전 개수 : 최대 4개)×13.5m³ (450L/min×30min)
스프링클러	1.7m 이하	80(L/min) 이상	100(Kpa) 이상	N(헤드수)× 80(L/min)	Q=N(헤드수)×2.4m³ (80L/min×30min)
물분무	–	20(L/min) 이상	350(Kpa) 이상	A(바닥면적m²)× 20(L/m²·min)	Q=A(바닥면적 : m²)×0.6m³/m² (20L/m²·min×30min)

31 포 소화설비

① 옥외탱크 고정포 방출구[Ⅰ형, Ⅱ형, Ⅲ형, Ⅳ형, 특형]**
　• 고정식 지붕구조[CRT(콘루프)탱크] ┌ 상부포주입법 : Ⅰ형, Ⅱ형
　　　　　　　　　　　　　　　　　　└ 저부포주입법 : Ⅲ형, Ⅳ형
　　※ CRT : Cone Roof Tank
　• 부상식 지붕구조[FRT(플로팅루프)탱크] – 상부포주입법 : 특형
　　※ FRT : Floating Roof Tank

② 포 소화약제의 혼합장치★★
- 펌프 프로포셔너 방식(펌프혼입방식) : 펌프의 토출관과 흡입관 사이의 배관 도중에 흡입기를 설치하여 펌프에서 토출된 물의 일부를 보내고, 농도조절밸브에서 조정된 포 소화약제의 필요량을 포 소화약제 탱크에서 펌프 흡입측으로 보내어 혼입하는 방식(주로 소화펌프차에 사용함)
- 프레셔 프로포셔너 방식(차압혼입방식) : 펌프와 발포기의 중간에 벤추리관을 설치하여 벤추리작용과 펌프가압수의 포 소화약제 저장탱크에 대한 압력으로 포 소화약제를 흡입 · 혼합하는 방식(가장 많이 사용함)
- 라인 프로포셔너 방식(관로혼합방식) : 펌프와 발포기의 중간에 벤추리관을 설치하여 벤추리 작용에 의해 포 소화약제를 흡입 · 혼합하는 방식(소규모 설비에 사용함)
- 프레셔 사이드 프로포셔너 방식(압입혼합방식) : 펌프의 토출관에 압입기를 설치하여 포 소화약제 압입용펌프로 포 소화약제를 압입 · 혼합하는 방식(주로 대형 유류탱크에 사용함)

32 불활성가스 소화설비

① 분사헤드의 방사 및 용기의 충전비★★★

구분		전역방출방식			국소방출방식 (이산화탄소)
		이산화탄소(CO_2)		불활성가스	
		저압식(20℃)	고압식(-18℃ 이하)	IG-100, IG-55, IG-541	
분사 헤드	방사 압력	1.05MPa 이상	2.1MPa 이상	1.9MPa 이상	–
	방사 시간	60초 이내	60초 이내	60초 이내 (약제량 95% 이상)	30초 이내
용기의 충전비		1.1~1.4 이하	1.5~1.9 이하	32MPa 이하	–

② 이산화탄소 저장용기 설치기준★★★
- 방호구역 외의 장소에 설치할 것
- 온도가 40℃ 이하이고 온도 변화가 적은 장소에 설치할 것
- 직사일광 및 빗물이 침투할 우려가 적은 장소에 설치할 것
- 저장용기에는 안전장치를 설치할 것
- 저장용기의 외면에 소화약제의 종류와 양, 제조년도 및 제조자를 표시할 것
- 용기 간의 간격은 점검에 지장이 없도록 3cm 이상을 유지할 것

③ 불활성가스의 청정 소화약제 함유량(%)★★

함유량 품명	N₂(질소)	Ar(아르곤)	CO₂(이산화탄소)
IG-01	-	100%	-
IG-100	100%	-	-
IG-55	50%	50%	-
IG-541	52%	40%	8%

④ 저압식 저장용기(CO₂ 용기) 설치기준★★★
  • 액면계, 압력계, 파괴판, 방출밸브를 설치할 것
  • 23MPa 이상의 압력, 1.9MPa 이하의 압력에서 작동하는 압력경보장치를 설치할 것
  • 용기내부의 온도를 -20~-18℃ 이하로 유지할 수 있는 자동냉동기를 설치할 것
  • 저장용기의 고압식은 25MPa 이상, 저압식은 3.5MPa 이상의 내압시험압력에 합격한 것일 것

33 분말 소화약제 가압용 및 축압용가스(N₂, CO₂)

구분	가압용가스	축압용가스
질소(N₂)가스 사용 시	40L(N₂)/1kg(소화약제) 이상 (35℃, 0MPa 상태)	10L(N₂)/1kg(소화약제) 이상 (35℃, 0MPa 상태)
이산화탄소(CO₂)가스 사용 시	20g(CO₂)/1kg(소화약제) +배관 청소에 필요한 양	20g(CO₂)/1kg(소화약제) +배관 청소에 필요한 양

34 분말 소화약제의 방습제

습기의 침투를 방지하기 위하여 첨가하는 물질이다.
① 금속비누 : 스테아린산 알루미늄, 스테아린산 아연 등
② 실리콘(표면처리용)

35 이동식 분말 소화설비의 소화약제량 및 노즐당 방사량

소화약제의 종류	소화약제량(kg)	분당 노즐방사량(kg/min)
제1종 분말	50kg 이상	45
제2종, 제3종 분말	30kg 이상	27
제4종 분말	20kg 이상	18

36 물분무 소화설비의 배수설비 기준*

① 차량이 주차하는 장소의 지점에서 10cm 이상 경계턱의 배수구를 설치할 것
② 배수구에 기름을 모을 수 있도록 길이 40m 이하마다 집수관 등의 기름분리장치를 설치할 것
③ 바닥은 배수구를 향해 2/100 이상의 기울기를 유지할 것

37 통로유도등 설치기준

구분	바닥으로부터 높이	보행거리
복도유도등	1m 이하	• 구부러진 모퉁이 • 20m 마다
거실통로유도등	1.5m 이상	
계단통로유도등	1m 이하	각층의 경사로참 또는 계단참 마다

① 백색바탕, 녹색글씨로 화살표 표시 또는 '글씨' 및 'EXIT'로 병기
② 조도(조명도) : 통로유도등 및 비상조명등은 1룩스[LX] 이상

38 객석유도등의 설치 개수(조도 : 0.2룩스[LX] 이상)

$$설치 개수 = \frac{객석통로의 직선부분의 길이(m)}{4} - 1$$

※ 소수점 이하의 수는 1로 본다.

39 피난구유도등 설치장소

① 옥내로부터 직접 지상으로 통하는 출입구 및 그 부속실의 출입구
② 직통계단, 직통계단의 계단실 및 그 부속실의 출입구
③ 출입구에 이르는 복도 또는 통로로 통하는 출입구
④ 안전구획된 거실로 통하는 출입구
⑤ 바닥으로부터 높이 1.5m 이상의 곳에 설치

40 피난구유도등을 설치 제외할 경우

① 바닥면적이 1,000m² 미만인 층으로서 옥내로부터 직접 지상으로 통하는 출입구
② 거실 각 부분으로부터 쉽게 도달할 수 있는 출입구
③ 거실 각 부분으로부터 하나의 출입구에 이르는 보행거리가 20m 이하이고 비상조명등과 유도표지가 설치된 거실의 출입구
④ 출입구가 3개 이상 있는 거실로서 그 거실 각 부분으로부터 하나의 출입구에 이르는 보행거리가 30m 이하인 경우에는 주된 출입구 2개소 외의 출입구

41 비상콘센트설비

① 설치대상
  • 11층 이상(지하층 포함)
  • 지하층이 3개층 이상이고 지하층의 바닥면적의 합계가 1,000m² 이상 : 지하전층
② 전원회로 : 각층에 2 이상 설치
  • 단상 교류(220V) : 1.5KVA 이상
  • 3상 교류(380V) : 3KVA 이상
③ 차단기 설치 : 콘센트마다 배선용 차단기 설치
④ 비상콘센트 : 하나의 전용회로에 설치하는 비상콘센트는 10개 이하로 할 것
⑤ 비상전원 : 자가발전설비, 축전지설비 등 20분 이상 작동할 것
⑥ 설치 높이 : 바닥으로부터 0.8m~1.5m 이하

42 소방시설의 종류***

소방시설	종류		
소화설비	① 소화기구 ④ 스프링클러설비	② 옥내소화전설비 ⑤ 물분무등 소화설비	③ 옥외소화전설비
경보설비	① 비상경보설비 ④ 누전경보설비 ⑦ 가스누설경보설비	② 단독경보형감지기 ⑤ 자동화재탐지설비 ⑧ 통합감지시설	③ 비상방송설비 ⑥ 자동화재속보설비 ⑨ 시각경보기
피난설비	① 피난기구 : 미끄럼대, 피난교, 구조대, 피난사다리, 완강기, 공기안전매트, 피난밧줄 ② 인명구조기구 : 공기호흡기, 인공소생기, 방열복 ③ 유도등 및 유도표시 ④ 비상조명등 및 휴대용 비상조명등		
소화용수설비	① 상수도소화용수설비	② 소화수조	③ 저수조
소화활동설비	① 제연설비 ④ 비상콘센트설비	② 연결송수관설비 ⑤ 무선통신보조설비	③ 연결살수설비 ⑥ 연소방지설비

43 제조소등별로 설치하는 경보설비의 종류***

제조소등의 구분	제조소등의 규모, 저장, 취급하는 위험물의 종류 및 최대수량	경보설비
1. 제조소 및 일반취급소	• 연면적 500m² 이상인 것 • 옥내에서 지정수량의 100배 이상을 취급하는 것(고인화점 100℃ 이상 취급 시 제외) • 일반취급소에 사용되는 부분 외의 부분이 있는 건축물에 설치된 일반취급소(내화구조의 벽, 바닥으로 개구부 없이 구획된 것 제외)	자동화재탐지설비

2. 옥내저장소	• 지정수량의 100배 이상 저장, 취급하는 것(고인화점 제외)
	• 저장창고의 연면적이 150m²를 초과하는 것
	   – 연면적 150m² 이내마다 불연재료의 격벽으로 개구부 없이 구획된 것
	   – 제2류 및 제4류(인화점 70℃ 미만 제외)를 저장·취급하는 창고의 연면적이 500m² 이상인 것
	• 처마높이가 6m 이상인 단층건물의 것
	• 옥내저장소로 사용되는 부분 외의 부분이 있는 건축물에 설치된 옥내저장소
	※ 제외대상
	   – 내화구조의 바닥·벽으로 개구부 없이 구획된 것
	   – 제2류 및 제4류(인화점 70℃ 미만 제외)를 저장·취급하는 것
		자동화재탐지설비

3. 옥내탱크저장소	단층건물 외의 건축물에 설치된 옥내탱크저장소로서 소화난이도등급 Ⅰ에 해당하는 것	
4. 주유취급소	옥내주유취급소	
5. 옥외탱크저장소	특수인화물, 제1석유류 및 알코올류를 저장 또는 취급하는 탱크의 용량이 1000만L 이상인 것	자동화재탐지설비, 자동화재속보설비
6. 제1호~제4호의 자동화재탐지설비 설치대상에 해당하지 않는 제조소등	지정수량의 10배 이상을 저장·취급하는 것	자동화재탐지설비, 비상경보설비, 확성장치 또는 비상방송설비 중 1종 이상

44 자동화재탐지설비의 설치기준

① 경계구역은 건축물이 2개 이상의 층에 걸치지 않을 것

   (단, 하나의 경계구역 면적이 500m² 이하 또는 계단, 승강로에 연기감지기 설치 시 제외)

② 하나의 경계구역 면적은 600m² 이하로 하고, 한 변의 길이가 50m(광전식 분리형 감지기 설치 : 100m) 이하로 할 것

   (단, 당해 소방대상물의 주된 출입구에서 그 내부 전체를 볼 수 있는 경우 1,000m² 이하로 할 수 있음)

③ 자동화재탐지설비의 감지기는 지붕 또는 옥내 천장 윗부분에서 유효하게 화재 발생을 감지할 수 있도록 설치할 것

④ 자동화재탐지설비에는 비상전원을 설치할 것

위험물의 종류 및 성질

1 제1류 위험물의 종류 및 지정수량

성질	위험등급	품명	지정수량
산화성고체	I	아염소산염류[$KClO_2$ 등]	50kg
		염소산염류[$KClO_3$ 등]	
		과염소산염류[$KClO_4$ 등]	
		무기과산화물[Na_2O_2 등]	
	II	브롬산염류[$KBrO_3$ 등]	300kg
		질산염류[$NaNO_3$ 등]	
		요오드산염류[KIO_3 등]	
	III	과망간산염류[$KMnO_4$ 등]	1,000kg
		중크롬산염류[$K_2Cr_2O_7$ 등]	

2 제1류 위험물의 공통성질★★★★

① 불연성으로 산소를 포함한 산화성고체로서 강산화제이다.
② 대부분 무색 결정 또는 백색 분말로 조해성 및 수용성이다.
③ 과열, 타격, 충격, 마찰 및 다른 화합물(환원성물질)과 접촉 시 쉽게 분해, 폭발위험성이 있다.
④ 가연물과 혼합 시 격렬하게 연소 또는 폭발성이 있다.
⑤ 알칼리금속의 과산화물은 물과 반응하여 산소를 발생한다.

3 제1류 위험물의 저장 및 취급 시 유의사항★★★

① 가열, 충격, 마찰 등을 피하고 분해를 촉진하는 화합물과 접촉을 피할 것
② 직사광선을 피하고 환기가 잘되는 찬곳에 저장할 것
③ 산화되기 쉬운 물질(환원제)과 격리하고 강산류 및 가연물과의 접촉을 피할 것
④ 용기 등의 파손을 막고, 특히 조해성을 가지므로 습기를 방지하고 밀봉·밀전하여 냉암소에 저장할 것

4 제1류 위험물의 소화방법***

① 다량의 물로 냉각소화한다.
② 무기(알칼리금속)과산화물은 금수성물질로서 물과 반응 시 발열하므로 마른 모래 등으로 질식소화한다(단, 주수소화는 절대엄금).
③ 자체적으로 산소를 함유하고 있어 질식소화는 효과가 없고 다량의 물로 냉각소화하는 것이 효과적이다.

5 제1류 위험물의 종류 및 성상

❶ 아염소산염류(지정수량 : 50kg)

① 아염소산나트륨($NaClO_2$)
  - 무색의 결정성분말로서 조해성이 있다.
  - 산과 접촉 시 분해하여 이산화염소(ClO_2)의 유독가스를 발생한다.

$$3NaClO_2 + 2HCl \longrightarrow 3NaCl + 2ClO_2 \uparrow + H_2O_2$$

② 아염소산칼륨($KClO_2$)
  - 백색의 침상 또는 결정성분말로서 조해성이 있다.
  - 일광, 열, 충격으로 폭발하고 황린, 유황, 목탄분과 혼합 시 발화폭발한다.

❷ 염소산염류(지정수량 : 50kg)

① 염소산칼륨($KClO_3$)*****
  - 무색의 결정 또는 백색 분말이다.
  - 온수 및 글리세린에 잘 녹고 냉수, 알코올에는 잘 녹지 않는다.
  - 400℃에서 분해 시작, 540~560℃에서 과염소산을 생성하고 다시 분해하여 염화칼륨과 산소를 방출한다.

$$2KClO_3 \xrightarrow[\Delta]{} 2KCl + 3O_2$$

  - 가연물과 혼재 시 또는 강산화성물질(유기물, 유황, 적인, 목탄 등)과 접촉 충격 시 폭발 위험이 있다.

② 염소산나트륨(NaClO₃)★★★

• 알코올, 물, 에테르, 글리세린에 잘 녹는다.

• 조해성이 크고 철제를 부식시키므로 철제용기는 사용을 금한다.

• 열분해하여 산소를 발생한다.

$$2NaClO_3 \xrightarrow[\Delta]{300℃} 2NaCl + 3O_2 \uparrow$$

• 산과 반응하여 독성과 폭발성이 강한 이산화염소(ClO_2)를 발생한다.

③ 염소산암모늄(NH₄ClO₃)

• 조해성, 금속부식성이 있으며 수용액은 산성이다.

• 산화기[ClO_3]⁻와 폭발기[NH_4]⁺의 결합으로 폭발성을 가진다.

❸ 과염소산염류(지정수량 : 50kg)

① 과염소산칼륨(KClO₄)★★

• 물, 알코올, 에테르에 녹지 않는다.

• 400℃에서 분해 시작, 610℃에서 완전분해되어 산소를 방출한다.

$$KClO_4 \xrightarrow[\Delta]{610℃} KCl + 2O_2 \uparrow$$

• 진한 황산($c-H_2SO_4$)과 접촉 시 폭발성가스를 생성하여 위험하다.

• 인(P), 유황(S), 목탄, 금속분, 유기물 등과 혼합 시 가열, 충격, 마찰에 의해 폭발한다.

② 과염소산나트륨(NaClO₄)

• 물, 알코올, 아세톤에 잘 녹고 에테르에는 녹지 않는다.

• 400℃에서 분해하여 산소를 발생한다.

• 유기물, 가연성분말, 히드라진 등과 혼합 시 가열, 충격, 마찰에 의해 폭발한다.

③ 과염소산암모늄(NH₄ClO₄)

• 물, 알코올, 아세톤에 잘 녹고 에테르에는 녹지 않는다.

• 130℃에서 분해 시작, 300℃에서 급격히 분해한다.

$$2NH_4ClO_4 \longrightarrow N_2 + Cl_2 + 2O_2 + 4H_2O$$

❹ 무기과산화물(지정수량 : 50kg)★★★★★

① 과산화나트륨(Na_2O_2)

- 조해성이 강하고 물과 격렬히 분해반응하여 산소를 발생한다.

$$2Na_2O_2 + 2H_2O \longrightarrow 4NaOH + O_2 \uparrow$$

- 열분해하여 산소(O_2)를 발생한다.

$$2Na_2O_2 \longrightarrow 2Na_2O + O_2 \uparrow$$

- 공기 중 탄산가스(CO_2)와 반응하여 산소(O_2)를 발생한다.

$$2Na_2O_2 + 2CO_2 \longrightarrow 2Na_2CO_3 + O_2 \uparrow$$

- 알코올에 녹지 않으며, 산과 반응 시 과산화수소(H_2O_2)를 발생한다.

$$Na_2O_2 + 2HCl \longrightarrow 2NaCl + H_2O_2$$

- 주수소화 엄금, 건조사 등으로 질식소화한다(CO_2는 효과 없음).

② 과산화칼륨(K_2O_2)

- 무색 또는 오렌지색 분말로 에틸알코올에 용해되며, 흡습성 및 조해성이 강하다.
- 열분해 및 물과 반응 시 산소(O_2)를 발생한다.

$$\text{• 열분해 : } 2K_2O_2 \xrightarrow[\Delta]{} 2K_2O + O_2 \uparrow$$

$$\text{• 물과 반응 : } 2K_2O_2 + 2H_2O \longrightarrow 4KOH + O_2 \uparrow$$

- 산과 반응 시 과산화수소(H_2O_2)를 생성한다.

$$K_2O_2 + 2CH_3COOH \longrightarrow 2CH_3COOK + H_2O_2$$

- 공기 중 탄산가스(CO_2)와 반응 시 산소(O_2)를 발생한다.

$$2K_2O_2 + 2CO_2 \longrightarrow 2K_2CO_3 + O_2 \uparrow$$

- 주수소화 절대엄금, 건조사 등으로 질식소화한다(CO_2 효과 없음).

③ 과산화마그네슘(MgO_2)

- 열분해하여 산소(O_2)를 발생한다.

$$2MgO_2 \longrightarrow 2MgO + O_2 \uparrow$$

- 습기나 물과 반응 시 발열하고 활성산소[O]를 발생하므로 특히 방습에 주의해야 한다.

$$MgO_2 + H_2O \longrightarrow Mg(OH)_2 + [O]$$

④ 과산화바륨(BaO_2)

- 냉수에 약간 녹으나 알코올, 에테르, 아세톤에는 녹지 않는다.
- 열분해 및 온수와 반응 시 산소(O_2)를 발생한다.

$$\cdot\ 열분해 : 2BaO_2 \xrightarrow[\Delta]{840℃} 2BaO+O_2\uparrow$$

$$\cdot\ 온수와 반응 : 2BaO_2+2H_2O \longrightarrow 2Ba(OH)_2+O_2\uparrow$$

- 산화 반응 시 과산화수소(H_2O_2)를 생성한다.

$$BaO_2+H_2SO_4 \longrightarrow BaSO_4+H_2O_2$$

- 탄산가스 (CO_2)와 반응 시 탄산염과 산소를 발생한다.

$$2BaO_2+2CO_2 \longrightarrow 2BaCO_3+O_2\uparrow$$

- 테르밋의 점화제에 사용한다.

> **참고** 무기과산화물
> - 물과 접촉 시 산소 발생(주수소화 절대엄금)
> - 열분해 시 산소 발생(유기물 접촉 금함)
> - 소화방법 : 건조사 등(질식소화)

❺ 브롬산염류(지정수량 : 300kg)

브롬산칼륨($KBrO_3$), 브롬산나트륨($NaBrO_3$), 브롬산아연[$Zn(BrO_3)_2 \cdot 6H_2O$] 등이 있다.

❻ 질산염류(지정수량 : 300kg)★★

① 질산칼륨(KNO_3)

- 가열 시 용융분해하여 산소(O_2)를 발생한다.

$$2KNO_3 \xrightarrow[\Delta]{400℃} 2KNO_2+O_2\uparrow$$

- 흑색화약[질산칼륨 75%＋유황10%＋목탄15%] 원료에 사용된다.
- 유황, 황린, 나트륨, 금속분, 에테르 등의 유기물과 혼촉 발화폭발한다.

② 질산나트륨($NaNO_3$) : 칠레초석

- 조해성이 크고 흡수성이 강하므로 습도에 주의한다.
- 열분해 시 산소(O_2)를 발생, 유기물 및 시안화물 접촉 시 발화폭발한다.

③ 질산암모늄(NH_4NO_3)

- 물에 용해 시 흡열반응으로 열을 흡수하므로 한제로 사용한다.

• 가열 시 산소(O_2)를 발생하며, 충격을 주면 단독 분해폭발한다.

$$2NH_4NO_3 \longrightarrow 4H_2O + 2N_2 \uparrow + O_2 \uparrow$$

• 조해성, 흡수성이 강하고 혼합화약 원료에 사용된다.

AN-FO 폭약의 기폭제 : NH_4NO_3(94%) + 경유(6%) 혼합

④ 질산은($AgNO_3$)★

• 가열 시 분해하여 은(Ag)을 유리시킨다.

$$2AgNO_3 \xrightarrow[\Delta]{450℃} 2Ag + 2NO_2 \uparrow + O_2 \uparrow$$

• 사진필름의 감광제로 사용된다.

❼ 요오드산염류(지정수량 : 300kg)

요오드산칼륨(KIO_3), 요오드산칼슘[$Ca(IO_3)_2 \cdot 6H_2O$], 요오드산암모늄(NH_4IO_3) 등이 있다.

❽ 삼산화크롬(무수크롬산 CrO_3, 지정수량 : 300kg)

• 물, 유기용매, 황산에 잘 녹으며 독성이 강하다.
• 융점(196℃) 이상으로 가열 시 분해하여 산소(O_2)를 발생하고 산화크롬(Cr_2O_3)이 녹색으로 변한다.

$$4CrO_3 \xrightarrow[\Delta]{250℃} 2Cr_2O_3 + 3O_2 \uparrow$$

• 물과 접촉 시 발열하여 착화위험이 있다.

❾ 과망간산염류(지정수량 : 1,000kg)

① 과망간산칼륨($KMnO_4$)★★★★

• 흑자색의 주상결정으로 물에 녹아 진한 보라색을 나타내고 강한 산화력과 살균력이 있다.

| • $KMnO_4$(3%)수용액 ⇒ 피부살균 | • 0.25%수용액 ⇒ 점막살균 |

• 240℃로 가열하면 분해하여 산소(O_2)를 발생한다.

$$2KMnO_4 \xrightarrow[\Delta]{240℃} K_2MnO_4 + MnO_2 + O_2 \uparrow$$

• 알코올, 에테르, 진한 황산 등과 혼촉 시 발화 및 폭발위험성이 있다.
• 염산과 반응 시 염소(Cl_2)를 발생한다.

② 기타 : 과망간산나트륨($NaMnO_4$, $3H_2O$), 과망간산암모늄(NH_4MnO_4) 등이 있다.

❿ 중크롬산염류(지정수량 : 1,000kg)

중크롬산칼륨($K_2Cr_2O_7$), 중크롬산나트륨($Na_2Cr_2O_7 \cdot 2H_2O$) 등이 있다.

6 제2류 위험물의 종류 및 지정수량★★

성질	위험등급	품명	지정수량
가연성고체	Ⅱ	황화린[P_4S_3, P_2S_5, P_4S_7]	100kg
		적린[P]	
		황[S]	
	Ⅲ	철분[Fe]	500kg
		금속분[Al, Zn]	
		마그네슘[Mg]	
		인화성고체[고형알코올]	1,000kg

7 제2류 위험물의 공통성질★★

① 가연성고체로서 낮은 온도에 착화하기 쉬운 이연성·속연성물질이다.
② 연소속도가 빠르고, 연소 시 유독가스가 발생한다.
③ 금속분류(Fe, Mg 등)는 산화가 쉽고, 물 또는 산과 접촉 시 발열한다.

8 제2류 위험물의 저장 및 취급 시 유의사항★★

① 화기(점화원), 산화제(제1류, 제6류)와 접촉을 피한다.
② 금속분류는 물 또는 산과 접촉 시 수소(H_2)기체가 발생하므로 피한다.
③ 저장용기는 밀봉·밀전하여 통풍이 잘되는 냉암소에 보관한다.

9 제2류 위험물의 소화방법★★★

① 금속분을 제외하고 주수에 의한 냉각소화를 한다.
② 금속분은 마른 모래(건조사)에 의한 피복소화가 좋다.

> 참고 적린, 유황 : 다량의 주수로 냉각소화한다.

10 제2류 위험물의 종류 및 성상

❶ 황화린(지정수량 : 100kg)★★★

① 황화린은 삼황화린(P_4S_3), 오황화린(P_2S_5), 칠황화린(P_4S_7)의 3종류가 있으며 분해 시 유독한 가연성인 황화수소(H_2S)가스를 발생한다.

② 소화 시 다량의 물로 냉각소화가 좋으며 때에 따라 질식소화도 효과가 있다.

- 삼황화린(P_4S_3)★★
  - 황색 결정으로 조해성은 없다.
  - 질산, 알칼리, 이황화탄소(CS_2)에 녹고 물, 염산, 황산에는 녹지 않는다.
  - 자연발화하고 연소 시 유독한 오산화인과 아황산가스를 발생한다.

$$P_4S_3 + 8O_2 \longrightarrow 2P_2O_5 + 3SO_2\uparrow$$

- 오황화린(P_2S_5)★★
  - 담황색 결정으로 조해성이 있어 수분 흡수 시 분해한다.
  - 알코올, 이황화탄소(CS_2)에 잘 녹는다.
  - 물, 알칼리와 반응 시 인산(H_3PO_4)과 황화수소(H_2S)가스를 발생한다.

$$P_2S_5 + 8H_2O \longrightarrow 5H_2S + 2H_3PO_4$$

- 칠황화린(P_4S_7)
  - 담황색 결정으로 조해성이 있어 수분 흡수 시 분해한다.
  - 이황화탄소(CS_2)에 약간 녹고 냉수에는 서서히 더운물에는 급격히 분해하여 유독한 황화수소와 인산을 발생한다.

❷ 적린(P, 지정수량 : 100kg)★★★★

① 암적색 분말로서 브롬화인(PBr_3)에 녹고 물, CS_2, 에테르, NH_3에는 녹지 않는다.

② 황린(P_4)와 동소체이며 황린보다 안정하다.

> **참고** ① 동소체 확인방법 : 연소 시 생성물이 같다.
> - 적린 : $4P + 5O_2 \longrightarrow 2P_2O_5$(오산화인 : 백색 연기)
> - 황린 : $P_4 + 5O_2 \longrightarrow 2P_2O_5$(오산화인 : 백색 연기)
> ② 동소체를 가지는 물질
> - 산소 : 산소(O_2), 오존(O_3)
> - 인 : 적린(P), 황린(P_4)
> - 황(S_8) : 사방황, 단사황, 고무상황
> - 탄소(C) : 다이아몬드, 흑연, 숯(활성탄)
> ※ 적린(P) : 제2류 위험물(가연성고체), 황린(P_4) : 제3류 위험물(자연발화성물질)
> ※ 동소체란 같은 원소로 되어 있으나, 구조나 성질이 다른 단체를 말한다.

③ 독성 및 자연발화성이 없다(발화점 : 260℃).

④ 공기를 차단하고 황린을 260℃로 가열하면 적린이 된다.

$$\text{황린}(P_4) \xrightleftharpoons[\text{급격히 냉각}]{\text{260℃로 가열}} \text{적린}(P)$$

⑤ 용도 : 성냥, 불꽃놀이, 농약 등에 사용한다.

⑥ 소화 : 다량의 물로 냉각소화한다.

❸ 유황(S, 지정수량 : 100kg)★★★

① 동소체로 사방황, 단사항, 고무상황이 있다.

② 물에 녹지 않고, 고무상황을 제외하고 이황화탄소(CS_2)에 잘 녹는 황색의 고체(분말)이다.

③ 공기 중에 연소 시 푸른빛을 내며 유독한 아황산가스(SO_2)를 발생한다.

$$S + O_2 \longrightarrow SO_2$$

④ 강산화제(제1류), 유기과산화물, 목탄분 등과 혼합 시 가열, 충격, 마찰 등에 의해 발화폭발한다(분진폭발성 있음).

⑤ 소화 : 다량의 물로 냉각소화 또는 질식소화한다.

> **참고** 유황은 순도가 60wt% 미만은 제외한다.

❹ 철분(Fe, 지정수량 : 500kg)

① 은백색의 광택 있는 금속으로 열, 전기의 양도체의 분말이다.

② 산 또는 수증기와 반응 시 수소(H_2)가스를 발생한다.

> • $2Fe + 6HCl \longrightarrow 2FeCl_3 + 3H_2\uparrow$
> • $2Fe + 6H_2O \longrightarrow 2Fe(OH)_3 + 3H_2\uparrow$

③ 소화 : 주수소화는 엄금, 건조사 등으로 질식소화한다.

> **참고** 철분은 53μm의 표준체 통과 50wt% 미만인 것은 제외한다.

❺ 마그네슘분(Mg, 지정수량 : 500kg)★★★★

① 은백색의 광택이 나는 경금속이다.

② 공기 중에서 화기에 의해 분진폭발 위험과 습기에 의해 자연발화 위험이 있다.

③ 산 또는 수증기와 반응 시 고열과 함께 수소(H_2)가스를 발생한다.

$$\cdot \ Mg + 2HCl \longrightarrow MgCl_2 + H_2 \uparrow$$
$$\cdot \ Mg + 2H_2O \longrightarrow Mg(OH)_2 + H_2 \uparrow$$

④ 고온에서 질소(N_2)와 반응하여 질화마그네슘(Mg_3N_2)을 생성한다.

⑤ 저농도 산소 중에서도 CO_2와 반응연소한다.

$$Mg + CO_2 \longrightarrow MgO + CO$$

⑥ 소화 : 주수소화, CO_2, 포, 할로겐화합물은 절대엄금, 마른 모래로 피복소화한다.

> **참고** 마그네슘(Mg)
> ・2mm의 체를 통과 못하는 덩어리는 제외한다.
> ・직경 2mm 이상의 막대모양은 제외한다.

❻ 금속분류(지정수량 : 500kg)

알칼리금속, 알킬리토금속 및 철분, 마그네슘분 이외의 금속분이다(단, 구리분, 니켈분과 150μm의 체를 통과하는 것이 50wt% 미만인 것은 제외).

① 알루미늄(Al)분★★★★
  ・은백색의 경금속으로 연소 시 많은 열을 발생한다.
  ・공기 중에서 부식을 방지하는 산화 피막을 형성하여 내부를 보호한다(부동태).

> **참고** ・부동태를 만드는 금속 : Fe, Ni, Al 등
> ・부동태를 만드는 산 : 진한 황산, 진한 질산

  ・분진폭발 위험이 있으며, 수분 및 할로겐원소(F, Cl, Br, I)와 접촉 시 자연발화의 위험이 있다.
  ・산, 알칼리와 반응 시 수소(H_2)를 발생하는 양쪽성원소이다.

> **참고** 양쪽성원소 : Al, Zn, Sn, Pb(알아주나)

  ・수증기와 반응하여 수소(H_2)를 발생한다.

$$2Al + 6H_2O \longrightarrow 2Al(OH)_3 + 3H_2 \uparrow$$

  ・테르밋(Al분말 + Fe_2O_3)용접에 사용된다(점화제 : BaO_2).
  ・소화 : 주수소화는 절대엄금, 마른 모래 등으로 피복소화한다.

② 아연(Zn)분★★

- 은백색 분말로서 분진폭발 위험성이 있다.
- 수분, 유기물, 무기과산화물 등과 혼합 시 자연발화 위험이 있다.
- 수증기, 산, 염기와 반응 시 수소(H_2)를 발생한다.
- 소화 : 주수소화는 절대엄금, 마른 모래 등으로 피복소화한다.

⑦ 인화성고체(지정수량 : 1,000kg)

고형알코올 또는 1기압에서 인화점이 40℃ 미만인 고체이다.

① 고형알코올(등산용 고체알코올)

- 합성수지에 메탄올을 혼합 침투시켜 고체화시킨 것이다.
- 30℃ 미만에서 가연성 증기를 발생한다(인화점 : 30℃).

11 제3류 위험물의 종류와 지정수량★★

성질	위험등급	품명	지정수량
자연발화성 및 금수성물질	I	칼륨[K]	10kg
		나트륨[Na]	
		알킬알루미늄[$(C_2H_5)_3Al$ 등]	
		알킬리튬[C_2H_5Li 등]	
		황린[P_4]	20kg
	II	알칼리금속(K, Na 제외) 및 알칼리토금속[Li, Ca]	50kg
		유기금속화합물[$Te(C_2H_5)_2$ 등](알킬알루미늄, 알킬리튬 제외)	
	III	금속의 수소화물[LiH 등]	300kg
		금속의 인화물[Ca_3P_2 등]	
		칼슘 또는 알루미늄의 탄화물[CaC_2 등]	

12 제3류 위험물의 공통성질★★★

① 대부분 무기화합물의 고체이다(단, 알킬알루미늄은 액체).
② 금수성물질(황린은 자연발화성)로, 물과 반응 시 발열 또는 발화하고 가연성가스를 발생한다.
③ 알킬알루미늄, 알킬리튬은 공기 중에서 급격히 산화하고, 물과 접촉 시 가연성가스를 발생하여 발화한다.

13 제3류 위험물의 저장 및 취급 시 주의사항★★

① 금수성물질로 물과의 접촉을 절대 금한다.
② K, Na은 보호액인 석유류 속에, 황린은 물속에 소량씩 소분하여 저장한다.
③ 강산화제, 강산류, 충격, 불티 등 화기로부터 분리 저장해야 한다.

14 제3류 위험물의 소화방법★★

① 주수소화는 절대엄금, CO_2와도 격렬하게 반응하므로 사용 금지한다.
② 마른 모래, 금속화재용 분말약제인 탄산수소염류를 사용한다.
③ 팽창질석 및 팽창진주암은 알킬알루미늄화재 시 사용한다.

15 제3류 위험물의 종류 및 성상

❶ 칼륨(K, 지정수량 : 10kg)★★★★

① 은백색의 무른 경금속, 보호액으로 석유, 벤젠 속에 보관한다.
② 가열 시 보라색 불꽃을 내면서 연소한다.
③ 수분과 반응 시 수소(H_2)를 발생하고 자연발화하며 폭발하기 쉽다.

$$2K + 2H_2O \longrightarrow 2KOH + H_2\uparrow + 92.8kcal$$

④ 이온화 경향이 큰 금속(활성도가 큼)이며, 알코올과 반응하여 수소(H_2)를 발생한다.

$$2K + 2C_2H_5OH \longrightarrow 2C_2H_5OK + H_2\uparrow$$

⑤ CO_2와 폭발적으로 반응한다(CO_2 소화기 사용금지).

$$4K + CO_2 \longrightarrow 2K_2CO_3 + C$$

⑥ 소화 : 마른 모래 등으로 질식소화한다(피부접촉 시 화상주의).

❷ 나트륨(Na, 지정수량 : 10kg)★★★★

① 은백색 경금속으로 연소 시 노란색 불꽃을 낸다.
② 물(수분) 및 알코올과 반응 시 수소(H_2)를 발생, 자연발화한다.

$$\cdot\ 2Na + 2H_2O \longrightarrow 2NaOH + H_2\uparrow + 88.2kcal$$
$$\cdot\ 2Na + 2C_2H_5OH \longrightarrow 2C_2H_5ONa + H_2\uparrow$$

③ 보호액으로 석유, 벤젠 속에 보관한다.
④ 소화 : 마른 모래 등으로 질식소화한다(피부접촉 시 화상주의).

❸ 알킬알루미늄(R−Al, 지정수량 : 10kg)★★★★

① 알킬기($C_nH_{2n+1}-$, R−)에 알루미늄(Al)이 결합된 화합물이다.

② 탄소수 $C_{1\sim4}$까지는 자연발화하고, C_5 이상은 점화하지 않으면 연소반응하지 않는다.

③ 물과 반응 시 가연성가스를 발생한다(주수소화 절대엄금).

　　• 트리메틸알루미늄[TMA, $(CH_3)_3Al$]

$$(CH_3)_3Al + 3H_2O \longrightarrow Al(OH)_3 + 3CH_4\uparrow (메탄)$$

　　• 트리에틸알루미늄[TEA, $(C_2H_5)_3Al$]

$$(C_2H_5)_3Al + 3H_2O \longrightarrow Al(OH)_3 + 3C_2H_6\uparrow (에탄)$$

④ 저장 시 희석안정제(벤젠, 톨루엔, 헥산 등)를 사용하여 불활성기체(N_2)를 봉입한다.

⑤ 소화 : 팽창질석 또는 팽창진주암을 사용한다(주수소화는 절대엄금).

❹ 알킬리튬(R−Li, 지정수량 : 10kg)

① 메틸리튬(CH_3Li), 에틸리튬(C_2H_5Li), 부틸리튬(C_4H_9Li) 등이 있다.

② 공기중 자연발화, CO_2와 격렬히 반응하므로 위험하다.

③ 물과 접촉 시 가연성가스를 발생한다.

> **참고**　• $CH_3Li + H_2O \longrightarrow LiOH + CH_4\uparrow (메탄)$
> 　　　　• $C_2H_5Li + H_2O \longrightarrow LiOH + C_2H_6\uparrow (에탄)$
> 　　　　• $C_4H_9Li + H_2O \longrightarrow LiOH + C_4H_{10}\uparrow (부탄)$

④ 소화 : 팽창질석 또는 팽창진주암을 사용한다(주수소화는 절대엄금).

❺ 황린[백린(P_4), 지정수량 : 20kg]★★★★★

① 백색 또는 담황색의 가연성 및 자연발화성고체(발화점 : 34℃)이다.

② pH 9인 약알칼리성의 물속에 저장한다(CS_2에 잘 녹음).

> **참고**　pH 9 이상 강알칼리용액이 되면 가연성, 유독성의 포스핀(PH_3)가스가 발생하여 공기중
> 　　　　자연발화한다(강알칼리 : KOH수용액).
> 　　　　$P_4 + 3KOH + 3H_2O \longrightarrow 3KH_2PO_2 + PH_3\uparrow$

③ 피부접촉 시 화상을 입고, 공기 중 자연발화온도는 40~50℃이다.

④ 공기보다 무겁고 마늘 냄새가 나는 맹독성물질이다.

⑤ 어두운 곳에서 인광을 내며, 황린(P_4)을 260℃로 가열하면 적린(P)이 된다(공기차단).

⑥ 연소 시 오산화인(P_2O_5)의 흰 연기를 내며, 일부는 포스핀(PH_3)가스로 발생한다.

$$P_4 + 5O_2 \longrightarrow 2P_2O_5$$

⑦ 소화 : 물분무, 포, CO_2, 건조사 등으로 질식소화한다.

(고압주수소화는 황린을 비산시켜 연소면 확대분산의 위험이 있음)

[황린과 적린의 비교]

구분	황린(P_4) : 제3류	적린(P) : 제2류
외관 및 형상	백색 또는 담황색 고체	암적색 분말
냄새	마늘 냄새	없음
독성	맹독성	없음
공기 중 자연발화	자연발화(40~50℃)	없음
발화점	약 34℃	약 260℃
CS_2에 대한 용해성	녹음	녹지 않음
연소 시 생성물(동소체)	P_2O_5	P_2O_5
용도	적린제조, 농약	성냥, 화약

❻ 알칼리금속(K, Na 제외) 및 알칼리토금속(Mg 제외)[지정수량 : 50kg]

① 리튬(Li) : 알칼리금속★★

- 은백색의 가장 가벼운 무른 경금속이다.
- 가열 연소 시 적색 불꽃을 낸다.
- 물과 격렬히 반응하여 수소(H_2)를 발생한다.

$$2Li + 2H_2O \longrightarrow 2LiOH + H_2\uparrow$$

- 소화 : 건조사 등으로 질식소화한다(주수소화는 절대엄금).

② 칼슘(Ca) : 알칼리토금속★

- 은백색의 무른 경금속으로 연소 시 산화칼슘(CaO)이 된다.
- 물 또는 산과 반응하여 수소(H_2)를 발생한다.

$$\cdot Ca + 2H_2O \longrightarrow Ca(OH)_2 + H_2\uparrow$$
$$\cdot Ca + 2HCl \longrightarrow CaCl_2 + H_2\uparrow$$

- 소화 : 마른 모래 등으로 질식소화한다(주수소화는 절대엄금).

❼ 금속의 수소화합물(지정수량 : 300kg)★★★

① 수소화리튬(LiH), 수소화나트륨(NaH), 수소화칼슘(CaH_2)이 있다.

- 물과 반응 시 수소(H_2)를 발생하고 공기 중 자연발화한다.

$$\cdot \text{LiH} + \text{H}_2\text{O} \longrightarrow \text{LiOH} + \text{H}_2 \uparrow$$
$$\cdot \text{NaH} + \text{H}_2\text{O} \longrightarrow \text{NaOH} + \text{H}_2 \uparrow$$
$$\cdot \text{CaH}_2 + 2\text{H}_2\text{O} \longrightarrow \text{Ca(OH)}_2 + \text{H}_2 \uparrow$$

- 소화 : 마른 모래 등으로 질식소화한다(주수 및 포 소화약제는 절대엄금).

❽ 금속의 인화합물(지정수량 : 300kg)

① 인화칼슘[인화석회, Ca₃P₂]★★★★

- 적갈색의 괴상의 고체이다.
- 물 또는 묽은 산과 반응하여 가연성이며 맹독성인 인화수소(PH_3 : 포스핀)가스를 발생한다.

$$\cdot \text{Ca}_3\text{P}_2 + 6\text{H}_2\text{O} \longrightarrow 3\text{Ca(OH)}_2 + 2\text{PH}_3 \uparrow$$
$$\cdot \text{Ca}_3\text{P}_2 + 6\text{HCl} \longrightarrow 3\text{CaCl}_2 + 2\text{PH}_3 \uparrow$$

- 소화 : 마른 모래 등으로 피복소화한다(주수 및 포 소화약제는 절대엄금).

② 인화알루미늄[AlP]

- 물, 강산, 강알칼리 등과 반응하여 인화수소(PH_3 : 포스핀)의 유독성가스를 발생한다.

$$\cdot \text{AlP} + 3\text{H}_2\text{O} \longrightarrow \text{Al(OH)}_3 + \text{PH}_3 \uparrow$$
$$\cdot 2\text{AlP} + 3\text{H}_2\text{SO}_4 \longrightarrow \text{Al}_2(\text{SO}_4)_3 + 2\text{PH}_3 \uparrow$$

❾ 칼슘 또는 알루미늄의 탄화물(지정수량 : 300kg)

① 탄화칼슘(카바이트, CaC₂)★★★★★

- 회백색의 불규칙한 괴상의 고체이다.
- 물과 반응하여 수산화칼슘[Ca(OH)₂]과 아세틸렌(C_2H_2)가스를 발생한다.

$$\text{CaC}_2 + 2\text{H}_2\text{O} \longrightarrow \text{Ca(OH)}_2 + \text{C}_2\text{H}_2 \uparrow$$

- 고온(700℃ 이상)에서 질소(N_2)와 반응하여 석회질소($CaCN_2$)를 생성한다(질화반응).

$$\text{CaC}_2 + \text{N}_2 \longrightarrow \text{CaCN}_2 + \text{C}$$

- 장기보관 시 용기 내에 불연성가스(N_2 등)를 봉입하여 저장한다.
- 소화 : 마른 모래 등으로 피복소화한다(주수 및 포는 절대엄금).

> **참고** 아세틸렌(C₂H₂)
> - 폭발범위(연소범위)가 매우 넓다(2.5~81%).
> - 금속(Cu, Ag, Hg)과 반응 시 폭발성인 금속아세틸라이드와 수소(H_2)를 발생한다.
> $$\text{C}_2\text{H}_2 + 2\text{Cu} \longrightarrow \text{Cu}_2\text{C}_2(\text{동아세틸라이드} : \text{폭발성}) + \text{H}_2 \uparrow$$

② 탄화알루미늄(Al_4C_3)★★★★

- 황색 결정 또는 분말로 상온, 공기 중에서 안정하다.
- 물과 반응 시 가연성인 메탄(CH_4)가스를 발생하며 인화폭발의 위험이 있다.

$$Al_4C_3 + 12H_2O \longrightarrow 4Al(OH)_3 + 3CH_4 + 360kcal$$

- 소화 : 마른 모래 등으로 피복소화한다(주수 및 포는 절대엄금).

③ 탄화망간(Mn_3C)

- 물과 반응 시 메탄(CH_4)가스와 수소(H_2)가스가 발생한다.

$$Mn_3C + 6H_2O \longrightarrow 3Mn(OH)_2 + CH_4\uparrow + H_2\uparrow$$

16 제4류 위험물의 종류 및 지정수량★★★★★

성질	위험등급	품명		지정수량	지정품목
인화성 액체	I	특수인화물(이황화탄소 등)		50L	• 이황화탄소 • 디에틸에테르
	II	제1석유류	비수용성(휘발유 등)	200L	• 아세톤, 휘발유
			수용성(아세톤 등)	400L	
		알코올류(메틸알코올, 변성알코올 등)		400L	• $C_{1\sim3}$인 포화1가 알코올(변성알코올 포함)
	III	제2석유류	비수용성(등유, 경유 등)	1,000L	• 등유, 경유
			수용성(초산 등)	2,000L	
		제3석유류	비수용성(중유 등)	2,000L	• 중유 • 클레오소트유
			수용성(글리세린 등)	4,000L	
		제4석유류(기어유 등)		6,000L	• 기어유, 실린더유
		동식물유류(아마인유 등)		10,000L	• 동식물유의 지육, 종자, 과육에서 추출한 것으로 1기압에서 인화점이 250℃ 미만인 것

17 제4류 위험물의 공통성질★★★★

① 대부분 인화성액체로서 물보다 가볍고 물에 녹지 않는다.

② 증기의 비중은 공기보다 무겁다(단, HCN 제외).

③ 증기와 공기가 조금만 혼합하여도 연소폭발의 위험이 있다.

④ 전기의 부도체로서 정전기 축적으로 인화의 위험이 있다.

18 제4류 위험물의 저장 및 취급 시 유의사항★★★★

① 인화점 이하로 유지하고 화기의 접근은 절대 금한다.
② 증기 및 액체의 누설을 방지하고 통풍이 잘되게 해야 한다.
③ 액체의 이송 및 혼합 시 정전기 방지를 위해 접지를 해야 한다.
④ 증기의 축적을 방지하고, 증기 배출 시 높은 곳으로 배출시킨다.

19 제4류 위험물 소화방법★★★★

① 물에 녹지 않고 물위에 부상하여 연소면을 확대하므로 봉상의 주수소화는 절대 금한다(단, 수용성은 제외).
② CO_2, 포, 분말, 물분무 등으로 질식소화한다.
③ 수용성인 알코올은 알코올포 및 다량의 주수소화한다.

> **참고** 인화성액체의 인화점 시험방법
> • 태그 밀폐식   • 신속평형법   • 클리브랜드 개방컵

20 제4류 위험물의 종류 및 성상

❶ 특수인화물(지정수량 : 50L)★★★

> • 지정품목 : 이황화탄소, 디에틸에테르
> • 지정성상(1기압에서) ┌ 발화점 100℃ 이하인 것
>   └ 인화점 −20℃ 이하, 비점 40℃ 이하인 것

① 디에틸에테르($C_2H_5OC_2H_5$)★★★★★
  • 인화점 −45℃, 발화점 180℃, 연소범위 1.9~48%, 증기비중 2.6
  • 휘발성이 강한 무색 액체이다.
  • 물에 약간 녹고 알코올에 잘 녹으며 마취성이 있다.
  • 공기와 장기간 접촉 시 과산화물을 생성한다.

> **참고** • 과산화물 검출시약 : 디에틸에테르＋KI(10%)용액 → 황색 변화
> • 과산화물 제거시약 : 30%의 황산제일철수용액 또는 5g의 환원철

  • 저장 시 불활성가스를 봉입하고 정전기를 방지하기 위해 소량의 염화칼슘($CaCl_2$)을 넣어둔다.
  • 과산화물 생성을 방지하기 위해 구리망을 넣어둔다.
  • 소화 : CO_2로 질식소화한다.

② 이황화탄소(CS_2)★★★★★
- 인화점 −30℃, 발화점 100℃, 연소범위 1.2~44%, 비중 1.26
- 무색투명한 액체, 불순물 존재 시 황색 및 불쾌한 냄새가 난다.
- 물보다 무겁고, 물에 녹지 않으며 알코올, 벤젠, 에테르 등에 잘 녹는다.
- 4류 위험물 중 발화점이 100℃로 가장 낮다.
- 연소 시 유독한 아황산가스를 발생한다.

$$CS_2 + 3O_2 \longrightarrow CO_2\uparrow + 2SO_2\uparrow$$

- 저장 시 물속에 보관하여 가연성 증기의 발생을 억제시킨다.
- 소화 : CO_2, 분말 소화약제 등으로 질식소화한다.

③ 아세트알데히드(CH_3CHO)★★★★
- 인화점 −39℃, 발화점 185℃, 연소범위 4.1~57%
- 휘발성이 강하고, 과일 냄새가 나는 무색 액체이다.
- 물, 에테르, 에탄올에 잘 녹는다(수용성).
- 환원성물질로 은거울반응, 펠링반응, 요오드포름반응 등을 한다.
- 소화 : 알코올용포, 다량의 물, CO_2 등으로 질식소화한다.

④ 산화프로필렌(CH_3CHCH_2O)★★★★
- 인화점 −37℃, 발화점 465℃, 연소범위 2.5~38.5%
- 에테르향의 냄새가 나는 휘발성이 강한 액체이다.
- 물, 벤젠, 에테르, 알코올 등에 잘 녹고 피부접촉 시 화상을 입는다(수용성).
- 소화 : 알코올용포, 다량의 물, CO_2 등으로 질식소화한다.

> **참고** 아세트알데히드, 산화프로필렌의 공통사항★★★★
> - Cu, Ag, Hg, Mg 및 그 합금 등과는 용기나 설비를 사용하지 말 것(중합반응 시 폭발성물질 생성)
> - 저장 시 불활성가스(N_2, Ar) 또는 수증기를 봉입하고 냉각장치를 사용하여 비점 이하로 유지할 것

❷ 제1석유류(지정수량 : 비수용성 200L, 수용성 400L)★★★

> - 지정품목 : 아세톤, 휘발유(가솔린)
> - 지정성상(1기압, 20℃) : 인화점 21℃ 미만

비수용성액체

① 가솔린(휘발유, $C_5H_{12} \sim C_9H_{20}$)★★★★★
- 인화점 −43~−20℃, 발화점 300℃, 연소범위 1.4~7.6%, 증기비중 3~4
- 주성분은 $C_5 \sim C_9$의 포화·불포화탄화수소의 혼합물이다.
- 옥탄가를 높여 연소성 향상을 위해 사에틸납[$(C_2H_5)_4Pb$]을 첨가시켜 오렌지 또는 청색으로 착색한다(노킹현상 억제).
- 소화 : 포(대량일 때), CO_2, 할로겐화합물, 분말 등으로 질식소화한다.

② 벤젠(C_6H_6)★★★★
- 인화점 −11℃, 발화점 562℃, 연소범위 1.4~7.1%, 융점 5.5℃
- 무색, 투명한 방향성 냄새를 가진 휘발성이 강한 액체이다.
- 증기는 마취성, 독성이 강하다.
- 물에 녹지 않고 알코올, 에테르, 아세톤 등의 유기용제에 잘 녹는다.
- 소화 : 가솔린에 준한다.

③ 톨루엔($C_6H_5CH_3$)★★★
- 인화점 4℃, 발화점 552℃
- 마취성, 독성이 있는 휘발성액체이다(독성은 벤젠의 1/10 정도).
- 물에 녹지 않고 유기용제(알코올, 벤젠, 에테르 등)에 잘 녹는다.
- TNT 폭약 원료에 사용한다.
- 소화 : 가솔린에 준한다.

④ 콜로디온[질화면+에탄올(3)+에테르(1)]★★
- 무색의 점성이 있는 교질 상태의 액체로, 인화점은 −18℃이다.
- 연소 시 용제가 휘발한 후에 남은 질화면은 폭발적으로 연소한다.
- 저장 시 용제의 증기 발생을 막고, 운반 시 20% 이상 수분을 첨가한다.

⑤ 메틸에틸케톤(MEK, $CH_3COC_2H_5$)★★★
- 인화점 −1℃, 발화점 516℃, 분자량 72
- 무색 휘발성액체로 물, 알코올, 에테르 등에 잘 녹는다.
- 증기도 마취성, 탈지작용을 일으킨다.
- 소화 : 알코올포, 물 분무주수 등의 질식소화한다.

⑥ 초산메틸(CH_3COOCH_3)★★
- 휘발성, 마취성 있는 무색 액체로 과일 냄새가 난다.
- 독성이 있고 탈지작용, 물에 잘 녹는다.
- 인화점 −10℃의 인화성물질이다.
- 소화 : 알코올포를 사용한다.

수용성액체

① 아세톤(CH_3COCH_3)★★★★
- 인화점 $-18℃$, 발화점 538℃, 비중 0.79, 연소범위 2.6~12.8%
- 무색 독특한 냄새나는 휘발성액체로 보관 중 황색으로 변색한다.
- 수용성, 알코올, 에테르, 가솔린 등에 잘 녹는다.
- 탈지작용, 요오드포름반응, 아세틸렌 용제에 사용한다.
- 직사광선에 의해 폭발성 과산화물을 생성한다.
- 소화 : 알코올포, 다량의 주수로 희석소화한다.

② 피리딘(C_5H_5N)★★★
- 인화점 20℃, 분자량 79, 발화점 482℃
- 물, 알코올, 에테르에 잘 녹는 무색의 액체이다.
- 약알칼리성이며 강한 악취와 독성 및 흡습성이 있다.
- 질산(HNO_3)과 가열해도 분해폭발하지 않고 안정하다.
- 소화 : 알코올포, 분무주수 등을 사용한다.

③ 의산메틸($HCOOCH_3$)
- 마취성, 독성이 강하여 흡입 시 자극을 준다.
- 무색투명한 인화성, 휘발성액체로 물에 잘 녹는다.

④ 의산에틸($HCOOC_2H_5$)★
- 무색투명한 액체이다.
- 독성은 없고 약간의 마취성이 있다.

⑤ 시안화수소(HCN)★★
- 증기비중 0.93(공기보다 가벼움), 인화점 $-18℃$, 착화점 538℃
- 특유한 냄새가 나는 무색 액체로 물에 잘 녹는다(약산성).
- 맹독성물질로 수분 또는 알칼리와 혼합 시 중합폭발한다.

❸ 알코올류(R−OH, 지정수량 : 400L), 수용성액체★★★

> - 알코올류 : 1분자를 구성하는 탄소수가 C_1~C_3인 포화 1가 알코올(변성알코올 포함)
> - 변성알코올 : 에틸알코올+메틸알코올, 가솔린, 피리딘을 소량 첨가한 공업용 알코올(음료용 사용불가)

① 메틸알코올(목정, CH_3OH)★★★★
- 인화점 11℃, 발화점 464℃, 연소범위 7.3~36%
- 물, 유기용매에 잘 녹고 독성이 강하여 마시면 실명 또는 사망한다.
- 목재 건류 시 유출되므로 목정이라 한다.

• 연소 시 연한 불꽃을 내어 잘 보이지 않는다.

$$2CH_3OH + 3O_2 \longrightarrow 2CO_2 + 4H_2O$$

• 소화 : 알코올용포, 다량의 주수소화한다.

② 에틸알코올(주정, C_2H_5OH)★★★★★
  • 인화점 13℃, 발화점 423℃, 연소범위 4.3~19%, 분자량 46
  • 무색투명한 휘발성액체로 특유한 향과 맛이 있으며 독성은 없다.
  • 술의 주성분으로 주정이라 한다.
  • 연소 시 연한불꽃을 내어 잘 보이지 않는다.

$$C_2H_5OH + 3O_2 \longrightarrow 2CO_2 + 3H_2O$$

  • 요오드포름 반응한다(에탄올 검출반응).

$$C_2H_5OH + \boxed{KOH + I_2} \longrightarrow CHI_3 \downarrow (요오드포름 : 노란색 침전)$$

  > **참고** 요오드포름 반응하는 물질
  > • 에틸알코올(C_2H_5OH)   • 아세톤(CH_3COCH_3)
  > • 아세트알데히드(CH_3CHO)   • 이소프로필알코올[$(CH_3)_2CHOH$]

  • 알칼리금속(Na, K)과 반응 시 수소(H_2)를 발생한다.

$$2Na + 2C_2H_5OH \longrightarrow 2C_2H_5ONa + H_2 \uparrow$$

③ 이소프로필알코올[$(CH_3)_2CHOH$]
  • 무색의 강한 향기를 가진 액체이며 요오드포름 반응한다.
  • 물에 잘 섞이며, 아세톤, 에테르 등 유기용매에 잘 녹는다.
  • 산화 시 아세톤을 만들고, 탈수 시 프로필렌이 된다.

❹ 제2석유류(지정수량 : 비수용성 1,000L, 수용성 2,000L)★★★

  • 지정품목 : 등유, 경유
  • 지정성상(1기압) : 인화점 21℃ 이상 70℃ 미만

비수용성액체

① 등유(케로신)★★★
- 인화점 30~60℃, 발화점 254℃, 증기비중 4~5, 연소범위 1.1~6%
- 탄소수가 C_9~C_{18}가 되는 포화·불포화탄화수소의 혼합물이다.
- 물에 불용, 증기는 공기보다 무거우므로 정전기 발생에 주의한다.
- 소화 : 포, 분말, CO_2, 할론소화제 등으로 질식소화한다.

② 경유(디젤유)★★
- 인화점 50~70℃, 발화점 257℃, 연소범위 1~6%
- 탄소수가 C_{10}~C_{20}가 되는 포화·불포화탄화수소의 혼합물이다.
- 물에 불용, 유기용제에 잘 녹는다.

③ 크실렌[$C_6H_4(CH_3)_2$]
- o-크실렌(인화점 32℃)
- m-, p-크실렌(인화점 25℃)

참고 크실렌의 3가지 이성체

(o-크실렌)　　(m-크실렌)　　(p-크실렌)

---

④ 기타 : 테레핀유(송정유), 스틸렌($C_6H_5CHCH_2$), 클로로벤젠(C_6H_5Cl), 장뇌유($C_{10}H_{16}O$) 등이 있다.

수용성액체

① 의산(포름산, 개미산, HCOOH)★
- 무색, 강한 산성의 신맛이 나는 자극성액체이다.
- 물에 잘 녹고 물보다 무거우며(비중 1.2) 유기용제에 잘 녹는다.
- 강한 환원성이 있어 은거울반응, 펠링반응을 한다.
- 소화 : 알코올용포, 다량의 주수소화한다.

② 아세트산(초산, CH_3COOH)★★★
- 자극성 냄새와 신맛이 나는 무색 액체이다.
- 융점(16.7℃) 이하에서는 얼음처럼 존재하므로 '빙초산'이라고 한다.
- 피부접촉 시 화상을 입으며 3~5%수용액을 '식초'라고 한다.
- 알칼리금속(Na, K)과 반응 시 수소(H_2)를 발생한다.

$$2CH_3COOH + 2Na \longrightarrow 2CH_3COONa + H_2 \uparrow$$

③ 히드라진(N_2H_4)★★

- 분자량 32, 인화점 38℃, 발화점 270℃, 연소범위 4.7~100%
- 무색 맹독성인 가연성의 발연성액체이다.
- 물, 알코올에 잘 녹고 에테르에는 녹지 않는다.
- 공기 중에서 180℃로 가열 시 암모니아(NH_3), 질소(N_2), 수소(H_2)로 분해한다.

$$2N_2H_4 \xrightarrow[\Delta]{180℃} 2NH_3 + N_2 + H_2$$
(히드라진)　　　　(암모니아)　(질소)　(수소)

- 약알칼리성으로 강산, 강산화성물질과 혼합 시 폭발위험이 크다.

❺ 제3석유류(지정수량 : 비수용성 2,000L, 수용성 4,000L)★★

- 지정품목 : 중유, 클레오소트유
- 지정성상(1기압) : 인화점 70℃ 이상 200℃ 미만

비수용성액체

① 중유★★

- 갈색 또는 암갈색의 끈적끈적한 액체이다.
- 점도에 따라 벙커A유, 벙커B유, 벙커C유 등의 3등급으로 구분한다.
- 대형 저장탱크 화재 시 보일오버 또는 슬롭오버 현상이 일어난다.
- 종이, 헝겊 등에 스며들면 공기 중에서 자연발화 위험이 있다.
- 80~100℃까지 예열하여 사용하므로 인화의 위험이 크다(인화점 60~150℃).

② 클레오소트유(타르유)

- 황색 또는 암갈색의 기름모양의 액체로 증기는 유독하다.
- 콜타르 증류 시 얻으며 주성분은 나프탈렌, 안트라센이다.
- 물보다 무겁고 물에 녹지 않으며 유기용제에 잘 녹는다.
- 목재의 방부제에 많이 사용된다.

③ 아닐린($C_6H_5NH_2$)★★★★

- 인화점 75℃, 발화점 538℃, 비중 1.02, 분자량 93
- 무색 또는 담황색 기름상의 액체로 햇빛에 의해 적갈색으로 변한다.
- 물에 약간 녹고 유기용제(알코올, 아세톤, 벤젠, 에테르 등)에 잘 녹는다.
- 물보다 무겁고, 독성이 강하며, 염기성을 나타낸다.

- 금속과 반응 시 수소(H_2)를 발생한다.
- 표백분($CaOCl_2$)용액에서 붉은 보라색을 띤다.

④ 니트로벤젠($C_6H_5NO_2$)
- 갈색의 특유한 냄새가 나는 액체로서 증기는 독성이 있다.
- 물에 녹지 않고 유기용제에 잘 녹는다.
- 염산과 반응하여 수소로 환원 시 아닐린이 생성된다.

수용성액체

① 에틸렌글리콜[$C_2H_4(OH)_2$]★★★
- 무색, 단맛이 있고 흡수성과 점성이 있는 액체이다.
- 물, 알코올, 아세톤에 잘 녹고, 에테르, 벤젠, CS_2에는 녹지 않는다.
- 독성이 있는 2가 알코올이며, 부동액에 사용한다.

② 글리세린[$C_3H_5(OH)_3$]★★★
- 무색 단맛이 있고 흡수성과 점성이 있는 액체이다.
- 물, 알코올에 잘 녹고 벤젠, 에테르에는 녹지 않는다.
- 독성이 없는 3가 알코올이고 화장품의 원료에 사용한다.

❻ 제4석유류(지정수량 : 6,000L)★

> - 지정품목 : 기어유, 실린더유
> - 지정성상(1기압) : 인화점 200℃ 이상 250℃ 미만

① 기어유
- 기계, 자동차 등에 사용한다.
- 인화점 220℃, 비중 0.90

② 실린더유
- 증기기관 실린더에 사용한다.
- 인화점 250℃, 비중 0.90

> **참고** 윤활유(기어유, 실린더유 등)의 기능 : 윤활작용, 밀봉작용, 냉각작용, 녹 및 부식방지작용, 세척 및 분산작용 등이 있다.

③ 가소제
휘발성이 적은 용제, 합성수지, 합성고무 등에 첨가시켜 가소성, 유연성, 강도 등을 자유롭게 조절하기 위하여 사용하는 물질이다.

❼ 동식물유류(지정수량 : 10,000L)

> • 지정성상(1기압) : 동물의 지육 또는 식물의 종자나 과육으로부터 추출한 것으로 인화점이
>   250℃ 미만인 것

① 건성유 : 요오드값 130 이상★★★
  • 자연발화 위험성이 있다.
  • 종류 : 해바라기유, 동유, 아마인유, 정어리기름, 들기름 등
② 반건성유 : 요오드값 100~130
  • 종류 : 참기름, 옥수수기름, 청어기름, 채종유, 면실유, 콩기름, 쌀겨기름 등
③ 불건성유 : 요오드값 100 이하
  • 종류 : 야자유, 동백유, 올리브유, 피마자유, 땅콩기름, 돈지, 우지 등

> 참고 요오드값 : 유지 100g에 부가되는 요오드의 g수
>   (불포화도를 나타내며, 2중 결합수에 비례함)

21 제5류 위험물의 종류 및 지정수량★★

성질	위험등급	품명	지정수량
자기반응성 물질	I	유기과산화물[과산화벤조일 등]	10kg
		질산에스테르류[니트로셀룰로오스, 질산에틸 등]	
	II	니트로화합물[TNT, 피크린산 등]	200kg
		니트로소화합물[파라니트로소 벤젠]	
		아조화합물[아조벤젠 등]	
		디아조화합물[디아조 디니트로페놀]	
		히드라진 유도체[디메틸 히드라진]	
		히드록실아민[NH_2OH]	100kg
		히드록실아민염류[황산히드록실아민]	

22 제5류 위험물의 공통성질★★★

① 자체 내에 산소를 함유한 물질로 비중은 물보다 무겁고, 물에 녹지 않는다.
② 가열, 충격, 마찰 등에 의해 폭발하는 자기반응성(내부연소성)물질이다.
③ 연소 또는 분해속도가 매우 빠른 폭발성물질이다.
④ 공기 중 장시간 방치 시 자연발화한다.

23 제5류 위험물의 저장 및 취급 시 유의사항★★

① 화기는 절대엄금하고, 직사광선, 가열, 충격, 마찰 등을 피한다.
② 저장 시 소량씩 소분하여 적당한 습도, 온도를 유지하여 냉암소에 저장한다.
③ 운반용기 및 저장용기에 '화기엄금' 및 '충격주의'라고 표시한다.

24 제5류 위험물의 소화방법

① 연소속도가 매우 빠르고 폭발적이므로 초기화재 이외에는 소화가 대단히 어렵다(주위의 위험물을 제거함).
② 다량의 물로 주수소화한다.
③ 자체 내에 산소를 함유하고 있어 질식소화는 효과가 없다.

25 제5류 위험물의 종류 및 성상

❶ 유기과산화물(지정수량 : 10kg)

일반적으로 [－O－O－]기의 구조를 가진 '유기과산화물'이다.

① 과산화벤조일[$(C_6H_5CO)_2O_2$]★★★
- 무색무취의 백색 분말 또는 결정이다.
- 물에 불용, 알코올에는 약간 녹으며 유기용제(에테르, 벤젠 등)에는 잘 녹는다.
- 희석제(DMP, DBP)와 물을 사용하여 폭발성을 낮출 수 있다.
- 운반할 경우 30% 이상의 물과 희석제를 첨가하여 안전하게 수송한다.

    ※ 희석제 : 프탈산디메틸(DMP), 프탈산디부틸(DBP)

② 메틸에틸케톤퍼옥사이드[$(CH_3COC_2H_5)_2O_2$, MEKPO]★★
- 무색, 특이한 냄새가 나는 기름모양의 액체이다.
- 물에 약간 녹고, 알코올, 에테르에는 잘 녹는다.
- 강산화제이며 직사광선, 알칼리금속에 의하여 분해가 촉진된다.
- 상온에서 안정하나 110℃ 이상에서 흰 연기의 분해가스를 발생, 발화연소한다.
- 시판품은 희석제(DMP, DBP)를 첨가하여 농도가 60% 이상이 되지 않게 한다.

③ 기타 : 과산화초산(CH_3COOOH), 아세틸퍼옥사이드[$(CH_3CO)_2O_2$] 등이 있다.

❷ 질산에스테르류(지정수량 : 10kg)

① 니트로셀룰로오스[$C_6H_7O_2(ONO_2)_3$]$_n$★★★★★
- 인화점 13℃, 착화점 180℃, 분해온도 130℃
- 셀룰로오스를 진한 질산(3)과 진한 황산(1)의 혼합액을 반응시켜 만든 셀룰로오스에스

테르이다.

- 맛, 냄새가 없고, 물에 불용, 아세톤, 초산에틸, 초산아밀 등에 잘 녹는다.
- 직사광선, 산·알칼리에 분해하여 자연발화한다.
- 질화도(질소함유율)가 클수록 분해도·폭발성이 증가한다.
- 저장·운반 시 물(20%) 또는 알코올(30%)로 습윤시킨다(건조 시 타격, 마찰 등에 의해 폭발위험성이 있다).
- 130℃에서 분해 시작하여 180℃에서는 급격히 연소폭발한다.

$$2C_{24}H_{29}O_9(ONO_2)_{11} \longrightarrow 24CO_2\uparrow + 24CO\uparrow + 12H_2O + 17H_2\uparrow + 11N_2\uparrow$$

② 니트로글리세린[$C_3H_5(ONO_2)_3$, NG]★★★★★
- 무색, 단맛이 나는 액체(상온)이나 겨울철에는 동결한다.
- 가열, 마찰, 충격에 민감하여 폭발하기 쉽다.
- 규조토에 흡수시켜 폭약인 다이너마이트를 제조한다.
- 물에 불용, 알코올, 에테르, 아세톤 등 유기용매에 잘 녹는다.
- 강산류, 강산화제와 혼촉 시 분해가 촉진되어 발화폭발한다.
- 50℃ 이하에서 안정하나 222℃에서는 분해폭발한다.

$$4C_3H_5(ONO_2)_3 \longrightarrow 12CO_2\uparrow + 10H_2O\uparrow + 6N_2\uparrow + O_2\uparrow$$

- 가열, 충격, 마찰 등에 민감하므로 폭발방지를 위해 다공성물질(규조토, 톱밥, 전분 등)에 흡수시켜 보관한다.
- 수송 시 액체상태는 위험하므로 다공성물질에 흡수시켜 운반한다.

③ 질산에틸($C_2H_5ONO_2$)★★★
- 인화점 −10℃, 비점 88℃, 비중 1.11
- 무색 투명하고 단맛이 나는 액체이다.
- 물에 불용, 알코올, 에테르 등에 잘 녹는다.
- 인화점이 −10℃로 낮아서 겨울철에도 인화하기 쉽다.
- 비점 이상 가열하거나 아질산(HNO_2)과 접촉 시 폭발위험이 있다.
- 휘발하기 쉽고 증기는 공기보다 무거우므로 정전기 발생에 주의해야 한다.
- 에틸알코올과 진한 질산을 작용시켜 얻는다.

$$C_2H_5OH + HNO_3 \longrightarrow C_2H_5ONO_2 + H_2O$$

④ 기타 : 질산메틸(CH_3ONO_2), 니트로글리콜[$C_2H_4(ONO_2)_2$] 등이 있다.

❸ 니트로화합물(지정수량 : 200kg)

유기화합물의 수소원자를 2 이상의 니트로기(−NO_2)로 치환된 화합물이다.

① 트리니트로톨루엔[$C_6H_2CH_3(NO_2)_3$, TNT]★★★★★

- 담황색 결정이나 햇빛에 의해 다갈색으로 변한다.
- 물에 불용, 에테르, 벤젠, 아세톤 및 가열된 알코올에 잘 녹는다.
- 강력한 폭약으로 분해 시 다량의 기체가 발생한다(N_2, CO, H_2).

$$2C_6H_2CH_3(NO_2)_3 \longrightarrow 12CO\uparrow + 2C + 3N_2\uparrow + 5H_2\uparrow$$

- 운반 시 물을 10% 정도 넣어서 운반한다.
- 소화 : 연소속도가 빨라서 소화가 어려우나 다량의 물로 소화한다.
- 폭약, 작약, 폭파약 등에 사용한다.

② 피크린산[$C_6H_2(NO_2)_3OH$, 트리니트로페놀(TNP)]★★★★

- 침상결정으로 쓴맛이 있고 독성이 있다.
- 찬물에 불용, 온수, 알코올, 벤젠 등에 잘 녹는다.
- 단독으로 마찰, 충격에 둔감하다.
- 연소 시 검은 연기를 내지만 폭발은 하지 않는다.
- 피크린산 금속염(Fe, Cu, Pb 등)은 격렬히 폭발한다.
- 가솔린, 알코올, 유황 등과 혼합 시 충격, 마찰 등에 의해 폭발한다.
- 300℃ 이상 고온으로 급격히 가열 시 분해폭발한다.

$$2C_6H_2OH(NO_2)_3 \longrightarrow 2C + 3N_2\uparrow + 3H_2\uparrow + 4CO_2\uparrow + 6CO\uparrow$$

- 운반 시 10~20% 물로 습윤시켜 운반한다.
- 화약, 불꽃놀이에 사용된다.

참고 구조식(TNT, TNP)

(트리니트로톨루엔, TNT)   (피크린산, TNP)

④ 니트로소화합물(지정수량 : 200kg)

① 하나의 벤젠핵에 수소원자 대신 니트소기($-NO$)가 2 이상 결합된 화합물이다.

② 파라디니트로소벤젠[$C_6H_4(NO)_2$], 디니트로소레조르신[$C_6H_2(OH)_2(NO)_2$] 등이 있다.

⑤ 아조화합물(지정수량 : 200kg)

① 아조기($-N=N-$)가 탄소원자와 결합한 화합물이다.

② 염료나 색조의 발색 원인이 되는 발색단의 원자단이다.

③ 아조벤젠[$C_6H_5N=NC_6H_5$], 히드록시아조벤젠[$C_6H_5N=NC_6H_4OH$] 등이 있다.

⑥ 디아조화합물(지정수량 : 200kg)

① 디아조기($N\equiv N-$)가 탄소원자와 결합한 화합물이다.

② 디아조메탄(CH_2N_2), 디아조디니트로페놀($C_6H_2N_4O_5$, DDNP) 등이 있다.

⑦ 히드라진 유도체(지정수량 : 200kg)

디메틸히드라진[$(CH_3)_2NNH_2$], 염산히드라진($N_2H_4 \cdot HCl$), 황산히드라진($N_2H_4 \cdot H_2SO_4$) 등이 있다.

⑧ 금속의 아지화합물(지정수량 : 200kg)

아지드화나트륨(NaN_3), 아지드화납[질화납, $Pb(N_3)_2$], 아지드화은(AgN_3) 등이 있다.

26 제6류 위험물의 종류 및 지정수량★

성질	위험등급	품명	지정수량
산화성액체	I	과염소산[$HClO_4$]	300kg
		과산화수소[H_2O_2]	
		질산[HNO_3]	
		할로겐 간 화합물[BrF_3, IF_5 등]	

27 제6류 위험물의 공통성질★★★★

① 산소를 함유한 강산화성액체(강산화제)이며 불연성물질이다.
② 분해 시 산소를 발생하므로 다른 가연물질의 연소를 돕는다.
③ 무기화합물로 액비중은 1보다 크고 물에 잘 녹는다.
④ 강산성물질로 물과 접촉 시 발열한다(H_2O_2는 제외).
⑤ 부식성이 강한 강산으로 증기는 유독하다.

28 제6류 위험물의 저장 및 취급 시 유의사항★★

① 물, 가연물, 염기 및 산화제(제1류)와의 접촉을 피한다.
② 흡수성이 강하기 때문에 내산성용기를 사용한다.
③ 피부접촉 시 다량의 물로 세척하고 증기를 흡입하지 않도록 한다.
④ 누출 시 과산화수소는 물로, 다른 물질은 중화제(소다, 중조 등)로 중화시킨다.
⑤ 위험물 제조소등 및 운반용기의 외부에 주의사항은 '가연물 접촉주의'라고 표시한다.

29 제6류 위험물의 소화방법★★★

① 마른 모래, CO_2, 분말 소화약제로 소화한다.
② 소량화재 시 또는 과산화수소는 다량의 물로 희석소화한다.
③ 물과 접촉 시 발열하므로 물 사용은 피하는 것이 좋다.

30 위험물의 종류 및 성상

❶ 과염소산($HClO_4$, 지정수량 : 300kg)★★★★

① 무색 액체로 흡수성 및 휘발성이 강하다.
② 불연성이지만 자극성, 산화성이 크고 공기 중 분해 시 연기를 발생한다.
③ 가열하면 분해폭발하여 유독성인 HCl를 발생시킨다.

$$HClO_4 \xrightarrow{\Delta} HCl + 2O_2$$

④ 산화력이 강한 강산으로 종이, 나무조각과 접촉 시 연소폭발한다.
⑤ 저장 시 내산성용기(유리, 도자기)에 밀봉·밀전하여 통풍이 양호한 곳에 저장한다.
⑥ 소화에는 마른 모래, 다량의 물 분무를 사용한다.

❷ 과산화수소(H_2O_2, 지정수량 : 300kg)★★★★★

농도가 36중량% 이상인 것

① 강산화제로서 촉매로 이산화망간(MnO_2)을 사용 시 분해가 촉진되어 산소의 발생이 증가한다.

$$2H_2O_2 \xrightarrow[\text{촉매}]{MnO_2} 2H_2O + O_2\uparrow$$

② 강산화제이지만 환원제로도 사용한다.

③ 일반 시판품은 30~40%의 수용액으로 분해하기 쉽다.

  ※ 분해안정제 : 인산(H_3PO_4), 요산($C_5H_4N_4O_3$) 첨가

④ 과산화수소 3%의 수용액을 옥시풀(소독약)로 사용한다.

⑤ 고농도의 60% 이상은 충격마찰에 의해 단독으로 분해폭발 위험이 있다.

⑥ 히드라진(N_2H_4)과 접촉 시 분해하여 발화폭발한다.

$$2H_2O_2 + N_2H_4 \longrightarrow 4H_2O + N_2\uparrow$$

⑦ 저장용기의 마개에는 작은 구멍이 있는 것을 사용한다(이유 : 분해 시 발생하는 산소를 방출시켜 폭발을 방지하기 위하여).

⑧ 소화 : 다량의 물로 주수소화한다.

❸ 질산(HNO_3, 지정수량 : 300kg)★★★★★

비중이 1.49 이상인 것

① 흡습성, 자극성, 부식성이 강한 발연성액체이다.

② 강산으로 직사광선에 의해 분해 시 적갈색의 이산화질소(NO_2)를 발생시킨다.

$$4HNO_3 \longrightarrow 2H_2O + 4NO_2\uparrow + O_2\uparrow$$

③ 질산은 단백질과 반응 시 노란색으로 변한다(크산토프로테인반응 : 단백질검출반응).

④ 왕수에 녹는 금속은 금(Au)과 백금(Pt)이다(왕수＝염산(3)＋질산(1) 혼합액).

⑤ 진한 질산은 금속과 반응 시 산화 피막을 형성하는 부동태를 만든다(부동태를 만드는 금속 : Fe, Ni, Al, Cr, Co).

⑥ 진한 질산은 물과 접촉 시 심하게 발열하고 가열 시 NO_2(적갈색)가 발생한다.

⑦ 저장 시 직사광선을 피하고 갈색병의 냉암소에 보관한다.

⑧ 소화 : 마른 모래, CO_2 등을 사용하고 소량일 경우 다량의 물로 희석소화한다(물로 소화 시 발열, 비산할 위험이 있으므로 주의).

1 위험물안전관리법

❶ 용어의 정의

① 위험물 : 인화성 또는 발화성 등의 성질을 가진 것으로 대통령령이 정하는 물품
② 지정수량 : 대통령령이 정하는 수량, 제조소등의 설치허가 시 최저기준이 되는 수량
③ 제조소등 : 제조소, 저장소 및 취급소

> **참고**
> • 지정수량 미만의 위험물 저장 및 취급 : 시·도의 조례로 정함
> • 둘 이상의 위험물 취급 시 지정수량 배수계산
>
> $$\text{지정수량의 배수 합} = \frac{\text{A의 저장량}}{\text{A의 지정수량}} + \frac{\text{B의 저장량}}{\text{B의 지정수량}} + \cdots\cdots$$
>
> ∴ 지정수량의 배수 합계가 1 이상인 경우 : 지정수량 이상의 위험물로 본다.
> • 지정수량 이상 임시저장 : 관할 소방서장 승인 후 90일 이내

❷ 위험물 시설의 설치 및 변경★★

① 제조소등 설치 : 시·도지사 허가를 받을 것
② 제조소등의 위치, 구조, 위험물의 품명, 수량, 지정수량의 배수 등을 변경 : 변경하는 날의 1일 전까지 시·도지사에게 신고
③ 제조소등의 설치자의 지위승계 : 30일 이내 시·도지사에게 신고
④ 제조소등의 용도의 폐지 : 폐지한 날부터 14일 이내에 시·도지사에게 신고
⑤ 과징금 처분 : 사용정지 처분에 갈음하여 2억 원 이하의 과징금 부과

❸ 위험물안전관리자★★★

① 선임 : 관계인이 자격이 있는 자를 선임
② 선임기간 : 해임, 퇴직한 날부터 30일 이내에 선임
③ 선임신고 : 선임한 날로부터 14일 이내에 소방본부장 또는 소방서장에게 신고
④ 안전관리자 직무대행기간 : 30일

❹ 예방규정을 정하여야 하는 제조소등

① 지정수량의 10배 이상의 위험물을 취급하는 제조소

② 지정수량의 100배 이상의 위험물을 저장하는 옥외저장소

③ 지정수량의 150배 이상의 위험물을 저장하는 옥내저장소

④ 지정수량의 200배 이상을 저장하는 옥외탱크저장소

⑤ 암반탱크저장소

⑥ 이송취급소

⑦ 지정수량의 10배 이상의 위험물을 취급하는 일반취급소

❺ 정기점검 대상인 제조소등(점검횟수 : 연 1회 이상)★★

① 예방규정을 정하여야 하는 제조소등

② 지하탱크저장소

③ 이동탱크저장소

④ 지하탱크가 있는 제조소, 주유취급소, 일반취급소

❻ 정기검사 대상인 제조소등★★

액체위험물을 저장(취급)하는 50만L 이상의 옥외탱크저장소
(특정 및 준특정 옥외탱크저장소)

> **참고** • 특정 옥외저장탱크 : 100만L 이상
> • 준특정 옥외저장탱크 : 50만L 이상 100만L 미만

❼ 자체소방대★★★

① 설치대상

• 지정수량의 3,000배 이상의 제4류 위험물을 취급하는 제조소, 일반취급소

• 지정수량의 50만 배 이상의 제4류 위험물을 저장하는 옥외탱크저장소

② 자체소방대에 두는 화학소방자동차 및 인원★★★★★

사업소	지정수량의 양	화학소방자동차	자체소방대원의 수
제조소 또는 일반취급소에서 취급하는 제4류 위험물의 최대수량의 합계	12만 배 미만인 사업소	1대	5인
	12만 배 이상 24만 배 미만인 사업소	2대	10인
	24만 배 이상 48만 배 미만인 사업소	3대	15인
	48만 배 이상인 사업소	4대	20인

옥외탱크저장소에 저장하는 제4류 위험물의 최대수량	50만 배 이상인 사업소	2대	10인

※ 화학소방차 중 포수용액을 방사하는 화학소방차 대수는 상기 표의 규정대수의 2/3 이상으로 한다.

③ 화학소방자동차에 갖추어야 하는 소화능력 및 설비의 기준

화학소방자동차의 구분	소화능력 및 설비의 기준
포수용액 방사차	• 포수용액의 방사능력이 매분 2,000L 이상일 것 • 소화약액탱크 및 소화약액혼합장치를 비치할 것 • 10만L 이상의 포수용액을 방사할 수 있는 양의 소화약제를 비치할 것
분말 방사차	• 분말의 방사능력이 매초 35kg 이상일 것 • 분말탱크 및 가압용 가스설비를 비치할 것 • 1,400kg 이상의 분말을 비치할 것
할로겐화물 방사차	• 할로겐화물의 방사능력이 매초 40kg 이상일 것 • 할로겐화물탱크 및 가압용 가스설비를 비치할 것 • 1,000kg 이상의 할로겐화물을 비치할 것
이산화탄소 방사차	• 이산화탄소의 방사능력이 매초 40kg 이상일 것 • 이산화탄소저장용기를 비치할 것 • 3,000kg 이상의 이산화탄소를 비치할 것
제독차	• 가성소다 및 규조토를 각각 50kg 이상 비치할 것

2 옥내·옥외저장소에 위험물을 저장할 경우(높이 제한)

① 기계에 의해 용기만을 겹쳐 쌓는 경우 : 6m 이하
② 제4류 위험물 중 제3석유류, 제4석유류, 동식물유류의 용기 : 4m 이하
③ 기타 : 3m 이하

3 운반용기 적재방법★★

① 고체위험물 : 내용적의 95% 이하 수납률
② 액체위험물
  • 내용적의 98% 이하 수납률
  • 55℃에서 안전공간 유지

③ 제3류 위험물의 운반용기 수납기준
- 자연발화성물질 : 불활성기체 밀봉
- 자연발화성물질 이외 : 보호액 밀봉 또는 불활성기체 밀봉
- 알킬알루미늄 등 ┌ 운반용기 내용적의 90% 이하 수납
  └ 50℃에서 5% 이상 안전공간 유지

④ 운반용기 겹쳐 쌓는 높이 제한 : 3m 이하

⑤ 운반용기 적재 시 위험물에 따른 조치사항★★★★★

차광성 덮개를 해야 하는 경우	방수성 피복으로 덮어야 하는 경우
• 제1류 위험물 • 제3류 위험물 중 자연발화성물질 • 제4류 위험물 중 특수인화물 • 제5류 위험물 • 제6류 위험물	• 제1류 위험물 중 알칼리금속의 과산화물 • 제2류 위험물 중 철분, 금속분, 마그네슘 • 제3류 위험물 중 금수성물질

⑥ 유별 위험물의 혼재기준★★★★

구분	제1류	제2류	제3류	제4류	제5류	제6류
제1류		×	×	×	×	○
제2류	×		×	○	○	×
제3류	×	×		○	×	×
제4류	×	○	○		○	×
제5류	×	○	×	○		×
제6류	○	×	×	×	×	

※ 이 표는 지정수량의 $\frac{1}{10}$ 이하의 위험물에 대하여는 적용하지 아니한다.

> **참고** 서로 혼재 운반 가능한 위험물
> - ④와 ②, ③
> - ⑤와 ②, ④
> - ⑥과 ①

⑦ 운반용기 외부 표시사항
- 위험물의 품명, 위험등급, 화학명 및 수용성(제4류 위험물에 한함)
- 위험물의 수량

- 수납하는 위험물에 따른 주의사항★★★★

종류별	구분	주의사항
제1류 위험물(산화성고체)	알칼리금속의 과산화물	'화기·충격주의', '물기엄금', '가연물접촉주의'
	그 밖의 것	'화기·충격주의' 및 '가연물접촉주의'
제2류 위험물(가연성고체)	철분, 금속분, 마그네슘	'화기주의' 및 '물기엄금'
	인화성고체	'화기엄금'
	그 밖의 것	'화기주의'
제3류 위험물 (자연발화성 및 금수성물질)	자연발화성물질	'화기엄금' 및 '공기접촉엄금'
	금수성물질	'물기엄금'
제4류 위험물(인화성액체)	–	'화기엄금'
제5류 위험물(자기반응성물질)	–	'화기엄금' 및 '충격주의'
제6류 위험물(산화성액체)	–	'가연물접촉주의'

⑧ 운반 시 표지판 설치기준★★★
- 표기 : '위험물'
- 크기 : 0.3m 이상×0.6m 이상
- 색상 : 흑색 바탕에 황색 반사도료
- 부착위치 : 차량의 전면 및 후면

4 위험물 저장탱크★★★★

① 탱크의 공간용적 : 탱크용적의 5/100 이상 10/100 이하의 용적(5~10%)
② 탱크의 내용적 계산방법★★★
- 타원형탱크의 내용적

〈양쪽이 볼록한 것〉

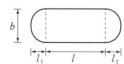

$$∴ 내용적(V) = \frac{\pi ab}{4}\left(l + \frac{l_1 + l_2}{3}\right)$$

〈한쪽은 볼록하고 다른 한쪽은 오목한 것〉

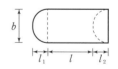

$$∴ 내용적(V) = \frac{\pi ab}{4}\left(l + \frac{l_1 + l_2}{3}\right)$$

- 원통형탱크의 내용적

〈횡으로 설치한 것〉

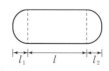

$$∴ 내용적(V) = \pi r^2\left(l + \frac{l_1 + l_2}{3}\right)$$

〈종으로 설치한 것〉

$$∴ 내용적(V) = \pi r^2 l$$

③ 기타의 탱크 : 수학적 계산방법에 의한다.

5 위험물 제조소

❶ 제조소의 안전거리(제6류 위험물 제외)★★★

건축물의 외벽으로부터 해당 건축물 외벽까지의 수평거리

대상물	안전거리
사용전압 7,000V 초과 35,000V 이하	3m 이상
사용전압 35,000V 초과	5m 이상
주거용(주택)	10m 이상
고압가스, 액화석유가스, 도시가스의 시설	20m 이상
학교, 병원, 극장, 복지시설	30m 이상
유형문화재, 지정문화재	50m 이상

※ 안전거리 단축 : 불연재료의 담 또는 벽을 설치할 경우

❷ 제조소의 보유공지

취급 위험물 최대수량에 따른 보유공지★★

취급 위험물의 최대수량	공지의 너비
지정수량의 10배 이하	3m 이상
지정수량의 10배 초과	5m 이상

❸ 제조소의 표지 및 게시판★★★★

① 표지의 설치기준
- 표지의 기재사항 : '위험물 제조소'라고 표지 하여 설치
- 표지의 크기 : 0.3m 이상×0.6m 이상인 직사 각형
- 표지의 색상 : 백색 바탕에 흑색 문자

(제조소의 표지판)

② 게시판 설치기준
- 기재사항 : 위험물의 유별, 품명, 저장(취급)최대수량, 지정수량의 배수 안전관리자의 성명(직명)
- 게시판의 크기 : 0.3m 이상×0.6m 이상인 직사각형
- 게시판의 색상 : 백색 바탕에 흑색 문자

③ 주의사항 표시 게시판(크기 : 0.3m 이상×0.6m 이상인 직사각형)

위험물의 종류	주의사항	게시판의 색상
제1류 위험물 중 알칼리금속의 과산화물 제3류 위험물 중 금수성물질	물기엄금	청색 바탕에 백색 문자
제2류 위험물(인화성고체는 제외)	화기주의	적색 바탕에 백색 문자
제2류 위험물 중 인화성고체 제3류 위험물 중 자연발화성물질 제4류 위험물 제5류 위험물	화기엄금	

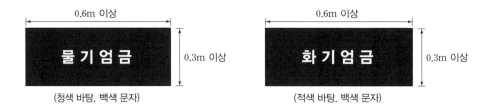

(청색 바탕, 백색 문자)   (적색 바탕, 백색 문자)

❹ 제조소 건축물의 구조

① 지하층이 없도록 할 것
② 벽, 기둥, 바닥, 보, 서까래 및 계단은 불연재료로 하고 외벽은 개구부 없는 내화구조의 벽으로 할 것
③ 지붕은 가벼운 불연재료로 덮을 것
④ 출입구와 비상구는 갑종방화문 또는 을종방화문을 설치하되, 연소 우려가 있는 외벽을 설치하는 출입구는 수시로 열 수 있는 자동폐쇄식의 갑종방화문을 설치할 것
⑤ 창 및 출입구의 유리는 망입유리로 할 것
⑥ 건축물 바닥은 적당한 경사를 두어 그 최저부에 집유설비를 할 것

❺ 채광, 조명 및 환기설비★★★

① 채광설비 : 불연재료로 하고, 채광면적을 최소로 할 것
② 조명설비
  • 가연성가스 등의 조명등은 방폭등을 할 것
  • 전선은 내화, 내열전선으로 할 것
  • 점멸스위치는 출입구 바깥 부분에 설치할 것
③ 환기설비★★★
  • 자연배기방식으로 할 것
  • 급기구는 바닥면적 150m²마다 1개 이상, 크기는 800cm² 이상으로 할 것

[단, 바닥면적이 150m² 미만인 경우 급기구의 면적]

바닥면적	급기구의 면적
60m² 미만	150cm² 이상
60m² 이상 90m² 미만	300cm² 이상
90m² 이상 120m² 미만	450cm² 이상
120m² 이상 150m² 미만	600cm² 이상

- 급기구는 낮은 곳에 설치하고 인화방지망(가는눈 구리망)을 설치할 것
- 환기구는 지붕 위 또는 지상 2m 이상 높이에 회전식 고정벤티레이터 또는 루프팬방식으로 설치할 것

⑥ 배출설비

① 배출설비는 국소방식으로 할 것

> **참고** 전역방식으로 할 수 있는 경우
> - 위험물취급설비가 배관이음 등으로만 된 경우
> - 전역방식이 유효한 경우

② 배풍기, 배출닥트, 후드 등을 이용하여 강제 배출할 것
③ 배출능력은 1시간당 배출장소 용적의 20배 이상일 것(단, 전역방식 : 바닥면적 1m²당 18m³ 이상)
④ 배출설비의 급기구 및 배출구의 설치기준
- 급기구는 높은 곳에 설치하고, 인화방지망(가는눈 구리망)을 설치할 것
- 배출구는 지상 2m 이상 높이에 설치하고 화재 시 자동폐쇄되는 방화 댐퍼를 설치할 것
⑤ 배풍기는 강제배기방식으로 옥내닥트의 내압이 대기압 이상 되지 않는 위치에 설치할 것

⑦ 옥외설비의 바닥(액체위험물 취급 시)★

① 둘레에 높이 0.15m 이상의 턱을 설치할 것
② 바닥의 최저부에 집유설비를 설치할 것
③ 위험물(온도 20℃의 물 100g에 용해되는 양이 1g 미만인 것)을 취급하는 설비는 배수구에 흘러가지 않도록 집유설비에 유분리장치를 설치할 것

❽ 기타 설비

① 정전기 제거설비★★★★★
- 접지에 의한 방법
- 공기 중의 상대습도를 70% 이상으로 하는 방법
- 공기를 이온화하는 방법

② 피뢰설비★★

지정수량의 10배 이상의 위험물을 취급하는 제조소(제6류 위험물 제외)에는 피뢰침을 설치할 것

❾ 위험물 취급탱크의 방유제(지정수량 1/5 미만은 제외)★★★

① 옥외탱크의 방유제(이황화탄소는 제외)
- 하나의 탱크의 방유제 용량 : 탱크용량의 50% 이상
- 2개 이상의 탱크의 방유제 용량 : 탱크 중 용량이 최대인 것의 50% + 나머지 탱크 용량 합계의 10% 이상

② 옥내탱크의 방유턱 : 하나의 방유턱 안에 탱크에 수납하는 위험물의 양을 전부 수용할 수 있도록 할 것

❿ 위험물 제조소 내의 배관 설치기준

① 배관은 지하에 매설할 것
- 배관외면에 부식방지를 위해 도복장, 코팅, 전기방식 등을 할 것
- 배관접합부에는 누설여부를 점검할 수 있는 점검구를 설치 할 것
- 지면에 미치는 중량이 배관에 미치지 않도록 보호할 것

② 배관에 걸리는 수압시험은 최대상용압력의 1.5배 이상에서 이상 없을 것

③ 배관을 지상에 설치할 경우
- 지진, 풍압, 지반침하 및 온도변화에 안전한 구조의 지지물에 설치할 것
- 지면에 닿지 않도록 할 것
- 배관외면에 부식방지 도장을 할 것

⓫ 위험물의 성질에 따른 제조소의 특례★★★

① 알킬알루미늄 등을 취급하는 제조소의 특례 : 알킬알루미늄 등을 취급하는 설비에는 불활성기체를 봉입하는 장치를 갖출 것

② 아세트알데히드 등을 취급하는 제조소의 특례
- 취급하는 설비는 은(Ag), 수은(Hg), 동(Cu), 마그네슘(Mg) 또는 이들의 합금으로 만들지 않을 것
- 취급하는 설비에는 연소성 혼합기체의 생성 시 폭발을 방지하기 위한 불활성기체 또는 수증기를 봉입하는 장치를 갖출 것

③ 히드록실아민 등을 취급하는 제조소의 특례
- 지정수량 이상 취급하는 제조소는 안전거리를 둘 것★★★

안전거리의 계산식 $D = \dfrac{51.1 \cdot N}{3}$

$\left[\begin{array}{l} D : 거리(m) \\ N : 당해 제조소에서 취급하는 히드록실아민 등의 지정수량의 배수 \end{array}\right.$

- 히드록실아민 등을 취급하는 설비에는 철이온 등의 혼입에 의한 위험한 반응을 방지하기 위한 조치를 강구할 것

⓬ 알킬알루미늄 등, 아세트알데히드 등, 디에틸에테르 등의 저장기준★★★★

① 이동저장탱크
- 알킬알루미늄 등 : 20KPa 이하의 압력으로 불활성기체 봉입
- 아세트알데히드 등 : 불활성기체 봉입

② 옥외·옥내저장탱크, 지하저장탱크 중 압력탱크 이외의 탱크
- 산화프로필렌, 디에틸에테르 : 30℃ 이하
- 아세트알데히드 : 15℃ 이하

③ 옥외·옥내저장탱크, 지하저장탱크 중 압력탱크
- 아세트알데히드 등 또는 디에틸에테르 등 : 40℃ 이하

④ 아세트알데히드 등 또는 디에틸에테르 등을 이동저장탱크에 저장할 경우
- 보냉장치가 있는 경우 : 비점 이하
- 보냉장치가 없는 경우 : 40℃ 이하

6 옥내저장소

❶ 옥내저장소의 안전거리
옥내저장소의 안전거리는 제조소와 동일하다.
① 제외대상
  • 제4류 위험물 중 제4석유류와 동식물유류의 지정수량의 20배 미만인 것
  • 제6류 위험물의 옥내저장소

❷ 옥내저장소의 보유공지★★★

저장 또는 취급하는 위험물의 최대수량	공지의 너비	
	벽·기둥 및 바닥이 내화구조로 된 건축물	그 밖의 건축물
지정수량의 5배 이하	–	0.5m 이상
지정수량의 5배 초과 10배 이하	1m 이상	1.5m 이상
지정수량의 10배 초과 20배 이하	2m 이상	3m 이상
지정수량의 20배 초과 50배 이하	3m 이상	5m 이상
지정수량의 50배 초과 200배 이하	5m 이상	10m 이상
지정수량의 200배 초과	10m 이상	15m 이상

※ 단, 지정수량의 20배를 초과하는 옥내저장소와 동일한 부지 내에 있는 다른 옥내저장소와의 사이에는 동표에 정하는 공지 너비의 $\frac{1}{3}$(3m 미만인 경우 : 3m)의 공지를 보유할 수 있다.

❸ 옥내저장소의 저장창고기준★★
① 전용으로 하는 독립된 건축물로 할 것
② 지면에서 처마 높이는 6m 미만인 단층건물로 하고 그 바닥은 지반면보다 높게 할 것
③ 벽·기둥 및 바닥은 내화구조로 하고, 보와 서까래는 불연재료로 할 것
④ 지붕은 가벼운 불연재료로 하고 천장을 만들지 말 것
⑤ 출입구는 갑종방화문 또는 을종방화문을 설치하되 연소의 우려가 있는 외벽의 출입구는 자동폐쇄식의 갑종방화문을 설치할 것

⑥ 저장창고 바닥면적 설치기준

위험물을 저장하는 창고	바닥면적
1. 제1류 위험물 중 아염소산염류, 염소산염류, 과염소산염류, 무기과산화물, 지정수량 50kg인 것	1,000m² 이하
2. 제3류 위험물 중 칼륨, 나트륨, 알킬알루미늄, 알킬리튬, 지정수량 10kg인 것 및 황린	
3. 제4류 위험물 중 특수인화물, 제1석유류 및 알코올류	
4. 제5류 위험물 중 유기과산화물, 질산에스테르류, 지정수량 10kg인 것	
5. 제6류 위험물	
1~5 이외의 위험물	2,000m² 이하
상기위험물을 내화구조의 격벽으로 완전히 구획된 실	1,500m² 이하

⑦ 창, 출입구의 유리는 망입유리로 할 것

❹ 저장창고 바닥에 물이 스며들지 않는 구조로 해야 할 위험물

① 제1류 위험물 중 알칼리금속의 과산화물
② 제2류 위험물 중 철분, 금속분, 마그네슘
③ 제3류 위험물 중 금수성물질
④ 제4류 위험물

❺ 지정 과산화물 옥내저장소의 기준

① 저장창고는 150m² 이내마다 격벽으로 완전히 구획할 것
② 출입구는 갑종방화문을 설치할 것
③ 창은 바닥면으로부터 2m 이상 높이 설치할 것
④ 하나의 벽면에 두는 창의 면적 합계는 벽면적의 1/80 이내로 할 것
⑤ 하나의 창의 면적은 0.4m² 이내로 할 것

7 옥외저장소

❶ 옥외저장소의 보유공지★★★

저장 또는 취급하는 위험물의 최대수량	공지의 너비
지정수량의 10배 이하	3m 이상
지정수량의 10배 초과 20배 이하	5m 이상
지정수량의 20배 초과 50배 이하	9m 이상
지정수량의 50배 초과 200배 이하	12m 이상
지정수량의 200배 초과	15m 이상

※ 제4류 위험물 중 제4석유류와 제6류 위험물을 저장 또는 취급하는 보유 공지는 공지너비의 $\frac{1}{3}$ 이상으로 할 수 있다.

❷ 옥외저장소에 저장할 수 있는 위험물★★★

① 제2류 위험물 중 유황, 인화성고체(인화점 0℃ 이상인 것)
② 제4류 위험물 중 제1석유류[인화점 0℃ 이상인 것 : 톨루엔(4℃), 피리딘(20℃)], 제2석유류, 제3석유류, 제4석유류, 알코올류, 동식물유류
③ 제6류 위험물

> **참고** • 옥외저장소의 선반 높이 : 6m 초과 금지
> • 옥외저장소에 과산화수소 또는 과염소산을 저장할 경우 : 천막으로 햇빛을 가릴 것

❸ 유황을 덩어리 상태로 저장 및 취급할 경우★★

① 하나의 경계표시의 내부면적 : $100m^2$ 이하일 것
② 2 이상의 경계표시를 설치하는 경우 각각 경계표시 내부의 면적을 합산한 면적 : $1,000m^2$ 이하로 할 것
③ 경계표시 : 불연재료 구조로 하고 높이는 1.5m 이하로 할 것
④ 경계표시의 고정장치 : 천막으로 고정장치를 설치하고 경계표시의 길이 2m마다 1개 이상 설치할 것

8 옥외탱크저장소

❶ 옥외탱크저장소의 보유공지★★★

저장 또는 취급하는 위험물의 최대수량	공지의 너비
지정수량의 500배 이하	3m 이상
지정수량의 500배 초과 1,000배 이하	5m 이상
지정수량의 1,000배 초과 2,000배 이하	9m 이상
지정수량의 2,000배 초과 3,000배 이하	12m 이상
지정수량의 3,000배 초과 4,000배 이하	15m 이상
지정수량의 4,000배 초과	당해 탱크의 수평단면의 최대지름(횡형인 경우는 긴변)과 높이 중 큰 것과 같은 거리 이상(단, 30m 초과의 경우 30m 이상으로, 15m 미만의 경우 15m 이상으로 할 것)

① 제6류 위험물 외의 옥외저장탱크(지정수량의 4,000배 초과 시 제외)를 동일한 방유제 안에 2개 이상 인접 설치하는 경우 : 보유공지의 1/3 이상의 너비(단, 최소너비 3m 이상)
② 제6류 위험물의 옥외저장탱크일 경우 : 보유공지의 1/3 이상의 너비(단, 최소너비 1.5m 이상)
③ 제6류 위험물의 옥외저장탱크를 동일구 내에 2개 이상 인접 설치할 경우 : 보유공지의 1/3 이상×1/3 이상(단, 최소너비 1.5m 이상)
④ 옥외저장탱크에 다음 기준에 적합한 물 분무설비로 방호조치 시 : 보유공지의 1/2 이상의 너비(최소 3m 이상)로 할 수 있다.
   • 탱크 표면에 방사하는 물의 양 : 원주길이 37L/m 이상
   • 수원의 양 : 상기 규정에 의해 20분 이상 방사할 수 있는 양

> 수원의 양(L)＝원주길이(m)×37(L/min·m)×20(min)   [원주길이＝$2\pi r$]

❷ 옥외저장탱크의 외부구조 및 설비★★

① 탱크의 두께 : 3.2mm 이상의 강철판(특정·준특정 옥외저장탱크는 제외)
② 압력탱크수압시험 : 최대상용압력의 1.5배의 압력으로 10분간 실시하여 이상 없을 것(압력탱크 이외의 탱크 : 충수시험)

> **참고** • 특정 옥외저장탱크 : 최대수량이 100만L 이상의 옥외저장탱크
> • 준특정 옥외저장탱크 : 최대수량이 50만L 이상 100만L 미만의 옥외저장탱크
> • 압력탱크 : 옥외저장탱크 중 최대 상용압력이 부압 또는 정압이 5KPa를 초과하는 탱크
> ※ 특정 옥외저장탱크의 풍하중 계산방법(1m²당 풍하중)★★
>
> $$q = 0.588k\sqrt{h}$$
> q : 풍하중(단위 : KN/m^2)
> k : 풍력계수(원통형 탱크의 경우는 0.7, 그 외의 탱크는 1.0)
> h : 지반면으로부터의 높이(단위 : m)

③ 이황화탄소의 탱크전용실의 수조의 바닥, 벽의 두께는 0.2m 이상의 철근콘크리트로 할 것

❸ 탱크 통기관 설치기준(제4류 위험물의 옥외탱크에 한함)★★★★

① 밸브가 없는 통기관
- 직경이 30mm 이상일 것
- 선단은 수평면보다 45도 이상 구부려 빗물 등의 침투방지구조로 할 것
- 인화방지장치(망) 설치기준
  - 인화점이 38℃ 미만인 위험물만의 탱크는 화염방지장치를 설치할 것
  - 그 외의 위험물탱크는 40메시 이상의 구리망을 설치할 것

② 대기 밸브 부착 통기관
- 5KPa 이하의 압력차이로 작동할 수 있을 것
- 가는 눈의 구리망 등으로 인화방지장치를 할 것

❹ 옥외탱크저장소의 방유제(이황화탄소는 제외)★★★★

① 방유제의 용량(단, 인화성이 없는 위험물은 110%를 100%로 봄)
- 탱크가 1개일 때 : 탱크 용량의 110% 이상
- 탱크가 2개 이상일 때 : 탱크 중 용량이 최대인 것의 용량의 110% 이상

② 방유제의 두께는 0.2m 이상, 높이는 0.5m 이상 3m 이하, 지하의 매설 깊이 1m 이상

③ 방유제의 면적은 80,000m² 이하

④ 방유제 내에 설치하는 옥외저장탱크의 수
- 원칙(제1석유류, 제2석유류) : 10기 이하
- 모든 탱크의 용량이 20만L 이하이고, 인화점이 70~200℃ 미만(제3석유류) : 20기 이하
- 인화점 200℃ 이상 위험물(제4석유류) : 탱크의 수 제한 없음

⑤ 방유제 외면의 1/2 이상은 자동차 등이 통행할 수 있는 3m 이상 노면폭을 확보할 것

⑥ 방유제와 옥외저장탱크 옆판과의 유지해야 할 거리
- 탱크 지름 15m 미만 : 탱크높이의 1/3 이상
- 탱크 지름 15m 이상 : 탱크높이의 1/2 이상

⑦ 방유제는 **철근콘크리트**로 할 것(단, 전용유조 및 펌프 등의 설비를 갖출 경우 지표면을 흙으로 할 수 있음)

⑧ 용량이 **1,000만L 이상**인 옥외저장탱크의 주위에는 방유제에 탱크마다 **간막이 둑**을 설치할 것

  • 간막이 둑 높이는 **0.3m**(방유제 내 탱크용량의 합계가 2억L를 넘는 방유제는 1m) **이상**으로 하되, 방유제 높이보다 **0.2m 이상 낮게** 할 것

  • 간막이 둑은 흙 또는 철근콘크리트로 할 것

  • 간막이 둑의 용량은 간막이 둑안에 설치된 탱크 용량의 **10% 이상**일 것

⑨ 방유제에 배수구를 설치하고 방유제 외부에 **개폐밸브**를 설치할 것(용량이 100만L 이상일 때 : 개폐상황을 확인할 수 있는 장치를 설치할 것)

⑩ **높이가 1m**를 넘는 방유제 및 간막이 둑에는 출입하기 위한 계단 및 경사로를 약 **50m**마다 설치할 것

⑪ 용량이 **50만L 이상**인 옥외탱크저장소가 **해안 또는 강변에 설치된 경우** 부지 내에 전용유조 등 **누출위험물 수용설비**를 설치할 것

9 옥내탱크저장소

❶ 옥내저장탱크의 용량

① **1층 이하의 층**일 경우 : 지정수량 **40배 이하**

② **2층 이상의 층**일 경우 : 지정수량 **10배 이하**

  ※ 옥내저장탱크와 탱크전용실의 벽과의 사이 및 옥내저장탱크의 상호간의 간격 : 0.5m 이상

❷ 탱크전용실의 구조

① 벽, 기둥, 바닥은 **내화구조**, 보는 **불연재료**로 할 것

② 지붕은 **불연재료**로 하고 **천장은 설치하지 않을 것**

③ 창, 출입구는 갑종 및 을종방화문을 설치할 것

10 지하탱크저장소*

① 지하저장탱크의 윗 부분은 지면으로부터 **0.6m 이상** 아래에 있을 것

② 지하탱크를 지하의 가장 가까운 벽, 피트, 가스관 등 시설물 및 대지경계선으로부터 **0.6m 이상 떨어진 곳에 매설할 것**★★★

③ 지하저장탱크는 **두께가 3.2mm 이상의 강철판**으로 할 것

④ 지하저장탱크의 수압시험(압력탱크 : 최대 상용압력이 46.7KPa 이상인 탱크)

탱크의 종류	수압시험방법	판정기준
압력탱크	최대상용압력의 1.5배 압력으로 10분간 실시	새거나 변형이 없을 것
압력탱크 외의 탱크	70KPa압력으로 10분간 실시	
※ 수압시험은 기밀시험과 비파괴시험을 동시에 실시하는 방법으로 대신할 수 있다.		

⑤ 지하저장탱크를 2 이상 인접해 설치하는 경우에는 그 상호 간에 1m(당해 2 이상의 지하 저장탱크의 용량의 합계가 지정수량의 100배 이하인 때에는 0.5m) 이상의 간격을 유지할 것

⑥ 탱크전용실은 지하의 가장 가까운 벽, 피트, 가스관 등의 시설물 및 대지경계선으로부터 0.1m 이상 떨어진 곳에 설치할 것

⑦ 지하저장탱크의 액체위험물 누설검사의 관은 4개소 이상 설치할 것

⑧ 지하저장탱크의 용량이 90% 찰 때 경보음이 울리는 과충전방지장치를 설치할 것

11 간이탱크저장소★★

① 하나의 간이탱크저장소에 설치하는 간이저장탱크는 그 수를 3 이하로 할 것
   (단, 동일 품질의 위험물의 탱크는 2 이상 설치하지 않을 것)

② 간이저장탱크 용량은 600L 이하일 것

③ 간이저장탱크는 3.2mm 이상의 강판을 사용할 것

④ 70KPa의 압력으로 10분간 수압시험을 실시하여 이상이 없을 것

⑤ 통기관의 지름은 25mm 이상, 선단의 높이는 지상 1.5m 이상으로 할 것

12 이동탱크저장소★★★

① 상치장소
   • 옥외 : 화기 취급장소 또는 인근 건축물로부터 5m 이상(1층 : 3m 이상)
   • 옥내 : 벽, 바닥, 보, 서까래 및 지붕은 내화구조 또는 불연재료로 된 1층

② 이동저장탱크의 구조
   • 탱크는 두께 3.2mm 이상의 강철판
   • 탱크의 수압시험 : 지하저장탱크의 수압 시험방법과 동일함
   • 탱크의 내부칸막이 : 4,000L 이하마다 3.2mm 이상 강철판 사용★★★

③ 칸막이로 구획된 각 부분마다 맨홀, 안전장치 및 방파판을 설치할 것
   (단, 용량이 2,000L 미만일 경우에는 방파판 설치 제외)

- 안전장치의 작동압력
  - 상용압력이 20KPa 이하인 탱크 : 20KPa 이상 24KPa 이하
  - 상용압력이 20KPa 초과인 탱크 : 상용압력×1.1배 이하
- 방파판 : 액체의 출렁임, 쏠림 등을 완화★★★
  - 두께 1.6mm 이상 강철판
  - 하나의 구획부분에 설치하는 각 방파판의 면적 합계는 수직단면적의 50% 이상으로 할 것(단, 수직단면이 원형 또는 지름이 1m 이하의 타원형인 경우 40% 이상)

④ 맨홀, 주입구 및 안전장치 등이 탱크의 상부에 돌출되어 있는 부속장치의 손상을 방지하기 위한 측면틀 및 방호틀을 설치해야 한다.
- 측면틀 : 탱크 전복 시 본체 파손 방지
- 방호틀 : 탱크 전복 시 맨홀, 주입구, 안전장치 등의 부속장치 파손 방지
  - 방호틀의 정상 부분은 부속장치보다 50mm 이상 높게 하거나 동등 이상의 성능이 있는 것으로 할 것

> **참고** 탱크 강철판의 두께
> - 탱크의 본체, 측면틀, 안전칸막이 : 3.2m 이상
> - 방호틀 : 2.3mm 이상
> - 방파판 : 1.6mm 이상

⑤ 이동탱크저장소의 표지★★
- '위험물'의 표기
  - 부착위치 : 차량의 전면 및 후면의 상단
  - 규격 : 60cm 이상×30cm 이상의 직사각형
  - 색상 및 문자 : 흑색 바탕에 황색의 반사도료로 '위험물'이라 표기
- UN번호
  - 부착위치 : 차량의 후면 및 양측면
  - 규격 : 30cm 이상×12cm 이상의 횡형사각형
  - 색상 및 문자 : 흑색 테두리 선(굵기 1cm)과 오렌지색으로 이루어진 바탕에 UN번호(글자의 높이 6.5cm 이상)를 흑색으로 표기할 것
- 그림문자
  - 부착위치 : 차량의 후면 및 양측면
  - 규격 : 25cm 이상×25cm 이상의 마름모꼴
  - 색상 및 문자 : 위험물의 품목별로 해당하는 심볼을 표기하고, 그림문자의 하단에 분류·구분의 번호(글자의 높이 2.5cm 이상)를 표기할 것

차량에 부착할 표지	경고표지 예시(그림문자 및 UN번호)
위 험 물 (부착위치 : 전면 및 후면) 0000 (부착위치 : 후면 및 양측면)	 1203

> **참고** 자동차용 소화기 : 이산화탄소 3.2kg 이상, 할론 1211의 2L 이상, 무상강화액 8L 이상
> 등을 2개 이상 설치
> ※ 알킬알루미늄 등 : 마른 모래나 팽창질석 또는 팽창진주암을 추가 설치

13 암반탱크저장소 설치기준★★

암반투수계수가 1초당 10만분의 1m 이하인 천연암반 내에 설치할 것(10^{-5}m/sec 이하)

14 주유취급소

① 주유공지 : 너비 15m 이상, 길이 6m 이상의 콘크리트로 포장한 공지★★★
② 공지의 바닥 : 지면보다 높게 적당한 기울기, 배수구, 집유설비 및 유분리장치를 설치할 것
③ '주유 중 엔진정지' : 황색 바탕에 흑색 문자★★★
④ 주유취급소의 탱크 용량기준★★★★

저장탱크의 종류	탱크의 용량	저장탱크의 종류	탱크의 용량
고정주유설비	50,000L 이하	폐유탱크	2,000L 이하
고정급유설비	50,000L 이하	간이탱크	600L×3기 이하
보일러 전용탱크	10,000L 이하	고속국도의 탱크	60,000L 이하

⑤ 고정주유설비 등의 펌프의 최대토출량
 • 제1석유류 : 50L/min 이하
 • 경유 : 180L/min 이하
 • 등유 : 80L/min 이하
 • 이동저장탱크 : 300L/min 이하

⑥ 주유관의 길이 : 5m 이내(현수식 : 지면 위 0.5m의 수평면에 수직점의 중심을 기준으로 반경 3m 이내)★★

⑦ 담 또는 벽 : 자동차 등이 출입하는 쪽 외의 부분에 높이 2m 이상의 내화구조 또는 불연재료의 담 또는 벽을 설치할 것

⑧ 고정주유설비 설치기준(중심선을 기점한 거리)
- 도로경계선 : 4m 이상
- 부지경계선, 담 및 건축물의 벽 : 2m(개구부가 없는 벽 : 1m) 이상

⑨ 셀프용 고정급유설비의 기준
- 1회의 연속 급유량 및 급유시간의 상한을 미리 설정할 수 있는 구조일 것
- 급유량의 상한은 100L 이하, 급유시간의 상한은 6분 이하로 할 것

15 판매취급소

❶ 판매취급소의 구분★★★★

① 제1종 판매취급소 : 지정수량 20배 이하
② 제2종 판매취급소 : 지정수량 40배 이하

❷ 제1종 판매취급소(지정수량 20배 이하)★★★

① 설치 : 건축물 1층에 설치할 것
② 위험물 배합실의 기준
- 바닥면적은 6m² 이상 15m² 이하일 것
- 내화구조로 된 벽으로 구획할 것
- 바닥은 위험물이 침투하지 아니하는 구조로 하여 적당한 경사를 두고 집유설비를 할 것
- 출입구에는 수시로 열 수 있는 자동폐쇄식의 갑종방화문을 설치할 것
- 출입구 문턱의 높이는 바닥면으로부터 0.1m 이상으로 할 것
- 내부에 체류한 가연성의 증기 또는 가연성의 미분을 지붕 위로 방출하는 설비를 할 것

❸ 제2종 판매취급소(지정수량 40배 이하)

❹ 판매취급소에서 위험물을 배합하거나 옮겨담는 작업을 할 수 있는 위험물

① 도료류
② 제1류 위험물 중 염소산염류 및 염소산염류만을 함유한 것
③ 유황 또는 인화점이 38℃ 이상인 제4류 위험물

2 문제편

전체 문제 수 : 60

안 푼 문제 수 : ☐

답안 표기란

01 ① ② ③ ④

02 ① ② ③ ④

03 ① ② ③ ④

04 ① ② ③ ④

01 니트로셀룰로오스의 자연발화는 일반적으로 무엇에 기인한 것인가?

① 산화열

② 중합열

③ 흡착열

④ 분해열

02 인화점 70도 이상의 제4류 위험물을 저장하는 암반탱크저장소에 설치해야 하는 소화설비들로만 이루어진 것은? (단, 소화난이도등급 Ⅰ에 해당한다.)

① 물분무 소화설비 또는 고정식 포 소화설비

② 이산화탄소 소화설비 또는 물분무 소화설비

③ 할로겐화합물 소화설비 또는 이산화탄소 소화설비

④ 고정식 포 소화설비 또는 할로겐화합물 소화설비

03 탄화알루미늄이 물과 반응하여 폭발의 위험이 있는 것은 어떤 가스가 발생하기 때문인가?

① 수소

② 메탄

③ 아세틸렌

④ 암모니아

04 위험물안전관리법령에 따른 옥외소화전설비의 설치기준에 대해 괄호 안에 알맞은 수치를 차례대로 나타낸 것은?

옥외소화전설비는 모든 옥외소화전(설치 개수가 4개 이상인 경우는 4개의 옥외소화전)을 동시에 사용할 경우에 각 노즐선단의 방수압력이 (   )kPa 이상이고, 방수량이 1분당 (   )L 이상의 성능이 되도록 할 것

① 350, 260

② 300, 260

③ 350, 450

④ 300, 450

05 위험물제조소에 설치하는 분말 소화설비의 기준에서 분말 소화약제의 가압용 가스로 사용할 수 있는 것은?

① 헬륨 또는 산소

② 네온 또는 염소

③ 아르곤 또는 산소

④ 질소 또는 이산화탄소

06 위험물별로 설치하는 소화설비 중 적응성이 없는 것과 연결된 것은?

① 제3류 위험물 중 금수성물질 이외의 것 – 할로겐화합물 소화설비, 불활성가스 소화설비

② 제4류 위험물 – 물분무 소화설비, 불활성가스 소화설비

③ 제5류 위험물 – 포 소화설비, 스프링클러설비

④ 제6류 위험물 – 옥내소화전설비, 물분무 소화설비

07 아세톤의 위험도를 구하면 얼마인가? (단, 아세톤의 연소범위는 2~13 중량%이다.)

① 0.846

② 1.23

③ 5.5

④ 7.5

08 주유취급소 중 건축물의 2층에 휴게음식점의 용도로 사용하는 것에 있어 해당 건축물의 2층으로부터 직접 주유취급소의 부지 밖으로 통하는 출입구와 해당 출입구로 통하는 통로계단에 설치해야 하는 것은?

① 비상경보설비

② 유도등

③ 비상조명등

④ 확성장치

09 제조소에서 취급하는 제4류 위험물의 최대수량의 합이 지정수량의 24만 배 이상 48만 배 미만인 사업소의 자체소방대에 두는 화학소방자동차수와 소방대원의 인원 기준으로 옳은 것은?

① 2대, 4인

② 2대, 12인

③ 3대, 15인

④ 3대, 24인

답안 표기란				
05	①	②	③	④
06	①	②	③	④
07	①	②	③	④
08	①	②	③	④
09	①	②	③	④

답안 표기란

10	① ② ③ ④
11	① ② ③ ④
12	① ② ③ ④
13	① ② ③ ④
14	① ② ③ ④

10 제6류 위험물을 저장하는 제조소등에 적응성이 없는 소화설비는?

① 옥외소화전설비

② 탄산수소염류 분말 소화설비

③ 스프링클러설비

④ 포 소화설비

11 요오드(아이오딘)산아연의 성질에 관한 설명으로 가장 거리가 먼 것은?

① 결정성 분말이다.

② 유기물과 혼합 시 연소 위험이 있다.

③ 환원력이 강하다.

④ 제1류 위험물이다.

12 염소산나트륨의 저장 및 취급 시 주의할 사항으로 틀린 것은?

① 철제용기에 저장은 피해야 한다.

② 열분해 시 이산화탄소가 발생하므로 질식에 유의한다.

③ 조해성이 있으므로 방습에 유의한다.

④ 용기에 밀전(密栓)하여 보관한다.

13 소화난이도등급 Ⅰ에 해당하는 위험물제조소등이 아닌 것은? (단, 원칙적인 경우에 한하며 다른 조건은 고려하지 않는다.)

① 모든 이송취급소

② 연면적 600m²의 제조소

③ 지정수량의 150배인 옥내저장소

④ 액 표면적이 40m²인 옥외탱크저장소

14 높이 15m, 지름 20m인 옥외저장탱크에 보유공지의 단축을 위해서 물분무설비로 방호조치를 하는 경우 수원의 양은 약 몇 L 이상으로 해야 하는가?

① 46,495   ② 58,090

③ 70,259   ④ 95,880

답안 표기란

15 ① ② ③ ④
16 ① ② ③ ④
17 ① ② ③ ④
18 ① ② ③ ④
19 ① ② ③ ④

모의고사 1

15 제조소등에 있어서 위험물의 저장하는 기준으로 잘못된 것은?

① 황린은 제3류 위험물이므로 물기가 없는 건조한 장소에 저장하여야 한다.

② 덩어리 상태의 유황은 위험물 용기에 수납하지 않고 옥내저장소에 저장할 수 있다.

③ 옥내저장소에서는 용기에 수납하여 저장하는 위험물의 온도가 55도를 넘지 아니하도록 필요한 조치를 강구하여야 한다.

④ 이동저장탱크에는 저장 또는 취급하는 위험물의 유별, 품명, 최대수량 및 적재중량을 표시하고 잘 보일 수 있도록 관리하여야 한다.

16 인화점이 상온 이상인 위험물은?

① 중유　　　　　　　　　② 아세트알데히드

③ 아세톤　　　　　　　　④ 이황화탄소

17 위험물제조소등에 설치하는 이산화탄소 소화설비의 소화약제 저장용기 설치장소로 적합하지 않은 곳은?

① 방호구역 외의 장소

② 온도가 40도 이하이고 온도변화가 적은 장소

③ 빗물이 침투할 우려가 적은 장소

④ 직사일광이 잘 들어오는 장소

18 알킬알루미늄의 저장 및 취급방법으로 옳은 것은?

① 용기는 완전 밀봉하고 CH_4, C_3H_8 등을 봉입한다.

② C_6H_6 등의 희석제를 넣어 준다.

③ 용기의 마개에 다수의 미세한 구멍을 뚫는다.

④ 통기구가 달린 용기를 사용하여 압력상승을 방지한다.

19 위험물제조소등에 설치해야 하는 각 소화설비의 설치기준에 있어서 각 노즐 또는 헤드선단의 방사압력 기준이 나머지 셋과 다른 설비는?

① 옥내소화전설비　　　　② 옥외소화전설비

③ 스프링클러설비　　　　④ 물분무 소화설비

답안 표기란

20 ① ② ③ ④
21 ① ② ③ ④
22 ① ② ③ ④
23 ① ② ③ ④
24 ① ② ③ ④

20 위험물제조소의 연면적이 몇 m² 이상이 되면 경보설비 중 자동화탐지설비를 설치하여야 하는가?

① 400   ② 500

③ 600   ④ 800

21 위험물의 품명, 수량 또는 지정수량 배수의 변경신고에 대한 설명으로 옳은 것은?

① 허가청과 협의하여 설치한 군용위험물 시설의 경우에도 적용된다.

② 변경신고는 변경한 날로부터 7일 이내에 완공검사필증을 첨부하여 신고하여야 한다.

③ 위험물의 품명이나 수량의 변경을 위해 제조소등의 위치, 구조 또는 설비를 변경하는 경우에 신고한다.

④ 위험물의 품명, 수량 및 지정수량의 배수를 모두 변경할 때에는 신고를 할 수 없고 허가를 신청하여야 한다.

22 과산화리튬의 화재현장에서 주수소화가 불가능한 이유는?

① 수소가 발생하기 때문에

② 산소가 발생하기 때문에

③ 이산화탄소가 발생하기 때문에

④ 일산화탄소가 발생하기 때문에

23 알루미늄분말 화재 시 주수해서는 안 되는 가장 큰 이유는?

① 수소가 발생하여 연소가 확대되기 때문에

② 유독가스가 발생하여 연소가 확대되기 때문에

③ 산소의 발생으로 연소가 확대되기 때문에

④ 분말의 독성이 강하기 때문에

24 위험물제조소등에 설치하는 옥외소화전설비의 기준에서 옥외소화전함은 옥외소화전으로부터 보행거리 몇 m 이하의 장소에 설치해야 하는가?

① 1.5   ② 5

③ 7.5   ④ 10

답안 표기란

25 ① ② ③ ④
26 ① ② ③ ④
27 ① ② ③ ④
28 ① ② ③ ④
29 ① ② ③ ④

모의고사 1

25 질식소화효과를 주로 이용하는 소화기는?

① 포소화기   ② 강화액소화기

③ 수(물)소화기   ④ 할로겐화합물소화기

26 전기화재의 급수와 표시색상을 옳게 나타낸 것은?

① C급 – 백색   ② D급 – 백색

③ C급 – 청색   ④ D급 – 청색

27 메틸알코올의 위험성에 대한 설명으로 틀린 것은 어느 것인가?

① 겨울에는 인화의 위험이 여름보다 작다.

② 증기밀도는 가솔린보다 크다.

③ 독성이 있다.

④ 연소범위는 에틸알코올보다 넓다.

28 위험물안전관리법령에서 규정하고 있는 사항으로 틀린 것은?

① 법정의 안전교육을 받아야 하는 사람은 안전관리자로 선임된 자, 탱크시험자의 기술인력으로 종사하는 자, 위험물운송자로 종사하는 자이다.

② 지정수량의 150배 이상의 위험물을 저장하는 옥내저장소는 관계인이 예방규정을 정하여야하는 제조소등에 해당한다.

③ 정기검사의 대상이 되는 것은 액체위험물을 저장 또는 취급하는 10만 리터 이상의 옥외 탱크저장소, 암반탱크저장소, 이송취급소이다.

④ 법정의 안전자관리교육 이수자와 소방공무원으로 근무한 경력이 3년 이상인 자는 제4류 위험물에 대한 위험물취급 자격자가 될 수 있다.

29 이송취급소의 교체밸브, 제어밸브 등의 설치기준으로 틀린 것은?

① 밸브는 원칙적으로 이송기지 또는 전용부지내에 설치할 것

② 밸브는 그 개폐 상태를 설치장소에 쉽게 확인할 수 있도록 할 것

③ 밸브는 지하에 설치하는 경우에는 점검상자 안에 설치할 것

④ 밸브는 해당 밸브의 관리에 관계하는 자가 아니면 수동으로만 개폐할 수 있도록 할 것

30 위험물안전관리법령에서 정한 물분무 소화설비의 설치기준으로 적합하지 않은 것은?

① 고압의 전기설비가 있는 장소에는 해당 전기설비와 분무헤드 및 배관과 사이에 전기절연을 위하여 필요한 공간을 보유한다.

② 스트레이너 및 일제개방밸브는 제어밸브의 하류측 부근에 스트레이너, 일제개방밸브의 순으로 설치한다.

③ 물분무 소화설비에 2 이상의 방사구역을 두는 경우에는 화재를 유효하게 소화할 수 있도록 인접하는 방사구역이 상호 중복되도록 한다.

④ 수원의 수위가 수평회전식펌프보다 낮은 위치에 있는 가압송수장치의 물올림장치는 타설비와 겸용하여 설치한다.

31 과염소산에 대한 설명으로 틀린 것은 어느 것인가?

① 물과 접촉하면 발열한다.

② 불연성이지만 유독성이 있다.

③ 증기비중은 약 3.5이다.

④ 산화제이므로 쉽게 산화될 수 있다.

32 위험물 운송책임자의 감독 또는 지원의 방법으로 운송의 감독 또는 지원을 위하여 마련한 별도의 사무실에 운송 책임자가 대기하면서 이행하는 사항에 해당하지 않는 것은?

① 운송 후에 운송경로를 파악하여 관할 경찰관서에 신고하는 것

② 이동탱크저장소의 운전자에 대하여 수시로 안전 확보상황을 확인하는 것

③ 비상시의 응급처치에 관하여 조언을 하는 것

④ 위험물의 운송 중 안전 확보에 관하여 필요한 정보를 제공하고 감독 또는 지원하는 것

33 제5류 위험물에 관한 내용으로 틀린 것은?

① $C_2H_5ONO_2$: 상온에서 액체이다.

② $C_6H_2OH(NO_2)_3$: 공기 중 자연분해가 매우 잘 된다.

③ $C_6H_3(NO_2)_2CH_3$: 담황색의 결정이다.

④ $C_3H_5(ONO_2)_3$: 혼산 중에 글리세린을 반응시켜 제조한다.

답안 표기란

34	① ② ③ ④
35	① ② ③ ④
36	① ② ③ ④
37	① ② ③ ④
38	① ② ③ ④
39	① ② ③ ④

34 이황화탄소 저장 시 물속에 저장하는 이유로 가장 옳은 것은?

① 공기 중 수소와 접촉하여 산화되는 것을 방지하기 위하여

② 공기와 접촉 시 환원하기 때문에

③ 가연성 증기 발생을 억제하기 위해서

④ 불순물을 제거하기 위하여

35 1종 판매취급소에 설치하는 위험물 배합실의 기준으로 틀린 것은?

① 바닥면적은 $6m^2$ 이상 $15m^2$ 이하일 것

② 내화구조 또는 불연재료로 된 벽으로 구획할 것

③ 출입구는 수시로 열 수 있는 자동폐쇄식의 갑종방화문으로 설치할 것

④ 출입구 문턱의 높이는 바닥면으로부터 0.2m 이상일 것

36 과산화수소의 운반용기 외부에 표시하여야 하는 주의사항은?

① 화기주의   ② 충격주의

③ 물기엄금   ④ 가연물접촉주의

37 과산화벤조일 100kg을 저장하려 한다. 지정수량의 배수는 얼마인가?

① 5배   ② 7배

③ 10배   ④ 15배

38 제4류 위험물에 대한 설명으로 가장 옳은 것은?

① 물과 접촉하면 발열하는 것

② 자기 연소성 물질

③ 많은 산소를 함유하는 강산화제

④ 상온에서 액상인 가연성 액체

39 비중은 0.86이고 은백색의 무른 경금속으로 보라색 불꽃을 내면서 연소하는 제3류 위험물은?

① 칼슘   ② 나트륨

③ 칼륨   ④ 리튬

답안 표기란

40 ① ② ③ ④
41 ① ② ③ ④
42 ① ② ③ ④
43 ① ② ③ ④
44 ① ② ③ ④
45 ① ② ③ ④

40 1몰의 에틸알코올이 완전연소하였을 때 생성되는 이산화탄소는 몇 몰인가?

① 1몰　　　　　　　　② 2몰
③ 3몰　　　　　　　　④ 4몰

41 제4류 위험물의 옥외저장탱크에 대기밸브부착 통기관을 설치할 때 몇 kPa 이하의 압력차이로 작동하여야 하는가?

① 5kPa 이하　　　　　② 10kPa 이상
③ 15kPa 이하　　　　　④ 20kPa 이하

42 건성유에 해당되지 않는 것은?

① 들기름　　　　　　　② 동유
③ 아마인유　　　　　　④ 피마자유

43 규조토에 흡수시켜 다이너마이트를 제조할 때 사용되는 위험물은?

① 디니트로톨루엔
② 질산에틸
③ 니트로글리세린
④ 니트로셀룰로오스

44 제조소등에서 위험물을 유출시켜 사람의 신체 또는 재산에 대하여 위험을 발생시킨 자에 대한 벌칙기준으로 옳은 것은?

① 1년 이상 3년 이하의 징역
② 1년 이상 5년 이하의 징역
③ 1년 이상 7년 이하의 징역
④ 1년 이상 10년 이하의 징역

45 위험물안전관리법령상 제3류 위험물에 속하는 담황색의 고체로서 물속에 보관해야 하는 것은?

① 황린　　　　　　　　② 적린
③ 유황　　　　　　　　④ 니트로글리세린

답안 표기란

46	① ② ③ ④
47	① ② ③ ④
48	① ② ③ ④
49	① ② ③ ④
50	① ② ③ ④

모의고사 1

46 오황화린과 칠황화린이 물과 반응했을 때 공통으로 나오는 물질은?

① 이산화황   ② 황화수소

③ 인화수소   ④ 삼산화황

47 위험물안전관리법령상 제5류 위험물의 위험등급에 대한 설명 중 틀린 것은?

① 유기과산화물과 질산에스테르류는 위험등급 Ⅰ에 해당한다.

② 지정수량 100kg인 히드록실아민과 히드록실아민염류는 위험등급 Ⅱ에 해당한다.

③ 지정수량 200kg에 해당되는 품명은 모두 위험등급 Ⅱ에 해당한다.

④ 지정수량 100kg인 품명만 위험등급 Ⅰ에 해당된다.

48 과산화벤조일의 일반적인 성질로 옳은 것은?

① 비중은 약 0.33이다.

② 무미, 무취의 고체이다.

③ 물에는 잘 녹지만 디에틸에테르에는 녹지 않는다.

④ 녹는점은 약 300도이다.

49 다음은 위험물안전관리법령에 따른 이동탱크장소에 대한 기준이다. 괄호 안에 알맞은 수치를 차례대로 나열한 것은?

이동저장탱크는 그 내부에 (   )L 이하마다 (   )mm 이상의 강철판 또는 이와 동등이상의 강도·내열성 및 내식성이 있는 금속성의 것으로 칸막이를 해야 한다.

① 2,500, 3.2   ② 2,500, 4.8

③ 4,000, 3.2   ④ 4,000, 4.8

50 위험물안전관리법령에서 정한 지정수량이 500kg인 것은?

① 황화린   ② 금속분

③ 인화성 고체   ④ 유황

답안 표기란

51 ① ② ③ ④
52 ① ② ③ ④
53 ① ② ③ ④
54 ① ② ③ ④
55 ① ② ③ ④

51 알루미늄분의 위험성에 대한 설명 중 틀린 것은?

① 할로겐원소와 접촉 시 자연발화의 위험성이 있다.

② 산과 반응하여 가연성 가스인 수소를 발생한다.

③ 발화하면 다량의 열이 발생한다.

④ 뜨거운 물과 격렬히 반응하여 산화알루미늄을 발생한다.

52 고정 지붕 구조를 가진 높이 15m의 원통종형옥외위험물 저장탱크안의 탱크 상부로부터 아래로 1m 지점에 고정식포 방출구가 설치되어 있다. 이 조건의 탱크를 신설하는 경우 최대 허가량은 얼마인가? (단, 탱크의 내부 단면적은 $100m^2$이고, 탱크 내부에는 별다른 구조물이 없으며, 공간용적 기준은 만족하는 것으로 가정한다.)

① $1,400m^3$　　　　② $1,370m^3$

③ $1,350m^3$　　　　④ $1,300m^3$

53 $NaClO_2$를 수납하는 운반용기의 외부에 표시하여야 할 주의사항으로 옳은 것은?

① '화기엄금' 및 '충격주의'

② '화기주의' 및 '물기엄금'

③ '화기·충격주의' 및 '가연물접촉주의'

④ '화기엄금' 및 '공기접촉엄금'

54 과산화칼륨이 물 또는 이산화탄소와 반응할 경우 공통적으로 발생하는 물질은?

① 산소　　　　　② 과산화수소

③ 수산화칼륨　　　④ 수소

55 제3류 위험물에 대한 설명으로 옳지 않은 것은?

① 황린은 공기 중에 노출되면 자연 발화하므로 물속에 저장하여야 한다.

② 나트륨은 물보다 무거우며 석유 등의 보호액속에 저장하여야 한다.

③ 트리에틸알루미늄은 상온에서 액체 상태로 존재한다.

④ 인화칼슘은 물과 반응하여 유독성의 포스핀을 발생한다.

답안 표기란

56	①	②	③	④
57	①	②	③	④
58	①	②	③	④
59	①	②	③	④
60	①	②	③	④

모의고사 1

56 순수한 것은 무색, 투명한 기름상의 액체이고 공업용은 담황색인 위험물로 충격, 마찰에는 매우 예민하고 겨울철에는 동결할 우려가 있는 것은?

① 펜트리트　　　　　　　② 트리니트로벤젠

③ 니트로글리세린　　　　④ 질산메틸

57 위험물제조소에서 다음과 같이 위험물을 취급하고 있는 경우 각각의 지정수량 배수의 총합은 얼마인가?

- 브롬산나트륨 300kg
- 과산화나트륨 150kg
- 중크롬산나트륨 500kg

---

① 3.5　　　　　　　　　② 4.0

③ 4.5　　　　　　　　　④ 5.0

58 위험물안전관리법령은 위험물의 유별에 따른 저장, 취급상의 유의사항을 규정하고 있다. 이 규정에서 특히 과열, 충격, 마찰을 피하여야 할 류(類)에 속하는 위험물 품명을 옳게 나열한 것은?

① 히드록실아민, 금속의 아지화합물

② 금속의 산화물, 칼슘의 탄화물

③ 무기금속화합물, 인화성 고체

④ 무기과산화물, 금속의 산화물

59 이황화탄소에 관한 설명으로 틀린 것은?

① 비교적 무거운 무색의 고체이다.

② 인화점이 0도 이하이다.

③ 약 100도에서 발화할 수 있다.

④ 이황화탄소의 증기는 유독하다.

60 액체위험물을 운반용기에 수납할 때 내용적의 몇 % 이하의 수납률로 수납하여야 하는가?

① 95　　　　　　　　　　② 96

③ 97　　　　　　　　　　④ 98

전체 문제 수 : 60

안 푼 문제 수 : ☐

답안 표기란				
01	①	②	③	④
02	①	②	③	④
03	①	②	③	④
04	①	②	③	④

01 화재 원인에 대한 설명으로 틀린 것은?

① 연소 대상물의 열전도율이 좋을수록 연소가 잘 된다.

② 온도가 높을수록 연소 위험이 높아진다.

③ 화학적 친화력이 클수록 연소가 잘 된다.

④ 산소와 접촉이 잘 될수록 연소가 잘 된다.

02 다음 고온체의 색깔을 낮은 온도부터 옳게 나열한 것은?

① 암적색 < 황적색 < 백적색 < 휘적색

② 휘적색 < 백적색 < 황적색 < 암적색

③ 휘적색 < 암적색 < 황적색 < 백적색

④ 암적색 < 휘적색 < 황적색 < 백적색

03 화재 시 이산화탄소를 사용하여 공기 중 산소의 농도를 21중량%에서 13중량%로 낮추려면 공기 중 이산화탄소의 농도는 약 몇 중량%가 되어야 하는가?

① 34.3

② 38.1

③ 42.5

④ 45.8

04 |보기|에서 소화기의 사용방법을 옳게 설명한 것을 모두 나열한 것은?

┌ 보기 ┐
ㄱ 적응화재에만 사용할 것
ㄴ 불과 최대한 멀리 떨어져서 사용할 것
ㄷ 바람을 마주보고 풍하에서 풍상 방향으로 사용할 것
ㄹ 양옆으로 비로 쓸 듯이 골고루 사용할 것

① ㄱ, ㄴ

② ㄱ, ㄷ

③ ㄱ, ㄹ

④ ㄱ, ㄷ, ㄹ

답안 표기란

05 ① ② ③ ④
06 ① ② ③ ④
07 ① ② ③ ④
08 ① ② ③ ④
09 ① ② ③ ④

모의고사 2

05 폭발 시 연소파의 전파속도 범위에 가장 가까운 것은?

① 0.1~10m/s

② 100~1,000m/s

③ 2,000~3,500m/s

④ 5,000~10,000m/s

06 위험물제조소의 안전거리 기준으로 틀린 것은?

① 초중등교육법 및 고등교육법에 의한 학교 – 20m 이상

② 의료법에 의한 병원급 의료기관 – 30m 이상

③ 문화재보호법 규정에 의한 지정문화재 – 50m 이상

④ 사용전압이 35,000V를 초과하는 특고압가공전선 – 5m 이상

07 위험물안전관리법상 위험물제조소등에서 전기설비가 있는 곳에 적응하는 소화설비는?

① 옥내소화전설비

② 스프링클러설비

③ 포 소화설비

④ 할로겐화합물 소화설비

08 제5류 위험물의 화재 시 소화방법에 대한 설명으로 옳은 것은?

① 가연성물질로서 연소속도가 빠르므로 질식소화가 효과적이다.

② 할로겐화합물 소화기가 적응성이 있다.

③ CO_2 및 분말소화기가 적응성이 있다.

④ 다량의 주수에 의한 냉각소화가 효과적이다.

09 Halon 1301 소화약제에 대한 설명으로 틀린 것은?

① 저장 용기에 액체상으로 충전한다.

② 화학식은 CF_3Br이다.

③ 비점이 낮아서 기화가 용이하다.

④ 공기보다 가볍다.

답안 표기란

10 ① ② ③ ④
11 ① ② ③ ④
12 ① ② ③ ④
13 ① ② ③ ④
14 ① ② ③ ④
15 ① ② ③ ④

10 스프링클러설비의 장점이 아닌 것은?

① 화재의 초기 진압에 효율적이다.

② 사용 약제를 쉽게 구할 수 있다.

③ 자동으로 화재를 감지하고 소화할 수 있다.

④ 다른 소화설비보다 구조가 간단하고 시설비가 적다.

11 이동탱크저장소에 의하여 위험물을 운송할 때 운송책임자의 감독, 지원을 받아야 하는 위험물은?

① 알킬리튬

② 아세트알데히드

③ 금속의 수소화물

④ 마그네슘

12 산화제와 환원제를 연소의 4요소와 연관지어 연결한 것으로 옳은 것은?

① 산화제 – 산소공급원,　환원제 – 가연물

② 산화제 – 가연물,　환원제 – 산소공급원

③ 산화제 – 연쇄반응,　환원제 – 점화원

④ 산화제 – 점화원,　환원제 – 가연물

13 포 소화약제에 의한 소화방법으로 다음 중 가장 주된 소화효과는?

① 희석소화　　　　　② 질식소화

③ 제거소화　　　　　④ 자기소화

14 증발연소를 하는 물질이 아닌 것은?

① 황　　　　　　　　② 석탄

③ 파라핀　　　　　　④ 나프탈렌

15 위험물안전관리법상 옥내주유취급소의 소화난이도 등급은?

① I　　　　　　　　② II

③ III　　　　　　　④ IV

답안 표기란

16　① ② ③ ④
17　① ② ③ ④
18　① ② ③ ④
19　① ② ③ ④
20　① ② ③ ④

모의고사 2

16 위험물안전관리법령의 소화설비 설치기준에 의하면 옥외소화전설비의 수원의 수량은 옥외소화전 설치개수(설치 개수가 4 이상인 경우에는 4)에 몇 m^3를 곱한 양 이상이 되도록 하여야 하는가?

① $7.5m^3$
② $13.5m^3$
③ $20.5m^3$
④ $25.5m^3$

17 1몰의 이황화탄소와 고온의 물이 반응하여 생성되는 독성기체물질의 부피는 표준 상태에서 얼마인가?

① 22.4L
② 44.8L
③ 67.2L
④ 134.4L

18 알킬리튬에 대한 설명으로 틀린 것은?

① 제3류 위험물이고 지정수량은 10kg이다.
② 가연성의 액체이다.
③ 이산화탄소와는 격렬하게 반응한다.
④ 소화방법으로는 물로 주수는 불가하며 할로겐화합물 소화약제를 사용하여야 한다.

19 국소방출방식의 이산화탄소 소화설비의 분사헤드에서 방출되는 소화약제의 방사기준으로 옳은 것은?

① 10초 이내에 균일하게 방사할 수 있을 것
② 15초 이내에 균일하게 방사할 수 있을 것
③ 30초 이내에 균일하게 방사할 수 있을 것
④ 60초 이내에 균일하게 방사할 수 있을 것

20 다음 위험물의 화재 시 주수소화가 가능한 것은?

① 철분
② 마그네슘
③ 나트륨
④ 황

답안 표기란

21 ① ② ③ ④
22 ① ② ③ ④
23 ① ② ③ ④
24 ① ② ③ ④
25 ① ② ③ ④

21 황화린에 대한 설명 중 옳지 않은 것은?

① 삼황화린은 황색 결정으로 공기 중 약 100℃에서 발화할 수 있다.

② 오황화린은 담황색 결정으로 조해성이 있다.

③ 오황화린은 물과 접촉하여 유독성 가스를 발생할 위험이 있다.

④ 삼황화린은 연소하여 황화수소 가스를 발생할 위험이 있다.

22 위험물안전관리법령상 제조소등의 정기점검 대상에 해당하지 않는 것은?

① 지정수량 15배의 제조소

② 지정수량 40배의 옥내탱크저장소

③ 지정수량 50배의 이동탱크저장소

④ 지정수량 20배의 지하탱크저장소

23 제조소등의 소화설비 설치 시 소요단위 산정에 관한 내용으로 괄호 안에 알맞은 수치를 차례대로 나열한 것은?

> 제조소 또는 취급소의 건축물은 외벽이 내화구조인 것은 연면적
> (   )m²를 1소요단위로 하며, 외벽이 내화구조가 아닌 것은 연면적
> (   )m²를 1소요단위로 한다.

① 200, 100　　　　　② 150, 100

③ 150, 50　　　　　④ 100, 50

24 탄화칼슘의 취급방법에 대한 설명으로 옳지 않은 것은?

① 물, 습기와의 접촉을 피한다.

② 건조한 장소에 밀봉, 밀전하여 보관한다.

③ 습기와 작용하여 다량의 메탄이 발생하므로 저장 중에 메탄가스의 발생유무를 조사한다.

④ 저장용기에 질소가스 등 불활성 가스를 충전하여 저장한다.

25 등유의 지정수량에 해당하는 것은?

① 100L　　　　　② 200L

③ 1,000L　　　　　④ 2,000L

26 위험물저장소에 해당하지 않는 것은?

① 옥외저장소   ② 지하탱크저장소

③ 이동탱크저장소   ④ 판매저장소

26 ① ② ③ ④
27 ① ② ③ ④
28 ① ② ③ ④
29 ① ② ③ ④
30 ① ② ③ ④
31 ① ② ③ ④

27 벤젠 1몰을 충분한 산소가 공급되는 표준 상태에서 완전연소시켰을 때 발생하는 이산화탄소의 양은 몇 L인가?

① 22.4   ② 134.4

③ 168.8   ④ 224.0

28 지정과산화물을 저장 또는 취급하는 위험물 옥내저장소의 저장창고 기준에 대한 설명으로 틀린 것은?

① 서까래의 간격은 30cm 이하로 할 것

② 저장창고의 출입구에는 갑종방화문을 설치할 것

③ 저장창고의 외벽을 철근콘크리트조로 할 경우 두께를 10cm 이상으로 할 것

④ 저장창고의 창은 바닥면으로부터 2m 이상의 높이에 둘 것

29 물과 접촉 시, 발열하면서 폭발 위험성이 증가하는 것은?

① 과산화칼륨   ② 과망간산나트륨

③ 요오드산칼륨   ④ 과염소산칼륨

30 벤젠 증기의 비중에 가장 가까운 값은?

① 0.7   ② 0.9

③ 2.7   ④ 3.9

31 니트로글리세린을 다공질의 규조토에 흡수시켜 제조한 물질은?

① 흑색화약

② 니트로셀룰로오스

③ 다이너마이트

④ 면화약

답안 표기란
32	① ② ③ ④
33	① ② ③ ④
34	① ② ③ ④
35	① ② ③ ④
36	① ② ③ ④

32 아염소산염류의 운반용기 중 적응성 있는 내장용기의 종류와 최대 용적이나 중량을 옳게 나타낸 것은?(단, 외장용기의 종류는 나무상자 또는 플라스틱상자이고, 외장용기의 최대 중량은 125kg으로 한다.)

① 금속제 용기 : 20L

② 종이 포대 : 55kg

③ 플라스틱 필름 포대 : 60kg

④ 유리용기 : 10L

33 아세트알데히드의 저장, 취급시 주의사항으로 틀린 것은?

① 강산화제와의 접촉을 피한다.

② 취급설비에는 구리합금의 사용을 피한다.

③ 수용성이기 때문에 화재 시 물로 희석소화가 가능하다.

④ 옥외저장탱크에 저장 시 조연성가스를 주입한다.

34 위험물 분류에서 제1석유류에 대한 설명으로 옳은 것은?

① 아세톤, 휘발유 그 밖에 1기압에서 인화점이 섭씨 21도 미만인 것

② 등유, 경유 그 밖의 액체로서 인화점이 섭씨 21도 이상 70도 미만인 것

③ 중유, 도료류로서 인화점이 섭씨 70도 이상 200도 미만의 것

④ 기계유, 실린더유 그 밖의 액체로서 인화점이 섭씨 200도 이상 250도 미만인 것

35 제2류 위험물의 일반적 성질에 대한 설명으로 가장 거리가 먼 것은?

① 가연성고체 물질이다.

② 연소 시 연소열이 크고 연소속도가 빠르다.

③ 산소를 포함하여 조연성가스의 공급이 없이 연소가 가능하다.

④ 비중이 1보다 크고 물에 녹지 않는다.

36 위험물안전관리법령상 동식물유류의 경우 1기압에서 인화점은 섭씨 몇 도 미만으로 규정하고 있는가?

① 150℃   ② 250℃

③ 450℃   ④ 600℃

답안 표기란

37 ① ② ③ ④
38 ① ② ③ ④
39 ① ② ③ ④
40 ① ② ③ ④
41 ① ② ③ ④
42 ① ② ③ ④

모의고사 2

37 과염소산칼륨과 아염소산나트륨의 공통 성질이 아닌 것은?

① 지정수량이 50kg이다.

② 열분해 시 산소를 방출한다.

③ 강산화성 물질이며 가연성이다.

④ 상온에서 고체의 형태이다.

38 제5류 위험물의 일반적 성질에 관한 설명으로 옳지 않은 것은?

① 화재 발생 시 소화가 곤란하므로 적은 양으로 나누어 저장한다.

② 운반용기 외부에 충격주의, 화기엄금의 주의사항을 표시한다.

③ 자기연소를 일으키며 연소속도가 대단히 빠르다.

④ 가연성물질이므로 질식소화하는 것이 가장 좋다.

39 다음 중 자연발화의 위험성이 가장 큰 물질은?

① 아마인유   ② 야자유

③ 올리브유   ④ 피마자유

40 운반을 위하여 위험물을 적재하는 경우에 차광성이 있는 피복으로 가려 주어야 하는 것은?

① 특수인화물   ② 제1석유류

③ 알코올류   ④ 동식물유류

41 위험물제조소등에 옥내소화전설비를 설치할 때, 옥내소화전이 가장 많이 설치된 층의 소화전의 개수가 4개일 경우 확보해야 할 수원의 수량은?

① 10.4m³   ② 20.8m³

③ 31.2m³   ④ 41.6m³

42 황린의 저장방법으로 옳은 것은?

① 물속에 저장한다.

② 공기 중에 보관한다.

③ 벤젠 속에 저장한다.

④ 이황화탄소 속에 보관한다.

43 위험물안전관리법령상 지정수량이 다른 하나는?

① 인화칼슘　　　　　　② 루비듐

③ 칼슘　　　　　　　　④ 아염소산칼륨

44 과염소산나트륨에 대한 설명으로 옳지 않은 것은?

① 가열하면 분해하여 산소를 방출한다.

② 환원제이며 수용액은 강한 환원성이 있다.

③ 수용성이며 조해성이 있다.

④ 제1류 위험물이다.

45 질산메틸의 성질에 대한 설명으로 틀린 것은?

① 비점은 약 66℃이다.

② 증기는 공기보다 가볍다.

③ 무색투명한 액체이다.

④ 자기반응성물질이다.

46 옥외탱크저장소의 소화설비를 검토 및 적용할 때에 소화난이도 등급 Ⅰ
에 해당되는지를 검토하는 탱크 높이의 측정기준으로서 적합한 것은?

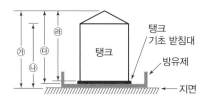

① ㉮　　　　　　　　　② ㉯

③ ㉰　　　　　　　　　④ ㉱

47 다음에서 설명하는 위험물에 해당하는 것은?

- 지정수량은 300kg이다.
- 산화성액체 위험물이다.
- 가열하면 분해하여 유독성가스를 발생한다.
- 증기비중은 약 3.5이다.

① 브롬산칼륨　　　　　② 클로로벤젠

③ 질산　　　　　　　　④ 과염소산

답안 표기란

43 ① ② ③ ④
44 ① ② ③ ④
45 ① ② ③ ④
46 ① ② ③ ④
47 ① ② ③ ④

답안 표기란

48 ① ② ③ ④
49 ① ② ③ ④
50 ① ② ③ ④
51 ① ② ③ ④
52 ① ② ③ ④

모의고사 2

48 금속나트륨에 대한 설명으로 옳지 않은 것은?

① 물과 격렬히 반응하여 발열하고 수소가스를 발생한다.

② 에틸알코올과 반응하여 나트륨에틸라이트와 수소가스를 발생한다.

③ 할로겐화합물 소화약제는 사용할 수 없다.

④ 은백색의 광택이 있는 중금속이다.

49 옥내저장소의 저장창고에 150m² 이내마다 일정규격의 격벽을 설치하여 저장하여야 하는 위험물은?

① 제5류 위험물 중 지정과산화물

② 알킬라우미늄 등

③ 아세트알데히드 등

④ 히드록실아민 등

50 염소산나트륨의 저장 및 취급방법으로 옳지 않은 것은?

① 철제 용기에 저장한다.

② 습기가 없는 찬 장소에 보관한다.

③ 조해성이 크므로 용기는 밀전한다.

④ 가열, 충격, 마찰을 피하고 점화원의 접근을 금한다.

51 위험물제조소등의 허가에 관계된 설명으로 옳은 것은?

① 제조소등을 변경하고자 하는 경우에는 언제나 허가를 받아야 한다.

② 위험물의 품명을 변경하고자 하는 경우에는 언제나 허가를 받아야 한다.

③ 농예용으로 필요한 난방시설을 위한 지정수량의 20배 이하의 저장소는 허가대상이 아니다.

④ 저장하는 위험물의 변경으로 지정수량의 배수가 달라지는 경우는 언제나 허가대상이 아니다.

52 황의 성질에 대한 설명 중 틀린 것은?

① 물에 녹지 않으나 이황화탄소에 녹는다.

② 공기 중에서 연소하여 아황산가스를 발생한다.

③ 전도성 물질이므로 정전기 발생에 유의하여야 한다.

④ 분진폭발의 위험성에 주의하여야 한다.

53 다음 중 증기의 밀도가 가장 큰 것은?

① 디에틸에테르

② 벤젠

③ 가솔린(옥탄 100%)

④ 에틸알코올

54 과산화수소의 위험성으로 옳지 않은 것은?

① 산화제로서 불연성 물질이지만 산소를 함유하고 있다.

② 이산화망간 촉매에서 분해가 촉진된다.

③ 분해를 막기 위해 히드라진을 안정제로 사용할 수 있다.

④ 고농도의 것은 피부에 닿으면 화상의 위험이 있다.

55 위험물안전관리법령상 제조소등에 대한 긴급 사용정지명령 등을 할 수 있는 권한이 없는 자는?

① 시, 도지사

② 소방본부장

③ 소방서장

④ 국민안전처장관

56 위험물 제조소등에서 위험물안전관리법령상 안전거리 규제 대상이 아닌 것은?

① 제6류 위험물을 취급하는 제조소를 제외한 모든 제조소

② 주유취급소

③ 옥외저장소

④ 옥외탱크저장소

57 제5류 위험물의 니트로화합물에 속하지 않는 것은?

① 니트로벤젠

② 테트릴

③ 트리니트로톨루엔

④ 피그린산

58 위험물안전관리법에서 규정하고 있는 사항으로 옳지 않은 것은?

① 위험물저장소를 경매에 의해 시설의 전부를 인수한 경우에는 30일 이내에, 저장소의 용도를 폐지한 경우에는 14일 이내에, 저장소의 용도를 폐지한 경우에는 14일 이내에 시·도지사에게 그 사실을 신고하여야 한다.

② 제조소등의 위치, 구조 및 설비기준을 위반하여 사용한 때에는 시·도지사는 허가취소, 전부 또는 일부의 사용정지를 명할 수 있다.

③ 20,000L를 수산용 건조시설에 사용하는 경우에는 위험물법의 허가는 받지아니하고 저장소를 설치할 수 있다.

④ 위치, 구조 또는 설비의 변경 없이 저장소에서 저장하는 위험물 지정수량의 배수를 변경하고자 하는 경우에는 변경하고자 하는 날의 7일전까지 시·도지사에게 신고하여야 한다.

59 과산화나트륨 78g과 충분한 양의 물이 반응하여 생성되는 기체의 종류와 생성량을 옳게 나타낸 것은?

① 수소, 1g
② 산소, 16g
③ 수소, 2g
④ 산소, 32g

60 옥내탱크저장소 중 탱크전용실을 단층건물 외의 건축물에 설치하는 경우 탱크전용실을 건축물 1층 또는 지하층에만 설치하여야 하는 위험물이 아닌 것은?

① 제2류 위험물 중 덩어리 유황
② 제3류 위험물 중 황린
③ 제4류 위험물 중 인화점이 38℃ 이상인 위험물
④ 제6류 위험물 중 질산

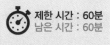

전체 문제 수 : 60
안 푼 문제 수 : ☐

답안 표기란				
01	①	②	③	④
02	①	②	③	④
03	①	②	③	④
04	①	②	③	④
05	①	②	③	④

01 화재 발생 시 물을 이용한 소화가 효과적인 물질은?

① 트리메틸알루미늄　　② 황린

③ 나트륨　　④ 인화칼슘

02 위험물안전관리법령에 따른 대형수동식소화기의 설치기준에서 방호대상물의 각 부분으로부터 하나의 대형수동식소화기까지의 보행거리는 몇 m 이하가 되도록 설치해야 하는가? (단, 옥내소화전설비, 옥외소화전설비, 스프링클러설비 또는 물분무 소화설비와 함께 설치하는 경우는 제외한다.)

① 10　　② 15

③ 20　　④ 30

03 위험물안전관리법령상 스프링클러설비가 제4류 위험물에 대하여 적응성을 갖는 경우는?

① 연기가 충만할 우려가 없는 경우

② 방사밀도(살수밀도)가 일정수치 이상인 경우

③ 지하층의 경우

④ 수용성위험물인 경우

04 위험물안전관리법령상 위험물의 품명이 다른 하나는?

① CH_3COOH　　② C_6H_5Cl

③ $C_6H_5CH_3$　　④ C_6H_5Br

05 어떤 소화기에 'ABC'라고 표시되어 있을 때 사용할 수 없는 화재는?

① 금속화재　　② 유류화재

③ 전기화재　　④ 일반화재

답안 표기란

06 ① ② ③ ④
07 ① ② ③ ④
08 ① ② ③ ④
09 ① ② ③ ④
10 ① ② ③ ④

06 위험물안전관리법령에서 정한 소화설비의 소요단위 산정방법에 대한 설명 중 옳은 것은?

① 위험물은 지정수량의 100배를 1소요단위로 함

② 저장소용 건축물 외벽이 내화구조인 것은 연면적 100m²를 1소요단위로 함

③ 제조소용 건축물 외벽이 내화구조가 아닌 것은 연면적 50m²를 1소요단위로 함

④ 저장소용 건축물 외벽이 내화구조가 아닌 것은 연면적 25m²를 1소요단위로 함

07 기체연료가 완전연소하기에 유리한 이유로 가장 거리가 먼 것은?

① 활성화 에너지가 크다.

② 공기 중에서 확산되기 쉽다.

③ 산소를 충분히 공급받을 수 있다.

④ 분자의 운동이 활발하다.

08 위험물의 소화방법으로 적합하지 않은 것은?

① 적린은 다량의 물로 소화한다.

② 황화인의 소규모화재 시에는 모래로 질식소화한다.

③ 알루미늄은 다량의 물로 소화한다.

④ 황의 소규모화재 시에는 모래로 질식소화한다.

09 위험물안전관리법령에서 정한 위험물의 유별 성질을 잘못 나타낸 것은?

① 제1류 : 산화성

② 제4류 : 인화성

③ 제5류 : 자기반응성

④ 제6류 : 가연성

10 주된 연소의 형태가 나머지 셋과 다른 하나는?

① 아연분   ② 양초

③ 코크스   ④ 목탄

답안 표기란

11 ① ② ③ ④
12 ① ② ③ ④
13 ① ② ③ ④
14 ① ② ③ ④
15 ① ② ③ ④
16 ① ② ③ ④

11 금속의 덩어리 상태보다 분말 상태일 때 연소위험성이 증가하기 때문에 금속분을 제2류 위험물로 분류하고 있다. 연소위험성이 증가하는 이유로 잘못된 것은?

① 비표면적이 증가하여 반응면적이 증대되기 때문에

② 비열이 증가하여 열의 축적이 용이하기 때문에

③ 복사열의 흡수율이 증가하여 열의 축적이 용이하기 때문에

④ 대전성이 증가하여 정전기가 발생되기 쉽기 때문에

12 영하 20℃ 이하의 겨울철이나 한냉지에서 사용하기에 적합한 소화기는?

① 분무주수소화기 ② 봉상주수소화기
③ 물주수소화기 ④ 강화액소화기

13 알칼리금속의 과산화물 저장창고에 화재가 발생하였을 때 가장 적합한 소화약제는?

① 마른모래 ② 물
③ 이산화탄소 ④ 할론 1211

14 위험물안전관리법령상 제5류 위험물에 적응성이 있는 소화설비는?

① 포 소화설비

② 불활성가스 소화설비

③ 할로겐화합물 소화설비

④ 탄산수소염류 소화설비

15 화재 시 이산화탄소를 방출하여 산소의 농도를 13중량%로 낮추어 소화를 하려면 공기 중의 이산화탄소는 몇 중량%가 되어야 하는가?

① 28.1 ② 38.1
③ 42.86 ④ 48.36

16 소화 전용 물통 3개를 포함한 수조 80L의 능력단위는?

① 0.3 ② 0.5
③ 1.0 ④ 1.5

17 탄화칼슘과 물이 반응하였을 때 발생하는 가연성 가스의 연소범위에 가장 가까운 것은?

① 2.1~9.5중량%
② 2.5~81중량%
③ 4.1~74.2중량%
④ 15.0~28중량%

18 위험물제조소등에 옥외소화전을 6개 설치할 경우 수원의 수량은 몇 m^3 이상이어야 하는가?

① 48m^3 이상
② 54m^3 이상
③ 60m^3 이상
④ 84m^3 이상

19 위험물안전관리법령상 제조소등의 관계인은 제조소등의 화재예방과 재해발생시의 비상조치에 필요한 사항을 서명으로 작성하여 허가청에 제출하여야 한다. 이는 무엇에 관한 설명인가?

① 예방규정
② 소방계획서
③ 비상계획서
④ 화재영향평가서

20 위험물안전관리법령상 압력수조를 이용한 옥내소화전설비의 가압수송장치에 압력수조의 최소압력(MPa)은? (단, 소방용 호스의 마찰손실 수두압은 3MPa, 배관의 마찰손실 수두압은 1MPa, 낙차의 환산수두압은 1.35MPa이다.)

① 5.35
② 5.70
③ 6.00
④ 6.35

21 등유의 성질에 대한 설명 중 틀린 것은?

① 증기는 공기보다 가볍다.
② 인화점이 상온보다 높다.
③ 전기에 대해 불량도체이다.
④ 물보다 가볍다.

22 다음 중 지정수량이 가장 작은 위험물은?

① 니트로글리세린
② 과산화수소
③ 트리니트로톨루엔
④ 피크르산

답안 표기란

17	①	②	③	④
18	①	②	③	④
19	①	②	③	④
20	①	②	③	④
21	①	②	③	④
22	①	②	③	④

23 적린의 일반적인 성질에 대한 설명으로 틀린 것은?

① 비금속 원소이다.

② 암적색의 분말이다.

③ 승화온도가 약 260℃이다.

④ 이황화탄소에 녹지 않는다.

24 이황화탄소기체는 수소기체보다 20℃, 1기압에서 몇 배 더 무거운가?

① 11

② 22

③ 32

④ 38

25 물과 반응하여 가연성가스를 발생하지 않는 것은?

① 리튬

② 나트륨

③ 유황

④ 칼슘

26 벤젠에 대한 설명으로 옳은 것은?

① 휘발성이 강한 액체이다.

② 물에 매우 잘 녹는다.

③ 증기의 비중은 1.5이다.

④ 순수한 것의 융점은 30℃이다.

27 위험물안전관리법에서 정의하는 다음 용어는 무엇인가?

> 인화성 또는 발화성 등의 성질을 가지는 것으로서 대통령이 정하는 물품을 말한다.

① 위험물

② 인화성 물질

③ 자연발화성물질

④ 가연물

28 위험물안전관리법상 위험물의 범위에 포함되는 물질은?

① 농도가 40중량퍼센트인 과산화수소 350kg

② 비중이 1.40인 질산 350kg

③ 직경 2.5mm의 막대 모양인 마그네슘 500kg

④ 순도가 55중량퍼센트인 유황 50kg

답안 표기란

23	① ② ③ ④
24	① ② ③ ④
25	① ② ③ ④
26	① ② ③ ④
27	① ② ③ ④
28	① ② ③ ④

29 질화면을 강면약과 약면약으로 구분하는 기준은?

① 물질의 경화도
② 수산기의 수
③ 질산기의 수
④ 탄소 함유량

30 위험물 운반에 관한 사항 중 위험물안전관리법령에서 정한 내용과 틀린 것은?

① 운반용기에 수납하는 위험물이 디에틸에테르라면 운반용기 중 최대용적이 1L 이하라 하더라도 규정에 따라 품명, 주의사항 등 표시사항을 부착하여야 한다.

② 운반용기에 담아 적재하는 물품이 황린이라면 파라핀, 경유 등 보호액으로 채워 밀봉한다.

③ 운반용기에 담아 적재하는 물품이 알킬알루미늄이라면 운반용기의 내용적의 90% 이하의 수납률을 유지하여야 한다.

④ 기계에 의하여 하역하는 구조로 된 경질플라스틱제 운반용기는 제조된 때로부터 5년 이내의 것이어야 한다.

31 비스코스레이온 원료로서, 비중이 약 1.3, 인화점이 약 −30℃이고, 연소 시 유독한 아황산가스를 발생시키는 위험물은?

① 황린
② 이황화탄소
③ 테레핀유
④ 장뇌유

32 위험물안전관리법령상 위험물 운송시 제1류 위험물과 혼재 가능한 위험물은? (단, 지정수량의 10배를 초과하는 경우이다.)

① 제2류 위험물
② 제3류 위험물
③ 제5류 위험물
④ 제6류 위험물

33 위험물 옥외저장탱크 중 압력탱크에 저장하는 디에틸에테르 등의 저장온도는 몇 ℃ 이하여야 하는가?

① 60
② 40
③ 30
④ 15

답안 표기란

34 ① ② ③ ④
35 ① ② ③ ④
36 ① ② ③ ④
37 ① ② ③ ④
38 ① ② ③ ④

34 주유취급소의 고정주유설비에서 펌프기기의 주유관 선단에서 최대토출량으로 틀린 것은?

① 휘발유는 분당 50리터 이하

② 경유는 분당 180리터 이하

③ 등유는 분당 80리터 이하

④ 제1석유류는 분당 100리터 이하

35 에틸렌글리콜의 성질로 옳지 않은 것은?

① 갈색의 액체로 방향성이 있고 쓴맛이 난다.

② 물, 알코올 등에 잘 녹는다.

③ 분자량은 약 62이고 비중은 약 1.1이다.

④ 부동액의 원료로 사용된다.

36 제2류 위험물의 종류에 해당되지 않는 것은?

① 마그네슘　　　　　② 고형알코올

③ 칼슘　　　　　　　④ 안티몬분

37 위험물저장소에서 다음과 같이 제3류 위험물을 저장하고 있는 경우 지정수량의 몇 배가 보관되어 있는가?

> • 칼륨 : 20kg
> • 황린 : 40kg
> • 칼슘의 탄화물 : 300kg

① 4　　　　　　　　② 5

③ 6　　　　　　　　④ 7

38 제5류 위험물이 아닌 것은?

① 니트로글리세린

② 니트로톨루엔

③ 니트로글리콜

④ 트리니트로톨루엔

답안 표기란

39 ① ② ③ ④
40 ① ② ③ ④
41 ① ② ③ ④
42 ① ② ③ ④
43 ① ② ③ ④

모의고사 3

39 위험물을 저장할 때 필요한 보호물질을 옳게 연결한 것은?

① 황린 – 석유
② 금속칼륨 – 에탄올
③ 이황화탄소 – 물
④ 금속나트륨 – 산소

40 '인화점 50℃'의 의미를 가장 옳게 설명한 것은?

① 주변의 온도가 50℃ 이상이 되면 자발적으로 점화원 없이 발화한다.
② 액체의 온도가 50℃ 이상이 되면 가연성 증기를 발생하여 점화원에 의해 인화한다.
③ 액체를 50℃ 이상으로 가열하면 발화한다.
④ 주변의 온도가 50℃일 경우 액체가 발화한다.

41 제1류 위험물 중의 과산화칼륨을 다음과 같이 반응시켰을 때 공통적으로 발생되는 기체는?

> • 물과 반응을 시켰다.
> • 가열하였다.
> • 탄산가스와 반응시켰다.

① 수소   ② 이산화탄소
③ 산소   ④ 이산화황

42 위험물 이동저장탱크의 외부도장 색상으로 적합하지 않은 것은?

① 제2류 – 적색   ② 제3류 – 청색
③ 제5류 – 황색   ④ 제6류 – 회색

43 과망간산칼륨의 위험성에 대한 설명 중 틀린 것은?

① 진한 황산과 접촉하면 폭발적으로 반응한다.
② 알코올, 에테르, 글리세린 등 유기물과 접촉을 금한다.
③ 가열하면 약 60℃에서 분해하여 수소를 방출한다.
④ 목탄, 황과 접촉 시 충격에 의해 폭발할 위험성이 있다.

답안 표기란

44 ① ② ③ ④
45 ① ② ③ ④
46 ① ② ③ ④
47 ① ② ③ ④
48 ① ② ③ ④
49 ① ② ③ ④
50 ① ② ③ ④

44 제1류 위험물에 속하지 않는 것은?

① 질산구아니딘
② 과요오드산
③ 납 또는 요오드의 산화물
④ 염소화이소시아눌산

45 질산의 비중이 1.5일 때 1소요단위는 몇 L인가?

① 150
② 200
③ 1,500
④ 2,000

46 질산메틸에 대한 설명 중 틀린 것은?

① 액체 형태이다.
② 물보다 무겁다.
③ 알코올에 녹는다.
④ 증기는 공기보다 가볍다.

47 삼황화린의 연소 시 발생하는 가스에 해당하는 것은?

① 이산화황
② 황화수소
③ 산소
④ 인산

48 다음 위험물 중 발화점이 가장 낮은 것은?

① 피크린산
② TNT
③ 과산화벤조일
④ 니트로셀룰로오스

49 건축물 외벽이 내화구조이며 연면적 300m²인 위험물 옥내저장소의 건축물에 대하여 소화설비의 소화능력 단위는 최소한 몇 단위 이상이 되어야 하는가?

① 1단위
② 2단위
③ 3단위
④ 4단위

50 위험물안전관리법령상 위험물의 운반에 관한 기준에 따르면 알코올류의 위험등급은 얼마인가?

① 위험등급 Ⅰ
② 위험등급 Ⅱ
③ 위험등급 Ⅲ
④ 위험등급 Ⅳ

답안 표기란

51 ① ② ③ ④
52 ① ② ③ ④
53 ① ② ③ ④
54 ① ② ③ ④
55 ① ② ③ ④

51 다음 괄호 안에 알맞은 수치를 차례대로 옳게 나열한 것은?

> 위험물은 암반탱크의 공간 용적은 당해 탱크 내에 용출하는 (   ) 일간의 지하수 양에 상당하는 용적과 당해 탱크 내용적의 100분의 (   )의 용적 중에서 보다 큰 용적을 공간용적으로 한다.

① 1, 1   ② 7, 1
③ 1, 5   ④ 7, 5

52 HNO_3에 대한 설명으로 틀린 것은?

① Al, Fe는 진한 질산에서 부동태를 생성해 녹지 않는다.
② 질산과 염산을 3 : 1 비율로 제조한 것을 왕수라고 한다.
③ 부식성이 강하고 흡습성이 있다.
④ 직사광선에서 분해하여 NO_2를 발생한다.

53 지정수량 20배 이상의 1류 위험물을 저장하는 옥내저장소에서 내화구조로 하지 않아도 되는 것은? (단, 원칙적인 경우에 한한다.)

① 바닥   ② 보
③ 기중   ④ 벽

54 위험물안전관리법령상 다음 괄호 안에 알맞은 수치는?

> 옥내저장소에서 위험물을 저장하는 경우 기계에 의하여 하역하는 구조로 된 용기만을 겹쳐 쌓는 경우에 있어서는 (   )미터 높이를 초과하여 용기를 겹쳐 쌓지 아니하여야 한다.

① 2   ② 4
③ 6   ④ 8

55 칼륨의 화재 시 사용 가능한 소화제는?

① 물   ② 마른 모래
③ 이산화탄소   ④ 사염화탄소

모의고사 3

답안 표기란
56	① ② ③ ④
57	① ② ③ ④
58	① ② ③ ④
59	① ② ③ ④
60	① ② ③ ④

56 위험물안전관리법령에 따른 제3류 위험물에 대한 화재예방 또는 소화의 대책으로 틀린 것은?

① 이산화탄소, 할로겐화합물, 분말 소화약제를 사용하여 소화한다.

② 칼륨은 석유, 등유 등의 보호액 속에 저장한다.

③ 알킬알루미늄은 헥산, 톨루엔 등 탄화수소용제를 희석제로 사용한다.

④ 알칼알루미늄, 알킬리튬을 저장하는 탱크에는 불활성가스의 봉입장치를 설치한다.

57 위험물안전관리법령에 따라 위험물 운반을 위해 적재하는 경우 제4류 위험물과 혼재가 가능한 액체석유가스 또는 압축천연가스의 용기 내용적은 몇 L 미만인가?

① 120   ② 150

③ 180   ④ 200

58 위험물을 유별로 정리하여 상호 1m 이상의 간격을 유지하는 경우에도 동일한 옥내저장소에 저장할 수 없는 것은?

① 제1류 위험물(알칼리금속의 과산화물 또는 이를 함유한 것을 제외한다)과 제5류 위험물

② 제1류 위험물과 제6류 위험물

③ 제1류 위험물과 제3류 위험물 중 황린

④ 인화성 고체를 제외한 제2류 위험물과 제4류 위험물

59 위험물의 지정수량이 틀린 것은?

① 과산화칼륨 : 50kg

② 질산나트륨 : 50kg

③ 과망간산나트륨 : 1,000kg

④ 중크롬산암모늄 : 1,000kg

60 공기 중에서 산소와 반응하여 과산화물을 생성하는 물질은?

① 디에틸에테르   ② 이황화탄소

③ 에틸알코올   ④ 과산화나트륨

전체 문제 수 : 60
안 푼 문제 수 : ☐

답안 표기란

01 ① ② ③ ④
02 ① ② ③ ④
03 ① ② ③ ④
04 ① ② ③ ④
05 ① ② ③ ④

01 제조소등의 소요단위 산정 시 위험물은 지정수량의 몇 배를 1소요단위로 하는가?

① 5배   ② 10배

③ 20배   ④ 50배

02 알킬알루미늄의 소화방법으로 가장 적합한 것은?

① 팽창질석에 의한 소화

② 알코올포에 의한 소화

③ 주수에 의한 소화

④ 산·알칼리 소화약제에 의한 소화

03 분진폭발의 위험이 가장 낮은 물질은?

① 마그네슘 가루   ② 아연가루

③ 밀가루   ④ 시멘트가루

04 위험물안전관리법령상 제5류 위험물의 화재 발생 시 적응성이 있는 소화설비는?

① 분말 소화설비

② 물분무 소화설비

③ 이산화탄소 소화설비

④ 할로겐화합물 소화설비

05 제4류 위험물의 화재에 적응성이 없는 소화기는?

① 포소화기   ② 봉상수 소화기

③ 인산염류 소화기   ④ 이산화탄소 소화기

답안 표기란

06 ① ② ③ ④
07 ① ② ③ ④
08 ① ② ③ ④
09 ① ② ③ ④
10 ① ② ③ ④

06 위험물안전관리법령상 자동화재탐지설비의 경계구역 하나의 면적은 몇 m² 이하이어야 하는가? (단, 원칙적인 경우에 한한다.)

① 250   ② 300

③ 400   ④ 600

07 플래시오버(Flash over)에 대한 설명으로 옳은 것은?

① 대부분 화재 초기(발화기)에 발생한다.

② 대부분 화재 중기(쇠퇴기)에 발생한다.

③ 내장재의 종류와 개구의 크기에 영향을 받는다.

④ 산소의 공급의 주요 요인이 되어 발생한다.

08 충격이나 마찰에 민감하고 가수분해반응을 일으키는 단점을 가지고 있어 이를 개선하여 다이너마이트를 발명하는 데 주원료로 사용한 위험물은?

① 셀룰로이드

② 니트로글리세린

③ 트리니트로톨루엔

④ 트리니트로페놀

09 다음은 어떤 화합물의 구조식인가?

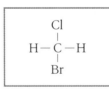

① 할론 1301   ② 할론 1201

③ 할론 1011   ④ 할론 2402

10 위험물안전관리법령상 제4류 위험물 지정수량의 3천배 초과 4천배 이하로 저장하는 옥외탱크저장소의 보유공지는 얼마인가?

① 6m 이상   ② 9m 이상

③ 12m 이상   ④ 15m 이상

11 분말 소화약제를 방출시키기 위해 주로 사용하는 기압용 가스는?

① 산소
② 질소
③ 헬륨
④ 아르곤

12 연소의 연쇄반응을 차단 및 억제하여 소화하는 방법은?

① 냉각소화
② 부촉매소화
③ 질식소화
④ 제거소화

13 위험물안전관리법령상 위험등급 Ⅰ의 위험물로 옳은 것은?

① 무기과산화물
② 황화린, 적린, 유황
③ 제1석유류
④ 알코올류

14 소화기 속에 압축되어 있는 이산화탄소 1.1kg을 표준 상태에서 분사했다. 이산화탄소의 부피는 몇 m^3가 되는가?

① 0.56
② 5.6
③ 11.2
④ 24.6

15 위험물안전관리법령상 자동화재탐지설비를 설치하지 않고 비상경부설비로 대신할 수 있는 것은?

① 일반취급소로서 연면적 600m^2인 것
② 지정수량 20배를 저장하는 옥내저장소로서 처마높이가 8m인 단층건물
③ 단층건물외에 건축물에 설치된 지정수량 15배의 옥내탱크저장소로서 소화난이도등급 Ⅱ에 속하는 것
④ 지정수량 20배를 저장 취급하는 옥내 주유취급소

16 양초, 고급알코올 등과 같은 연료의 가장 일반적인 연소형태는?

① 분무연소
② 증발연소
③ 표면연소
④ 분해연소

답안 표기란				
11	①	②	③	④
12	①	②	③	④
13	①	②	③	④
14	①	②	③	④
15	①	②	③	④
16	①	②	③	④

답안 표기란
17 ① ② ③ ④
18 ① ② ③ ④
19 ① ② ③ ④
20 ① ② ③ ④
21 ① ② ③ ④

17 BCF(BromoChlorodifluoromehtane) 소화약제의 화학식으로 옳은 것은?

① CCl_4 ② CH_2ClBr

③ CF_3Br ④ CF_2ClBr

18 제2류 위험물인 마그네슘에 대한 설명으로 옳지 않은 것은?

① 2mm 체를 통과한 것만 위험물에 해당된다.

② 화재 시 이산화탄소 소화약제로 소화가 가능하다.

③ 가연성고체로 산소와 반응하여 산화반응을 한다.

④ 주수소화를 하면 가연성의 수소가스가 발생한다.

19 다음은 위험물안전관리법령에 따른 제2종 판매취급소에 대한 정의이다. ㉮, ㉯에 알맞은 말은?

> 제2종 판매취급소라 함은 점포에서 위험물을 용기에 담아 판매하기 위하여 지정수량의 (㉮)배 이하의 위험물을 (㉯)하는 장소

① ㉮ 20, ㉯ 취급   ② ㉮ 40, ㉯ 취급

③ ㉮ 20, ㉯ 저장   ④ ㉮ 40, ㉯ 저장

20 취급하는 제4류 위험물의 수량이 지정수량의 30만 배인 일반취급소가 있는 사업장에 자체소방대를 설치함에 있어서 전체 화학소방차 중 포수용액을 방사하는 화학소방차는 몇 대 이상 두어야 하는가?

① 필수적인 것은 아니다.   ② 1

③ 2   ④ 3

21 다음 괄호 안에 적합한 숫자를 차례대로 나열한 것은?

> 자연발화물질 중 알킬알루미늄 등은 운반용기의 내용적의 (   )% 이하의 수납률로 수납하되, 50℃의 온도에서 (   )% 이상의 공간용적을 유지하도록 할 것

① 90, 5   ② 90, 10

③ 95, 5   ④ 95, 10

답안 표기란

22 ① ② ③ ④
23 ① ② ③ ④
24 ① ② ③ ④
25 ① ② ③ ④
26 ① ② ③ ④
27 ① ② ③ ④
28 ① ② ③ ④

22 정전기로 인한 재해방지대책 중 틀린 것은?

① 접지를 한다.
② 실내를 건조하게 유지한다.
③ 공기중 상대습도를 70% 이상으로 유지한다.
④ 공기를 이온화한다.

23 삼황화린의 연소생성물을 옳게 나열한 것은?

① P_2O_5, SO_2 ② P_2O_5, H_2S
③ H_3PO_4, SO_2 ④ H_3PO_4, H_2S

24 제3류 위험물에 해당하는 것은?

① 유황   ② 적린
③ 황린   ④ 삼황화린

25 제5류 위험물 중 니트로화합물의 지정수량을 옳게 나타낸 것은?

① 10kg   ② 100kg
③ 150kg   ④ 200kg

26 과염소산칼륨의 성질에 대한 설명 중 틀린 것은?

① 무색, 무취의 결정으로 물에 잘 녹는다.
② 화학식은 $KClO_4$이다.
③ 에탄올, 에테르에는 녹지 않는다.
④ 화학, 폭약, 섬광제 등에 쓰인다.

27 0.99atm, 55℃에서 이산화탄소의 밀도는 약 몇 g/L인가?

① 0.62   ② 1.62
③ 9.65   ④ 12.65

28 위험물안전관리법령에서 정한 제5류 위험물 이동저장탱크의 외부 도장 색상은?

① 황색   ② 회색
③ 적색   ④ 청색

모의고사 4

29 제조소등의 관계인이 예방규정을 정하여야 하는 제조소등이 아닌 것은?

① 지정수량 100배의 위험물을 저장하는 옥외탱크저장소

② 지정수량 150배의 위험물을 저장하는 옥내저장소

③ 지정수량 10배의 위험물을 취급하는 제조소

④ 지정수량 5배의 위험물을 취급하는 이송취급소

30 위험물안전관리법령상 제5류 위험물의 공통된 취급방법으로 옳지 않은 것은?

① 용기의 파손 및 균열에 주의한다.

② 저장 시 과열, 충격, 마찰을 피한다.

③ 운반용기 외부에 주의사항으로 화기주의 및 물기엄금을 표기한다.

④ 불티, 불꽃, 고온체와의 접근을 피한다.

31 황분말과 혼합하였을 때 가열 또는 충격에 의해서 폭발할 위험이 가장 높은 것은?

① 질산암모늄　　　　　　② 물

③ 이산화탄소　　　　　　④ 마른 모래

32 다음은 위험물안전관리법령에서 정한 내용이다. 괄호 안에 알맞은 용어는?

> (　　　　)(이)라 함은 고형알코올 그밖에 1기압에서 인화점이 섭씨 40도 미만인 고체를 말한다.

① 가연성고체　　　　　　② 산화성고체

③ 인화성고체　　　　　　④ 자기반응성고체

33 유별을 달리하는 위험물을 운반할 때 혼재할 수 있는 것은? (단, 지정수량의 1/10을 넘는 양을 운반하는 경우이다.)

① 제1류와 제3류

② 제2류와 제4류

③ 제3류와 제5류

④ 제4류와 제6류

답안 표기란

34 ① ② ③ ④
35 ① ② ③ ④
36 ① ② ③ ④
37 ① ② ③ ④
38 ① ② ③ ④
39 ① ② ③ ④

34 그림의 원통형 종으로 설치된 탱크에서 공간용적을 내용적의 10%라고 하면 탱크용량(허가용량)은 약 얼마인가?

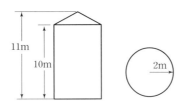

① 113.44
② 124.34
③ 129.06
④ 138.16

35 제4류 위험물에 속하지 않는 것은?

① 아세톤
② 실린더유
③ 트리니트로톨루엔
④ 니트로벤젠

36 자기반응성물질인 제5류 위험물에 해당하는 것은?

① $CH_3(C_6H_4)NO_2$
② CH_3COCH_3
③ $C_6H_2(NO_3)_3OH$
④ $C_6H_5NO_2$

37 경유 2,000L, 글리세린 2,000L를 같은 장소에 저장하려 했다. 지정수량의 배수의 합은 얼마인가?

① 2.5
② 3.0
③ 3.5
④ 4.0

38 제2석유류에 해당하는 물질로만 짝지어진 것은?

① 등유, 경유
② 등유, 중유
③ 글리세린, 기계유
④ 글리세린, 장뇌유

39 과망간산칼륨의 위험성에 대한 설명으로 틀린 것은?

① 황산과 격렬하게 반응한다.
② 유기물과 혼합 시 위험성이 증가한다.
③ 고온으로 가열하면 분해하여 산소와 수소를 방출한다.
④ 목탄, 황 등 환원성 물질과 격리하여 저장해야 한다.

모의고사 4

40 지정수량이 나머지 셋과 다른 물질은?

① 황화린   ② 적린

③ 칼슘   ④ 유황

41 위험물의 품명이 질산염류에 속하지 않는 것은?

① 질산메틸   ② 질산칼륨

③ 질산나트륨   ④ 질산암모늄

42 위험물과 그 보호액 또는 안정제의 연결이 틀린 것은?

① 황린 – 물

② 인화석회 – 물

③ 금속칼륨 – 등유

④ 알킬알루미늄 – 헥산

43 위험물안전관리법령상 염소화이소시아눌산은 제 몇 류 위험물인가?

① 제1류   ② 제2류

③ 제3류   ④ 제4류

44 경유에 대한 설명으로 틀린 것은?

① 물에 녹지 않는다.

② 비중은 1 이하이다.

③ 발화점이 인화점보다 높다.

④ 인화점은 상온 이하이다.

45 다음은 위험물안전관리법령상 이동탱크저장소에 설치하는 게시판의 설치기준에 관한 내용이다. 괄호 안에 해당하지 않는 것은?

> 이동저장탱크의 뒷면 중 보기 쉬운 곳에는 해당탱크에 저장 또는 취급하는 위험물의 (　　)·(　　)·(　　) 및 적재중량을 게시한 게시판을 설치하여야 한다.

① 최대수량   ② 품명

③ 유별   ④ 관리자명

답안 표기란

40	① ② ③ ④
41	① ② ③ ④
42	① ② ③ ④
43	① ② ③ ④
44	① ② ③ ④
45	① ② ③ ④

답안 표기란

46 ① ② ③ ④
47 ① ② ③ ④
48 ① ② ③ ④
49 ① ② ③ ④
50 ① ② ③ ④

46 다음 중 인화점이 0℃보다 작은 것은 모두 몇 개인가?

$C_2H_5OC_2H_5$, CS_2, CH_3CHO

① 0개   ② 1개
③ 2개   ④ 3개

47 니트로셀룰로오스의 저장방법으로 옳은 것은?

① 물이나 알코올로 습윤시킨다.
② 에탄올과 에테르 혼액에 침윤시킨다.
③ 수은염을 만들어 저장한다.
④ 산화 용해시켜 저항한다.

48 위험물안전관리법령상 옥내소화전설비의 설치기준에서 옥내소화전은 제조소등의 건축물의 층마다 해당층의 각 부분에서 하나의 호스접속구 까지의 수평거리가 몇 m 이하가 되도록 설치하여야 하는가?

① 5   ② 10
③ 15   ④ 25

49 유기과산화물의 저장 또는 운반시 주의사항으로서 옳은 것은?

① 일광이 드는 건조한 곳에 저장한다.
② 가능한 한 대용량으로 저장한다.
③ 알코올류 등 제4류 위험물과 혼재하여 운반할 수 있다.
④ 산화제이므로 다른 강산화제와 같이 저장해도 좋다.

50 지하탱크저장소에 대한 설명으로 옳지 않은 것은?

① 탱크전용실 벽의 두께는 0.3m 이상이어야 한다.
② 지하저장탱크의 윗부분은 지면으로부터 0.6m 이상 아래에 있어야 한다.
③ 지하저장탱크와 탱크전용실 안쪽과의 간격은 0.1m 이상의 간격을 유지한다.
④ 지하저장탱크에는 두께 0.1m 이상의 철근콘크리트조로 된 뚜껑을 설치한다.

모의고사 4

51 황린의 위험성에 대한 설명으로 틀린 것은?

① 공기 중에서 자연발화의 위험성이 있다.

② 연소 시 발생되는 증기는 유독하다.

③ 화학적 활성이 커서 CO_2, H_2O와 격렬히 반응한다.

④ 강알칼리용액과 반응하여 독성가스를 발생한다.

52 니트로셀룰로오스 5kg과 트리니트로페놀을 함께 저장하려고 한다. 이때 지정수량 1배로 저장하려면 트리니트로페놀을 몇 kg 저장하여야 하는가?

① 5   ② 10

③ 50   ④ 100

53 위험물안전관리법령에서 정한 제3류 위험물 금수성물질의 소화설비로 적응성이 있는 것은?

① 이산화탄소 소화설비

② 할로겐화합물 소화설비

③ 인산염류 등 분말 소화설비

④ 탄산수소염류 등 분말 소화설비

54 제2석유류에 해당하는 설명은? (단, 1기압 상태이다.)

① 착화점이 21℃ 미만인 것

② 착화점이 30℃ 이상 50℃ 미만인 것

③ 인화점이 21℃ 이상 70℃ 미만인 것

④ 인화점이 21℃ 이상 90℃ 미만인 것

55 질산암모늄의 일반적 성질에 대한 설명 중 옳은 것은?

① 불안정한 물질이고 물에 녹을 때는 흡열반응을 나타낸다.

② 물에 대한 용해도 값이 매우 작아 물에 거의 불용이다.

③ 가열 시 분해하여 수소를 발생한다.

④ 과일향의 냄새가 나는 적갈색 비결정체이다.

답안 표기란

51 ① ② ③ ④
52 ① ② ③ ④
53 ① ② ③ ④
54 ① ② ③ ④
55 ① ② ③ ④

답안 표기란

56 ① ② ③ ④
57 ① ② ③ ④
58 ① ② ③ ④
59 ① ② ③ ④
60 ① ② ③ ④

56 아염소산염류 500kg과 질산염류 3,000kg을 함께 저장하는 경우 위험물의 소요단위는 얼마인가?

① 2 ② 4
③ 6 ④ 8

57 유황에 대한 설명으로 옳지 않은 것은?

① 연소 시 황색불꽃에서 보이며 유독한 이황화탄소를 발생한다.
② 미세한 분말 상태에서 부유하면 분진폭발의 위험이 있다.
③ 마찰에 의해 정전기가 발생할 우려가 있다.
④ 고온에서 용융된 유황은 수소와 반응한다.

58 위험물의 저장 및 취급방법에 대한 설명으로 틀린 것은?

① 적린은 화기와 멀리하고 가열, 충격이 가해지지 않도록 한다.
② 이황화탄소는 발화점이 낮으므로 물속에 저장한다.
③ 마그네슘은 산화제와 혼합되지 않도록 취급한다.
④ 알루미늄분은 분진폭발의 위험이 있으므로 분무주수하여 저장한다.

59 과산화벤조일(벤조일퍼옥사이드)에 대한 설명 중 틀린 것은?

① 환원성물질과 격리하여 저장한다.
② 물에 녹지 않으나 유기용제에 녹는다.
③ 희석제로 묽은 질산을 사용한다.
④ 결정성의 분말형태이다.

60 위험물안전관리법령에 따른 위험물의 운송에 관한 설명 중 틀린 것은?

① 알킬리튬과 알킬알루미늄 또는 이 중 어느 하나 이상을 함유한 것은 운송책임자의 감독 · 지원을 받아야 한다.
② 이동탱크저장소에 의하여 위험물을 운송할 때의 운송책임자에는 법정의 교육을 이수하고 관련 업무에 2년 이상 경력이 있는 자도 포함된다.
③ 서울에서 부산까지 금속의 인화물 300kg을 1명의 운전자가 휴식 없이 운송해도 규정위반이 아니다.
④ 운송책임자의 감독 또는 지원방법에는 동승하는 방법과 별도의 사무실에서 대기하면서 규정된 사항을 이행하는 방법이 있다.

전체 문제 수 : 60
안 푼 문제 수 : ☐

답안 표기란

01 ① ② ③ ④

02 ① ② ③ ④

03 ① ② ③ ④

04 ① ② ③ ④

05 ① ② ③ ④

01 제3종 분말 소화약제의 열분해반응식을 옳게 나타낸 것은?

① $NH_4H_2PO_4 \rightarrow HPO_3 + NH_3 + H_2O$

② $2KNO_3 \rightarrow 2KNO_2 + O_2$

③ $KClO_4 \rightarrow KCl + 2O_2$

④ $2CaHCO_3 \rightarrow 2CaO + H_2CO_3$

02 위험물안전관리법령상 제2류 위험물 중 지정수량이 500kg인 물질에 의한 화재는?

① A급 화재   ② B급 화재

③ C급 화재   ④ D급 화재

03 위험물제조소등의 용도폐지 신고에 대한 설명으로 옳지 않은 것은?

① 용도폐지 후 30일 이내에 신고하여야 한다.

② 완공검사필증을 첨부한 용도폐지 신고서를 제출하는 방법으로 신고한다.

③ 전자문서로 된 용도폐지 신고서를 제출하는 경우에도 완공검사필증을 제출하여야 한다.

④ 신고의무의 주체는 해당 제조소등의 관계인이다.

04 할로겐화합물의 소화약제 중 할론 2402의 화학식은?

① $C_2Br_4F_2$ ② $C_2Cl_4F_2$

③ $C_2Cl_4Br_2$ ④ $C_2F_4Br_2$

05 아세틸렌과 같은 가연성가스가 공기 중 누출되어 연소하는 형식에 가장 가까운 것은?

① 확산연소   ② 증발연소

③ 분해연소   ④ 표면연소

06 위험물제조소등에 설치하여야 하는 자동화탐지설비의 설치기준에 대한 설명 중 틀린 것은?

① 자동화재탐지설비의 경계구역은 건축물, 그 밖의 공작물의 2 이상의 층에 걸치도록 할 것

② 하나의 경계구역에서 그 한 변의 길이는 50m(광전식 분리형 감지기를 설치할 경우에는 100m) 이하로 할 것

③ 자동화재탐지설비의 감지기는 지붕 또는 벽의 옥내에 면한 부분에 유효하게 화재의 발생을 감지할 수 있도록 설치할 것

④ 자동화재탐지설비에는 비상전원을 설치할 것

07 알코올류 20,000L에 대한 소화설비 설치 시 소요단위는?

① 5   ② 10

③ 15   ④ 20

08 위험물안전관리법령상 분말 소화설비의 기준에서 규정한 전역방출방식 또는 국소방출방식 분말 소화설비의 가압용 또는 축압용 가스에 해당하는 것은?

① 네온가스   ② 아르곤가스

③ 수소가스   ④ 이산화가스

09 과산화칼륨의 저장창고에서 화재 발생 시 가장 적합한 소화약제는?

① 물   ② 이산화탄소

③ 마른 모래   ④ 염산

10 위험물안전관리법령에 의해 옥외저장소에 저장을 허가받을 수 없는 위험물은?

① 제2류 위험물 중 유황(금속제 드럼에 수납)

② 제4류 위험물 중 가솔린(금속제 드럼에 수납)

③ 제6류 위험물

④ 국제해상위험물규칙(IMDG Code)에 적합한 용기에 수납된 위험물

모의고사 5

답안 표기란

11 ① ② ③ ④
12 ① ② ③ ④
13 ① ② ③ ④
14 ① ② ③ ④
15 ① ② ③ ④

11 플래시오버에 대한 설명으로 틀린 것은?

① 국소화재에서 실내의 가연물들이 연소하는 대화재로의 전이

② 환기지배형 화재에서 연료지배형 화재로의 전이

③ 실내의 천장쪽에 축적된 미연소 가연성 증기나 가스를 통한 화염의 급격한 전파

④ 내화건축물의 실내화재 온도상황으로 보아 성장기에서 최성기로의 진입

12 위험물안전관리법령상 제3류 위험물 중 금수성물질의 화재에 적응성이 있는 소화설비는?

① 탄산수소염류의 분말 소화설비

② 이산화탄소 소화설비

③ 할로겐화합물 소화설비

④ 인산염류의 분말 소화설비

13 제1종, 제2종, 제3종 분말 소화약제의 주성분에 해당하지 않는 것은?

① 탄산수소나트륨   ② 황산마그네슘

③ 탄산수소칼륨   ④ 인산암모늄

14 가연성 액화가스의 탱크주위에서 화재가 발생한 경우에 탱크의 가열로 인하여 그 부분의 강도가 약해져 탱크가 파열됨으로 내부의 가열된 액화가스가 급속히 팽창하면서 폭발하는 현상은?

① 블레비(BLEVE) 현상

② 보일 오버(Boil over) 현상

③ 플래시백(Flash back) 현상

④ 백드래프트(Back draft) 현상

15 소화효과에 대한 설명으로 틀린 것은?

① 기화잠열이 큰 소화약제를 사용할 경우 냉각소화효과를 기대할 수 있다.

② 이산화탄소에 의한 소화는 주로 질식소화로 화재를 진압한다.

③ 할로겐화합물 소화약제는 주로 냉각소화를 한다.

④ 분말 소화약제는 질식효과와 부촉매효과 등으로 화재를 진압한다.

16 건조사와 같은 불연성 고체로 가연물을 덮는 것은 어떤 소화에 해당하는가?

① 제거소화

② 질식소화

③ 냉각소화

④ 억제소화

17 금속칼륨과 금속나트륨은 어떻게 보관하여야 하는가?

① 공기 중에 노출하여 보관

② 물속에 넣어서 밀봉하여 보관

③ 석유 속에 넣어서 밀봉하여 보관

④ 그늘지고 통풍이 잘 되는 곳에 산소 분위기에서 보관

18 위험물제조소등에 설치하는 고정식의 포 소화설비의 기준에서 포헤드방식의 포헤드는 방호대상물의 표면적 몇 m^2당 1개 이상의 헤드를 설치하여야 하는가?

① 3   ② 9

③ 15   ④ 30

19 위험물안전관리법령에 따른 스프링클러헤드의 설치방법에 대한 설명으로 옳지 않은 것은?

① 개방형 헤드는 반사판으로부터 하방으로 0.45m, 수평방향으로 0.3m 공간을 보유할 것

② 폐쇄형 헤드는 가연성물질 수납부분에 설치시 반사판으로부터 하방으로 0.9m, 수평방향으로 0.4m의 공간을 확보할 것

③ 폐쇄형 헤드 중 개구부에 설치하는 것은 해당 개구부의 상단으로부터 높이 0.15m이내의 벽면에 설치할 것

④ 폐쇄형 헤드 설치 시 급배기용 덕트의 긴 변의 길이가 1.2m를 초과하는 것이 있는 경우에는 해당 덕트의 윗부분에만 헤드를 설치할 것

모의고사 5

답안 표기란

20 ① ② ③ ④
21 ① ② ③ ④
22 ① ② ③ ④
23 ① ② ③ ④
24 ① ② ③ ④
25 ① ② ③ ④

20 Mg, Na의 화재에 이산화탄소 소화기를 사용하였다. 화재현장에서 발생되는 현상은?

① 이산화탄소가 부착면을 만들어 질식소화가 된다.

② 이산화탄소가 방출되어 냉각소화된다.

③ 이산화탄소가 Mg, Na과 반응하여 화재가 확대된다.

④ 부촉매효과에 의해 소화된다.

21 위험물안전관리법령상의 제3류 위험물 중 금수성물질에 해당하는 것은?

① 황린 　　　　　　　　② 적린

③ 마그네슘 　　　　　　④ 칼륨

22 위험성이 더욱 증가하는 경우는?

① 황린을 수산화칼륨수용액에 넣었다.

② 나트륨을 등유 속에 넣었다.

③ 트리에틸알루미늄 보관용기 내에 아르곤가스를 봉입시켰다.

④ 니트로셀룰로오스를 알코올수용액에 넣었다.

23 적린의 성질에 대한 설명 중 옳지 않은 것은?

① 황린과 성분원소가 같다.

② 발화온도는 황린보다 낮다.

③ 물, 이황화탄소에 녹지 않는다.

④ 브롬화인에 녹는다.

24 과산화칼륨과 과산화마그네슘이 염산과 각각 반응했을 때 공통으로 나오는 물질의 지정수량은?

① 50L 　　　　　　　　② 100kg

③ 300kg 　　　　　　　④ 1,000L

25 트리메틸알루미늄이 물과 반응 시 생성되는 물질은?

① 산화알루미늄 　　　　② 메탄

③ 메틸알코올 　　　　　④ 에탄

답안 표기란

26 ① ② ③ ④
27 ① ② ③ ④
28 ① ② ③ ④
29 ① ② ③ ④
30 ① ② ③ ④
31 ① ② ③ ④

26 소화설비의 기준에서 용량 160L 팽창질석의 능력단위는?

① 0.5   ② 1.0
③ 1.5   ④ 2.5

27 위험물안전관리법령상 위험물 운반시 차광성이 있는 피복으로 덮지 않아도 되는 것은?

① 제1류 위험물

② 제2류 위험물

③ 제3류 위험물 중 자연발화성물질

④ 제5류 위험물

28 이동탱크저장소에 의한 위험물의 운송 시 준수하여야 하는 기준에서 다음 중 어떤 위험물을 운송할 때 위험물운송자는 위험물안전카드를 휴대하여야 하는가?

① 특수인화물 및 제1석유류

② 알코올류 및 제2석유류

③ 제3석유류 및 동식물류

④ 제4석유류

29 제1류 위험물이 아닌 것은?

① Na_2O_2 ② $NaClO_3$
③ NH_4ClO_4 ④ $HClO_4$

30 흑색화약의 원료로 사용되는 위험물의 유별을 옳게 나타낸 것은?

① 제1류, 제2류   ② 제1류, 제4류
③ 제2류, 제4류   ④ 제4류, 제5류

31 적린의 위험성에 관한 설명 중 옳은 것은?

① 공기 중에 방치하면 폭발한다.

② 산소와 반응하여 포스핀가스를 발생한다.

③ 연소 시 적색의 오산화인이 발생한다.

④ 강산화제와 혼합하면 충격·마찰에 의해 발화할 수 있다.

모의고사 5

32 위험물안전관리법령상 총리령으로 정하는 제1류 위험물에 해당하지 않는 것은?

① 과요오드산
② 질산구아니딘
③ 차아염소산염류
④ 염소화이소시아눌산

33 소화난이도 등급 Ⅰ의 옥내저장소에 설치하여야 하는 소화설비에 해당하지 않는 것은?

① 옥외소화전설비
② 연결살수설비
③ 스프링클러설비
④ 물분무 소화설비

34 디에틸에테르에 대한 설명으로 옳은 것은?

① 연소하면 아황산가스를 발생하고, 마취제로 사용한다.
② 증기는 공기보다 무거우므로 물속에 보관한다.
③ 에탄올을 진한 황산을 이용해 축합반응시켜 제조할 수 있다.
④ 제4류 위험물 중 연소범위가 좁은 편에 속한다.

35 위험물제조소에 설치하는 안전장치 중 위험물의 성질에 따라 안전밸브의 작동이 곤란한 가압설비에 한하여 설치하는 것은?

① 파괴판
② 안전밸브를 병용하는 경보장치
③ 감압측에 안전밸브를 부착한 감압밸브
④ 연성계

36 트리니트로톨루엔의 성질에 대한 설명 중 옳지 않은 것은?

① 담황색의 결정이다.
② 폭약으로 사용된다.
③ 자연분해의 위험성이 적어 장기간 저장이 가능하다.
④ 조해성과 흡습성이 매우 크다.

37 과산화나트륨이 물과 반응하면 어떤 물질과 산소를 발생하는가?

① 수산화나트륨
② 수산화칼륨
③ 질산나트륨
④ 아염소산나트륨

답안 표기란

32 ① ② ③ ④
33 ① ② ③ ④
34 ① ② ③ ④
35 ① ② ③ ④
36 ① ② ③ ④
37 ① ② ③ ④

답안 표기란				
38	①	②	③	④
39	①	②	③	④
40	①	②	③	④
41	①	②	③	④
42	①	②	③	④
43	①	②	③	④

38 물에 녹고 물보다 가벼운 물질로 인화점이 가장 낮은 것은?

① 아세톤　　　　　　　　② 이황화탄소

③ 벤젠　　　　　　　　　④ 산화프로필렌

39 과염소산칼륨과 가연성고체 위험물이 혼합되는 것은 위험하다. 그 주된 이유는 무엇인가?

① 전기가 발생하고 자연 가열되기 때문이다.

② 중합반응을 하여 열이 발생되기 때문이다.

③ 혼합하면 과염소산칼륨이 연소하기 쉬운 액체로 변하기 때문이다.

④ 가열, 충격 및 마찰에 의하여 발화·폭발 위험이 높아지기 때문이다.

40 유황의 성질을 설명한 것으로 옳은 것은?

① 전기의 양도체이다.

② 물에 잘 녹는다.

③ 연소하기 어려워 분진폭발의 위험성은 없다.

④ 높은 온도에서 탄소와 반응하여 이황화탄소가 생긴다.

41 위험물의 품명 분류가 잘못된 것은?

① 제1석유류 : 휘발유　　　② 제2석유류 : 경유

③ 제3석유류 : 포름산　　　④ 제4석유류 : 기어유

42 발화점이 가장 낮은 것은?

① 이황화탄소　　　　　　② 산화프로필렌

③ 휘발유　　　　　　　　④ 메탄올

43 제5류 위험물의 위험성에 대한 설명으로 옳지 않은 것은?

① 가연성물질이다.

② 대부분 외부의 산소 없이도 연소하며, 연소속도가 빠르다.

③ 물에 잘 녹지 않으며, 물과의 반응 위험성이 크다.

④ 가열, 충격, 타격 등에 민감하여 강산화제 또는 강산류와 접촉 시 위험하다.

44 질산칼륨에 대한 설명 중 옳은 것은?

① 유기물 및 강산에 보관할 때 매우 안정하다.

② 열에 안정하여 1,000℃를 넘는 고온에서도 분해되지 않는다.

③ 알코올에는 잘 녹으나 물, 글리세린에는 잘 녹지 않는다.

④ 무색, 무취의 결정 또는 분말로서 화학원료로 사용된다.

45 다음에서 설명하는 물질은 무엇인가?

> • 살균제 및 소독제로도 사용된다.
> • 분해할 때 발생하는 발생기 산소[O]는 난분해성 유기물질을 산화시킬 수 있다.

① $HClO_4$　　　　　　② CH_3OH

③ H_2O_2　　　　　　④ H_2SO_4

46 다음의 위험물 중 비중이 물보다 큰 것은 모두 몇 개인가?

과염소산, 과산화수소, 질산

① 0　　　　　　② 1

③ 2　　　　　　④ 3

47 위험물안전관리법령상 위험물제조소와의 안전거리가 가장 먼 것은?

① 고등교육법에서 정하는 학교

② 의료법에 따른 병원급 의료기관

③ 고압가스안전관리법에 의하여 허가를 받은 고압가스 제조시설

④ 문화재보호법에 의한 유형문화재와 기념물 중 지정문화재

48 칼륨을 물에 반응시키면 격렬한 반응이 일어난다. 이때 발생하는 기체는 무엇인가?

① 산소　　　　　　② 수소

③ 질소　　　　　　④ 이산화탄소

답안 표기란

49 ① ② ③ ④
50 ① ② ③ ④
51 ① ② ③ ④
52 ① ② ③ ④
53 ① ② ③ ④

49 위험물안전관리법령상의 위험물 운반에 관한 기준에서 액체위험물은 운반용기 내용적의 몇 % 이하의 수납률로 수납하여야 하는가?

① 80 ② 85

③ 90 ④ 98

50 메틸알코올의 위험성으로 옳지 않은 것은?

① 나트륨과 반응하여 수소기체를 발생한다.

② 휘발성이 강하다.

③ 연소범위가 알코올류 중 가장 좁다.

④ 인화점이 상온(25℃)보다 낮다.

51 위험물제조소의 건축물 구조기준 중 연소의 우려가 있는 외벽은 출입구 외의 개구부가 없는 내화구조의 벽으로 하여야 한다. 이때 연소의 우려가 있는 외벽은 제조소가 설치된 부지의 경계선에서 몇 m 이내에 있는 외벽을 말하는가? (단, 단층 건물일 경우이다.)

① 3 ② 4

③ 5 ④ 6

52 위험물안전관리법령상 제6류 위험물에 해당하는 것은?

① 황산

② 염산

③ 질산염류

④ 할로겐간화합물

53 질산이 직사일광에 노출될 때 어떻게 되는가?

① 분해되지는 않으나 붉은색으로 변한다.

② 분해되지는 않으나 녹색으로 변한다.

③ 분해되어 질소를 발생한다.

④ 분해되어 이산화질소를 발생한다.

54 위험물안전관리법령상 제2류 위험물의 위험등급에 대한 설명으로 옳은 것은?

① 제2류 위험물은 위험등급 Ⅰ에 해당되는 품명이 없다.

② 제2류 위험물 중 위험등급 Ⅲ에 해당되는 품명은 지정수량이 500kg인 품명만 해당된다.

③ 제2류 위험물 중 황화린, 적린, 유황 등 지정수량이 100kg인 품명은 위험등급 Ⅰ에 해당한다.

④ 제2류 위험물 중 지정수량이 1,000kg인 인화성 고체는 위험등급 Ⅱ에 해당한다.

55 위험물 저장탱크의 공간용적은 탱크 내용적의 얼마 이상, 얼마 이하로 하는가?

① $\frac{2}{100}$ 이상, $\frac{3}{100}$ 이하

② $\frac{2}{100}$ 이상, $\frac{5}{100}$ 이하

③ $\frac{5}{100}$ 이상, $\frac{10}{100}$ 이하

④ $\frac{10}{100}$ 이상, $\frac{20}{100}$ 이하

56 칼륨이 에틸알코올과 반응할 때 나타나는 현상은?

① 산소가스를 생성한다.

② 칼륨에틸레이트를 생성한다.

③ 칼륨과 물이 반응할 때와 동일한 생성물이 나온다.

④ 에틸알코올이 산화되어 아세트알데히드를 생성한다.

57 지정수량 20배의 알코올류를 저장하는 옥외탱크저장소의 경우 펌프실 외의 장소에 설치하는 펌프설비의 기준으로 옳지 않은 것은?

① 펌프설비 주위에는 3m 이상의 공지를 보유한다.

② 펌프설비 그 직하의 지반면 주위에 높이 0.15m 이상의 턱을 만든다.

③ 펌프설비 그 직하의 지반면의 최저부에는 집유설비를 만든다.

④ 집유설비에는 위험물이 배수구에 유입되지 않도록 유분리장치를 만든다.

58 제5류 위험물 중 유기과산화물 30kg과 히드록실아민 500kg을 함께 보관하는 경우 지정수량의 몇 배인가?

① 3배

② 8배

③ 10배

④ 18배

59 위험물안전관리법령상 품명이 금속분에 해당하는 것은? (단, 150μm의 체를 통과하는 것이 50wt% 이상인 경우이다.)

① 니켈분

② 마그네슘분

③ 알루미늄분

④ 구리분

60 아세톤의 성질에 대한 설명으로 옳은 것은?

① 자연발화성 때문에 유기용제로서 사용할 수 없다.

② 무색, 무취이고, 겨울철에 쉽게 응고한다.

③ 증기비중은 약 0.79이고, 요오드포름반응을 한다.

④ 물에 잘 녹으며, 끓는점이 60℃보다 낮다.

전체 문제 수 : 60
안 푼 문제 수 :

답안 표기란

01 ① ② ③ ④
02 ① ② ③ ④
03 ① ② ③ ④
04 ① ② ③ ④
05 ① ② ③ ④

01 식용유화재 시 제1종 분말 소화약제를 이용하여 화재의 제어가 가능하다. 이때의 소화원리에 가장 가까운 것은?

① 촉매효과에 의한 질식소화
② 비누화반응에 의한 질식소화
③ 요오드화에 의한 냉각소화
④ 가수분해반응에 의한 냉각소화

02 다음 위험물의 지정수량 배수의 총합은 얼마인가?

질산 150kg, 과산화수소 420kg, 과염소산 300kg

① 2.5　　　　　　② 2.9
③ 3.4　　　　　　④ 3.9

03 위험물안전관리법령상 해당하는 품명이 나머지 셋과 다른 하나는?

① 트리니트로페놀　　② 트리니트로톨루엔
③ 니트로셀룰로오스　④ 테트릴

04 위험물에 대한 설명으로 틀린 것은?

① 적린은 연소하면 유독성 물질이 발생한다.
② 마그네슘은 연소하면 가연성의 수소가스가 발생한다.
③ 유황은 분진폭발의 위험이 있다.
④ 황화린에는 P_4S_3, P_2S_5, P_4S_7 등이 있다.

05 위험물안전관리법령상 혼재할 수 없는 위험물은? (단, 위험물은 지정수량의 1/10을 초과하는 경우이다.)

① 적린과 황린　　　② 질산염류와 질산
③ 칼륨과 특수인화물　④ 유기과산화물과 유황

답안 표기란

06 ① ② ③ ④
07 ① ② ③ ④
08 ① ② ③ ④
09 ① ② ③ ④
10 ① ② ③ ④

능력단위 6

06 질산과 과염소산의 공통성질에 해당하지 않는 것은?

① 산소를 함유하고 있다.

② 불연성 물질이다.

③ 강산이다.

④ 비점이 상온보다 낮다.

07 가연물이 고체덩어리보다 분말가루일 때 화재 위험성이 더 큰 이유로 가장 옳은 것은?

① 공기와의 접촉면적이 크기 때문이다.

② 열전도율이 크기 때문이다.

③ 흡열반응을 하기 때문이다.

④ 활성에너지가 크기 때문이다.

08 B, C급 화재뿐만 아니라 A급 화재까지도 사용이 가능한 분말 소화약제는?

① 제1종 분말 소화약제

② 제2종 분말 소화약제

③ 제3종 분말 소화약제

④ 제4종 분말 소화약제

09 위험물안전관리법에서 정한 정전기를 유효하게 제거할 수 있는 방법에 해당하지 않는 것은?

① 위험물 이송 시 배관 내 유속을 빠르게 하는 방법

② 공기를 이온화하는 방법

③ 접지에 의한 방법

④ 공기 중의 상대습도를 70% 이상으로 하는 방법

10 물이 소화약제로 쓰이는 이유로 가장 거리가 먼 것은?

① 쉽게 구할 수 있다.

② 제거소화가 잘된다.

③ 취급이 간편하다.

④ 기화잠열이 크다.

답안 표기란

11 ① ② ③ ④
12 ① ② ③ ④
13 ① ② ③ ④
14 ① ② ③ ④
15 ① ② ③ ④

11 위험물안전관리법령상 전기설비에 적응성이 없는 소화설비는?

① 포 소화설비

② 불활성가스 소화설비

③ 할로겐화합물 소화설비

④ 물분무 소화설비

12 위험물안전관리법령에서 정한 자동화재탐지설비에 대한 기준으로 틀린 것은? (단, 원칙적인 경우에 한한다.)

① 경계구역은 건축물, 그 밖의 공작물의 2 이상의 층에 걸치지 아니 하도록 할 것

② 하나의 경계구역의 면적은 $600m^2$ 이하로 할 것

③ 하나의 경계구역의 한 변의 길이는 30m 이하로 할 것

④ 자동화재탐지설비에는 비상전원을 설치할 것

13 할론 1301의 증기비중은? (단, 불소의 원자량은 19, 브롬의 원자량은 80, 염소의 원자량은 35.5이고, 공기의 분자량은 29이다.)

① 2.14   ② 4.15

③ 5.14   ④ 6.15

14 니트로셀룰로오스의 저장·취급방법으로 틀린 것은?

① 직사광선을 피해 저장한다.

② 되도록 장기간 보관하여 안정화된 후에 사용한다.

③ 유기과산화물류, 강산화제와의 접촉을 피한다.

④ 건조 상태에 이르면 위험하므로 습한 상태를 유지한다.

15 위험물안전관리법령상 제3류 위험물의 금수성물질 화재시 적응성이 있는 소화약제는?

① 탄산수소염류분말

② 물

③ 이산화탄소

④ 할로겐화합물

답안 표기란

16 ① ② ③ ④
17 ① ② ③ ④
18 ① ② ③ ④
19 ① ② ③ ④
20 ① ② ③ ④
21 ① ② ③ ④

16 위험물안전관리법령에 따라 다음 괄호 안에 알맞은 용어는?

> 주유취급소 중 건축물의 2층 이상의 부분을 점포·휴게음식점 또는 전시장의 용도로 사용하는 것에 있어서는 당해 건축물의 2층 이상으로부터 직접 주유취급소의 부지 밖으로 통하는 출입구와 당해 출입구로 통하는 통로·계단 및 출입구에 (   )(을)를 설치해야 한다.

① 피난사다리   ② 경보기
③ 유도등   ④ CCTV

17 제5류 위험물의 화재 시 적응성이 있는 소화설비는?

① 분말 소화설비   ② 할로겐화합물 소화설비
③ 물분무 소화설비   ④ 이산화탄소 소화설비

18 가연성물질과 주된 연소형태의 연결이 틀린 것은?

① 종이, 섬유 – 분해연소
② 셀룰로이드, TNT – 자기연소
③ 목재, 석탄 – 표면연소
④ 유황, 알코올 – 증발연소

19 위험물제조소에서 국소방식의 배출설비 배출능력은 1시간당 배출장소 용적의 몇 배 이상인 것으로 하여야 하는가?

① 5   ② 10
③ 15   ④ 20

20 산화성물질이 아닌 것은?

① 무기과산화물   ② 과염소산
③ 질산염류   ④ 마그네슘

21 20℃의 물 100kg이 100℃ 수증기로 증발하면 최대 몇 kcal의 열량을 흡수할 수 있는가? (단, 물의 증발잠열은 540cal/g이다.)

① 540   ② 7,800
③ 62,000   ④ 108,000

답안 표기란

22 ① ② ③ ④
23 ① ② ③ ④
24 ① ② ③ ④
25 ① ② ③ ④
26 ① ② ③ ④

22 소화약제로 사용할 수 없는 물질은?

① 이산화탄소

② 제1인산암모늄

③ 탄산수소나트륨

④ 브롬산암모늄

23 물과 접촉하면 열과 산소가 발생하는 것은?

① $NaClO_2$

② $NaClO_3$

③ $NMnO_4$

④ Na_2O_2

24 유류화재 시 발생하는 이상현상인 보일오버(Boil over)의 방지대책으로 가장 거리가 먼 것은?

① 탱크하부에 배수관을 설치하여 탱크 저면의 수층을 방지한다.

② 적당한 시기에 모래나 팽창질석, 비등석을 넣어 물의 과열을 방지한다.

③ 냉각수를 대량 첨가하여 유류와 물의 과열을 방지한다.

④ 탱크 내용물의 기계적 교반을 통하여 에멀션 상태로 하여 수층형성을 방지한다.

25 위험물안전관리법령상 간이탱크저장소에 대한 설명 중 틀린 것은?

① 간이저장탱크의 용량은 600L 이하여야 한다.

② 하나의 간이탱크저장소에 설치하는 간이저장탱크는 5개 이하여야 한다.

③ 간이저장탱크는 두께 3.2mm 이상의 강판으로 흠이 없도록 제작하여야 한다.

④ 간이저장탱크는 70kPa의 압력으로 10분간의 수압시험을 실시하여 새거나 변형되지 않아야 한다.

26 과염소산암모늄에 대한 설명으로 옳은 것은?

① 물에 용해되지 않는다.

② 청녹색의 침상결정이다.

③ 130℃에서 분해하기 시작하여 CO_2가스를 방출한다.

④ 아세톤, 알코올에 용해된다.

답안 표기란

27 ① ② ③ ④
28 ① ② ③ ④
29 ① ② ③ ④
30 ① ② ③ ④
31 ① ② ③ ④

과목 9

27 위험물안전관리법령에서 정한 메틸알코올의 지정수량을 kg단위로 환산하면 얼마인가? (단, 메틸알코올의 비중은 0.8이다.)

① 200
② 320
③ 400
④ 460

28 위험물의 품명과 지정수량이 잘못 짝지어진 것은?

① 황화린 – 50kg
② 마그네슘 – 500kg
③ 알킬알루미늄 – 10kg
④ 황린 – 20kg

29 위험물안전관리법령상 특수인화물의 정의에 관한 내용이다. 괄호 안에 알맞은 수치를 차례대로 나타낸 것은?

'특수인화물'이라 함은 이황화탄소, 디에틸에테르, 그 밖에 1기압에서 발화점이 섭씨 100도 이하인 것 또는 인화점이 섭씨 영하 (   )도 이하이고, 비점이 섭씨 (   )도 이하인 것을 말한다.

① 40, 20
② 20, 40
③ 20, 100
④ 40, 100

30 '자동화재탐지설비 일반점검표'의 점검 내용이 '변형·손상의 유무, 표시의 적부, 경계구역 일람도의 적부, 기능의 적부'인 점검 항목은?

① 감지기
② 중계기
③ 수신기
④ 발신기

31 다음 반응식과 같이 벤젠 1kg이 연소할 때 발생되는 CO_2의 양은 약 몇 m^3인가? (단, 27℃, 750mmHg 기준이다.)

$$C_6H_6 + 7.5O_2 \rightarrow 6CO_2 + 3H_2O$$

① 0.72
② 1.22
③ 1.92
④ 2.42

32 디에틸에테르의 성질에 대한 설명으로 옳은 것은?

① 발화온도는 400℃이다.

② 증기는 공기보다 가볍고, 액상은 물보다 무겁다.

③ 알코올에 용해되지 않지만 물에 잘 녹는다.

④ 연소범위는 1.9~48% 정도이다.

답안 표기란

32 ① ② ③ ④
33 ① ② ③ ④
34 ① ② ③ ④
35 ① ② ③ ④
36 ① ② ③ ④

33 위험물안전관리법령상 그림과 같이 횡으로 설치한 원형탱크의 용량은 약 몇 m³인가? (단, 공간용적은 내용적의 $\frac{10}{100}$ 이다.)

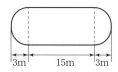

5m

3m   15m   3m

① 1690.9   ② 1335.1

③ 1268.4   ④ 1201.7

34 위험물 유별에 따른 구분이 나머지 셋과 다른 하나는?

① 질산은   ② 질산메틸

③ 무수크롬산   ④ 질산암모늄

35 다음에서 나열한 위험물의 공통성질을 옳게 설명한 것은?

> 나트륨, 황린, 트리에틸알루미늄

① 상온, 상압에서 고체의 형태를 나타낸다.

② 상온, 상압에서 액체의 형태를 나타낸다.

③ 금수성물질이다.

④ 자연발화의 위험이 있다.

36 니트로셀룰로오스의 안전한 저장을 위해 사용하는 물질은?

① 페놀   ② 황산

③ 에탄올   ④ 아닐린

답안 표기란

37	① ② ③ ④
38	① ② ③ ④
39	① ② ③ ④
40	① ② ③ ④
41	① ② ③ ④

37 등유에 관한 설명으로 틀린 것은?

① 물보다 가볍다.

② 녹는점은 상온보다 높다.

③ 발화점은 상온보다 높다.

④ 증기는 공기보다 무겁다.

38 벤조일퍼옥사이드에 대한 설명으로 틀린 것은?

① 무색, 무취의 투명한 액체이다.

② 가급적 소분하여 저장한다.

③ 제5류 위험물에 해당한다.

④ 품명은 유기과산화물이다.

39 제4류 위험물을 저장 및 취급하는 위험물제조소에 설치한 '화기엄금' 게시판의 색상으로 올바른 것은?

① 적색바탕에 흑색문자

② 흑색바탕에 적색문자

③ 백색바탕에 적색문자

④ 적색바탕에 백색문자

40 위험물안전관리법령에서 정한 아세트알데히드 등을 취급하는 제조소의 특례에 관한 내용이다. 괄호 안에 해당하는 물질이 아닌 것은?

> 아세트알데히드 등을 취급하는 설비는 (　　)·(　　)·(　　)·(　　) 또는 이들을 성분으로 하는 합금으로 만들지 아니할 것

① 동 　　　　　　　② 은

③ 금 　　　　　　　④ 마그네슘

41 1분자 내에 포함된 탄소의 수가 가장 많은 것은?

① 아세톤 　　　　　② 톨루엔

③ 아세트산 　　　　④ 이황화탄소

42 휘발유의 일반적인 성질에 관한 설명으로 틀린 것은?

① 인화점이 0℃보다 낮다.

② 위험물안전관리법령상 제1석유류에 해당한다.

③ 전기에 대해 비전도성 물질이다.

④ 순수한 것은 청색이나 안전을 위해 검은색으로 착색해서 사용해야 한다.

43 페놀을 황산과 질산의 혼산으로 니트로화하여 제조하는 제5류 위험물은?

① 아세트산

② 피크르산

③ 니트로글리콜

④ 질산에틸

44 과산화수소의 성질에 대한 설명으로 옳지 않은 것은?

① 산화성이 강한 무색투명한 액체이다.

② 위험물안전관리법령상 일정 비중 이상일 때 위험물로 취급한다.

③ 가열에 의해 분해하면 산소가 발생한다.

④ 소독약으로 사용할 수 있다.

45 금속염을 불꽃반응 실험을 한 결과 노란색의 불꽃이 나타났다. 이 금속염에 포함된 금속은 무엇인가?

① Cu

② K

③ Na

④ Li

46 위험물안전관리법령상 운송책임자의 감독·지원을 받아 운송하여야 하는 위험물은?

① 알킬리튬

② 과산화수소

③ 가솔린

④ 경유

47 위험물안전관리법령상 옥내저장탱크와 탱크전용실 벽의 사이 및 옥내저장탱크의 상호간에는 몇 m 이상의 간격을 유지해야 하는가? (단, 탱크의 점검 및 보수에 지장이 없는 경우는 제외한다.)

① 0.5

② 1

③ 1.5

④ 4

답안 표기란

42 ① ② ③ ④
43 ① ② ③ ④
44 ① ② ③ ④
45 ① ② ③ ④
46 ① ② ③ ④
47 ① ② ③ ④

48	① ② ③ ④
49	① ② ③ ④
50	① ② ③ ④
51	① ② ③ ④
52	① ② ③ ④
53	① ② ③ ④

48 제4류 위험물의 옥외저장탱크에 설치하는 밸브 없는 통기관은 직경이 얼마 이상인 것으로 설치해야 하는가? (단, 압력탱크는 제외한다.)

① 10mm   ② 20mm

③ 30mm   ④ 40mm

49 위험물안전관리법령상 제4류 위험물 운반용기의 외부에 표시해야 하는 사항이 아닌 것은?

① 규정에 의한 주의사항

② 위험물의 품명 및 위험등급

③ 위험물의 관리자 및 지정수량

④ 위험물의 화학명

50 위험물안전관리법령상 제1류 위험물의 질산염류가 아닌 것은?

① 질산은   ② 질산암모늄

③ 질산섬유소   ④ 질산나트륨

51 산화성 액체의 질산의 분자식으로 옳은 것은?

① HNO_2 ② HNO_3

③ NO_2 ④ NO_3

52 위험물안전관리법령에 따라 정한 지정수량이 나머지 셋과 다른 것은?

① 황화린   ② 적린

③ 유황   ④ 철분

53 벤젠(C_6H_6)의 일반 성질로서 틀린 것은?

① 휘발성이 강한 액체이다.

② 인화점은 가솔린보다 낮다.

③ 물에 녹지 않는다.

④ 화학적으로 공명구조를 이루고 있다.

답안 표기란				
54	①	②	③	④
55	①	②	③	④
56	①	②	③	④
57	①	②	③	④
58	①	②	③	④
59	①	②	③	④
60	①	②	③	④

54 2가지 물질을 섞었을 때 수소가 발생하는 것은?

① 칼륨과 에탄올

② 과산화마그네슘과 염화수소

③ 과산화칼륨과 탄산가스

④ 오황화린과 물

55 인화점이 가장 낮은 것은?

① CH_3COCH_3　　　　② $C_2H_5OC_2H_5$

③ $CH_3(CH_2)_3OH$　　　④ CH_3OH

56 위험물안전관리법령상 제3류 위험물에 해당하지 않는 것은?

① 적린　　　　　② 나트륨

③ 칼륨　　　　　④ 황린

57 위험물안전관리법령에 의한 위험물에 속하지 않는 것은?

① CaC_2　　　　　② S

③ P_2O_5　　　　　④ K

58 톨루엔에 대한 설명으로 틀린 것은?

① 휘발성이 있고, 가연성 액체이다.

② 증기는 마취성이 있다.

③ 알코올, 에테르, 벤젠 등과 잘 섞인다.

④ 노란색 액체로 냄새가 없다.

59 위험물안전관리법령상 지정수량 10배 이상의 위험물을 저장하는 제조소에 설치하여야 하는 경보설비의 종류가 아닌 것은?

① 자동화재탐지설비　　　② 자동화재속보설비

③ 휴대용 확성기　　　　④ 비상방송설비

60 위험물안전관리법령상 위험등급 Ⅰ의 위험물에 해당하는 것은?

① 무기과산화물　　　　② 황화린, 적린, 유황

③ 제1석유류　　　　　④ 알코올류

위험물기능사 필기 모의고사 7

수험번호 :

수험자명 :

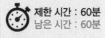

제한 시간 : 60분
남은 시간 : 60분

모의고사 7

전체 문제 수 : 60
안 푼 문제 수 : ☐

답안 표기란				
01	①	②	③	④
02	①	②	③	④
03	①	②	③	④
04	①	②	③	④

01 과산화나트륨의 화재 시 물을 사용한 소화가 위험한 이유는?

① 수소와 열을 발생하므로

② 산소와 열을 발생하므로

③ 수소를 발생하고 이 가스가 폭발적으로 연소하므로

④ 산소를 발생하고 이 가스가 폭발적으로 연소하므로

02 위험물안전관리법령상 경보설비로 자동화재탐지설비를 설치해야 할 위험물 제조소의 규모의 기준에 대한 설명으로 옳은 것은?

① 연면적 500m² 이상인 것

② 연면적 1,000m² 이상인 것

③ 연면적 1,500m² 이상인 것

④ 연면적 2,000m² 이상인 것

03 $NH_4H_2PO_4$이 열분해하여 생성되는 물질 중 암모니아와 수증기의 부피 비율은?

① 1 : 1   ② 1 : 2

③ 2 : 1   ③ 3 : 2

04 위험물안전관리법령에서 정한 탱크안전성능검사의 구분에 해당하지 않는 것은?

① 기초 · 지반검사

② 충수 · 수압검사

③ 용접부검사

④ 배관검사

답안 표기란

05	① ② ③ ④
06	① ② ③ ④
07	① ② ③ ④
08	① ② ③ ④
09	① ② ③ ④
10	① ② ③ ④

05 제3류 위험물 중 금수성물질에 적응성이 있는 소화설비는?

① 할로겐화합물 소화설비

② 포 소화설비

③ 이산화탄소 소화설비

④ 탄산수소염류 등 분말 소화설비

06 제5류 위험물을 저장 또는 취급하는 장소에 적응성이 있는 소화설비는?

① 포 소화설비

② 분말 소화설비

③ 이산화탄소 소화설비

④ 할로겐화합물 소화설비

07 화재의 종류와 가연물이 옳게 연결된 것은?

① A급 - 플라스틱 ② B급 - 섬유

③ A급 - 페인트 ④ B급 - 나무

08 팽창진주암(삽 1개 포함)의 능력단위 1은 용량이 몇 L인가?

① 70 ② 100

③ 130 ④ 160

09 위험물안전관리법령상 위험물을 유별로 정리하여 저장하면서 서로 1m 이상의 간격을 두면 동일한 옥내저장소에 저장할 수 있는 경우는?

① 제1류 위험물과 제3류 위험물 중 금수성물질을 저장하는 경우

② 제1류 위험물과 제4류 위험물을 저장하는 경우

③ 제1류 위험물과 제6류 위험물을 저장하는 경우

④ 제2류 위험물 중 금속분과 제4류 위험물 중 동식물유류를 저장하는 경우

10 제6류 위험물을 저장하는 장소에 적응성이 있는 소화설비가 아닌 것은?

① 물분무 소화설비 ② 포 소화설비

③ 이산화탄소 소화설비 ④ 옥내소화전설비

11 피난설비를 설치하여야 하는 위험물 제조소등에 해당하는 것은?

① 건축물의 2층 부분을 자동차 정비소로 사용하는 주유취급소
② 건축물의 2층 부분을 전시장으로 사용하는 주유취급소
③ 건축물의 1층 부분을 주유사무소로 사용하는 주유취급소
④ 건축물의 1층 부분을 관계자의 주거시설로 사용하는 주유취급소

12 제1종 분말 소화약제의 적응화재 종류는?

① A급   ② BC급
③ AB급   ④ ABC급

13 연소의 3요소를 모두 포함하는 것은?

① 과염소산, 산소, 불꽃
② 마그네슘분말, 연소열, 수소
③ 아세톤, 수소, 산소
④ 불꽃, 아세톤, 질산암모늄

14 액화 이산화탄소 1kg이 25℃, 2atm에서 방출되어 모든 기체가 되었다. 방출된 기체상의 이산화탄소 부피는 약 몇 L인가?

① 238   ② 278
③ 308   ④ 340

15 소화약제에 따른 주된 소화효과로 틀린 것은?

① 수성막포 소화약제 : 질식효과
② 제2종 분말 소화약제 : 탈수탄화효과
③ 이산화탄소 소화약제 : 질식효과
④ 할로겐화합물 소화약제 : 화학억제효과

16 위험물안전관리법령에서 정한 '물분무등 소화설비'의 종류에 속하지 않는 것은?

① 스크링클러설비   ② 포 소화설비
③ 분말 소화설비   ④ 불활성가스 소화설비

답안 표기란

11 ① ② ③ ④
12 ① ② ③ ④
13 ① ② ③ ④
14 ① ② ③ ④
15 ① ② ③ ④
16 ① ② ③ ④

모의고사 7

17 혼합물인 위험물이 복수의 성상을 가지는 경우에 적용하는 품명에 관한 설명으로 틀린 것은?

① 산화성고체의 성상 및 가연성고체의 성상을 가지는 경우 : 산화성고체의 품명

② 산화성고체의 성상 및 자기반응성물질의 성상을 가지는 경우 : 자기반응성물질의 품명

③ 가연성고체의 성상과 자연발화성물질의 성상 및 금수성물질의 성상을 가지는 경우 : 자연발화성물질 및 금수성물질의 품명

④ 인화성액체의 성상 및 자기반응성물질의 성상을 가지는 경우 : 자기반응성물질의 품명

18 위험물시설에 설치하는 자동화재탐지설비의 하나의 경계구역 면적과 그 한 변의 길이의 기준으로 옳은 것은? (단, 광전식 분리형 감지기를 설치하지 않은 경우이다.)

① 300m² 이하, 50m 이하

② 300m² 이하, 100m 이하

③ 600m² 이하, 50m 이하

④ 600m² 이하, 100m 이하

19 다음 위험물의 저장창고에 화재가 발생하였을 때 주수(注水)에 의한 소화가 오히려 더 위험한 것은?

① 염소산칼륨

② 과염소산나트륨

③ 질산암모늄

④ 탄화칼슘

20 옥외저장소에 덩어리 상태의 유황만을 지반면에 설치한 경계표시의 안쪽에서 저장할 경우 하나의 경계표시의 내부 면적은 몇 m² 이하여야 하는가?

① 75 ② 100

③ 150 ④ 300

답안 표기란

21 ① ② ③ ④
22 ① ② ③ ④
23 ① ② ③ ④
24 ① ② ③ ④
25 ① ② ③ ④

모의고사 7

21 황의 성상에 관한 설명으로 틀린 것은?

① 연소할 때 발생하는 가스는 냄새를 가지고 있으나 인체에 무해하다.

② 미분이 공기 중에 떠 있을 때 분진폭발의 우려가 있다.

③ 용융된 황을 물에서 급랭하면 고무상황을 얻을 수 있다.

④ 연소할 때 아황산가스를 발생한다.

22 과산화수소의 성질에 대한 설명 중 틀린 것은?

① 알칼리성용액에 의해 분리될 수 있다.

② 산화제로 사용할 수 있다.

③ 농도가 높을수록 안정하다.

④ 열, 햇빛에 의해 분해될 수 있다.

23 위험물안전관리법령상 위험물의 운송에 있어서 운송책임자의 감독 또는 지원을 받아 운송하여야 하는 위험물에 속하지 않는 것은?

① $Al(CH_3)_3$

② CH_3Li

③ $Cd(CH_3)_2$

④ $Al(C_4H_9)_3$

24 무색의 액체로 융점이 −112℃이고 물과 접촉하면 심하게 발열하는 제6류 위험물은?

① 과산화수소

② 과염소산

③ 질산

④ 오불화요오드

25 위험물안전관리법령에서 정한 특수인화물의 발화점 기준으로 옳은 것은?

① 1기압에서 100℃ 이하

② 0기압에서 100℃ 이하

③ 1기압에서 25℃ 이하

④ 0기압에서 25℃ 이하

26 알킬알루미늄 등 또는 아세트알데히드 등을 취급하는 제조소의 특례기준으로서 옳은 것은?

① 알킬알루미늄 등을 취급하는 설비에는 불활성기체 또는 수증기를 봉입하는 장치를 설치한다.

② 알킬알루미늄 등을 취급하는 설비는 은·수은·동·마그네슘을 성분으로 하는 것으로 만들지 않는다.

③ 아세트알데히드 등을 취급하는 탱크에는 냉각장치 또는 보냉장치 및 불활성 기체 봉입장치를 설치한다.

④ 아세트알데히드 등을 취급하는 설비의 주위에는 누설범위를 국한하기 위한 설비와 누설되었을 때 안전한 장소에 설치된 저장실에 유입시킬 수 있는 설비를 갖춘다.

27 그림의 시험장치는 제 몇 위험물의 위험성 판정을 위한 것인가? (단, 고체물질의 위험성 판정이다.)

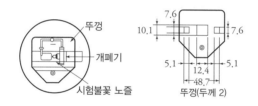

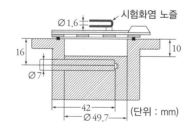

① 제1류   ② 제2류

③ 제3류   ④ 제4류

28 디에틸에테르의 보관·취급에 관한 설명으로 틀린 것은?

① 용기는 밀봉하여 보관한다.

② 환기가 잘 되는 곳에 보관한다.

③ 정전기가 발생하지 않도록 취급한다.

④ 저장용기에 빈 공간이 없게 가득 채워 보관한다.

답안 표기란

29 ① ② ③ ④
30 ① ② ③ ④
31 ① ② ③ ④
32 ① ② ③ ④
33 ① ② ③ ④

모의고사 7

29 과산화나트륨에 대한 설명 중 틀린 것은?

① 순수한 것은 백색이다.

② 상온에서 물과 반응하여 수소가스를 발생한다.

③ 화재발생 시 주수소화는 위험할 수 있다.

④ CO 및 CO_2 제거제를 제조할 때 사용한다.

30 위험물안전관리법령상 품명이 '유기과산화물'인 것으로만 나열된 것은?

① 과산화벤조일, 과산화메틸에틸케톤

② 과산화벤조일, 과산화마그네슘

③ 과산화마그네슘, 과산화메틸에틸케톤

④ 과산화초산, 과산화수소

31 염소산 염류 250kg, 요오드산 염류 600kg, 질산염류 900kg을 저장하고 있는 경우 지정수량의 몇 배가 보관되어 있는가?

① 5배   ② 7배

③ 10배   ④ 12배

32 옥외저장소에서 저장 또는 취급할 수 있는 위험물이 아닌 것은? (단, 국제해상위험물규칙에 적합한 용기에 수납된 위험물의 경우는 제외한다.)

① 제2류 위험물 중 유황

② 제1류 위험물 중 과염소산염류

③ 제6류 위험물

④ 제2류 위험물 중 인화점이 10℃인 인화성 고체

33 히드라진에 대한 설명으로 틀린 것은?

① 외관은 물과 같이 무색투명하다.

② 가열하면 분해하여 가스를 발생한다.

③ 위험물안전관리법령상 제4류 위험물에 해당한다.

④ 알코올, 물 등의 비극성 용매에 잘 녹는다.

답안 표기란

34 ① ② ③ ④
35 ① ② ③ ④
36 ① ② ③ ④
37 ① ② ③ ④
38 ① ② ③ ④

34 제2석유류만으로 짝지어진 것은?

① 시클로헥산 – 피리딘
② 염화아세틸 – 휘발유
③ 시클로헥산 – 중유
④ 아크릴산 – 포름산

35 시약(고체)의 명칭이 불분명한 시약병의 내용물을 확인하려고 뚜껑을 열어 시계접시에 소량을 담아놓고 공기 중에서 햇빛을 받는 곳에 방치하던 중 시계접시에서 갑자기 연소현상이 일어난다. 다음 물질 중 이 시약의 명칭으로 예상할 수 있는 것은?

① 황
② 황린
③ 적린
④ 질산암모늄

36 위험물 제조소 및 일반취급소에 설치하는 자동화재탐지설비의 설치기준으로 틀린 것은?

① 하나의 경계구역은 600m² 이하로 하고, 한 변의 길이는 50m 이하로 한다.
② 주요한 출입구에서 내부 전체를 볼 수 있는 경우 경계구역은 1,000m² 이하로 할 수 있다.
③ 광전식 분리형 감지기를 설치할 경우에는 하나의 경계구역을 1,000m² 이하로 할 수 있다.
④ 비상전원을 설치하여야 한다.

37 무기과산화물의 일반적인 성질에 대한 설명으로 틀린 것은?

① 과산화수소의 수소가 금속으로 치환된 화합물이다.
② 친화력이 강해 스스로 쉽게 산화한다.
③ 가열하면 분해되어 산소를 발생한다.
④ 물과의 반응성이 크다.

38 물과의 반응성이 가장 낮은 것은?

① 인화알루미늄
② 트리에틸알루미늄
③ 오황화린
④ 황린

39 비중이 물보다 큰 것은?

① 디에틸에테르   ② 아세트알데히드

③ 산화프로필렌   ④ 이황화탄소

40 위험물안전관리자를 해임할 때에는 해임한 날로부터 며칠 이내에 위험물안전관리자를 다시 선임하여야 하는가?

① 7일   ② 14일

③ 30일   ④ 60일

41 황린에 관한 설명 중 틀린 것은?

① 물에 잘 녹는다.

② 화재 시 물로 냉각소화할 수 있다.

③ 적린에 비해 불안정하다.

④ 적린과 동소체이다.

42 위험물 옥내저장소에 과염소산 300kg, 과산화수소 300kg을 저장하고 있다. 저장창고에는 지정수량 몇 배의 위험물을 저장하고 있는가?

① 4   ② 3

③ 2   ④ 1

43 금속나트륨, 금속칼륨 등을 보호액 속에 저장하는 이유를 가장 옳게 설명한 것은?

① 온도를 낮추기 위하여

② 승화하는 것을 막기 위하여

③ 공기와의 접촉을 막기 위하여

④ 운반 시 충격을 적게 하기 위하여

44 위험물안전관리법령에서 정한 품명이 서로 다른 물질을 나열한 것은?

① 이황화탄소, 디에틸에테르

② 에틸알코올, 고형알코올

③ 등유, 경유

④ 중유, 크레오소트유

답안 표기란

39 ① ② ③ ④
40 ① ② ③ ④
41 ① ② ③ ④
42 ① ② ③ ④
43 ① ② ③ ④
44 ① ② ③ ④

7 제차고사

45 위험물안전관리법령에 의한 위험물 운송에 관한 규정으로 틀린 것은?

① 이동탱크저장소에 의하여 위험물을 운송하는 자는 당해 위험물을 취급할 수 있는 국가기술 자격자 또는 안전교육을 받은 자이어야 한다.

② 안전관리자·탱크시험자·위험물운송자 등 위험물의 안전관리와 관련된 업무를 수행하는 자는 시·도지사가 실시하는 안전교육을 받아야 한다.

③ 운송책임자의 범위, 감독 또는 지원의 방법 등에 관한 구체적인 기준은 총리령으로 정한다.

④ 위험물운송자는 이동탱크저장소에 의하여 위험물을 운송하는 때에는 총리령으로 정하는 기준을 준수하는 등 당해 위험물의 안전 확보를 위하여 세심한 주의를 기울여야 한다.

46 다음 아세톤의 완전연소반응식에서 괄호 안에 알맞은 계수를 차례대로 옳게 나타낸 것은?

$$CH_3COCH_3 + (\quad)O_2 \rightarrow (\quad)CO_2 + 3H_2O$$

① 3, 4   ② 4, 3

③ 6, 3   ④ 3, 6

47 위험물탱크의 용량은 탱크의 내용적에서 공간용적을 뺀 용적으로 한다. 이 경우 소화약제 방출구를 탱크 안의 윗부분에 설치하는 탱크의 공간용적은 당해 소화설비의 소화약제 방출구 아래의 어느 범위의 면으로부터 윗부분의 용적으로 하는가?

① 0.1m 이상~0.5m 미만 사이의 면

② 0.3m 이상~1m 미만 사이의 면

③ 0.5m 이상~1m 미만 사이의 면

④ 0.5m 이상~1.5m 미만 사이의 면

48 위험물의 지정수량이 잘못된 것은?

① $(C_2H_5)_3Al$: 10kg   ② Ca : 50kg

③ LiH : 300kg   ④ Al_4C_3 : 500kg

답안 표기란

49 ① ② ③ ④
50 ① ② ③ ④
51 ① ② ③ ④
52 ① ② ③ ④
53 ① ② ③ ④
54 ① ② ③ ④

49 위험물안전관리법령상 에틸렌글리콜과 혼재하여 운반할 수 없는 위험물은? (단, 지정수량이 10배일 경우이다.)

① 유황

② 과망간산나트륨

③ 알루미늄분

④ 트리니트로톨루엔

50 위험등급 Ⅰ의 위험물이 아닌 것은?

① 무기과산화물　　　　　　② 적린

③ 나트륨　　　　　　　　　④ 과산화수소

51 탄소 80%, 수소 14%, 황 6%인 물질 1kg이 완전연소하기 위해 필요한 이론공기량은 약 몇 kg인가? (단, 공기 중 산소는 23wt%이다.)

① 3.31　　　　　　　　　　② 7.05

③ 11.62　　　　　　　　　 ④ 14.41

52 요오드값이 가장 낮은 것은?

① 해바라기유　　　　　　　② 오동유

③ 아마인유　　　　　　　　④ 낙화생유

53 시클로헥산에 관한 설명으로 가장 거리가 먼 것은?

① 고리형 분자구조를 가진 방향족 탄화수소화합물이다.

② 화학식은 C_6H_{12}이다.

③ 비수용성 위험물이다.

④ 제4류 제1석유류에 속한다.

54 제6류 위험물을 저장하는 옥내탱크저장소로서 단층건물에 설치된 것의 소화난이도등급은?

① Ⅰ등급　　　　　　　　　② Ⅱ등급

③ Ⅲ등급　　　　　　　　　④ 해당 없음

답안 표기란	
55	① ② ③ ④
56	① ② ③ ④
57	① ② ③ ④
58	① ② ③ ④
59	① ② ③ ④
60	① ② ③ ④

55 이황화탄소를 화재예방상 물속에 저장하는 이유는?

① 불순물을 물에 용해시키기 위해

② 가연성 증기의 발생을 억제하기 위해

③ 상온에서 수소가스를 발생시키기 때문에

④ 공기와 접촉하면 즉시 폭발하기 때문에

56 위험물안전관리법령상 판매취급소에 관한 설명으로 옳지 않은 것은?

① 건축물의 1층에 설치하여야 한다.

② 위험물을 저장하는 탱크시설을 갖추어야 한다.

③ 건축물의 다른 부분과는 내화구조의 격벽으로 구획하여야 한다.

④ 제조소와 달리 안전거리 또는 보유공지에 관한 규제를 받지 않는다.

57 $C_6H_2CH_3(NO_2)_3$을 녹이는 용제가 아닌 것은?

① 물

② 벤젠

③ 에테르

④ 아세톤

58 질산의 저장 및 취급방법이 아닌 것은?

① 직사광선을 차단한다.

② 분해방지를 위해 요산, 인산 등을 가한다.

③ 유기물과의 접촉을 피한다.

④ 갈색병에 넣어 보관한다.

59 위험물 운반용기의 외부에 '제4류'와 '위험등급 Ⅱ'의 표시만 보이고 품명이 잘 보이지 않을 때, 예상할 수 있는 수납 위험물의 품명은?

① 제1석유류

② 제2석유류

③ 제3석유류

④ 제4석유류

60 과염소산의 성질로 옳지 않은 것은?

① 산화성액체이다.

② 무기화합물이며 물보다 무겁다.

③ 불연성물질이다.

④ 증기는 공기보다 가볍다.

전체 문제 수 : 60
안 푼 문제 수 : ☐

답안 표기란

01 ① ② ③ ④
02 ① ② ③ ④
03 ① ② ③ ④
04 ① ② ③ ④
05 ① ② ③ ④

01 연소의 3요소를 모두 갖춘 것은?

① 휘발유＋공기＋수소

② 적린＋수소＋성냥불

③ 성냥불＋황＋염소산암모늄

④ 알코올＋수소＋염소산암모늄

02 제3종 분말 소화약제의 열분해 시 생성되는 메타인산의 화학식은?

① H_3PO_4

② HPO_3

③ $H_4P_2O_7$

④ $CO(NH_2)_2$

03 연소할 때 연기가 거의 나지 않아 밝은 곳에서 연소 상태를 잘 느끼지 못하는 물질로 독성이 매우 강해 먹으면 실명 또는 사망에 이를 수 있는 것은?

① 메틸알코올

② 에틸알코올

③ 등유

④ 경유

04 제조소의 옥외에 모두 3기의 휘발유 취급탱크를 설치하고 그 주위에 방유제를 설치하고자 한다. 방유제 안에 설치하는 각 취급탱크의 용량이 5만L, 3만L, 2만L일 때 필요한 방유제의 용량은 몇 L 이상인가?

① 66,000

② 60,000

③ 33,000

④ 30,000

05 위험물안전관리법령상 운반차량에 혼재해서 적재할 수 없는 것은? (단, 각각의 지정수량은 10인 경우이다.)

① 염소화규소화합물 – 특수인화물

② 고형 알코올 – 니트로화합물

③ 염소산염류 – 질산

④ 질산구아니딘 – 황린

답안 표기란

06 ① ② ③ ④
07 ① ② ③ ④
08 ① ② ③ ④
09 ① ② ③ ④
10 ① ② ③ ④
11 ① ② ③ ④

06 위험물안전관리법령상 제조소에서 취급하는 제4류 위험물의 최대수량의 합이 지정수량의 12만 배 미만인 사업소에 두어야 하는 화학소방자동차 및 자체소방대원의 수의 기준으로 옳은 것은?

① 1대 – 5인
② 2대 – 10인
③ 3대 – 15인
④ 4대 – 20인

07 산화성고체 위험물에 속하지 않는 것은?

① Na_2O_2
② $HClO_4$
③ NH_4ClO_4
④ $KClO_3$

08 부틸리튬(n–Butyl lithium)에 대한 설명으로 옳은 것은?

① 무색의 가연성고체이며 자극성이 있다.
② 증기는 공기보다 가볍고 점화원에 의해 산화의 위험이 있다.
③ 화재 발생 시 이산화탄소 소화설비는 적응성이 없다.
④ 탄화수소나 다른 극성의 액체에 용해가 잘 되며 휘발성은 없다.

09 질산과 과산화수소의 공통적인 성질을 옳게 설명한 것은?

① 물보다 가볍다.
② 물에 녹는다.
③ 점성이 큰 액체로서 환원제이다.
④ 연소가 매우 잘 된다.

10 분자량이 가장 큰 위험물은?

① 과염소산
② 과산화수소
③ 질산
④ 히드라진

11 다음은 P_2S_5와 물의 화학반응이다. 괄호 안에 알맞은 숫자를 차례대로 나열한 것은?

$P_2S_5+($ $)H_2O \rightarrow ($ $)H_2S+($ $)H_3PO_4$

① 2, 8, 5
② 2, 5, 8
③ 8, 5, 2
④ 8, 2, 5

답안 표기란

12 ① ② ③ ④
13 ① ② ③ ④
14 ① ② ③ ④
15 ① ② ③ ④
16 ① ② ③ ④

12 각각 지정수량의 10배인 위험물을 운반할 경우 제5류 위험물과 혼재 가능한 위험물에 해당하는 것은?

① 제1류 위험물
② 제2류 위험물
③ 제3류 위험물
④ 제6류 위험물

13 제1류 위험물 중 흑색화약의 원료로 사용되는 것은?

① KNO_3
② $NaNO_3$
③ BaO_2
④ NH_4NO_3

14 질산암모늄에 대한 설명으로 옳은 것은?

① 물에 녹을 때 발열반응을 한다.
② 가열하면 폭발적으로 분해하여 산소와 암모니아를 생산한다.
③ 소화방법으로 질식소화가 좋다.
④ 단독으로 급격한 가열, 충격으로 분해·폭발할 수 있다.

15 위험물안전관리법령상 위험물의 탱크 내용적 및 공간용적에 관한 기준으로 틀린 것은?

① 위험물을 저장 또는 취급하는 탱크의 용량은 해당 탱크의 내용적에서 공간용적을 뺀 용적으로 한다.
② 탱크의 공간용적은 탱크의 내용적의 100분의 5 이상 100분의 10 이하의 용적으로 한다.
③ 소화설비(소화약제 방출구를 탱크 안의 윗부분에 설치하는 것에 한한다)를 설치하는 탱크의 공간용적은 해당 소화설비의 소화약제 방출구 아래의 0.3m 이상 1m 미만 사이의 면으로부터 윗부분의 용적으로 한다.
④ 암반탱크에 있어서는 해당 탱크 내에 용출하는 30일간의 지하수의 양에 상당하는 용적과 해당 탱크의 내용적의 100분의 1의 용적 중에서 보다 큰 용적을 공간용적으로 한다.

16 15℃의 기름 100g에 8,000J의 열량을 주면 기름의 온도는 몇 ℃가 되겠는가? (단, 기름의 비열은 2J/g·℃이다.)

① 25
② 45
③ 50
④ 55

17 제5류 위험물의 화재예방상 유의사항 및 화재 시 소화방법에 관한 설명으로 옳지 않은 것은?

① 대량의 주수에 의한 소화가 좋다.

② 화재 초기에는 질식소화가 효과적이다.

③ 일부 물질의 경우 운반 또는 저장 시 안정제를 사용해야 한다.

④ 가연물과 산소공급원이 같이 있는 상태이므로 점화원의 방지에 유의하여야 한다.

18 정전기방지대책으로 가장 거리가 먼 것은?

① 접지를 한다.

② 공기를 이온화한다.

③ 21% 이상의 산소 농도를 유지하도록 한다.

④ 공기의 상대습도를 70% 이상으로 한다.

19 에틸알코올의 증기비중은 약 얼마인가?

① 0.72 ② 0.91

③ 1.13 ④ 1.59

20 다음 중 제4류 위험물의 화재 시 물을 이용한 소화를 시도하기 전에 고려해야 하는 위험물의 성질로 가장 옳은 것은?

① 수용성, 비중

② 증기비중, 끓는점

③ 색상, 발화점

④ 분해온도, 녹는점

21 연소 시 발생하는 가스를 옳게 나타낸 것은?

① 황린 – 황산가스

② 황 – 무수인산가스

③ 적린 – 아황산가스

④ 삼황화사인(삼황화인) – 아황산가스

답안 표기란

17 ① ② ③ ④
18 ① ② ③ ④
19 ① ② ③ ④
20 ① ② ③ ④
21 ① ② ③ ④

답안 표기란

22 ① ② ③ ④
23 ① ② ③ ④
24 ① ② ③ ④
25 ① ② ③ ④
26 ① ② ③ ④

22 소화약제로서 물의 단점인 동결현상을 방지하기 위하여 주로 사용되는 물질은?

① 에틸알코올   ② 글리세린

③ 에틸렌글리콜   ④ 탄산칼슘

23 다음 괄호 안에 들어갈 수치를 순서대로 올바르게 나열한 것은? (단, 제4류 위험물에 적응성을 갖기 위한 살수밀도기준을 적용하는 경우를 제외한다.)

> 위험물제조소등에 설치하는 폐쇄형 헤드의 스프링클러설비는 30개의 헤드를 동시에 사용할 경우 각 선단의 방사압력이 (　　)kPa 이상이고 방수량이 1분당 (　　)L 이상이어야 한다.

① 100, 80   ② 120, 80

③ 100, 100   ④ 120, 100

24 옥외저장소에서 저장·취급할 수 없는 위험물은? (단, 특별시·광역시 또는 도의 조례에서 정하는 위험물과 IMDG Code에 적합한 용기에 수납된 위험물의 경우는 제외한다.)

① 아세트산

② 에틸렌글리콜

③ 크레오소트유

④ 아세톤

25 분말 소화약제 중 제1종과 제2종 분말이 각각 열분해될 때 공통적으로 생성되는 물질은?

① N_2, CO_2 ② N_2, O_2

③ H_2O, CO_2 ④ H_2O, N_2

26 인화칼슘이 물과 반응할 경우에 대한 설명 중 틀린 것은?

① 발생가스는 가연성이다.

② 포스겐가스가 발생한다.

③ 발생가스는 독성이 강하다.

④ $Ca(OH)_2$가 생성된다.

27 지방족 탄화수소가 아닌 것은?

① 톨루엔

② 아세트알데히드

③ 아세톤

④ 디에틸에테르

27 ① ② ③ ④

28 ① ② ③ ④

29 ① ② ③ ④

30 ① ② ③ ④

31 ① ② ③ ④

답안 표기란

28 다음과 같은 반응에서 5m³의 탄산가스를 만들기 위해 필요한 탄산수소나트륨의 양은 약 몇 kg인가? (단, 표준상태이고, 나트륨의 원자량은 23이다.)

$$2NaHCO_3 \rightarrow Na_2CO_3 + CO_2 + H_2O$$

① 18.75

② 37.5

③ 56.25

④ 75

29 위험물의 자연발화를 방지하는 방법으로 가장 거리가 먼 것은?

① 통풍을 잘 시킬 것

② 저장실의 온도를 낮출 것

③ 습도가 높은 곳에 저장할 것

④ 정촉매 작용을 하는 물질과의 접촉을 피할 것

30 위험물안전관리법령상 제3류 위험물 중 금수성물질의 제조소에 설치하는 주의사항 게시판의 바탕색과 문자색을 옳게 나타낸 것은?

① 청색 바탕에 황색 문자

② 황색 바탕에 청색 문자

③ 청색 바탕에 백색 문자

④ 백색 바탕에 청색 문자

31 수성막포 소화약제에 사용되는 계면활성제는?

① 염화단백포 계면활성제

② 산소계 계면활성제

③ 황산계 계면활성제

④ 불소계 계면활성제

32 불활성가스 청정 소화약제의 기본 성분이 아닌 것은?

① 헬륨　　　　　　　　② 질소

③ 불소　　　　　　　　④ 아르곤

33 제6류 위험물이 아닌 것은?

① 할로겐화합물　　　　② 과염소산

③ 아염소산　　　　　　④ 과산화수소

34 다음 위험물 중 지정수량이 나머지 셋과 다른 하나는?

① 마그네슘　　　　　　② 금속분

③ 철분　　　　　　　　④ 유황

35 메틸리튬과 물의 반응생성물로 옳은 것은?

① 메탄, 수소화리튬

② 메탄, 수산화리튬

③ 에탄, 수소화리튬

④ 에탄, 수산화리튬

36 제1류 위험물에 해당되지 않는 것은?

① 염소산칼륨　　　　　② 과염소산암모늄

③ 과산화바륨　　　　　④ 질산구아니딘

37 트리니트로톨루엔의 작용기에 해당하는 것은?

① $-NO$　　　　　　　② $-NO_2$

③ $-NO_3$　　　　　　　④ $-NO_4$

38 위험물안전관리법령상 주유취급소 중 건축물의 2층을 유게음식점의 용도로 사용하는 것에 있어 해당 건축물의 2층으로부터 직접 주유취급소의 부지 밖으로 통하는 출입구와 해당 출입구로 통하는 통로·계단에 설치해야 하는 것은?

① 비상경보설비　　　　② 유도등

③ 비상조명등　　　　　④ 확성장치

답안 표기란

32 ① ② ③ ④
33 ① ② ③ ④
34 ① ② ③ ④
35 ① ② ③ ④
36 ① ② ③ ④
37 ① ② ③ ④
38 ① ② ③ ④

39 아조화합물 800kg, 히드록실아민 300kg, 유기과산화물 40kg의 총 양은 지정수량의 몇 배에 해당하는가?

① 7배
② 9배
③ 10배
④ 11배

40 위험물안전관리법령상 주유취급소에 설치·운영할 수 없는 건축물 또는 시설은?

① 주유취급소를 출입하는 사람을 대상으로 하는 그림전시장
② 주유취급소를 출입하는 사람을 대상으로 하는 일반음식점
③ 주유원 주거시설
④ 주유취급소를 출입하는 사람을 대상으로 하는 휴게음식점

41 위험물안전관리법령상 소화전용 물통 8L의 능력 단위는?

① 0.3
② 0.5
③ 1.0
④ 1.5

42 그림과 같은 위험물 저장탱크의 내용적은 약 몇 m³인가?

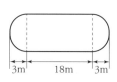

① 4,681
② 5,482
③ 6,283
④ 7,080

43 제4류 위험물에 속하지 않는 것은?

① 아세톤
② 실린더유
③ 트리니트로톨루엔
④ 니트로벤젠

답안 표기란	
39	① ② ③ ④
40	① ② ③ ④
41	① ② ③ ④
42	① ② ③ ④
43	① ② ③ ④

답안 표기란

44 ① ② ③ ④
45 ① ② ③ ④
46 ① ② ③ ④
47 ① ② ③ ④
48 ① ② ③ ④

44 지하탱크저장소에 대한 설명으로 옳지 않은 것은?

① 탱크전용실 벽의 두께는 0.3m 이상이어야 한다.

② 지하저장탱크의 윗부분은 지면으로부터 0.6m 이상 아래에 있어야 한다.

③ 지하저장탱크와 탱크전용실 안쪽과의 간격은 0.1m 이상의 간격을 유지한다.

④ 지하저장탱크에는 두께 0.1m 이상의 철근콘크리트조로 된 뚜껑을 설치한다.

45 위험물제조소의 경우 연면적이 최소 몇 m²이면 자동화재탐지설비를 설치해야 하는가? (단, 원칙적인 경우에 한한다.)

① 100   ② 300

③ 500   ④ 1,000

46 위험물 옥내저장소의 피뢰설비는 지정수량의 최소 몇 배 이상인 저장창고에 설치하도록 하고 있는가? (단, 제6류 위험물의 저장창고를 제외한다.)

① 10배   ② 15배

③ 20배   ④ 30배

47 다음 물질 중 발화점이 가장 낮은 것은?

① CS_2

② C_6H_6

③ CH_3COCH_3

④ CH_3COOCH_3

48 위험물안전관리법령상 옥내소화전설비의 설치 기준에 따르면 수원의 수량은 옥내소화전이 가장 많이 설치된 층의 옥내소화전 설치 개수(설치 개수가 5개 이상인 경우는 5개)에 몇 m³을 곱한 양 이상이 되도록 설치해야 하는가?

① $2.3m^3$ ② $2.6m^3$

③ $7.8m^3$ ④ $13.5m^3$

답안 표기란

49 ① ② ③ ④
50 ① ② ③ ④
51 ① ② ③ ④
52 ① ② ③ ④
53 ① ② ③ ④
54 ① ② ③ ④

49 다음 중 착화점에 대한 설명으로 가장 옳은 것은?

① 연소가 지속될 수 있는 최저 온도

② 점화원과 접촉했을 때 발화하는 최저 온도

③ 외부의 점화원 없이 발화하는 최저 온도

④ 액체 가연물에서 증기가 발생할 때의 온도

50 가연성고체 위험물의 화재에 대한 설명으로 틀린 것은?

① 적린과 유황은 물에 의한 냉각소화를 한다.

② 금속분, 철분, 마그네슘이 연소하고 있을 때에는 주수해서는 안 된다.

③ 금속분, 철분, 마그네슘, 황화린은 마른 모래, 팽창질석 등으로 소화를 한다.

④ 금속분, 철분, 마그네슘의 연소 시에는 수소와 유독가스가 발생하므로 충분한 안전거리를 확보해야 한다.

51 할로겐화합물 소화약제의 가장 주된 소화효과에 해당하는 것은?

① 제거효과
② 억제효과
③ 냉각효과
④ 질식효과

52 벤젠에 대한 설명으로 틀린 것은?

① 물보다 비중값이 작지만, 증기비중값은 공기보다 크다.

② 공명구조를 가지고 있는 포화탄화수소이다.

③ 연소 시 검은 연기가 심하게 발생한다.

④ 겨울철에 응고된 고체 상태에서도 인화의 위험이 있다.

53 탄화칼슘과 물이 반응했을 때 발생하는 가연성가스의 연소범위에 가장 가까운 것은?

① 2.1~9.5중량%
② 2.5~81중량%
③ 4.1~74.2중량%
④ 15.0~28중량%

54 주된 연소 형태가 증발연소인 것은?

① 나트륨
② 코크스
③ 양초
④ 니트로셀룰로오스

55 금속나트륨이 물과 작용하면 위험한 이유로 옳은 것은?

① 물과 반응하여 과염소산을 생성하므로
② 물과 반응하여 염산을 생성하므로
③ 물과 반응하여 수소를 방출하므로
④ 물과 반응하여 산소를 방출하므로

56 무색의 액체로 융점이 −112℃이고 물과 접촉하면 심하게 발열하는 제6류 위험물은 무엇인가?

① 과산화수소　　　　② 과염소산
③ 질산　　　　　　　④ 오불화요오드

57 제조소등의 위치·구조 또는 설비의 변경 없이 해당 제조소등에서 저장하거나 취급하는 위험물의 품명·수량 또는 지정수량의 배수를 변경하고자 하는 자는 행정안전부령이 정하는 바에 따라 변경하고자 하는 날의 며칠 전까지 시·도지사에게 신고해야 하는가?

① 1일　　　　　　　② 14일
③ 21일　　　　　　 ④ 30일

58 휘발유를 저장하던 이동저장탱크에 탱크의 상부로부터 등유나 경유를 주입할 때 액표면이 주입관의 선단을 넘는 높이가 될 때까지 그 주입관 내의 유속을 몇 m/s 이하로 해야 하는가?

① 1m/s　　　　　　② 2m/s
③ 3m/s　　　　　　④ 5m/s

59 위험물 이동저장탱크의 외부도장 색상으로 적합하지 않은 것은?

① 제2류 – 적색　　　② 제3류 – 청색
③ 제5류 – 황색　　　④ 제6류 – 회색

60 물과 반응하여 산소를 발생하는 것은?

① $KClO_3$　　　　　② Na_2O_2
③ $KClO_4$　　　　　④ CaC_2

답안 표기란

55	① ② ③ ④
56	① ② ③ ④
57	① ② ③ ④
58	① ② ③ ④
59	① ② ③ ④
60	① ② ③ ④

모의고사 8

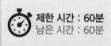
전체 문제 수 : 60
안 푼 문제 수 : ☐

답안 표기란
01 ① ② ③ ④
02 ① ② ③ ④
03 ① ② ③ ④
04 ① ② ③ ④
05 ① ② ③ ④

01 분말 소화약제 중 제1종과 제2종 분말이 각각 열분해될 때 공통으로 생성되는 물질은?

① N_2, CO_2

② N_2, O_2

③ H_2O, CO_2

④ H_2O, N_2

02 위험물안전관리법령에 따른 위험물제조소의 안전거리기준으로 틀린 것은?

① 주택으로부터 10m 이상

② 학교로부터 30m 이상

③ 유형문화재와 기념물 중 지정문화재로부터는 30m 이상

④ 병원으로부터 30m 이상

03 니트로글리세린을 다공질의 규조토에 흡수시켜 제조한 물질은?

① 흑색 화약

② 니트로셀룰로오스

③ 다이너마이트

④ 면화약

04 위험물제조소 분말 소화설비의 기준에서 분말 소화약제의 가압용 가스로 사용할 수 있는 것은?

① 헬륨 또는 산소

② 네온 또는 염소

③ 아르곤 또는 산소

④ 질소 또는 이산화탄소

05 위험물안전관리법령상 취급소에 해당되지 않는 것은?

① 주유취급소

② 옥내취급소

③ 이송취급소

④ 판매취급소

06 옥외탱크저장소의 소화설비를 검토 및 적용할 때 소화난이도등급 Ⅰ에 해당되는지를 검토하는 탱크 높이의 측정 기준으로 적합한 것은?

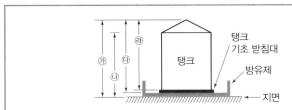

⑦ 지면으로부터 탱크의 지붕 위까지의 높이
⑭ 지면으로부터 지붕을 제외한 탱크까지의 높이
⑮ 방유제의 바닥으로부터 탱크의 지붕 위까지의 높이
⑯ 탱크 기초받침대를 제외한 탱크의 바닥으로부터 탱크의 지붕 위 까지의 높이

① ⑦   ② ⑭
③ ⑮   ④ ⑯

07 염소산나트륨의 성질에 속하지 않는 것은?

① 환원력이 강하다.
② 무색 결정이다.
③ 주수소화가 가능하다.
④ 강산과 혼합하면 폭발할 수 있다.

08 처마의 높이가 6m 이상인 단층 건물에 설치된 옥내저장소의 소화설비로 고려될 수 없는 것은?

① 고정식 포 소화설비
② 옥내소화전설비
③ 고정식 이산화탄소 소화설비
④ 고정식 분말 소화설비

09 일반적으로 자연발화의 위험성이 가장 낮은 장소는?

① 온도 및 습도가 높은 장소
② 습도 및 온도가 낮은 장소
③ 습도는 높고, 온도는 낮은 장소
④ 습도는 낮고, 온도는 높은 장소

답안 표기란

10 ① ② ③ ④
11 ① ② ③ ④
12 ① ② ③ ④
13 ① ② ③ ④
14 ① ② ③ ④

10 황화린의 성질에 해당되지 않는 것은?

① 공통적으로 유독한 연소생성물이 발생한다.

② 종류에 따라 용해 성질이 다를 수 있다.

③ P_4S_3의 녹는점은 100℃보다 높다.

④ P_2S_5는 물보다 가볍다.

11 다음은 위험물탱크의 공간용적에 관한 내용이다. 괄호 안에 들어갈 숫자를 차례대로 나열한 것은? (단, 소화설비를 설치하는 경우와 암반탱크는 제외한다.)

> 탱크 공간용적은 내용적의 $\dfrac{(\quad)}{100} \sim \dfrac{(\quad)}{100}$(으)로 할 수 있다.

① 5, 10

② 5, 15

③ 10, 15

④ 10, 20

12 인화성액체의 화재를 나타내는 것은?

① A급 화재

② B급 화재

③ C급 화재

④ D급 화재

13 알코올화재 시 보통의 포 소화약제는 알코올형 포 소화약제에 비하여 소화효과가 낮다. 그 이유로서 가장 타당한 것은?

① 소화약제와 섞이지 않아서 연소면을 확대하기 때문에

② 알코올은 포와 반응하여 가연성 가스를 발생하기 때문에

③ 알코올이 연료로 사용되어 불꽃의 온도가 올라가기 때문에

④ 수용성 알코올로 인해 포가 파괴되기 때문에

14 염소산칼륨의 성질에 대한 설명 중 옳지 않은 것은?

① 비중은 약 2.3으로 물보다 무겁다.

② 강산과의 접촉은 위험하다.

③ 열분해하면 산소와 염화칼륨이 생성된다.

④ 냉수에도 매우 잘 녹는다.

15 과산화수소의 분해방지제로서 적합한 것은?

① 아세톤   ② 인산

③ 황   ④ 암모니아

16 아세톤의 위험도를 구하면 얼마인가? (단, 아세톤의 연소범위는 2~13 중량%이다.)

① 0.846   ② 1.23

③ 5.5   ④ 7.5

17 벤젠 1몰을 충분한 산소가 공급되는 표준 상태에서 완전연소시켰을 때 발생하는 이산화탄소의 양은 몇 L인가?

① 22.4L   ② 134.4L

③ 168.8L   ④ 224.0L

18 제6류 위험물에 대한 설명으로 틀린 것은?

① 위험등급 Ⅰ에 속한다.

② 자신이 산화되는 산화성 물질이다.

③ 지정수량이 300kg이다.

④ 오불화브롬은 제6류 위험물이다.

19 분진폭발의 원인물질로 작용할 위험성이 가장 낮은 것은?

① 마그네슘분말   ② 밀가루

③ 담배분말   ④ 시멘트분말

20 과산화벤조일과 과염소산의 지정수량의 합은?

① 310kg   ② 350kg

③ 400kg   ④ 500kg

21 과염소산의 저장 및 취급방법으로 틀린 것은?

① 종이, 나무부스러기 등과의 접촉을 피한다.

② 직사광선을 피하고, 통풍이 잘되는 장소에 보관한다.

③ 금속분과의 접촉을 피한다.

④ 분해방지제로 NH_3 또는 $BaCl_2$를 사용한다.

	답안 표기란			
15	①	②	③	④
16	①	②	③	④
17	①	②	③	④
18	①	②	③	④
19	①	②	③	④
20	①	②	③	④
21	①	②	③	④

답안 표기란

22 ① ② ③ ④
23 ① ② ③ ④
24 ① ② ③ ④
25 ① ② ③ ④
26 ① ② ③ ④
27 ① ② ③ ④

22 유기과산화물의 화재 시 적응성이 있는 소화설비는?

① 물분무 소화설비　　　　② 불활성가스 소화설비

③ 할로겐화합물 소화설비　④ 분말 소화설비

23 소화설비의 설치기준에서 유기과산화물 100kg은 몇 소요단위에 해당하는가?

① 10　　　　　　　　　② 20

③ 100　　　　　　　　④ 200

24 다음은 위험물안전관리법령에서 정한 내용이다. 괄호 안에 알맞은 용어는?

> (　　　　)(이)라 함은 고형 알코올 그 밖에 1기압에서 인화점이 섭씨 40도 미만인 고체를 말한다.

① 가연성고체　　　　　② 산화성고체

③ 인화성고체　　　　　④ 자기반응성고체

25 위험물안전관리법령상 위험등급 Ⅰ의 위험물은?

① 무기과산화물　　　　② 황화린, 적린, 유황

③ 제1석유류　　　　　④ 알코올류

26 히드라진에 대한 설명으로 틀린 것은?

① 외관은 물과 같이 무색 투명하다.

② 가열하면 분해하여 가스를 발생한다.

③ 위험물안저관리법령상 제4류 위험물에 해당한다.

④ 알코올, 물 등의 비극성 용매에 잘 녹는다.

27 포소화제의 조건에 해당하지 않는 것은?

① 부착성이 있을 것

② 쉽게 분해하여 증발될 것

③ 바람에 견디는 응집성을 가질 것

④ 유동성이 있을 것

답안 표기란

28 ① ② ③ ④
29 ① ② ③ ④
30 ① ② ③ ④
31 ① ② ③ ④
32 ① ② ③ ④

28 위험물안전법령에서 정한 소화설비의 소요단위 산정방법에 대한 설명으로 옳은 것은?

① 위험물은 지정수량의 100배를 1소요단위로 한다.

② 저장소용 건축물로 외벽이 내화구조인 것은 연면적 100m²를 1소요단위로 한다.

③ 제조소용 건축물로 외벽이 내화구조가 아닌 것은 연면적 50m²를 1소요단위로 한다.

④ 저장소용 건축물로 외벽이 내화구조가 아닌 것은 연면적 25m²를 1소요단위로 한다.

29 특수인화물이 아닌 것은?

① 아세트알데히드
② 에테르
③ 이황화탄소
④ 콜로디온

30 인화성액체 위험물 중 화재 발생 시 자극성 유독가스를 발생시키는 것은?

① 에틸에테르
② 이황화탄소
③ 콜로디온
④ 아세트알데히드

31 다음과 같은 반응에서 5m³의 탄산가스를 만들기 위해 필요한 탄산수소나트륨의 양은?

$$2NaHCO_3 \rightarrow Na_2CO_3 + CO_2 + H_2O$$

① 18.75kg
② 37.5kg
③ 56.25kg
④ 75kg

32 휘발유의 일반적인 성질에 대한 설명으로 틀린 것은?

① 인화점은 0℃보다 낮다.

② 액체비중은 1보다 작다.

③ 증기비중은 1보다 작다.

④ 연소범위는 약 1.4~7.6%이다.

답안 표기란

33 ① ② ③ ④
34 ① ② ③ ④
35 ① ② ③ ④
36 ① ② ③ ④
37 ① ② ③ ④
38 ① ② ③ ④

33 탄화알루미늄이 물과 반응할 때 생성되는 가스는?

① H_2　　　　② CH_4
③ O_2　　　　④ C_2H_2

34 독성이 있고, 제2석유류에 속하는 것은?

① CH_3CHO
② C_6H_6
③ $C_6H_5=CHCH_2$
④ $C_6H_5NH_2$

35 에틸알코올의 인화점에 가장 가까운 것은?

① $-4℃$　　　　② $3℃$
③ $12℃$　　　　④ $27℃$

36 위험물안전관리법령상 옥내저장탱크의 상호 간에는 몇 m 이상의 간격을 유지해야 하는가?

① 0.3m　　　　② 0.5m
③ 1.0m　　　　④ 1.5m

37 제4류 위험물에 대한 일반적인 설명으로 옳지 않은 것은?

① 대부분 연소 하한값이 낮다.
② 발생 증기는 가연성이며, 대부분 공기보다 무겁다.
③ 대부분 무기화합물이므로 정전기 발생에 주의한다.
④ 인화점이 낮을수록 화재 위험성이 높다.

38 다음 중 인화점이 0℃보다 낮은 것은 모두 몇 개인가?

$C_2H_5OC_2H_5$, CS_2, CH_3CHO

① 0개　　　　② 1개
③ 2개　　　　④ 3개

답안 표기란

39 ① ② ③ ④
40 ① ② ③ ④
41 ① ② ③ ④
42 ① ② ③ ④
43 ① ② ③ ④
44 ① ② ③ ④

39 중크롬산칼륨의 화재 예방 및 진압 대책에 관한 설명 중 틀린 것은?

① 가열, 충격, 마찰을 피한다.

② 유기물, 가연물과 격리하여 저장한다.

③ 화재 시 물과 반응하여 폭발하므로 주수소화를 금한다.

④ 소화 작업 시 폭발 우려가 있으므로 충분한 안전거리를 확보한다.

40 어떤 소화기에 'ABC'라고 표시되어 있다면, 사용할 수 없는 화재는?

① 금속화재   ② 유류화재

③ 전기화재   ④ 일반화재

41 위험물안전관리법령상 자동화재탐지설비를 설치하지 않고 비상경보설비로 대신할 수 있는 것은?

① 일반취급소로서 연면적 600m²인 것

② 지정수량 20배를 저장하는 옥내저장소에서 처마 높이가 8m인 단층 건물

③ 단층 건물 외에 건축물에 설치된 지정수량 15배의 옥내탱크저장소로서 소화난이도등급 Ⅱ에 속하는 것

④ 지정수량 20배를 저장 취급하는 옥내주유취급소

42 증기의 밀도가 가장 큰 것은?

① 디에틸에테르   ② 벤젠

③ 가솔린(옥탄 100%)   ④ 에틸알코올

43 Mg, Na의 화재에 이산화탄소 소화기를 사용했다. 화재현상에서 발생하는 현상은?

① 이산화탄소가 부착면을 만들어 질식소화된다.

② 이산화탄소가 방출되어 냉각소화된다.

③ 이산화탄소가 Mg, Na과 반응하여 화재가 확대된다.

④ 부촉매효과에 의해 소화된다.

44 할로겐화합물 소화설비가 적응성이 있는 대상물은?

① 제1류 위험물   ② 제3류 위험물

③ 제4류 위험물   ④ 제5류 위험물

답안 표기란

45 ① ② ③ ④
46 ① ② ③ ④
47 ① ② ③ ④
48 ① ② ③ ④
49 ① ② ③ ④

45 다음은 위험물을 저장하는 탱크의 공간용적 산정기준이다. 괄호 안에 들어갈 알맞은 수치는?

> 암반탱크에 있어서는 당해 탱크 내에 용출하는 (   )일간의 지하수의 양에 상당하는 용적과 당해 탱크의 내용적의 (   )의 용적 중에서 보다 큰 용적을 공간용적으로 한다.

① 7, 1/100
② 7, 5/100
③ 10, 1/100
④ 10, 5/100

46 위험물안전관리법령에서 정한 아세트알데히드 등을 취급하는 제조소의 특례에 따라 다음에서 괄호에 들어갈 내용에 해당하지 않는 것은?

> 아세트알데히드 등을 취급하는 설비는 (   )·(   )·동·(   ) 또는 이들을 성분으로 하는 합금으로 만들지 아니할 것

① 금
② 은
③ 수은
④ 마그네슘

47 메틸알코올 8,000L에 대한 소화능력으로 삽을 포함한 마른 모래를 몇 L 설치해야 하는가?

① 100
② 200
③ 300
④ 400

48 제6류 위험물을 저장하는 제조소등에 적응성이 없는 소화설비는?

① 옥외소화전설비
② 탄산수소염류 분말 소화설비
③ 스프링클러설비
④ 포 소화설비

49 물과 접촉하면 발열하면서 산소를 방출하는 것은?

① 과산화칼륨
② 염소산암모늄
③ 염소산칼륨
④ 과망간산칼륨

답안 표기란

50 ① ② ③ ④
51 ① ② ③ ④
52 ① ② ③ ④
53 ① ② ③ ④
54 ① ② ③ ④
55 ① ② ③ ④

50 비중은 약 2.5, 무취이며, 알코올과 물에 잘 녹고, 조해성이 있으며, 산과 반응하여 유독한 ClO_2를 발생하는 위험물은?

① 염소산칼륨
② 과염소산암모늄
③ 염소산나트륨
④ 과염소산칼륨

51 화재 시 이산화탄소를 방출하여 산소의 농도를 13중량%로 낮추어 소화를 하려면 공기 중의 이산화탄소는 몇 중량%가 되어야 하는가?

① 28.1
② 38.1
③ 42.86
④ 48.35

52 화재 발생 시 물을 사용하여 소화할 수 있는 물질은?

① K_2O_2
② CaC_2
③ Al_4C_3
④ P_4

53 지정수량이 200kg인 물질은?

① 질산
② 피크린산
③ 질산메틸
④ 과산화벤조일

54 제4류 위험물의 공통적인 성질이 아닌 것은?

① 대부분 물보다 가볍고 물에 녹기 어렵다.
② 공기와 혼합된 증기는 연소의 우려가 있다.
③ 인화되기 쉽다.
④ 증기는 공기보다 가볍다.

55 질산과 과염소산의 공통 성질이 아닌 것은?

① 산소를 포함한다.
② 산화제이다.
③ 물보다 무겁다.
④ 쉽게 연소한다.

56 지정과산화물 옥내저장소의 저장 창고 출입구 및 창의 설치 기준으로 틀린 것은?

① 창은 바닥면으로부터 2m 이상의 높이에 설치한다.

② 하나의 창의 면적을 $0.4m^2$ 이내로 한다.

③ 하나의 벽면에 두는 창의 면적의 합계를 해당 벽면의 면적의 80분의 1이 초과되도록 한다.

④ 출입구에는 갑종방화문을 설치한다.

57 산화프로필렌의 성상에 대한 설명 중 틀린 것은?

① 청색의 휘발성이 강한 액체이다.

② 인화점이 낮은 인화성액체이다.

③ 물에 잘 녹는다.

④ 에테르향의 냄새를 가진다.

58 화학식과 Halon 번호를 올바르게 연결한 것은?

① CBr_2F_2 - 1202

② $C_2Br_2F_2$ - 2422

③ $CBrClF_2$ - 1102

④ $C_2Br_2F_4$ - 1242

59 연료의 일반적인 연소 형태에 관한 설명 중 틀린 것은?

① 목재와 같은 고체연료는 연소 초기에는 불꽃을 내면서 연소하나 후기에는 점점 불꽃이 없어져 무염(無炎)연소 형태로 연소한다.

② 알코올과 같은 액체연료는 증발에 의해 생긴 증기가 공기 중에서 연소하는 증발연소의 형태로 연소한다.

③ 기체연료는 액체연료, 고체연료와 다르게 비정상적 연소인 폭발현상이 나타나지 않는다.

④ 석탄과 같은 고체연료는 열분해하여 발생한 가연성 기체가 공기 중에서 연소하는 분해연소 형태로 연소한다.

60 화학적으로 알코올을 분류할 때 3가 알코올에 해당하는 것은?

① 에탄올

② 메탄올

③ 에틸렌글리콜

④ 글리세롤

답안 표기란

56	① ② ③ ④
57	① ② ③ ④
58	① ② ③ ④
59	① ② ③ ④
60	① ② ③ ④

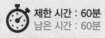
전체 문제 수 : 60

안 푼 문제 수 : ☐

답안 표기란

01	① ② ③ ④
02	① ② ③ ④
03	① ② ③ ④
04	① ② ③ ④

01 위험물안전관리법령에 따라 제조소등의 관계인이 화재 예방과 재해 발생 시 비상조치를 위해 작성하는 예방규정에 관한 설명으로 틀린 것은?

① 제조소의 관계인은 제조소에서 지정수량 5배 위험물을 취급할 때 예방규정을 작성해야 한다.

② 지정수량의 200배 위험물을 저장하는 옥외저장소 관계인은 예방규정을 작성하여 제출해야 한다.

③ 위험물시설의 운전 또는 조작에 관한 사항, 위험물 취급 작업의 기준에 관한 사항은 예방규정에 포함되어야 한다.

④ 제조소등의 예방규정은 산업안전보건법의 규정에 의한 안전보건관리규정과 통합하여 작성할 수 있다.

02 분말의 형태로서 150마이크로미터의 체를 통과하는 것이 50중량퍼센트 이상인 것만 위험물로 취급되는 것은?

① Zn   ② Fe

③ Ni   ④ Cu

03 트리에틸알루미늄이 물과 반응했을 때 발생하는 가스는?

① 메탄   ② 에탄

③ 프로판   ④ 부탄

04 다음은 위험물안전관리법에 따른 이동저장탱크의 구조에 관한 기준이다. A, B에 알맞은 수치는?

> 이동저장탱크는 그 내부에 (A)L 이하마다 (B)mm 이상의 강철판 또는 이와 동등 이상의 강도, 내열성 및 내식성이 잇는 금속성의 것으로 칸막이를 설치해야 한다. 다만, 고체인 위험물을 저장하거나 고체인 위험물을 가열하며 액체 상태로 저장하는 경우에는 그러하지 아니하다.

① A : 2,000, B : 1.6   ② A : 2,000, B : 3.2

③ A : 4,000, B : 1.6   ④ A : 4,000, B : 3.2

모의고사 10

답안 표기란

05 ① ② ③ ④
06 ① ② ③ ④
07 ① ② ③ ④
08 ① ② ③ ④
09 ① ② ③ ④

05 위험물안전관리법에 의하면 옥외소화전이 6개 있을 경우 수원의 수량은 몇 m^3 이상이어야 하는가?

① $48m^3$
② $54m^3$
③ $60m^3$
④ $81m^3$

06 그림과 같은 위험물 저장탱크의 내용적은 약 몇 m^3인가?

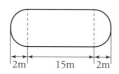

① 1,768
② 1,974
③ 1,283
④ 1,086

07 주유취급소에서 자동차 등에 위험물을 주유할 때 자동차 등의 원동기를 정지시켜야 하는 위험물의 인화점 기준은 몇 ℃ 미만인가? (단, 연료탱크에 위험물을 주유하는 동안 방출되는 가연성 증기 회수설비가 부착되지 않은 고정주유설비의 경우이다.)

① 20℃
② 30℃
③ 40℃
④ 50℃

08 히드록실아민을 취급하는 제조소에 두어야 하는 최소한의 안전거리(D)를 구하는 식은?

① $D = \dfrac{51.1 \cdot N}{5}$
② $D = \dfrac{31.1 \cdot N}{3}$
③ $D = 51.1 \cdot \sqrt[3]{N}$
④ $D = 31.1 \cdot \sqrt[3]{N}$

09 공기 중에서 산소와 반응하여 과산화물을 생성하는 물질은?

① 디에틸에테르
② 이황화탄소
③ 에틸알코올
④ 과산화나트륨

10 위험물안전관리법령에 따른 제3류 위험물에 대한 화재 예방 또는 소화의 대책으로 틀린 것은?

① 이산화탄소, 할로겐화합물, 분말 소화약제를 사용하여 소화한다.

② 칼륨은 석유, 등유 등의 보호액 속에 저장한다.

③ 알킬알루미늄은 헥산, 톨루엔 등 탄화수소용제를 희석제로 사용한다.

④ 알킬알루미늄, 알킬리튬을 저장하는 탱크에는 불활성가스의 봉입장치를 설치한다.

11 목조 건물의 일반적인 화재현상에 가장 가까운 것은?

① 저온 단시간형   ② 저온 장시간형

③ 고온 단시간형   ④ 고온 장시간형

12 옥외저장탱크 중 압력탱크에 저장하는 디에틸에테르 등의 저장온도는 몇 ℃ 이하여야 하는가?

① 60℃   ② 40℃

③ 30℃   ④ 15℃

13 제5류 위험물이 아닌 것은?

① 니트로글리세린   ② 니트로톨루엔

③ 니트로글리콜   ④ 트리니트로톨루엔

14 위험물안전관리법령상 제3류 위험물에 해당하지 않는 것은?

① 적린   ② 나트륨

③ 칼륨   ④ 황린

15 위험물안전관리법령상 제2류 위험물 중 지정수량이 500kg인 물질에 의한 화재는?

① A급 화재   ② B급 화재

③ C급 화재   ④ D급 화재

답안 표기란

10 ① ② ③ ④
11 ① ② ③ ④
12 ① ② ③ ④
13 ① ② ③ ④
14 ① ② ③ ④
15 ① ② ③ ④

16 위험물안전관리법령상 고정주유설비는 주유설비의 중심선을 기점으로 하여 도로경계선까지 몇 m 이상의 거리를 유지해야 하는가?

① 1m
② 3m
③ 4m
④ 6m

17 위험물안전관리법령상 혼재할 수 없는 위험물은? (단, 위험물은 지정수량의 1/10을 초과하는 경우이다.)

① 적린과 황린
② 질산염류와 질산
③ 칼륨과 특수인화물
④ 유기과산화물과 유황

18 칼륨이 에틸알코올과 반응할 때 나타나는 현상은?

① 산소가스를 생성한다.
② 칼륨에틸레이트를 생성한다.
③ 칼륨과 물이 반응할 때와 동일한 생성물이 나온다.
④ 에틸알코올이 산화되어 아세트알데히드를 생성한다.

19 위험물제조소등에 경보설비를 설치해야 하는 경우가 아닌 것은?

① 이동탱크저장소
② 단층 건물로 처마 높이가 6m인 옥내저장소
③ 단층 건물 외의 건축물에 설치된 옥내탱크저장소로서 소화난이도 등급 Ⅰ에 해당하는 것
④ 옥내주유취급소

20 위험물 옥내저장소의 피뢰설비는 지정수량의 최소 몇 배 이상 저장창고에 설치하도록 하고 있는가?

① 10배
② 15배
③ 20배
④ 30배

21 인화칼슘이 물과 반응했을 때 발생하는 기체는?

① 수소
② 산소
③ 포스핀
④ 포스겐

16	① ② ③ ④
17	① ② ③ ④
18	① ② ③ ④
19	① ② ③ ④
20	① ② ③ ④
21	① ② ③ ④

답안 표기란

22	①	②	③	④
23	①	②	③	④
24	①	②	③	④
25	①	②	③	④
26	①	②	③	④
27	①	②	③	④
28	①	②	③	④

22 적린과 혼합하여 반응했을 때 오산화인을 발생하는 것은?

① 물　　　　　　　　　② 황린

③ 에틸알코올　　　　　④ 염소산칼륨

23 제3종 분말 소화약제의 주요 성분은?

① 인산암모늄　　　　　② 탄산수소나트륨

③ 탄산수소칼륨　　　　④ 요소

24 물질의 발화온도가 낮아지는 경우는?

① 발열량이 적을 때　　② 산소의 농도가 작을 때

③ 화학적 활성도가 클 때　④ 산소와 친화력이 낮을 때

25 위험물제조소등에 자동화재탐지설비를 설치하는 경우 해당 건축물, 그 밖의 공작물의 주요한 출입구에서 그 내부 전체를 볼 수 있는 경우에 하나의 경계구역의 면적은 최대 몇 m²까지 할 수 있는가?

① 300m²　　　　　　　② 600m²

③ 1,000m²　　　　　　④ 1,200m²

26 제3석유류 중 도료류, 그 밖의 물품은 가연성 액체량이 얼마 이하인 것은 제외하는가?

① 20중량퍼센트　　　　② 30중량퍼센트

③ 40중량퍼센트　　　　④ 50중량퍼센트

27 공기를 차단하고 황린을 약 몇 ℃로 가열하면 적린이 생성되는가?

① 60℃　　　　　　　　② 100℃

③ 150℃　　　　　　　④ 260℃

28 소화난이도등급 I 의 옥내탱크저장소(인화점 70℃ 이상의 제4류 위험물만을 저장·취급하는 것)에 설치해야 하는 소화설비가 아닌 것은?

① 고정식 포 소화설비

② 이동식 외의 할로겐화합물소화설비

③ 스프링클러설비

④ 물분무 소화설비

답안 표기란

29 ① ② ③ ④

30 ① ② ③ ④

31 ① ② ③ ④

32 ① ② ③ ④

33 ① ② ③ ④

29 인화점 200℃ 미만의 위험물을 저장하기 위해 높이 15m이고 지름이 18m인 옥외탱크를 설치할 때 탱크와 방유제와의 거리는 얼마 이상인가?

① 5m
② 6m
③ 7.5m
④ 9m

30 위험물제조소의 환기설비의 기준에서 급기구가 설치된 실의 바닥면적 150m²마다 1개 이상 설치하는 급기구의 크기는 몇 cm² 이상이어야 하는가? (단, 바닥면적이 150m² 미만인 경우는 제외한다.)

① 200cm²
② 400cm²
③ 600cm²
④ 800cm²

31 $CH_3COC_2H_5$의 명칭 및 지정수량을 올바르게 나타낸 것은?

① 메틸에틸케톤, 50L
② 메틸에틸케톤, 200L
③ 메틸에틸에테르, 50L
④ 메틸에틸에테르, 200L

32 위험물안전관리법령에 따른 건축물, 그 밖의 공작물 또는 위험물 소요단위의 계산방법 기준으로 옳은 것은?

① 위험물의 지정수량 100배를 1소요단위로 할 것
② 저장소의 건축물은 외벽이 내화구조인 것은 연면적 100m²를 1소요단위로 할 것
③ 저장소의 건축물은 외벽이 내화구조가 아닌 것은 연면적 50m²를 1소요단위로 할 것
④ 제조소나 취급소용으로 옥외 공작물인 경우 최대수평투영면적 100m²를 1소요단위로 할 것

33 위험물안전관리법령에서 정한 내용으로, 다음 괄호 안에 알맞은 용어는?

> (   )(이)라 함은 고형 알코올, 그 밖에 1기압에서 인화점이 섭씨 40도 미만인 고체를 말한다.

① 가연성고체
② 산화성고체
③ 인화성고체
④ 자기반응성고체

답안 표기란

34 ① ② ③ ④
35 ① ② ③ ④
36 ① ② ③ ④
37 ① ② ③ ④
38 ① ② ③ ④

34 요리용 기름의 화재 시 비누화반응을 일으켜 질식효과와 재발화방지효과를 나타내는 소화약제는?

① $NaHCO_3$　　　　　　② $KHCO_3$

③ $BaCl_2$　　　　　　　④ $NH_4H_2PO_4$

35 제2류 위험물에 대한 설명으로 옳지 않은 것은?

① 대부분 물보다 가벼우므로 주수소화는 어려움이 있다.

② 점화원으로부터 멀리하고 가열을 피한다.

③ 금속분은 물과의 접촉을 피한다.

④ 용기 파손으로 인한 위험물의 누설에 주의한다.

36 위험물안전관리법령에서 정한 주유취급소의 고정주유설비 주위에 보유해야 하는 주유공지의 기준은?

① 너비 10m 이상, 길이 6m 이상

② 너비 15m 이상, 길이 6m 이상

③ 너비 10m 이상, 길이 10m 이상

④ 너비 15m 이상, 길이 10m 이상

37 1차 알코올에 대한 설명으로 가장 적절한 것은?

① OH기의 수가 하나이다.

② OH기가 결합된 탄소 원자에 붙은 알킬기의 수가 하나이다.

③ 가장 간단한 알코올이다.

④ 탄소의 수가 하나인 알코올이다.

38 위험물제조소등에 설치하는 고정식 포 소화설비의 기준에서 포헤드 방식의 포헤드는 방호 대상물의 표면적 몇 m^2당 1개 이상의 헤드를 설치해야 하는가?

① 5　　　　　　　　　　② 9

③ 15　　　　　　　　　　④ 30

39 이동탱크저장소에 의한 위험물의 운송 시 준수해야 하는 기준에서 위험물 운송자는 어떤 위험물을 운송할 때 위험물안전카드를 휴대해야 하는가?

① 특수인화물 및 제1석유류
② 알코올류 및 제2석유류
③ 제3석유류 및 동식물유류
④ 제4석유류

40 위험물안전관리법령상 품명이 나머지 셋과 다른 것은?

① 트리니트로톨루엔　　② 니트로글리세린
③ 니트로글리콜　　　　④ 셀룰로이드

41 과염소산칼륨과 아염소산나트륨의 공통 성질이 아닌 것은?

① 지정수량이 50kg이다.
② 열분해 시 산소를 방출한다.
③ 강산화성 물질이며 가연성이다.
④ 상온에서 고체 형태이다.

42 위험물제조소에서 취급하는 제4류 위험물의 최대 수량의 합이 지정수량의 15만 배인 사업소에 두어야 할 자체 소방대의 화학소방자동차와 자체 소방대원의 수는 각각 얼마로 규정되어 있는가? (단, 상호 응원 협정을 체결한 경우는 제외한다.)

① 1대, 5인　　　　② 2대, 10인
③ 3대, 15인　　　④ 4대, 20인

43 증기비중이 가장 큰 것은?

① 벤젠　　　　② 등유
③ 메틸알코올　④ 디에틸에테르

44 피크르산 제조에 사용되는 물질과 가장 관계있는 것은?

① C_6H_6　　　　② $C_6H_5CH_3$
③ $C_3H_5(OH)_3$　④ C_6H_5OH

답안 표기란

39 ① ② ③ ④
40 ① ② ③ ④
41 ① ② ③ ④
42 ① ② ③ ④
43 ① ② ③ ④
44 ① ② ③ ④

답안 표기란

45 ① ② ③ ④
46 ① ② ③ ④
47 ① ② ③ ④
48 ① ② ③ ④
49 ① ② ③ ④
50 ① ② ③ ④

45 황린과 적린의 공통점은?

① 독성   ② 발화점
③ 연소생성물   ④ CS_2에 대한 용해성

46 알루미늄분말의 저장방법으로 옳은 것은?

① 에틸알코올수용액에 넣어 보관한다.
② 밀폐용기에 넣어 건조한 곳에 보관한다.
③ 폴리에틸렌병에 넣어 수분이 많은 곳에 보관한다.
④ 염산수용액에 넣어 보관한다.

47 20℃의 물 100kg이 100℃ 수증기로 증발하면 최대 몇 kcal의 열량을 흡수할 수 있는가?

① 540kcal   ② 7,800kcal
③ 62,000kcal   ④ 108,000kcal

48 오존층파괴지수가 가장 큰 것은?

① Halon 104   ② Halon 1211
③ Halon 1301   ④ Halon 2402

49 아세트알데히드와 아세톤의 공통 성질이 아닌 것은?

① 증기는 공기보다 무겁다.
② 무색 액체로서 인화점이 낮다.
③ 특수인화물로 반응성이 크다.
④ 물에 잘 녹는다.

50 위험물안전관리법령에서 정한 소화설비의 설치 기준에 따라 다음 괄호 안에 알맞은 숫자를 차례대로 나타낸 것은?

> 제조소등에 전기설비(전기배선, 조명기구 등은 제외)가 설치된 경우에는 당해 장소의 면적 (   )m^2마다 소형 수동식 소화기를 (   ) 개 이상 설치할 것

① 50, 1   ② 50, 2
③ 100, 1   ④ 100, 2

모의고사 10

51 다음과 같은 원통형 종으로 설치된 탱크에서 공간용적을 내용적의 10%라고 하면 탱크 용량(허가용량)은 약 몇 m³인가?

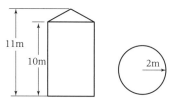

① 113.04m³
② 123.34m³
③ 129.06m³
④ 138.16m³

52 제조소에서 다음과 같이 위험물을 취급하고 있는 경우 각 지정수량 배수의 총합은 얼마인가?

- 브롬산나트륨 300kg
- 과산화나트륨 150kg
- 중크롬산나트륨 500kg

① 3.5
② 4.0
③ 4.5
④ 5.0

53 글리세린은 제 몇 석유류에 해당하는가?

① 제1석유류
② 제2석유류
③ 제3석유류
④ 제4석유류

54 다음 위험물 중 비중이 물보다 큰 것은 모두 몇 개인가?

과염소산, 과산화수소, 질산

① 0개
② 1개
③ 2개
④ 3개

55 위험물제조소등의 전기설비에 적응성이 있는 소화설비는?

① 봉상수소화기
② 포 소화설비
③ 옥외소화전설비
④ 물분무 소화설비

답안 표기란

51 ① ② ③ ④
52 ① ② ③ ④
53 ① ② ③ ④
54 ① ② ③ ④
55 ① ② ③ ④

답안 표기란

56 ① ② ③ ④
57 ① ② ③ ④
58 ① ② ③ ④
59 ① ② ③ ④
60 ① ② ③ ④

56 위험물제조소등에 설치하는 불활성가스 소화설비의 소화약제 저장 용기의 설치 장소로 적합하지 않은 것은?

① 방호구역 외의 장소
② 온도가 40℃ 이하이고, 온도 변화가 적은 장소
③ 빗물이 침투할 우려가 적은 장소
④ 직사일광이 잘 들어오는 장소

57 과산화칼륨과 과산화마그네슘이 염산과 반응했을 때 공통으로 나오는 물질의 저장수량은?

① 50L   ② 100kg
③ 300kg   ④ 1,000L

58 옥외저장소에서 선반에 저장하는 용기의 높이는 몇 m를 초과할 수 없는가?

① 3m   ② 4m
③ 6m   ④ 7m

59 지하탱크저장소에 대한 설명으로 옳지 않은 것은?

① 탱크전용실 벽의 두께는 0.3m 이상이어야 한다.
② 지하저장탱크의 윗부분은 지면으로부터 0.6m 이상 아래에 있어야 한다.
③ 지하저장탱크와 탱크전용실 안쪽과의 간격은 0.1m 이상을 유지한다.
④ 지하저장탱크에는 두께 0.1m 이상의 철근콘크리트조로 된 뚜껑을 설치한다.

60 위험물 옥외저장탱크의 통기관에 관한 사항으로 옳지 않은 것은?

① 밸브 없는 통기관의 직경은 30mm 이상으로 한다.
② 대기밸브부착 통기관은 항시 열려 있어야 한다.
③ 밸브 없는 통기관의 선단은 수평면보다 45도 이상 구부려 빗물 등의 침투를 막는 구조로 한다.
④ 대기밸브부착 통기관은 5kPa 이하의 압력 차이로 작동할 수 있어야 한다.

모의고사 10

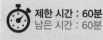
전체 문제 수 : 60
안 푼 문제 수 : ☐

답안 표기란
01 ① ② ③ ④
02 ① ② ③ ④
03 ① ② ③ ④
04 ① ② ③ ④
05 ① ② ③ ④

01 금속화재에 마른 모래를 피복하여 소화하는 방법은?

① 제거소화
② 질식소화
③ 냉각소화
④ 억제소화

02 제3종 분말 소화약제의 열분해 시 생성되는 메타인산의 화학식은?

① H_3PO_4
② HPO_3
③ $H_4P_2O_7$
④ $CO(NH_2)_2$

03 다음의 위험물을 위험등급 Ⅰ, Ⅱ, Ⅲ의 순서로 나열한 것은?

> 황린, 수소화나트륨, 리튬

① 황린, 수소화나트륨, 리튬
② 황린, 리튬, 수소화나트륨
③ 수소화나트륨, 황린, 리튬
④ 수소화나트륨, 리튬, 황린

04 유류저장탱크화재에서 일어나는 현상으로 거리가 먼 것은?

① 보일오버
② 플래시오버
③ 슬롭오버
④ BLEVE

05 이산화탄소 소화약제의 소화작용을 올바르게 나열한 것은?

① 질식소화, 부촉매소화
② 부촉매소화, 제거소화
③ 부촉매소화, 냉각소화
④ 질식소화, 냉각소화

답안 표기란

06 ① ② ③ ④
07 ① ② ③ ④
08 ① ② ③ ④
09 ① ② ③ ④
10 ① ② ③ ④
11 ① ② ③ ④

모의고사 11

06 가연성물질이 아닌 것은?

① $C_2H_5OC_2H_5$ ② $KClO_4$

③ $C_2H_4(OH)_2$ ④ P_4

07 위험물안전관리법령상 위험물의 지정수량으로 옳지 않은 것은?

① 니트로셀룰로오스 : 10kg

② 히드록실아민 : 100kg

③ 아조벤젠 : 50kg

④ 트리니트로레놀 : 200kg

08 메틸알코올의 증기비중은 약 얼마인가?

① 1.1   ② 0.79

③ 2.1   ④ 0.92

09 발화점이 달라지는 요인으로 가장 거리가 먼 것은?

① 가열 속도와 가열 시간

② 가열 도구와 내구연한

③ 발화를 일으키는 공간의 형태와 크기

④ 가연성 가스와 공기의 조성비

10 옥내저장탱크 내용적이 30,000L일 때 저장 또는 취급 허가를 받을 수 있는 최대 용량은? (단, 원칙적인 경우에 한한다.)

① 27,000L   ② 28,500L

③ 29,000L   ④ 30,000L

11 경유를 저장하는 옥외저장탱크의 반지름이 2m이고, 높이가 12m일 때 탱크 옆판으로부터 방유제까지의 거리는 몇 m 이상이어야 하는가?

① 2m   ② 4m

③ 6m   ④ 8m

답안 표기란	
12	① ② ③ ④
13	① ② ③ ④
14	① ② ③ ④
15	① ② ③ ④
16	① ② ③ ④

12 주유취급소에 다음과 같이 전용탱크를 설치했다. 최대로 저장·취급할 수 있는 용량은? (단, 고속도로 외의 도로변에 설치하는 자동차용 주유취급소인 경우이다.)

> • 간이탱크 : 2기
> • 폐유탱크 : 1기
> • 고정주유설비 및 급유설비 접속하는 전용탱크 : 2기

① 103,200L   ② 104,600L

③ 124,200L   ④ 154,200L

13 위험물제조소에서 지정수량 이상의 위험물을 취급하는 건축물(시설)에는 원칙상 최소 몇 m 이상 보유공지를 확보해야 하는가? (단, 최대수량은 지정수량의 10배이다.)

① 3m 이상   ② 5m 이상

③ 7m 이상   ④ 10m 이상

14 분말 소화약제로 사용되지 않는 것은?

① 인산암모늄

② 탄산수소나트륨

③ 탄산수소칼륨

④ 과산화나트륨

15 액화 이산화탄소 1kg이 25℃, 2atm에서 방출되어 모두 기체가 되었다. 방출된 기체상의 이산화탄소 부피는 약 몇 L인가?

① 278L   ② 556L

③ 1,111L   ④ 1,985L

16 위험물안전관리법령상 운송책임자의 감독, 지원을 받아 운송해야 하는 위험물에 해당하는 것은?

① 알킬알루미늄, 산화프로필렌, 알킬리튬

② 알킬알루미늄, 산화프로필렌

③ 알킬알루미늄, 알킬리튬

④ 산화프로필렌, 알킬리튬

17 제4류 위험물에 속하지 않는 것은?

① 아세톤　　　　　　　② 실린더유

③ 과산화벤조일　　　　④ 니트로벤젠

18 제4류 위험물을 저장하는 옥외탱크저장소에 설치하는 방유제의 높이는?

① 0.5m 이상 3m 이하　　② 0.3m 이상 3m 이하

③ 0.5m 이상 2m 이하　　④ 0.3m 이상 2m 이하

19 위험물안전관리법령상 가솔린 운반 용기의 외부에 표시해야 하는 주의 사항은?

① 화기엄금 및 충격주의　　② 가연물 접촉주의

③ 화기엄금　　　　　　　　④ 화기주의 및 충격주의

20 압력수조를 이용한 옥내소화전설비의 가압송수장치에서 압력수조의 최소압력(MPa)은? (단, 소방용 호스의 마찰손실 수두압은 3MPa, 배관의 마찰손실 수두압은 1MPa, 낙차의 환산수두압은 1.35MPa이다.)

① 5.35　　　　　　　　② 5.70

③ 6.00　　　　　　　　④ 6.35

21 할로겐화합물 소화설비가 적응성이 있는 대상물은?

① 제1류 위험물　　　　② 제3류 위험물

③ 제4류 위험물　　　　④ 제5류 위험물

22 위험장소 중 0종 장소에 대한 설명으로 옳은 것은?

① 정상 상태에서 위험 분위기가 장시간 지속적으로 존재하는 장소
② 정상 상태에서 위험 분위기가 주기적 또는 간헐적으로 생성될 우려가 있는 장소
③ 이상 상태하에서 위험 분위기가 단시간 동안 생성될 우려가 있는 장소
④ 이상 상태하에서 위험 분위기가 장시간 동안 생성될 우려가 있는 장소

답안 표기란				
17	①	②	③	④
18	①	②	③	④
19	①	②	③	④
20	①	②	③	④
21	①	②	③	④
22	①	②	③	④

답안 표기란

23 ① ② ③ ④
24 ① ② ③ ④
25 ① ② ③ ④
26 ① ② ③ ④
27 ① ② ③ ④

23 위험물의 운반에 관한 기준에서 다음 괄호 안에 알맞은 온도는?

> 적재하는 제5류 위험물 중 (   )℃ 이하의 온도에서 분해될 우려
> 가 있는 것은 보냉 컨테이너에 수납하는 등 적정한 온도관리를 해야
> 한다.

① 40℃   ② 50℃
③ 55℃   ④ 60℃

24 적갈색 고체이며, 물과 반응하여 포스핀가스를 발생하는 위험물은?

① 칼슘   ② 탄화칼슘
③ 금속나트륨   ④ 인화칼슘

25 화학포소화기에서 탄산수소나트륨과 황산알루미늄이 반응하여 생성되는 기체의 주성분은?

① CO   ② CO_2
③ N_2 ④ Ar

26 상온에서 액체인 물질로만 조합된 것은?

① 질산메틸, 니트로글리세린
② 피크린산, 질산메틸
③ 트리니트로톨루엔, 디니트로벤젠
④ 니트로글리콜, 테트릴

27 위험물안전관리법령에 따라 옥내소화전설비를 설치할 때 배관의 설치 기준에 대한 설명으로 옳지 않은 것은?

① 배관용 탄소 강관(KS D 3507)을 사용할 수 있다.
② 주 배관의 입상관 구경은 최소 60mm 이상으로 한다.
③ 펌프를 이용한 가압송수장치의 흡수관은 펌프마다 전용으로 설치한다.
④ 원칙적으로 급수배관은 생활용수배관과 같이 사용할 수 없으며, 전용배관으로만 사용한다.

답안 표기란

28 ① ② ③ ④
29 ① ② ③ ④
30 ① ② ③ ④
31 ① ② ③ ④

모의고사 11

28 위험물안전관리법령상 설치 허가 및 완공검사 절차에 관한 설명으로 틀린 것은?

① 지정수량의 3천 배 이상의 위험물을 취급하는 제조소는 한국소방산업기술원으로부터 당해 제조소의 구조·설비에 관한 기술 검토를 받아야 한다.

② 50만 리터 이상인 옥외탱크저장소는 한국소방산업기술원으로부터 당해 탱크의 기초·지반 및 탱크 본체에 관한 기술 검토를 받아야 한다.

③ 지정수량의 1천 배 이상의 제4류 위험물을 취급하는 일반취급소의 완공검사는 한국소방산업기술원이 실시한다.

④ 50만 리터 이상인 옥외탱크저장소의 완공검사는 한국소방산업기술원이 실시한다.

29 이황화탄소 기체는 수소 기체보다 20℃, 1기압에서 몇 배 더 무거운가?

① 11배   ② 22배

③ 32배   ④ 38배

30 다음과 같이 횡으로 설치한 원형 탱크의 용량은 약 몇 m^3인가?

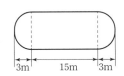

① 1690.3m³   ② 1335.1m³

③ 1268.4m³   ④ 1201.7m³

31 $C_6H_5CH_3$의 일반적 성질이 아닌 것은?

① 벤젠보다 독성이 매우 강하다.

② 진한 질산과 진한 황산으로 니트로화하면 TNT가 된다.

③ 비중은 약 0.86이다.

④ 물에 녹지 않는다.

답안 표기란

32 ① ② ③ ④
33 ① ② ③ ④
34 ① ② ③ ④
35 ① ② ③ ④
36 ① ② ③ ④

32 위험물안전관리법령상 스프링클러헤드는 부착 장소의 평상시 최고주위온도가 28℃ 미만인 경우 몇 ℃의 표시온도를 갖는 것을 설치해야 하는가?

① 58℃ 미만

② 58℃ 이상 79℃ 미만

③ 79℃ 이상 121℃ 미만

④ 121℃ 이상 162℃ 미만

33 대형 수동식 소화기의 설치 기준에서 방호 대상물의 각 부분으로부터 하나의 대형 수동식 소화기까지의 보행거리 몇 m 이하가 되도록 설치해야 하는가?

① 10m   ② 20m

③ 30m   ④ 40m

34 위험물제조소등에 설치하는 옥내소화전설비의 설치 기준으로 옳은 것은?

① 옥내소화전은 건축물의 층마다 당해 층의 각 부분에서 하나의 호스접속구까지의 수평거리가 25미터 이하가 되도록 설치해야 한다.

② 당해 층의 모든 옥내소화전(5개 이상인 경우는 5개)을 동시에 사용할 경우 각 노즐선단에서의 방수량은 130L/min 이상이어야 한다.

③ 당해 층의 모든 옥내소화전(5개 이상인 경우는 5개)을 동시에 사용할 경우 각 노즐선단에서의 방수압력은 250kPa 이상이어야 한다.

④ 수원의 수량은 옥내소화전이 가장 많이 설치된 층의 옥내소화전 설치 개수(5개 이상인 경우는 5개)에 $2.6m^3$를 곱한 양 이상이 되도록 설치해야 한다.

35 B급 화재에 해당하는 것은?

① 유류화재   ② 목재화재

③ 금속분화재   ④ 전기화재

36 무취의 결정이며, 분자량이 약 122, 녹는점이 약 482℃이고, 산화제, 폭약 등에 사용되는 위험물은?

① 염소산바륨   ② 과염소산나트륨

③ 아염소산나트륨   ④ 과산화바륨

답안 표기란

37	① ② ③ ④
38	① ② ③ ④
39	① ② ③ ④
40	① ② ③ ④
41	① ② ③ ④
42	① ② ③ ④

37 위험물안전관리법령상 이송취급소에 설치하는 경보설비의 기준에 따라 이송기지에 설치해야 하는 경보설비로만 이루어진 것은?

① 확성장치, 비상벨장치

② 비상방송설비, 비상경보설비

③ 확성장치, 비상방송설비

④ 비상방송설비, 자동화재탐지설비

38 위험물안전관리법령상 위험물에 해당하는 것은?

① 황산

② 비중이 1.41인 질산

③ 53마이크로미터의 표준체를 통과하는 것이 50중량% 미만인 철의 분말

④ 농도가 40중량%인 과산화수소

39 질산나트륨의 성상으로 옳은 것은?

① 황색 결정이다. ② 물에 잘 녹는다.

③ 흑색 화약의 원료이다. ④ 상온에서 자연 분해한다.

40 과산화바륨의 성질에 대한 설명 중 틀린 것은?

① 고온에서 열분해하여 산소를 발생한다.

② 황산과 반응하여 과산화수소를 만든다.

③ 비중은 약 4.96이다.

④ 온수와 접촉하면 수소가스를 발생한다.

41 주유취급소에 설치하는 '주유 중 엔진 정지'라는 표시를 한 게시판의 바탕과 문자의 색상을 차례대로 나타낸 것은?

① 황색, 흑색 ② 흑색, 황색

③ 백색, 흑색 ④ 흑색, 백색

42 일반적으로 알려진 황화린의 3종류가 아닌 것은?

① P_4S_3 ② P_2S_5

③ P_4S_7 ④ P_2S_9

43 가연성고체에 해당하는 물품으로서 위험등급 Ⅱ에 해당하는 것은?

① P_4S_3, P

② Mg, CH_3CHO

③ P_4, AlP

④ NaH, Zn

44 수소화칼슘이 물과 반응했을 때의 생성물은?

① 칼슘과 수소

② 수산화칼슘과 수소

③ 칼슘과 산소

④ 수산화칼슘과 산소

45 인화점이 100℃보다 낮은 물질은?

① 아닐린

② 에틸렌글리콜

③ 글리세린

④ 실린더유

46 위험물을 보관하는 방법에 대한 설명 중 틀린 것은?

① 염소산나트륨 : 철제 용기의 사용을 피한다.

② 산화프로필렌 : 저장 시 구리 용기에 질소 등 불활성 기체를 충전한다.

③ 트리에틸알루미늄 : 용기는 밀봉하고 질소 등 불활성 기체를 충전한다.

④ 황화린 : 냉암소에 저장한다.

47 고형 알코올 2,000kg과 철분 1,000kg의 각각 지정수량 배수의 총합은?

① 3

② 4

③ 5

④ 6

48 제3류 위험물인 칼륨의 성질이 아닌 것은?

① 물과 반응하여 수산화물과 수소를 만든다.

② 원자가 전자가 2개로 쉽게 2가의 양이온이 되어 반응한다.

③ 원자량은 약 39이다.

④ 은백색 광택을 가지는 연하고 가벼운 고체로 칼에 쉽게 잘린다.

답안 표기란

43	① ② ③ ④
44	① ② ③ ④
45	① ② ③ ④
46	① ② ③ ④
47	① ② ③ ④
48	① ② ③ ④

답안 표기란			
49	①	②	③ ④
50	①	②	③ ④
51	①	②	③ ④
52	①	②	③ ④

모의고사 11

49 용량 50만L 이상의 옥외탱크저장소에 대하여 변경 허가를 받고자 할 때 한국소방산업기술원으로부터 탱크의 기초 지반 및 탱크 본체에 대한 기술 검토를 받아야 한다. 다만, 소방청장이 고시하는 부분적인 사항 변경의 경우에는 기술 검토가 면제되는데, 그러한 경우가 아닌 것은?

① 노즐·맨홀을 포함한 동일한 형태의 지붕판의 교체

② 탱크 밑판에 있어서 밑판 표면적의 50% 미만의 육성보수공사

③ 탱크의 옆판 중 최하단 옆판에 있어서 옆판 표면적의 30% 이내의 교체

④ 옆판 중심선의 600mm 이내의 밑판에 있어서 밑판의 원주길이 10% 미만에 해당하는 밑판의 교체

50 하나의 위험물 저장소에 다음과 같이 2가지 위험물을 저장하고 있다. 지정수량 이상에 해당하는 것은?

① 브롬산칼륨 80kg, 염소산칼륨 40kg

② 질산 100kg, 과산화수소 150kg

③ 질산칼륨 120kg, 중크롬산나트륨 500kg

④ 휘발유 20L, 윤활유 2,000L

51 위험물제조소등에 자체소방대를 두어야 할 대상의 위험물안전관리법령상 기준은? (단, 원칙적인 경우에 한한다.)

① 지정수량 3,000배 이상의 위험물을 저장하는 저장소 또는 제조소

② 지정수량 3,000배 이상의 위험물을 취급하는 제조소 또는 일반취급소

③ 지정수량 3,000배 이상의 제4류 위험물을 저장하는 저장소 또는 제조소

④ 지정수량 3,000배 이상의 제4류 위험물을 취급하는 제조소 또는 일반취급소

52 제3종 분말 소화약제의 열분해반응식은?

① $NH_4H_2PO_4 \rightarrow HPO_3 + NH_3 + H_2O$

② $2KNO_3 \rightarrow 2KNO_2 + O_2$

③ $KClO_4 \rightarrow KCl + 2O_2$

④ $2CaHCO_3 \rightarrow 2CaO + H_2CO_3$

53 복수의 성상을 가지는 위험물에 대한 품명 지정의 기준상 유별의 연결이 틀린 것은?

① 산화성고체의 성상 및 가연성고체의 성상을 가지는 경우 : 가연성고체

② 산화성고체의 성상 및 자기반응성물질의 성상을 가지는 경우 : 자기반응성물질

③ 가연성고체의 성상과 자연발화성물질의 성상 및 금수성물질의 성상을 가지는 경우 : 자연발화성물질 및 금수성물질

④ 인화성액체의 성상 및 자기반응성물질의 성상을 가지는 경우 : 인화성액체

54 물과 접촉하면 위험성이 증가하므로 주수소화를 할 수 없는 물질은?

① $C_6H_2CH_3(NO_2)_3$

② $NaNO_3$

③ $(C_2H_5)_3Al$

④ $(C_6H_5CO)_2O_2$

55 위험물제조소는 문화재보호법에 의한 유형문화재로부터 몇 m 이상의 안전거리를 두어야 하는가?

① 20m ② 30m

③ 40m ④ 50m

56 이황화탄소의 성질에 대한 설명 중 틀린 것은?

① 연소할 때 주로 황화수소를 발생한다.

② 증기비중은 약 2.6이다.

③ 보호액으로 물을 사용한다.

④ 인화점이 약 −30℃이다.

57 위험물을 운반 용기에 수납하여 적재할 때 차광성 피복으로 가려야 하는 위험물이 아닌 것은?

① 제1류 ② 제2류

③ 제5류 ④ 제6류

58 폭발범위가 가장 넓은 물질은?

① 메탄
② 톨루엔
③ 에틸알코올
④ 에틸에테르

59 물과 반응하여 아세틸렌을 발생하는 것은?

① NaH
② Al_4C_3
③ CaC_2
④ $(C_2H_5)_3Al$

60 위험물안전관리법령에 의한 안전교육에 대한 설명으로 옳은 것은?

① 제조소등의 관계인은 교육대상자에 대하여 안전교육을 받게 할 의무가 있다.
② 안전관리자, 탱크시험자의 기술인력 및 위험물운송자는 안전교육을 받을 의무가 없다.
③ 탱크시험자의 업무에 대한 강습교육을 받으면 탱크시험자의 기술인력이 될 수 있다.
④ 소방서장은 교육대상자가 교육을 받지 아니한 때에는 그 자격을 정지하거나 취소할 수 있다.

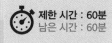
전체 문제 수 : 60

안 푼 문제 수 : ☐

01 지정수량이 나머지 셋과 다른 것은?

① 염소산염류
② 질산염류
③ 무기과산화물
④ 과염소산염류

02 수소화나트륨 240g과 충분한 물이 완전반응했을 때 발생하는 수소의 부피는? (단, 표준 상태를 가정하여 나트륨의 원자량은 23이다.)

① 22.4L
② 224L
③ $22.4m^3$
④ $224m^3$

03 할론 1301의 증기비중은? (단, 불소의 원자량은 19, 브롬의 원자량은 80, 염소의 원자량은 35.5이고, 공기의 분자량은 29이다.)

① 2.14
② 4.15
③ 5.14
④ 6.15

04 소화기의 외부표시사항으로 가장 거리가 먼 것은?

① 유효기간
② 적응화재표시
③ 능력단위
④ 취급상 주의사항

05 위험물안전관리법령에서 정한 이산화탄소 소화약제의 저장 용기 설치 기준은?

① 저압식 저장 용기의 충전비 : 0.1 이상 1.3 이하
② 고압식 저장 용기의 충전비 : 0.3 이상 1.7 이하
③ 저압식 저장 용기의 충전비 : 1.1 이상 1.4 이하
④ 고압식 저장 용기의 충전비 : 1.7 이상 2.1 이하

06 위험물안전관리법령상 제조소의 위치·구조 및 설비의 기준에 따르면 가연성 증기가 체류할 우려가 있는 건축물은 배출 장소의 용적이 500m³일 때 시간당 배출능력(국소방식)을 얼마 이상인 것으로 해야 하는가?

① 5,000m³   ② 10,000m³

③ 20,000m³   ④ 40,000m³

06 ① ② ③ ④
07 ① ② ③ ④
08 ① ② ③ ④
09 ① ② ③ ④
10 ① ② ③ ④

모의고사 12

07 금속나트륨에 관한 설명으로 옳은 것은?

① 물보다 무겁다.

② 융점이 100℃보다 높다.

③ 물과 격렬히 반응하여 산소를 발생하고 발열한다.

④ 등유는 반응이 일어나지 않아 저장액으로 이용된다.

08 동식물유류에 대한 설명으로 틀린 것은?

① 아마인유는 건성유이다.

② 불포화결합이 적을수록 자연발화의 위험이 커진다.

③ 요오드값이 100 이하인 것을 불건성유라고 한다.

④ 건성유는 공기 중 산화중합으로 생긴 고체가 도막을 형성할 수 있다.

09 산화성 액체 위험물의 화재 예방상 가장 주의해야 할 점은?

① 0℃ 이하로 냉각시킨다.

② 공기와의 접촉을 피한다.

③ 가연물과의 접촉을 피한다.

④ 금속 용기에 저장한다.

10 제2류 위험물과 산화제를 혼합하면 위험한 이유로 가장 적합한 것은?

① 제2류 위험물이 가연성 액체이기 때문에

② 제2류 위험물이 환원제로 작용하기 때문에

③ 제2류 위험물은 자연발화의 위험이 있기 때문에

④ 제2류 위험물은 물 또는 습기를 잘 머금고 있기 때문에

11 위험물의 품명과 지정수량이 잘못 짝지어진 것은?

① 황화린 – 100kg　　　　② 마그네슘 – 500kg

③ 알킬알루미늄 – 10kg　　④ 황린 – 10kg

12 위험물안전관리법상 제3석유류의 액체 상태의 판단 기준은?

① 1기압과 섭씨 20도에서 액상인 것

② 1기압과 섭씨 25도에서 액상인 것

③ 기압에 무관하게 섭씨 20도에서 액상인 것

④ 기압에 무관하게 섭씨 25도에서 액상인 것

13 이동탱크저장소에 의한 위험물의 운송 시 준수해야 하는 기준에서 위험물 운송자가 위험물안전카드를 휴대해야 하는 경우의 위험물은?

① 특수인화물 및 제1석유류

② 알코올류 및 제2석유류

③ 제3석유류 및 동식물유류

④ 제4석유류

14 다음과 같은 위험물 저장탱크의 내용적은 약 몇 m³인가?

 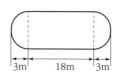

① 4,681m³　　　　　　　② 5,482m³

③ 6,283m³　　　　　　　④ 7,080m³

15 2몰의 브롬산칼륨이 모두 열분해되어 생긴 산소의 양은 2기압 27℃에서 약 몇 L인가?

① 32.42L　　　　　　　　② 36.92L

③ 41.34L　　　　　　　　④ 45.64L

16 위험물의 지정수량이 나머지 셋과 다른 하나는?

① $NaClO_4$　　　　　　　② MgO_2

③ KNO_3　　　　　　　　④ NH_4ClO_3

답안 표기란

17 ① ② ③ ④
18 ① ② ③ ④
19 ① ② ③ ④
20 ① ② ③ ④
21 ① ② ③ ④

모의고사 12

17 제5류 위험물의 일반적인 성질에 대한 설명 중 틀린 것은?

① 자기연소를 일으키며 연소 속도가 빠르다.

② 무기물이므로 폭발의 위험이 있다.

③ 운반 용기 윕에 '화기엄금' 및 '충격주의' 주의사항 표시를 해야 한다.

④ 강산화제 또는 강산류와 접촉 시 위험성이 증가한다.

18 다음 괄호 안에 들어갈 알맞은 단어는?

> 보냉장치가 있는 이동저장탱크에 저장하는 아세트알데히드 등 또는 디에틸에테르 등의 온도는 당해 위험물의 (   ) 이하로 유지해야 한다.

① 비점   ② 인화점

③ 융해점   ④ 발화점

19 니트로셀룰로오스에 관한 설명으로 옳은 것은?

① 용제에는 전혀 녹지 않는다.

② 질화도가 클수록 위험성이 증가한다.

③ 물과 작용하여 수소를 발생한다.

④ 화재 발생 시 질식소화가 가장 적합하다.

20 위험물안전관리법령에 의해 위험물을 취급함에 있어서 발생하는 정전기를 유효하게 제거하는 방법으로 옳지 않은 것은?

① 인화방지망 설치

② 접지 실시

③ 공기 이온화

④ 상대습도를 70% 이상 유지

21 물에 대한 용해도가 가장 낮은 위험물은?

① 아크릴산

② 아세트알데히드

③ 벤젠

④ 글리세린

22 위험물의 화재별 소화방법으로 옳지 않은 것은?

① 황린 : 분무주수에 의한 냉각소화

② 인화칼슘 : 분무주수에 의한 냉각소화

③ 톨루엔 : 포에 의한 질식소화

④ 질산메틸 : 주수에 의한 냉각소화

23 과염소산칼륨의 일반적인 성질이 아닌 것은?

① 강한 산화제이다.

② 불연성 물질이다.

③ 과일향이 나는 보라색 결정이다.

④ 가열하여 완전 분해시키면 산소를 발생한다.

24 지정수량이 200kg인 물질은?

① 질산   ② 피크린산

③ 질산메틸   ④ 과산화벤조일

25 위험물의 저장방법에 대한 설명으로 옳은 것은?

① 황화린은 알코올 또는 과산화물 속에 저장하여 보관한다.

② 마그네슘은 건조하면 분진폭발의 위험성이 있으므로 물에 습윤하여 저장한다.

③ 적린은 화재 예방을 위해 할로겐원소와 혼합하여 저장한다.

④ 수소화리튬은 저장 용기에 아르곤과 같은 불활성 기체를 봉입한다.

26 제4류 위험물 중 제1석유류에 속하는 것은?

① 에틸렌글리콜   ② 글리세린

③ 아세톤   ④ n-부탄올

27 소화난이도등급 I 인 옥외탱크저장소에 있어서 제4류 위험물 중 인화점이 섭씨 70도 이상인 것을 저장·취급하는 경우 어느 소화설비를 설치해야 하는가? (단, 지중탱크 또는 해상탱크 외의 것이다.)

① 스프링클러 소화설비   ② 물분무 소화설비

③ 불활성가스 소화설비   ④ 분말 소화설비

답안 표기란				
22	①	②	③	④
23	①	②	③	④
24	①	②	③	④
25	①	②	③	④
26	①	②	③	④
27	①	②	③	④

답안 표기란

28 ① ② ③ ④
29 ① ② ③ ④
30 ① ② ③ ④
31 ① ② ③ ④
32 ① ② ③ ④
33 ① ② ③ ④

모의고사 12

28 분말 소화약제의 착색 색상은?

① $NH_4H_2PO_4$: 담홍색 ② $NH_4H_2PO_4$: 백색

③ $KHCO_3$: 담홍색 ④ $KHCO_3$: 백색

29 위험물제조소등의 화재 예방 등 위험물안전관리에 관한 직무를 수행하는 위험물안전관리자의 선임 시기는?

① 위험물제조소등의 완공검사를 받은 후 즉시

② 위험물제조소등의 허가 신청 전

③ 위험물제조소등의 설치를 마치고 완공검사를 신청하기 전

④ 위험물제조소등에서 위험물을 저장 또는 취급하기 전

30 지정수량의 몇 배 이상의 위험물을 취급하는 제조소에는 화재 발생 시 이를 알릴 수 있는 경보설비를 설치해야 하는가?

① 5배 ② 10배

③ 20배 ④ 100배

31 고온체의 색깔이 휘적색일 경우의 온도는?

① 500℃ ② 950℃

③ 1,300℃ ④ 150℃

32 옥내저장소의 안전거리 기준을 적용하지 않을 수 있는 조건이 아닌 것은?

① 지정수량의 20배 미만의 제4석유류를 저장하는 경우

② 제6류 위험물을 저장하는 경우

③ 지정수량의 20배 미만의 동식물유류를 저장하는 경우

④ 지정수량의 20배 이하를 저장하는 것으로 창에 망입유리를 설치할 경우

33 위험물안전관리법령에서 정한 위험물의 운반에 관한 설명으로 옳은 것은?

① 위험물을 화물차량으로 운반하면 특별히 규제받지 않는다.

② 승용차량으로 위험물을 운반할 경우에만 운반의 규제를 받는다.

③ 지정수량 이상의 위험물을 운반할 경우에만 운반의 규제를 받는다.

④ 위험물을 운반할 경우 그 양의 다소를 불문하고 운반의 규제를 받는다.

34 비중은 약 2.5이며, 무취이고 알코올, 물에 잘 녹고 조해성이 있으며 산과 반응하여 유독한 ClO_2를 발생하는 위험물은?

① 염소산칼륨
② 과염소산암모늄
③ 염소산나트륨
④ 과염소산칼륨

35 옥내소화전의 개폐밸브, 호스접속구는 바닥으로부터 몇 m 이하의 높이에 설치해야 하는가?

① 0.5m
② 1m
③ 1.5m
④ 1.8m

36 가연물이 연소할 때 공기 중의 산소 농도를 떨어뜨려 연소를 중단시키는 소방방법은?

① 제거소화
② 질식소화
③ 냉각소화
④ 억제소화

37 위험물 취급소의 건축물 외벽이 내화구조인 경우 연면적 몇 m^2를 1소요단위로 하는가?

① $50m^2$
② $100m^2$
③ $150m^2$
④ $200m^2$

38 질산의 수소원자를 알킬기로 치환한 제5류 위험물의 지정수량은?

① 10kg
② 100kg
③ 200kg
④ 300kg

39 위험물 옥외저장소에서 지정수량 200배 초과의 위험물을 저장할 경우 보유공지의 너비는 몇 m 이상으로 해야 하는가? (단, 제4류 위험물과 제6류 위험물이 아닌 경우이다.)

① 0.5m
② 2.5m
③ 10m
④ 15m

답안 표기란

34	① ② ③ ④
35	① ② ③ ④
36	① ② ③ ④
37	① ② ③ ④
38	① ② ③ ④
39	① ② ③ ④

답안 표기란

40 ① ② ③ ④
41 ① ② ③ ④
42 ① ② ③ ④
43 ① ② ③ ④
44 ① ② ③ ④
45 ① ② ③ ④

모의고사 12

40 황린과 적린의 성질에 대한 설명으로 가장 거리가 먼 것은?

① 황린과 적린은 이황화탄소에 녹는다.

② 황린과 적린은 물에 불용이다.

③ 적린은 황린에 비해 화학적으로 활성이 작다.

④ 황린과 적린을 각각 연소시키면 P_2O_5이 생성된다.

41 과산화나트륨 78g과 물이 반응하여 생성되는 기체의 종류와 생성량은?

① 수소, 1g

② 산소, 16g

③ 수소, 2g

④ 산소, 32g

42 금속분의 화재 시 주수해서는 안 되는 이유로 가장 옳은 것은?

① 산소가 발생하기 때문에

② 수소가 발생하기 때문에

③ 질소가 발생하기 때문에

④ 유독가스가 발생하기 때문에

43 과망간산칼륨의 위험성에 대한 설명 중 틀린 것은?

① 진한 황산과 접촉하면 폭발적으로 반응한다.

② 알코올, 에테르, 글리세린 등 유기물과 접촉을 금한다.

③ 가열하면 약 60℃에서 분해하여 수소를 방출한다.

④ 목탄, 황과 접촉 시 충격에 의해 폭발할 위험성이 있다.

44 물에 가장 잘 녹는 위험물은?

① 적린

② 황

③ 벤젠

④ 아세톤

45 분말 소화설비에서 분말 소화약제의 가압용 가스로 사용하는 것은?

① CO_2

② He

③ CCl_4

④ Cl_2

46 물분무 소화설비의 방사구역은 몇 m² 이상이어야 하는가? (단, 방호 대상물의 표면적이 300m²이다.)

① 100m²
② 150m²
③ 300m²
④ 450m²

46 ① ② ③ ④
47 ① ② ③ ④
48 ① ② ③ ④
49 ① ② ③ ④
50 ① ② ③ ④
51 ① ② ③ ④

47 경유 2,000L, 글리세린 2,000L를 같은 장소에 저장하려고 한다. 지정수량 배수의 합은?

① 2.5
② 3.0
③ 3.5
④ 4.0

48 위험물안전관리법령에서 정한 소화설비의 설치 기준에 따라 다음 괄호 안에 알맞은 숫자를 차례대로 나타낸 것은?

> 제조소등에 전기설비(전기배선, 조명기구 등은 제외)가 설치된 경우에는 당해 장소의 면적 (   )m²마다 소형수동식소화기를 (   )개 이상 설치할 것

① 50, 1
② 50, 2
③ 100, 1
④ 100, 2

49 위험물안전관리법령상 개방형 스프링클러 헤드를 이용한 스프링클러설비에서 수동식 개방밸브를 개방 조작하는 데 필요한 힘은 얼마 이하가 되도록 설치해야 하는가?

① 5kg
② 10kg
③ 15kg
④ 20kg

50 제조소의 옥외에 모두 3기의 휘발유 취급탱크를 설치하고 그 주위에 방유제를 설치하고자 한다. 방유제 안에 설치하는 각 취급탱크의 용량이 5만L, 3만L, 2만L일 때 필요한 방유제의 용량은 몇 L 이상인가?

① 66,000L
② 60,000L
③ 33,000L
④ 30,000L

51 제4류 위험물의 화재에 적응성이 없는 소화기는?

① 포소화기
② 봉상수소화기
③ 인산염류소화기
④ 이산화탄소소화기

답안 표기란

52 ① ② ③ ④
53 ① ② ③ ④
54 ① ② ③ ④
55 ① ② ③ ④
56 ① ② ③ ④

모의고사 12

52 위험물안전관리법령상 제4류 위험물은 지정수량의 3천 배 초과 4천 배 이하로 저장하는 옥외탱크저장소의 보유공지는?

① 6m 이상　　　　　　　② 9m 이상

③ 12m 이상　　　　　　　④ 15m 이상

53 지하탱크저장소에서 인접한 2개의 지하저장탱크 용량의 합계가 지정수량의 100배일 경우 탱크 상호 간의 최소거리는?

① 0.1m　　　　　　　② 0.3m

③ 0.5m　　　　　　　④ 1m

54 이동저장탱크에 저장할 때 접지도선을 설치해야 하는 위험물의 품명이 아닌 것은?

① 특수인화물　　　　　　② 제1석유류

③ 알코올류　　　　　　　④ 제2석유류

55 위험물안전관리법령상 주유취급소에서의 위험물 취급 기준으로 옳지 않은 것은?

① 자동차에 주유할 때에는 고정주유설비를 이용하여 직접 주유할 것

② 자동차에 경유 위험물을 주유할 때에는 자동차의 원동기를 반드시 정지시킬 것

③ 고정주유설비에는 당해 주유설비에 접속할 전용탱크 또는 간이탱크의 배관 외의 것을 통과해서는 위험물을 공급하지 아니할 것

④ 고정주유설비에 접속하는 탱크에 위험물을 주입할 때에는 당해 탱크에 접속된 고정주유설비의 사용을 중지할 것

56 위험등급이 나머지 셋과 다른 것은?

① 알칼리토금속

② 아염소산염류

③ 질산에스테르

④ 제6류 위험물

57 전기불꽃에 의한 에너지식을 바르게 나타낸 것은? (단, E는 전기불꽃에 너지, C는 전기용량, Q는 전기량, V는 방전전압이다.)

① $E = \frac{1}{2}QV$

② $E = \frac{1}{2}QV^2$

③ $E = \frac{1}{2}CV$

④ $E = \frac{1}{2}VQ^2$

58 다음과 같이 횡으로 설치한 원통형 위험물탱크에 대하여 탱크의 용량을 구하면 약 몇 m³인가? (단, 공간용적은 탱크 내용적의 100분의 5로 한다.)

① 52.4m³

② 261.6m³

③ 994.8m³

④ 1,047.5m³

59 위험물의 유별에 따른 성질과 해당 품명의 예가 잘못 연결된 것은?

① 제1류 : 산화성고체 – 무기과산화물

② 제2류 : 가연성고체 – 금속분

③ 제3류 : 자연발화성물질 및 금수성물질 – 황화린

④ 제5류 : 자기반응성물질 – 히드록실아민염류

60 위험물저장탱크 중 부상지붕구조로 탱크의 직경이 53m 이상 60m 미만인 경우 고정식 포 소화설비의 포방출구 종류 및 수량은?

① Ⅰ형 8개 이상

② Ⅱ형 8개 이상

③ Ⅲ형 8개 이상

④ 특형 10개 이상

전체 문제 수 : 60
안 푼 문제 수 : ☐

답안 표기란

01 ① ② ③ ④
02 ① ② ③ ④
03 ① ② ③ ④
04 ① ② ③ ④
05 ① ② ③ ④

01 아세톤의 물리적 특성으로 틀린 것은?

① 무색, 투명한 액체로서 독특한 자극성의 냄새를 가진다.

② 물에 잘 녹으며, 에테르, 알코올에도 녹는다.

③ 화재 시 대량 주수소화로 희석소화가 가능하다.

④ 증기는 공기보다 가볍다.

02 물과 접촉 시 발생되는 가스의 종류가 나머지 셋과 다른 하나는?

① 나트륨

② 수소화칼슘

③ 인화칼슘

④ 수소화나트륨

03 이황화탄소를 화재 예방상 물속에 저장하는 이유는?

① 불순물을 물에 용해시키기 위해

② 가연성 증기의 발생을 억제하기 위해

③ 상온에서 수소가스를 발생시키기 때문에

④ 공기와 접촉하면 즉시 폭발하기 때문에

04 위험물안전관리법상 위험물의 범위에 포함되는 것은?

① 농도가 40중량%인 과산화수소 350kg

② 비중이 1.04인 질산 350kg

③ 직경 2.5mm의 막대 모양인 마그네슘 500kg

④ 순도가 55중량%인 유황 50kg

05 판매취급소의 배합실에서 배합하거나 옮겨 담는 작업을 하면 안 되는 위험물은?

① 도료류

② 염소산염류

③ 유황

④ 황화린

답안 표기란

06 ① ② ③ ④
07 ① ② ③ ④
08 ① ② ③ ④
09 ① ② ③ ④
10 ① ② ③ ④

06 위험물제조소에서 지정수량 이상의 위험물을 취급하는 건축물(시설)에는 원칙상 최소 몇 m 이상의 보유공지를 확보해야 하는가? (단, 최대수량은 지정수량의 10배이다.)

① 1m
② 3m
③ 5m
④ 7m

07 과산화리튬의 화재 현장에서 주수소화가 불가능한 이유는?

① 수소가 발생하기 때문에
② 산소가 발생하기 때문에
③ 이산화탄소가 발생하기 때문에
④ 일산화탄소가 발생하기 때문에

08 지정수량이 나머지 셋과 다른 물질은?

① 황화린
② 적린
③ 칼슘
④ 유황

09 HNO_3에 대한 설명으로 틀린 것은?

① Al, Fe은 진한 질산에서 부동태를 생성하여 녹지 않는다.
② 질산과 염산을 3 : 1의 비율로 제조한 것을 왕수라 한다.
③ 부식성이 강하고 흡습성이 있다.
④ 직사광선에서 분해하여 NO_2를 생성한다.

10 휘발유에 대한 설명으로 틀린 것은?

① 위협등급은 Ⅰ등급이다.
② 증기는 공기보다 무거워 낮은 곳에 체류한다.
③ 내장용기가 없는 외장 플라스틱용기에 적재할 수 있는 최대용적은 20L이다.
④ 이동탱크저장소로 운송하는 경우 위험물 운송자는 위험물안전카드를 휴대해야 한다.

11 다음은 위험물안전관리법에 따른 이동저장탱크의 구조에 관한 기준이다. A, B에 알맞은 수치는?

> 이동저장탱크는 그 내부에 (A)L 이하마다 (B)mm 이상의 강철판 또는 이와 동등 이상의 강도, 내열성 및 내식성이 있는 금속성의 것으로 칸막이를 설치해야 한다. 다만, 고체인 위험물을 저장하거나 고체인 위험물을 가열하여 액체 상태로 저장하는 경우에는 그러하지 아니하다.

① A : 2,000, B : 1.6   ② A : 2,000, B : 3.2

③ A : 4,000, B : 1.6   ④ A : 4,000, B : 3.2

12 다음 반응식과 같이 벤젠 1kg이 연소할 때 발생하는 CO_2의 양은 약 몇 m^3인가? (단, 27℃, 750mmHg 기준이다.)

> $$C_6H_6 + 7.5O_2 \rightarrow 6CO_2 + 3H_2O$$

① $0.72m^3$ ② $1.22m^3$

③ $1.92m^3$ ④ $2.42m^3$

13 제2류 위험물 중 지정수량이 500kg인 물질에 의한 화재는?

① A급   ② B급

③ C급   ④ D급

14 위험물안전관리법령에 따른 위험물의 운송에 관한 설명 중 틀린 것은?

① 알킬리튬과 알킬알루미늄 또는 이 중 어느 하나 이상을 함유한 것은 운송책임자의 감독·지원을 받아야 한다.

② 이동탱크저장소에 의하여 위험물을 운송할 때의 운송책임자는 법정의 교육을 이수하고 관련 업무에 2년 이상 경력이 있는 자도 포함된다.

③ 서울에서 부산까지 금속의 인화물 300kg을 1명의 운전자가 휴식 없이 운송해도 규정 위반이 아니다.

④ 운송책임자의 감독 또는 지원방법에는 동승하는 방법과 별도의 사무실에서 대기하면서 규정된 사항을 이행하는 방법이 있다.

15 다음의 위험물을 위험등급 Ⅰ, Ⅱ, Ⅲ의 순서로 나열한 것은?

> 황린, 수소화나트륨, 리튬

① 황린, 수소화나트륨, 리튬
② 황린, 리튬, 수소화나트륨
③ 수소화나트륨, 황린, 리튬
④ 수소화나트륨, 리튬, 황린

16 위험물안전관리법령상 산화성 액체에 해당하지 않는 것은?

① 과염소산
② 과산화수소
③ 과염소산나트륨
④ 질산

17 알루미늄분말 화재 시 주수해서는 안 되는 가장 큰 이유는?

① 수소가 발생하여 연소가 확대되므로
② 유독가스가 발생하여 연소가 확대되므로
③ 산소의 발생으로 연소가 확대되므로
④ 분말의 독성이 강하므로

18 과염소산암모늄에 대한 설명으로 옳은 것은?

① 물에 용해되지 않는다.
② 청녹색의 침상결정이다.
③ 130℃에서 분해하기 시작하여 CO_2가스를 방출한다.
④ 아세톤, 알코올에 용해된다.

19 제3류 위험물 중 금수성물질에 적응성이 있는 소화설비는?

① 할로겐화합물 소화설비
② 포 소화설비
③ 불활성가스 소화설비
④ 탄산수소염류 등 분말 소화설비

답안 표기란				
15	①	②	③	④
16	①	②	③	④
17	①	②	③	④
18	①	②	③	④
19	①	②	③	④

답안 표기란

20	① ② ③ ④
21	① ② ③ ④
22	① ② ③ ④
23	① ② ③ ④
24	① ② ③ ④

모의고사 13

20 위험물 저장탱크의 내용적이 300L일 때, 탱크에 저장하는 위험물의 용량 범위로 적합한 것은? (단, 원칙적인 경우에 한한다.)

① 240~270L
② 270~285L
③ 290~295L
④ 295~298L

21 옥외저장소에서 자장 또는 취급할 수 있는 위험물이 아닌 것은? (단, 국제해상위험물규칙에 적합한 용기에 수납된 위험물의 경우는 제외한다.)

① 제2류 위험물 중 유황
② 제1류 위험물 중 과염소산염류
③ 제6류 위험물
④ 제2류 위험물 중 인화점이 10℃인 인화성 고체

22 스프링클러설비의 소화작용으로 가장 거리가 먼 것은?

① 질식작용
② 희석작용
③ 냉각작용
④ 억제작용

23 요오드값이 가장 낮은 것은?

① 해바라기유
② 오동유
③ 아마인유
④ 낙화생유

24 다음에서 설명하고 있는 위험물은?

> • 지정수량이 20kg이고, 백색 또는 담황색 고체이다.
> • 비중은 1.82이고, 융점은 44℃이다.
> • 비점은 280℃이고, 증기비중은 4.3이다.

① 적린
② 황린
③ 유황
④ 마그네슘

25 다음의 원통형 종으로 설치된 탱크에서 공간용적을 내용적의 10%라고 하면 탱크 용량(허가용량)은 약 몇 m³인가?

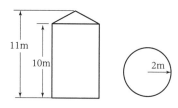

① 113.04m³

② 124.34m³

③ 129.06m³

④ 138.16m³

26 지정과산화물 옥내저장소의 저장창고 출입구 및 창의 설치 기준으로 틀린 것은?

① 창은 바닥면으로부터 2m 이상의 높이에 설치한다.

② 하나의 창의 면적을 0.4m² 이내로 한다.

③ 하나의 벽면에 두는 창의 면적의 합계를 해당 벽면 면적의 80분의 1이 초과되도록 한다.

④ 출입구에는 갑종방화문을 설치한다.

27 소화기 속에 압축되어 있는 이산화탄소 1.1kg을 표준 상태에서 분사했다. 이산화탄소의 부피는 몇 m³이 되는가?

① 0.56m³

② 5.6m³

③ 11.2m³

④ 24.6m³

28 산화프로필렌의 성상에 대한 설명 중 틀린 것은?

① 청색의 휘발성이 강한 액체이다.

② 인화점이 낮은 인화성액체이다.

③ 물에 잘 녹는다.

④ 에테르향의 냄새를 가진다.

답안 표기란

29 ① ② ③ ④
30 ① ② ③ ④
31 ① ② ③ ④
32 ① ② ③ ④
33 ① ② ③ ④

29 다음과 같은 위험물의 공통 성질을 옳게 설명한 것은?

> 나트륨, 황린, 트리에틸알루미늄

① 상온, 상압에서 고체의 형태를 나타낸다.
② 상온, 상압에서 액체의 형태를 나타낸다.
③ 금수성물질이다.
④ 자연발화의 위험이 있다.

30 다음은 위험물을 저장하는 탱크의 공간용적 산정기준이다. 괄호 안에 알맞은 수치는?

> 암반탱크에 있어서는 당해 탱크 내에 용출하는 (   )일간의 지하수의 양에 상당하는 용적과 당해 탱크의 내용적의 (   )의 용적 중에서 보다 큰 용적을 공간용적으로 한다.

① 7, 1/100
② 7, 5/100
③ 10, 1/100
④ 10, 5/100

31 위험물의 화재 위험에 관한 제반 조건을 설명한 것으로 옳은 것은?

① 인화점이 높을수록, 연소범위가 넓을수록 위험하다.
② 인화점이 낮을수록, 연소범위가 좁을수록 위험하다.
③ 인화점이 높을수록, 연소범위가 좁을수록 위험하다.
④ 인화점이 낮을수록, 연소범위가 넓을수록 위험하다.

32 위험물제조소등에 옥내소화전설비를 설치할 때 옥내소화전이 가장 많이 설치된 층의 소화전 개수가 4개일 때 확보해야 할 수원의 수량은?

① $10.4m^3$
② $20.8m^3$
③ $31.2m^3$
④ $41.6m^3$

33 연소가 잘 이루어지는 조건으로 거리가 먼 것은?

① 가연물의 발열량이 클 것
② 가연물의 열전도율이 클 것
③ 가연물과 산소와의 접촉표면이 클 것
④ 가연물의 활성화 에너지가 작을 것

34 금속화재에 마른 모래를 피복하여 소화하는 방법은?

① 제거소화   ② 질식소화

③ 냉각소화   ④ 억제소화

35 단층건물에 설치하는 옥내탱크저장소의 탱크전용실에 비수용성의 제2석유류 위험물을 저장하는 탱크 1개를 설치할 경우, 설치할 수 있는 탱크의 최대용량은?

① 10,000L   ② 20,000L

③ 40,000L   ④ 80,000L

36 위험물제조소 표지 및 게시판에 대한 설명이다. 위험물안전관리법령상 옳지 않은 것은?

① 표지는 한 변의 길이를 0.3m, 다른 한 변의 길이를 0.6m 이상으로 해야 한다.

② 표지의 바탕은 백색, 문자는 흑색으로 해야 한다.

③ 취급하는 위험물에 따라 규정에 의한 주의사항을 표시한 게시판을 설치해야 한다.

④ 제2류 위험물(인화성 고체 제외)은 '화기엄금' 주의사항 게시판을 설치해야 한다.

37 위험물안전관리법령상 자동화재탐지설비의 설치 기준으로 옳지 않은 것은?

① 경계구역은 건축물의 최소 2개 이상의 층에 걸치도록 할 것

② 하나의 경계구역의 면적은 600m² 이하로 할 것

③ 감지기는 지붕 또는 벽의 옥내에 면한 부분에 유효하게 화재의 발생을 감지할 수 있도록 설치할 것

④ 비상전원을 설치할 것

38 가솔린의 연소범위(중량%)에 가장 가까운 것은?

① 1.4~7.6   ② 8.3~11.4

③ 12.5~19.7   ④ 22.3~32.8

답안 표기란

34 ① ② ③ ④
35 ① ② ③ ④
36 ① ② ③ ④
37 ① ② ③ ④
38 ① ② ③ ④

답안 표기란

39 ① ② ③ ④
40 ① ② ③ ④
41 ① ② ③ ④
42 ① ② ③ ④
43 ① ② ③ ④

모의고사 13

39 위험물안전관리법령상 옥내저장소 저장창고의 바닥은 물이 스며 나오거나 스며들지 아니하는 구조로 해야 한다. 반드시 이 구조로 하지 않아도 되는 구조물은?

① 제1류 위험물 중 알칼리금속의 과산화물

② 제4류 위험물

③ 제5류 위험물

④ 제2류 위험물 중 철분

40 상온에서 액체인 물질로만 조합된 것은?

① 질산메틸, 니트로글리세린

② 피크린산, 질산메틸

③ 트리니트로톨루엔, 디니트로벤젠

④ 니트로글리콜, 테트릴

41 위험물안전관릴법령상 품명이 나머지 셋과 다른 하나는?

① 트리니트로톨루엔   ② 니트로글리세린

③ 니트로글리콜   ④ 셀룰로이드

42 위험물안전관리법에서 정의한 '제조소'의 의미는?

① '제조소'라 함은 위험물을 제조할 목적으로 지정수량 이상의 위험물을 취급하기 위하여 허가를 받은 장소이다.

② '제조소'라 함은 지정수량 이상의 위험물을 제조할 목적으로 위험물을 취급하기 위하여 허가를 받은 장소이다.

③ '제조소'라 함은 지정수량 이상의 위험물을 제조할 목적으로 지정수량 이상의 위험물을 취급하기 위하여 허가를 받은 장소이다.

④ '제조소'라 함은 위험물을 제조할 목적으로 위험물을 취급하기 위하여 허가를 받은 장소이다.

43 저장 또는 취급하는 위험물의 최대수량이 지정수량의 500배 이하일 때 옥외저장탱크의 측면으로부터 몇 m 이상의 보유공지를 유지해야 하는가? (단, 제6류 위험물은 제외한다.)

① 1m   ② 2m

③ 3m   ④ 4m

답안 표기란

44 ① ② ③ ④
45 ① ② ③ ④
46 ① ② ③ ④
47 ① ② ③ ④
48 ① ② ③ ④
49 ① ② ③ ④

44 니트로글리세린은 여름철(30℃)과 겨울철(0℃)에 어떤 상태인가?

① 여름 – 기체, 겨울 – 액체

② 여름 – 액체, 겨울 – 액체

③ 여름 – 액체, 겨울 – 고체

④ 여름 – 고체, 겨울 – 고체

45 위험물의 인화점에 대한 설명으로 옳은 것은?

① 톨루엔이 벤젠보다 낮다.

② 피리딘이 톨루엔보다 낮다.

③ 벤젠이 아세톤보다 낮다.

④ 아세톤이 피리딘보다 낮다.

46 위험물안전관리법령상 지정수량이 50kg인 것은?

① $KMnO_4$ ② $KClO_2$

③ $NaIO_3$ ④ NH_4NO_3

47 위험물의 저장방법에 대한 설명으로 옳은 것은?

① 황화린은 알코올 또는 과산화물 속에 저장하여 보관한다.

② 마그네슘은 건조하면 분진폭발의 위험성이 있으므로 물에 습윤하여 저장한다.

③ 적린은 화재 예방을 위해 할로겐원소와 혼합하여 저장한다.

④ 수소화리튬은 저장용기에 아르곤과 같은 불활성 기체를 봉입한다.

48 과산화벤조일과 과염소산의 지정수량의 합은?

① 310kg   ② 350kg

③ 400kg   ④ 500kg

49 위험물안전관리법령에 명기된 위험물의 운반용기 재질이 아닌 것은?

① 고무류   ② 유리

③ 도자기   ④ 종이

답안 표기란

50 ① ② ③ ④
51 ① ② ③ ④
52 ① ② ③ ④
53 ① ② ③ ④
54 ① ② ③ ④
55 ① ② ③ ④

50 니트로화합물, 니트로소화합물, 질산에스테르류, 히드록실아민을 각각 50킬로그램씩 저장하고 있을 때 지정수량의 배수가 가장 큰 것은?

① 니트로화합물 ② 니트로소화합물

③ 질산에스테르류 ④ 히드록실아민

51 황가루가 공기 중에 떠 있을 때의 주된 위험성에 해당하는 것은?

① 수증기 발생 ② 전기 감전

③ 분진 폭발 ④ 인화성 가스 발생

52 위험물의 저장방법에 대한 설명으로 틀린 것은?

① 황린은 공기와의 접촉을 피해 물속에 저장한다.

② 황은 정전기의 축적을 방지하여 저장한다.

③ 알루미늄분말은 건조한 공기 중에서 분진폭발의 위험이 있으므로 정기적으로 분무상의 물을 뿌려야 한다.

④ 황화린은 산화제와의 혼합을 피해 격리해야 한다.

53 염소산칼륨의 성질로 옳은 것은?

① 가연성고체이다.

② 강력한 산화제이다.

③ 물보다 가볍다.

④ 열분해하면 수소를 발생한다.

54 탄화칼슘의 성질로 옳은 것은?

① 공기 중에서 아르곤과 반응하여 불연성 기체를 발생한다.

② 공기 중에서 질소와 반응하여 유독한 기체를 낸다.

③ 물과 반응하면 탄소가 생성된다.

④ 물과 반응하여 아세틸렌가스가 생성된다.

55 제4류 위험물에 해당하는 것은?

① $Pb(NO_3)_2$ ② CH_3ONO_2

③ N_2H_4 ④ NH_2OH

답안 표기란

56 ① ② ③ ④
57 ① ② ③ ④
58 ① ② ③ ④
59 ① ② ③ ④
60 ① ② ③ ④

56 정기점검대상 제조소등에 해당하지 않는 것은?

① 이동탱크저장소

② 지정수량 120배의 위험물을 저장하는 옥외저장소

③ 지정수량 120배의 위험물을 저장하는 옥내저장소

④ 이송취급소

57 위험물안전관리법령상 이통탱크저장소에 의한 위험물 운송 시 위험물 운송자는 장거리에 걸치는 운송을 하는 때에는 2명 이상의 운전자로 해야 한다. 다음 중 그러하지 않아도 되는 경우가 아닌 것은?

① 적린을 운송하는 경우

② 알루미늄의 탄화물을 운송하는 경우

③ 이황화탄소를 운송하는 경우

④ 운송 도중에 2시간 이내마다 20분 이상씩 휴식하는 경우

58 인화칼슘, 탄화알루미늄, 나트륨이 물과 반응했을 때 발생하는 가스가 아닌 것은?

① 포스핀가스   ② 수소

③ 이황화탄소   ④ 메탄

59 제6류 위험물에 해당하는 것은?

① IF_5 ② $HClO_3$

③ NO_3 ④ H_2O

60 공기포 소화약제가 아닌 것은?

① 단백포 소화약제

② 합성계면활성제포 소화약제

③ 화학포 소화약제

④ 수성막포 소화약제

전체 문제 수 : 60
안 푼 문제 수 : ☐

답안 표기란

01 ① ② ③ ④

02 ① ② ③ ④

03 ① ② ③ ④

04 ① ② ③ ④

05 ① ② ③ ④

01 포름산에 대한 설명으로 옳지 않은 것은?

① 물, 알코올, 에테르에 잘 녹는다.

② 개미산이라고도 한다.

③ 강한 산화제이다.

④ 녹는점이 상온보다 낮다.

02 착화온도가 낮아지는 원인과 가장 관계있는 것은?

① 발열량이 적을 때

② 압력이 높을 때

③ 습도가 높을 때

④ 산소와의 결합력이 나쁠 때

03 제3류 위험물에 해당하는 것은?

① NaH

② Al

③ Mg

④ P_4S_3

04 위험물안전관리법이 적용되는 영역은?

① 항공기에 의한 대한민국 영공에서의 위험물의 저장, 취급 및 운반

② 궤도에 의한 위험물의 저장, 취급 및 운반

③ 철도에 의한 위험물의 저장, 취급 및 운반

④ 자가용 승용차에 의한 지정수량 이하의 위험물의 저장, 취급 및 운반

05 폭발의 종류에 따른 물질이 잘못 짝지어진 것은?

① 분해폭발 – 아세틸렌, 산화에틸렌

② 분진폭발 – 금속분, 밀가루

③ 중합폭발 – 시안화수소, 염화비닐

④ 산화폭발 – 히드라진, 과산화수소

답안 표기란

06 ① ② ③ ④
07 ① ② ③ ④
08 ① ② ③ ④
09 ① ② ③ ④
10 ① ② ③ ④

06 셀룰로이드에 대한 설명으로 옳은 것은?

① 질소가 함유된 무기물이다.

② 질소가 함유된 유기물이다.

③ 유기의 염화물이다.

④ 무기의 염화물이다.

07 주수소화를 할 수 없는 위험물은?

① 금속분　　　　　　　② 적린

③ 유황　　　　　　　　④ 과망간산칼륨

08 금속분의 연소 시 주수소화하면 위험한 원인은?

① 물에 녹아 산이 된다.

② 물과 작용하여 유독가스를 발생한다.

③ 물과 작용하여 수소가스를 발생한다.

④ 물과 작용하여 산소가스를 발생한다.

09 위험물안전관릴법령상 옥외탱크저장소의 기준에 따라 다음의 인화성액체위험물을 저장하는 옥외저장탱크 1~4호를 동일의 방유제 내에 설치하는 경우 방유제에 필요한 최소용량은? (단, 암반탱크 또는 특수액체위험물탱크의 경우는 제외한다.)

- 1호 탱크 – 등유 1,500kL
- 2호 탱크 – 가솔린 1,000kL
- 3호 탱크 – 경유 500kL
- 4호 탱크 – 중유 250kL

① 1,650kL　　　　　　② 1,500kL

③ 500kL　　　　　　　④ 250kL

10 위험물안전관리법령상 품명이 다른 하나는?

① 니트로글리콜　　　　② 니트로글리세린

③ 셀룰로이드　　　　　④ 테트릴

답안 표기란

11 ① ② ③ ④

12 ① ② ③ ④

13 ① ② ③ ④

14 ① ② ③ ④

15 ① ② ③ ④

11 제6류 위험물의 화재에 적응성이 없는 소화설비는?

① 옥내소화전설비 　　② 스프링클러설비

③ 포 소화설비 　　④ 불활성가스 소화설비

12 위험물안전관리법령에서 정한 피난설비에 관한 내용이다. 괄호 안에 알맞은 것은?

> 주유취급소 중 건축물의 2층 이상의 부분을 점포·휴게음식점 또는 전시장의 용도로 사용하는 것에 있어서는 해당 건축물의 2층 이상으로부터 주유취급소의 부지 밖으로 통하는 출입구와 해당 출입구로 통하는 통로·계단 및 출입구에 (　　　　)(을)를 설치해야 한다.

① 피난사다리 　　② 유도등

③ 공기호흡기 　　④ 시각경보기

13 과염소산의 화재 예방에 요구되는 주의사항은?

① 유기물과 접촉 시 발화의 위험이 있기 때문에 가연물과 접촉시키지 않는다.

② 자연발화의 위험이 높으므로 냉각시켜 보관한다.

③ 공기 중 발화하므로 공기와의 접촉을 피해야 한다.

④ 액체 상태는 위험하므로 고체 상태로 보관한다.

14 위험물안전관리법령상 위험물제조소의 옥외에 있는 하나의 액체위험물 취급탱크 주위에 설치하는 방유제의 용량은 해당 탱크 용량의 몇 % 이상으로 해야 하는가?

① 50% 　　② 60%

③ 100% 　　④ 110%

15 옥내저장소에 제3류 위험물인 황린을 저장하면서 위험물안전관리법령에 의한 최소한의 보유공지로 3m를 옥내저장소 주위에 확보했다. 이 옥내저장소에 저장하고 있는 황린의 수량은? (단, 옥내저장소의 구조는 벽·기둥 및 바닥이 내화구조로 되어 있고 그 외의 다른 사항은 고려하지 않는다.)

① 100kg 초과 500kg 이하 　　② 400kg 초과 1,000kg 이하

③ 500kg 초과 5,000kg 이하 　　④ 1,000kg 초과 40,000kg 이하

답안 표기란

16 ① ② ③ ④
17 ① ② ③ ④
18 ① ② ③ ④
19 ① ② ③ ④
20 ① ② ③ ④
21 ① ② ③ ④
22 ① ② ③ ④

16 점화에너지 중 물리적 변화에서 얻을 수 있는 것은?

① 압축열
② 산화열
③ 중합열
④ 분해열

17 유류저장탱크화재에서 일어나는 현상으로 거리가 먼 것은?

① 보일오버
② 플래시오버
③ 슬롭오버
④ BLEVE

18 질산칼륨을 약 400℃에서 가열하여 열분해시킬 때 주로 생성되는 물질은?

① 질산과 산소
② 질산과 칼륨
③ 아질산칼륨과 산소
④ 아질산칼륨과 질소

19 위험물안전관리법령상 제4류 위험물에 적응성이 없는 소화설비는?

① 옥내소화전설비
② 포 소화설비
③ 불활성가스 소화설비
④ 할로겐화합물 소화설비

20 위험물안전관리법령상 이송취급소에 설치하는 경보설비의 기준에 따라 이송기지에 설치해야 하는 경보설비로만 이루어진 것은?

① 확성장치, 비상벨장치
② 비상방송설비, 비상경보설비
③ 확성장치, 비상방송설비
④ 비상방송설비, 자동화재탐지설비

21 소화약제 강화액의 주성분은?

① K_2CO_3
② K_2O_2
③ CaO_2
④ $KBrO_3$

22 위험물안전관리법령상 지하탱크저장소 탱크전용실의 안쪽과 지하저장탱크의 사이는 몇 m 이상의 간격을 유지해야 하는가?

① 0.1m
② 0.2m
③ 0.3m
④ 0.5m

답안 표기란

23 ① ② ③ ④
24 ① ② ③ ④
25 ① ② ③ ④
26 ① ② ③ ④
27 ① ② ③ ④
28 ① ② ③ ④

23 물은 냉각소화가 주된 대표적인 소화약제이다. 물의 소화효과를 높이기 위해 무상주수를 함으로써 부가적으로 작용하는 소화효과는?

① 질식소화작용, 제거소화작용

② 질식소화작용, 유화소화작용

③ 타격소화작용, 유화소화작용

④ 타격소화작용, 피복소화작용

24 연소의 3요소인 산소의 공급원이 될 수 없는 것은?

① H_2O_2 ② KNO_3

③ HNO_3 ④ CO_2

25 Halon 1001의 화학식에서 수소원자의 수는?

① 0   ② 1

③ 2   ④ 3

26 위험물안전관리법령상 위험물의 지정수량으로 옳지 않은 것은?

① 니트로셀룰로오스 : 10kg

② 히드록실아민 : 100kg

③ 아조벤젠 : 50kg

④ 트리니트로페놀 : 200kg

27 폭굉유도거리(DID)가 짧아지는 경우는?

① 정상연소 속도가 작은 혼합가스일수록 짧아진다.

② 압력이 높을수록 짧아진다.

③ 관 지름이 넓을수록 짧아진다.

④ 점화원에너지가 약할수록 짧아진다.

28 연소에 대한 설명으로 옳지 않은 것은?

① 산화되기 쉬운 것일수록 타기 쉽다.

② 산소와의 접촉 면적이 큰 것일수록 타기 쉽다.

③ 충분한 산소가 있어야 타기 쉽다.

④ 열전도율이 큰 것일수록 타기 쉽다.

모의고사 14

답안 표기란

29	① ② ③ ④
30	① ② ③ ④
31	① ② ③ ④
32	① ② ③ ④
33	① ② ③ ④
34	① ② ③ ④

29 위험물안전관리법령에서는 특수인화물을 1기압에서 발화점이 100℃ 이하인 것 또는 인화점은 얼마 이하이고 비점이 40℃ 이하인 것으로 정의하는가?

① −10℃   ② −20℃

③ −30℃   ④ −40℃

30 질소와 아르곤과 이산화탄소의 용량비가 52대 40대 8인 혼합물 소화약제에 해당하는 것은?

① IG−541   ② HCFC BLEND A

③ HFC−125   ④ HFC−23

31 물과 반응하여 가연성 가스를 발생하지 않는 것은?

① 칼륨   ② 과산화칼륨

③ 탄화알루미늄   ④ 트리에틸알루미늄

32 이산화탄소 소화약제에 관한 설명 중 틀린 것은?

① 소화약제에 의한 오손이 없다.

② 소화약제 중 증발잠열이 가장 크다.

③ 전기절연성이 있다.

④ 장기간 저장이 가능하다.

33 과산화나트륨에 대한 설명으로 틀린 것은?

① 알코올에 잘 녹아서 산소와 수소를 발생시킨다.

② 상온에서 물과 격렬하게 반응한다.

③ 비중이 약 2.8이다.

④ 조해성 물질이다.

34 제4류 위험물의 일반적인 성질이 아닌 것은?

① 대부분 유기화합물이다.

② 액체 상태이다.

③ 대부분 물보다 가볍다.

④ 대부분 물에 녹기 쉽다.

답안 표기란

35	① ② ③ ④
36	① ② ③ ④
37	① ② ③ ④
38	① ② ③ ④
39	① ② ③ ④
40	① ② ③ ④

35 위험물안전관리법령상 위험물제조소에 설치하는 배출설비에 대한 내용으로 틀린 것은?

① 배출설비는 예외적인 경우를 제외하고는 국소방식으로 해야 한다.

② 배출설비는 강제배출방식으로 한다.

③ 급기구는 낮은 장소에 설치하고 인화방지망을 설치한다.

④ 배출구는 지상 2m 이상 높이에 연소의 우려가 없는 곳에 설치한다.

36 다음 중 인화점이 가장 높은 것은?

① 등유   ② 벤젠

③ 아세톤   ④ 아세트알데히드

37 다음 중 물보다 가벼운 위험물은?

① 메틸에틸케톤   ② 니트로벤젠

③ 에틸렌글리콜   ④ 글리세린

38 제5류 위험물로만 나열되지 않은 것은?

① 과산화벤조일, 질산메틸

② 과산화초산, 디니트로벤젠

③ 과산화요소, 니트로글리콜

④ 아세토니트릴, 트리니트로톨루엔

39 아염소산나트륨의 저장 및 취급 시 주의사항과 가장 거리가 먼 것은?

① 물속에 넣어 냉암소에 저장한다.

② 강산류와의 접촉을 피한다.

③ 취급 시 충격, 마찰을 피한다.

④ 가연성물질과의 접촉을 피한다.

40 다음 중 위험물의 성질이 아닌 것은?

① 황린은 공기 중에서 산화할 수 있다.

② 적린은 $KClO_3$와 혼합하면 위험하다.

③ 황은 물에 매우 잘 녹는다.

④ 황화린은 가연성고체이다.

41 위험물의 운반에 관한 기준에서 다음 괄호 안에 알맞은 온도는?

> 적재하는 제5류 위험물 중 ( )℃ 이하의 온도에서 분해될 우려가 있는 것은 보냉컨테이너에 수납하는 등 적정한 온도관리를 유지해야 한다.

① 40℃   ② 50℃

③ 55℃   ④ 60℃

42 위험물안전관리법령상 배출설비를 설치해야 하는 옥내저장소의 기준은?

① 가연성 증기가 액화할 우려가 있는 장소

② 모든 장소의 옥내저장소

③ 가연성 미분이 체류할 우려가 있는 장소

④ 인화점이 70℃ 미만인 위험물의 옥내저장소

43 위험물안전관리법령상 위험물안전관리자의 책무에 해당하지 않는 것은?

① 화재 등의 재난이 발생할 경우 소방관서 등에 대한 연락 업무

② 화재 등의 재난이 발생한 경우 응급조치

③ 위험물의 취급에 관한 일지의 작성 · 기록

④ 위험물안전관리자의 선임 · 신고

44 과염소산칼륨과 혼합했을 때 발화폭발의 위험이 가장 높은 것은?

① 석면   ② 금

③ 유리   ④ 목탄

45 피리딘의 일반적인 성질이 아닌 것은?

① 순수한 것은 무색 액체이다.

② 약알칼리성을 나타낸다.

③ 물보다 가볍고, 증기는 공기보다 무겁다.

④ 흡습성이 없고, 비수용성이다.

답안 표기란

41 ① ② ③ ④
42 ① ② ③ ④
43 ① ② ③ ④
44 ① ② ③ ④
45 ① ② ③ ④

답안 표기란

46	① ② ③ ④
47	① ② ③ ④
48	① ② ③ ④
49	① ② ③ ④
50	① ② ③ ④

46 제4류 위험물인 클로로벤젠의 지정수량은?

① 200L   ② 400L

③ 1,000L   ④ 2,000L

47 인화점이 21℃ 미만인 액체위험물의 옥외저장탱크 주입구에 설치하는 '옥외저장탱크주입구'라고 표시한 게시판의 바탕 및 문자 색은?

① 백색 바탕 – 적색 문자

② 적색 바탕 – 백색 문자

③ 백색 바탕 – 흑색 문자

④ 흑색 바탕 – 백색 문자

48 알루미늄분의 성질은?

① 금속 중에서 연소열량이 가장 작다.

② 끓는 물과 반응해서 수소를 발생시킨다.

③ 수산화나트륨수용액과 반응해서 산소를 발생한다.

④ 안전한 저장을 위해 할로겐원소와 혼합한다.

49 위험물안전관리법령상 제4류 위험물의 품명에 따른 위험등급과 옥내저장소 하나의 저장창고 바닥면적 기준을 올바르게 나타낸 것은? (단, 전용의 독립된 단층건물에 설치하며, 구획된 실이 없는 하나의 저장창고인 경우에 한한다.)

① 제1석유류 : 위험등급 Ⅰ, 최대 바닥면적 $1,000m^2$

② 제2석유류 : 위험등급 Ⅰ, 최대 바닥면적 $2,000m^2$

③ 제3석유류 : 위험등급 Ⅱ, 최대 바닥면적 $2,000m^2$

④ 알코올류 : 위험등급 Ⅱ, 최대 바닥면적 $1,000m^2$

50 위험물안전관리법령상 옥외저장소 중 덩어리 상태의 유황만을 지반면에 설치한 경계표시의 안쪽에서 저장 또는 취급할 때 경계표시의 높이는 몇 m 이하로 해야 하는가?

① 1.0m   ② 1.5m

③ 2.0m   ④ 2.5m

51 위험물안전관리법령상 연면적이 450m²인 저장소의 건축물 외벽이 내화 구조가 아닌 경우, 이 저장소의 소화기 소요단위는?

① 3
② 4.5
③ 6
④ 9

52 위험물안전관리법령상 옥내소화전설비의 기준에 따르면 펌프를 이용한 가압송수장치에서 펌프의 토출량은 옥내소화전의 설치 개수가 가장 많은 층에 대해 해당 설치 개수(5개 이상인 경우에는 5개)에 얼마를 곱한 양 이상이 되도록 해야 하는가?

① 260L/min
② 360L/min
③ 460L/min
④ 560L/min

53 위험물 옥외저장소에서 지정수량 200배 초과의 위험물을 저장할 경우 경계표시 주위의 보유공지 너비는 몇 m 이상으로 해야 하는가? (단, 제4류 위험물과 제6류 위험물이 아닌 경우이다.)

① 0.5m
② 2.5m
③ 10m
④ 15m

54 위험물옥외저장탱크의 통기관에 관한 사항으로 옳지 않은 것은?

① 밸브 없는 통기관의 직경은 30mm 이상으로 한다.
② 대기밸브부착 통기관은 항상 열려 있어야 한다.
③ 밸브 없는 통기관의 선단은 수평면보다 45도 이상 구부려 빗물 등의 침투를 막는 구조로 한다.
④ 대기밸브부착 통기관은 5kPa 이하의 압력 차이로 작동할 수 있어야 한다.

55 위험물안전관리법령상 옥내탱크저장소의 기준에서 옥내저장탱크 상호 간에는 몇 m 이상의 간격을 유지해야 하는가?

① 0.3m
② 0.5m
③ 0.7m
④ 1.0m

답안 표기란				
56	①	②	③	④
57	①	②	③	④
58	①	②	③	④
59	①	②	③	④
60	①	②	③	④

56 이동저장탱크에 알킬알루미늄을 저장하는 경우에 불활성 기체를 봉입하는데, 이때의 압력은 몇 kPa 이하여야 하는가?

① 10kPa
② 20kPa
③ 30kPa
④ 40kPa

57 다음과 같이 횡으로 설치한 원통형 위험물탱크에 대하여 탱크의 용량을 구하면 약 몇 m³인가?

 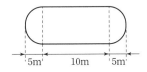

① 52.4m³
② 261.6m³
③ 994.8m³
④ 1,047.5m³

58 위험물안전관리법령상 특수인화물의 정의에서 다음 괄호 안에 알맞은 수치를 차례대로 나열한 것은?

> '특수인화물'은 이황화탄소, 디에틸에테르, 그 밖에 1기압에서 발화점이 섭씨 (   )도 이하인 것 또는 인화점이 섭씨 영하 (   )도 이하이고 비점이 섭씨 40도 이하인 것을 말한다.

① 100, 20
② 25, 0
③ 100, 0
④ 25, 20

59 0.99atm, 55℃에서 이산화탄소의 밀도는 약 몇 g/L인가?

① 0.62g/L
② 1.62g/L
③ 9.65g/L
④ 12.65g/L

60 소화전용 물통 3개를 포함한 수조 80L의 능력단위는?

① 0.3
② 0.5
③ 1.0
④ 1.5

수험번호 :

수험자명 :

제한 시간 : **60분**
남은 시간 : 60분

전체 문제 수 : 60
안 푼 문제 수 : ☐

답안 표기란

01 ① ② ③ ④
02 ① ② ③ ④
03 ① ② ③ ④
04 ① ② ③ ④
05 ① ② ③ ④

01 주된 연소형태가 증발연소인 것은?

① 나트륨

② 코크스

③ 양초

④ 니트로셀룰로오스

02 석유류가 연소할 때 발생하는 가스로 강한 자극적인 냄새가 나며, 취급하는 장치를 부식시키는 것은?

① H_2 ② CH_4

③ NH_3 ④ SO_2

03 위험물을 취급함에 있어서 정전기를 유효하게 제거하기 위한 설비를 설치하고자 한다. 위험물안전관리법령상 공기 중의 상대습도를 몇 % 이상이 되게 해야 하는가?

① 50%   ② 60%

③ 70%   ④ 80%

04 위험물제조소의 경우 연면적이 최소 몇 m^2이면 자동화재탐지설비를 설치해야 하는가? (단, 원칙적인 경우에 한한다.)

① $100m^2$ ② $300m^2$

③ $500m^2$ ④ $1,000m^2$

05 제3종 분말 소화약제가 열분해했을 때 생기는 부착성이 좋은 물질은?

① NH_3 ② HPO_3

③ CO_2 ④ P_2O_5

06 인화점 70℃ 이상의 제4류 위험물을 저장하는 암반탱크저장소에 설치해야 하는 소화설비들로만 이루어진 것은?

① 물분무 소화설비 또는 고정식 포 소화설비

② 불활성가스 소화설비 또는 물분무 소화설비

③ 할로겐화합물 소화설비 또는 불활성가스 소화설비

④ 고정식 포 소화설비 또는 할로겐화합물 소화설비

07 탄화알루미늄이 물과 반응하여 폭발의 위험이 있는 것은 어떤 가스가 발생하기 때문인가?

① 수소　　　　　　　　　② 메탄

③ 아세틸렌　　　　　　　④ 암모니아

08 다음 괄호 안에 들어갈 수치를 순서대로 나열한 것은? (단, 제4류 위험물에 적응성을 갖기 위한 살수밀도 기준을 적용하는 경우를 제외한다.)

> 위험물제조소등에 설치하는 폐쇄형 헤드의 스프링클러설비는 30개 헤드를 동시에 사용할 경우 각 선단의 방사압력이 (　　　)kPa 이상이고 방수량이 1분당 (　　　)L 이상이어야 한다.

① 100, 80　　　　　　　② 120, 80

③ 100, 100　　　　　　 ④ 120, 100

09 황린의 위험성에 대한 설명으로 틀린 것은?

① 공기 중에서 자연발화의 위험성이 있다.

② 연소 시 발생되는 증기는 유독하다.

③ 화학적 활성이 커서 CO_2, H_2O와 격렬히 반응한다.

④ 강알칼리용액과 반응하여 독성가스를 발생한다.

10 과산화칼륨이 다음과 같이 반응했을 때 공통적으로 포함된 물질(기체)의 종류가 나머지 셋과 다른 하나는?

① 가열하여 열분해했을 때

② 물(H_2O)과 반응했을 때

③ 염산(HCl)과 반응했을 때

④ 이산화탄소(CO_2)와 반응했을 때

답안 표기란

11 ① ② ③ ④
12 ① ② ③ ④
13 ① ② ③ ④
14 ① ② ③ ④
15 ① ② ③ ④
16 ① ② ③ ④

11 소화설비의 설치 기준에서 유기과산화물 1,000kg은 몇 소요단위에 해당하는가?

① 10
② 20
③ 30
④ 40

12 위험물안전관리법령에서 정한 위험물의 지정수량으로 틀린 것은?

① 적린 : 100kg
② 황화린 : 100kg
③ 마그네슘 : 100kg
④ 금속분 : 500kg

13 위험물안전관리법령에서 정한 경보설비가 아닌 것은?

① 자동화재탐지설비
② 비상조명설비
③ 비상경보설비
④ 비상방송설비

14 위험물안전관리법령상 제조소의 위치·구조 및 설비의 기준에 따르면 가연성증기가 체류할 우려가 있는 건축물은 배출장소의 용적이 500m³일 때 시간당 배출능력(국소방식)을 얼마 이상인 것으로 해야 하는가?

① $5,000m^3$
② $10,000m^3$
③ $20,000m^3$
④ $40,000m^3$

15 인화점이 가장 낮은 것은?

① 실린더유
② 가솔린
③ 벤젠
④ 메틸알코올

16 위험물제조소등에 설치하는 불활성가스 소화설비의 소화약제 저장용기 설치 장소로 적합하지 않은 곳은?

① 방호구역 외의 장소
② 온도가 40℃ 이하이고 온도 변화가 적은 장소
③ 빗물이 침투할 우려가 적은 장소
④ 직사일광이 잘 들어오는 장소

답안 표기란

17 ① ② ③ ④
18 ① ② ③ ④
19 ① ② ③ ④
20 ① ② ③ ④
21 ① ② ③ ④
22 ① ② ③ ④

17 자연발화의 방지법이 아닌 것은?

① 습도를 높게 유지할 것

② 저장실의 온도를 낮출 것

③ 퇴적 및 수납 시 열축적이 없을 것

④ 통풍을 잘 시킬 것

18 연소할 때 자기연소에 의하여 질식소화가 곤란한 위험물은?

① 트리니트로글리세린　　② 크실렌

③ 벤젠　　④ 디에틸에테르

19 위험물안전관리법령상 위험물의 운반에 관한 기준에 따른 알코올류의 위험등급은?

① 위험등급 Ⅰ　　② 위험등급 Ⅱ

③ 위험등급 Ⅲ　　④ 위험등급 Ⅳ

20 제조소등의 관계인이 위험물제조소등에 대해 기술기준에 적합한지의 여부를 판단하는 최소 정기점검 주기는?

① 주 1회 이상　　② 월 1회 이상

③ 6개월에 1회 이상　　④ 연 1회 이상

21 위험물안전관리법령상 전기설비에 대하여 적응성이 없는 소화설비는?

① 물분무 소화설비　　② 불활성가스 소화설비

③ 포 소화설비　　④ 할로겐화합물 소화설비

22 위험물의 취급을 주된 작업 내용으로 하는 다음의 장소에 스프링클러설비를 설치할 경우 확보해야 하는 1분당 방사밀도는 몇 L/m^2 이상이어야 하는가? (단, 내화구조의 바닥 및 벽에 의하여 2개의 실로 구획되고, 각 실의 바닥면적은 500m²이다.)

> • 취급하는 위험물 : 제4류 제3석유류
> • 위험물을 취급하는 장소의 바닥면적 : 1,000m²

① $8.1L/m^2$　　② $12.1L/m^2$

③ $13.9L/m^2$　　④ $16.3L/m^2$

모의고사 15

23 위험물안전관리법령상 압력수조를 이용한 옥내소화전설비의 가압송수장치에서 압력수조의 최소압력(MPa)은? (단, 소방용 호스의 마찰손실수두압은 3MPa, 배관의 마찰손실수두압은 1MPa, 낙차의 환산수두압은 1.35MPa이다.)

① 5.35MPa　　　　　　② 5.70MPa
③ 6.00MPa　　　　　　④ 6.35MPa

24 위험물안전관리법령에 의한 위험물 운송에 관한 규정으로 틀린 것은?

① 이동탱크저장소에 의하여 위험물을 운송하는 자는 그 위험물을 취급할 수 있는 국가기술자격자 또는 안전교육을 받은 자여야 한다.
② 안전관리자, 탱크시험자, 위험물 운송자 등 위험물의 안전관리와 관련된 업무를 수행하는 자는 시·도지사가 실시하는 안전교육을 받아야 한다.
③ 운송책임자의 범위, 감독 또는 지원의 방법 등에 관한 구체적인 기준은 행정안전부령으로 정한다.
④ 위험물 운송자는 행정안전부령이 정하는 기준을 준수하는 등 해당 위험물의 안전 확보를 위해 세심한 주의를 기울여야 한다.

25 아세트알데히드의 저장·취급 시 주의사항으로 틀린 것은?

① 강산화제와의 접촉을 피한다.
② 취급설비에는 구리합금의 사용을 피한다.
③ 수용성이기 때문에 화재 시 물로 희석소화가 가능하다.
④ 옥외저장탱크에 저장 시 조연성 가스를 주입한다.

26 위험물안전관리법령상 마른 모래(삽 1개 포함) 50L의 능력단위는?

① 0.3　　　　　　② 0.5
③ 1.0　　　　　　④ 1.5

27 고온체의 색상을 낮은 온도부터 나열한 것은?

① 암적색 < 황적색 < 백적색 < 휘적색
② 휘적색 < 백적색 < 황적색 < 암적색
③ 휘적색 < 암적색 < 황적색 < 백적색
④ 암적색 < 휘적색 < 황적색 < 백적색

답안 표기란

28 ① ② ③ ④
29 ① ② ③ ④
30 ① ② ③ ④
31 ① ② ③ ④
32 ① ② ③ ④
33 ① ② ③ ④

28 위험물제조소등에서 위험물안전관리법상 안전거리 규제대상이 아닌 것은?

① 제6류 위험물을 취급하는 제조소를 제외한 모든 제조소

② 주유취급소

③ 옥외저장소

④ 옥외탱크저장소

29 위험물안전관리법령에서 정한 탱크 안전성능검사의 구분에 해당하지 않는 것은?

① 기초·지반검사　　　　② 충수·수압검사

③ 용접부검사　　　　　 ④ 배관검사

30 질산나트륨의 성상으로 옳은 것은?

① 황색 결정이다.

② 물에 잘 녹는다.

③ 흑색 화약의 원료이다.

④ 상온에서 자연분해한다.

31 지하저장탱크에 경보음을 울리는 방법으로 과충전방지장치를 설치하고자 한다. 탱크 용량의 최소 몇 %가 찰 때 경보음이 울리도록 해야 하는가?

① 80%　　　　　　　　② 85%

③ 90%　　　　　　　　④ 95%

32 이동저장탱크에 저장할 때 접지도선을 설치해야 하는 위험물의 품명이 아닌 것은?

① 특수인화물　　　　　② 제1석유류

③ 알코올류　　　　　　④ 제2석유류

33 제1류 위험물에 속하지 않는 것은?

① 질산구아니딘　　　　② 과요오드산

③ 납 또는 요오드의 산화물　④ 염소화이소시아눌산

34 다음 중 소화약제가 아닌 것은?

① CF_3Br
② $NaHCO_3$
③ $Al_2(SO_4)_3$
④ $KClO_4$

35 다음과 같이 원통형 종으로 설치된 탱크에서 공간용적을 내용적의 10% 라고 하면 탱크 용량(허가 용량)은 약 얼마인가?

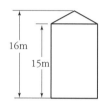

① 211.95
② 235.51
③ 256.75
④ 274.15

36 위험물안전관리법령상 지정수량 10배 이상의 위험물을 저장하는 제조소에 설치해야 하는 경보설비의 종류가 아닌 것은?

① 자동화재탐지설비
② 자동화재속보설비
③ 휴대용 확성기
④ 비상방송설비

37 위험물안전관리법령상 옥내주유취급소에 있어서 해당 사무소 등의 출입구 및 피난구와 당해 피난구로 통하는 통로·계단 및 출입구에 무엇을 설치해야 하는가?

① 화재감지기
② 스프링클러설비
③ 자동화재탐지설비
④ 유도등

38 다음 중 저장할 때 보호액으로 물을 사용하는 위험물은?

① 삼산화크롬
② 아연
③ 나트륨
④ 황린

39 다음 중 폭발범위가 가장 넓은 물질은?

① 메탄
② 톨루엔
③ 에틸알코올
④ 에틸에테르

답안 표기란

34 ① ② ③ ④
35 ① ② ③ ④
36 ① ② ③ ④
37 ① ② ③ ④
38 ① ② ③ ④
39 ① ② ③ ④

40 위험물안전관리법의 적용 제외와 관련된 다음 내용에서 괄호 안에 알맞은 것을 모두 나타낸 것은?

> 위험물안전관리법은 (　　　　)에 의한 위험물의 저장·취급 및 운반에 있어서는 이를 적용하지 아니한다.

① 항공기, 선박, 철도 및 궤도　　② 항공기, 선박, 철도
③ 항공기, 철도 및 궤도　　④ 철도 및 궤도

41 다음 중 B급 화재에 해당하는 것은?

① 유류화재　　② 목재화재
③ 금속분화재　　④ 전기화재

42 유황의 특성 및 위험성에 대한 설명 중 틀린 것은?

① 산화성 물질이므로 환원성 물질과 접촉을 피해야 한다.
② 전기의 부도체이므로 전기 절연체로 쓰인다.
③ 공기 중 연소 시 유해가스를 발생한다.
④ 분말 상태인 경우 분진폭발의 위험성이 있다.

43 과산화벤조일 취급 시 주의사항이 아닌 것은?

① 수분을 포함하고 있으며 폭발하기 쉽다.
② 가열, 충격, 마찰을 피해야 한다.
③ 저장용기는 차고 어두운 곳에 보관한다.
④ 희석제를 첨가하여 폭발성을 낮출 수 있다.

44 위험물안전관리법령상 주유취급소에서의 위험물 취급기준으로 옳지 않은 것은?

① 자동차에 주유할 때에는 고정주유설비를 이용하여 직접 주유할 것
② 자동차에 경유 위험물을 주유할 때에는 자동차의 원동기를 반드시 정지시킬 것
③ 고정주유설비에는 당해 주유설비에 접속한 전용탱크 또는 간이탱크의 배관 외의 것을 통해서는 위험물을 공급하지 아니할 것
④ 고정주유설비에 접속하는 탱크에 위험물을 주입할 때에는 당해 탱크에 접속된 고정주유설비의 사용을 중지할 것

답안 표기란
40 ① ② ③ ④
41 ① ② ③ ④
42 ① ② ③ ④
43 ① ② ③ ④
44 ① ② ③ ④

45 분말 형태로서 150마이크로미터의 체를 통과하는 것이 50중량퍼센트 이상인 것만 위험물로 취급되는 것은?

① Zn
② Fe
③ Ni
④ Cu

46 제3류 위험물의 화재 시 조치방법으로 올바른 것은?

① 황린을 포함한 모든 물질은 절대 주수를 엄금하여 냉각소화는 불가능하다.
② 포, CO_2, 할로겐화합물 소화약제가 적합하다.
③ 건조분말, 마른 모래, 팽창질석, 건조석회를 사용하여 질식소화한다.
④ K, Na은 격렬히 연소하기 때문에 초기 단계에 물에 의한 냉각소화를 실시해야 한다.

47 위험물안전관리법령상 이송취급소에 설치하는 경보설비의 기준에 따라 이송기지에 설치해야 하는 경보설비로만 이루어진 것은?

① 확성장치, 비상벨장치
② 비상방송장치, 비상경보설비
③ 확성장치, 비상방송설비
④ 비상방송설비, 자동화재탐지설비

48 다음 중 칼륨의 성질이 아닌 것은?

① 석유 속에 저장한다.
② 물이나 알코올과 반응성이 커서 쉽게 반응한다.
③ 융점 이상의 온도에서 보랏빛 불꽃을 내면서 연소한다.
④ 은백색 광택의 단단한 중금속으로 화학적 활성이 작다.

49 과산화수소의 저장용기로 가장 적합한 것은?

① 뚜껑에 작은 구멍을 뚫은 갈색 용기
② 뚜껑을 밀전한 투명용기
③ 구리로 만든 용기
④ 요오드화칼륨을 첨가한 종이용기

답안 표기란				
45	①	②	③	④
46	①	②	③	④
47	①	②	③	④
48	①	②	③	④
49	①	②	③	④

답안 표기란

50 ① ② ③ ④
51 ① ② ③ ④
52 ① ② ③ ④
53 ① ② ③ ④
54 ① ② ③ ④
55 ① ② ③ ④

50 탄소 80%, 수소 14%, 황 6%인 물질 1kg이 완전연소하기 위해 필요한 이론공기량은 약 몇 kg인가? (단, 공기 중 산소는 23wt%이다.)

① 3.31kg   ② 7.05kg

③ 11.62kg   ④ 14.41kg

51 액체 연료의 연소 형태가 아닌 것은?

① 확산연소   ② 증발연소

③ 액면연소   ④ 분무연소

52 위험물안전관리법령에서 정한 알킬알루미늄 등을 저장 또는 취급하는 이동탱크저장소에 비치해야 하는 물품이 아닌 것은?

① 방호복   ② 고무장갑

③ 비상조명등   ④ 휴대용 확성기

53 위험물안전관리에 관한 세부 기준에 따르면 불활성가스 소화설비 저장용기는 온도가 몇 ℃ 이하인 장소에 설치해야 하는가?

① 35℃   ② 40℃

③ 45℃   ④ 50℃

54 나트륨에 관한 설명으로 옳은 것은?

① 물보다 무겁다.

② 융점이 100℃보다 높다.

③ 물과 격렬히 반응하여 산소를 발생시키고 발열한다.

④ 등유는 반응이 일어나지 않아 저장에 사용된다.

55 단층건물에 설치하는 옥내탱크저장소의 탱크전용실에 비수용성의 제2석유류 위험물을 저장하는 탱크 1개를 설치할 경우, 설치할 수 있는 탱크의 최대용량은?

① 10,000L   ② 20,000L

③ 40,000L   ④ 80,000L

모의고사 15

56 연소범위가 약 1.4~7.6%인 제4류 위험물은?

① 가솔린   ② 에테르

③ 이황화탄소   ④ 아세톤

57 니트로글리세린에 대한 설명으로 가장 거리가 먼 것은?

① 규조토에 흡수시킨 것을 다이너마이트라고 한다.

② 충격, 마찰에 매우 둔감하나 동결품은 민감해진다.

③ 비중은 약 1.6이다.

④ 알코올, 벤젠 등에 녹는다.

58 위험물안전관리법령상 이동탱크저장소에 의한 위험물의 운송 시 장거리에 걸친 운송을 하는 때에는 2명 이상의 운전자로 하는 것이 원칙이다. 다음 중 예외적으로 1명의 운전자가 운송해도 되는 경우의 기준은?

① 운송 도중에 2시간 이내마다 10분 이상씩 휴식하는 경우

② 운송 도중에 2시간 이내마다 20분 이상씩 휴식하는 경우

③ 운송 도중에 4시간 이내마다 10분 이상씩 휴식하는 경우

④ 운송 도중에 4시간 이내마다 20분 이상씩 휴식하는 경우

59 위험물안전관리법령상 운송책임자의 감독, 지원을 받아 운송해야 하는 위험물에 해당하는 것은?

① 알킬알루미늄, 산화프로필렌, 알킬리튬

② 알킬알루미늄, 산화프로필렌

③ 알킬알루미늄, 알킬리튬

④ 산화프로필렌, 알킬리튬

60 다음에서 설명하고 있는 위험물은?

> • 지정수량은 20kg이고, 백색 또는 담황색 고체이다.
> • 비중은 약 1.82이고, 융점은 약 44℃이다.
> • 비점은 약 280℃이고, 증기비중은 약 4.3이다.

① 적린   ② 황린

③ 유황   ④ 마그네슘

답안 표기란

56	① ② ③ ④
57	① ② ③ ④
58	① ② ③ ④
59	① ② ③ ④
60	① ② ③ ④

위험물 필기 기능사

CBT 시험
모의고사 15회

★★★
한국산업인력공단 시행 출제기준에 맞춘
최종마무리 문제집

★★★
**중요이론
요약**
★★★

★★★
**CBT 시험
15회**
★★★

★★★
**상세한
해설**
★★★

원큐패스는 수험생들이 **한번에 합격**하기를 응원합니다.

위험물 _{필기} 기능사

CBT 시험
모의고사 15회
정답과 해설

다락원

위험물 기능사 필기

CBT 시험
모의고사 15회

은송기 저

정답과
해설

다락원

정답

01	④	02	①	03	②	04	③	05	④	06	①	07	③	08	②	09	③	10	②
11	③	12	②	13	②	14	①	15	①	16	①	17	④	18	②	19	③	20	②
21	①	22	②	23	①	24	②	25	①	26	③	27	②	28	③	29	④	30	④
31	④	32	①	33	③	34	③	35	④	36	④	37	③	38	④	39	③	40	②
41	①	42	④	43	④	44	④	45	①	46	②	47	④	48	②	49	③	50	②
51	④	52	②	53	③	54	①	55	②	56	③	57	③	58	①	59	①	60	④

해설

01

니트로셀룰로오스 : 제5류(자기반응성물질)

※ 자연발화의 형태에 의한 분류

- 산화열 : 건성유, 원면, 석탄, 금속분, 기름걸레 등
- 분해열 : 셀룰로이드, 니트로셀룰로오스 등 제5류 위험물
- 흡착열 : 탄소분말(목탄, 유연탄), 활성탄 등
- 미생물열 : 퇴비, 먼지, 곡물, 퇴적물 등

02 소화난이도등급 Ⅰ의 암반탱크저장소에 설치해야 하는 소화설비

	유황만을 저장취급하는 것	물분무 소화설비
암반 탱크 저장소	인화점 70℃ 이상의 제4류 위험물만을 저장취급하는 것	물분무 소화설비 또는 고정식 포 소화설비
	그 밖의 것	고정식 포 소화설비(포 소화설비가 적응성이 없는 경우에는 분말 소화설비)

03 탄화알루미늄(Al_4C_3) : 제3류(금수성물질)

- 물과 반응하여 가연성가스인 메탄(CH_4)을 생성하며 발열반응한다.

  $$Al_4C_3 + 12H_2O \rightarrow 4Al(OH)_3 + 3CH_4\uparrow$$

- 주수소화는 절대 금하고 마른 모래 등으로 피복소화한다.

04 옥외소화전설비 설치기준

수평 거리	방사량	방사압력	수원의 양(Q : m³)
40m 이하	450(L/min) 이상	350(kPa) 이상	Q=N(소화전 개수 : 최소 2개, 최대 4개)×13.5m³ (450L/min×30min)

05 분말 소화약제의 가압용 및 축압용 가스

질소 또는 이산화탄소

06

제3류 위험물 중 금수성물질 이외의 것이라 함은 황린(P_4)을 말하는 것으로, 물을 주성분으로 하는 수계의 소화설비를 사용한다.

- 옥내소화전설비
- 옥외소화전설비
- 스프링클러 소화설비
- 물분무 소화설비
- 포 소화설비

07

$$H = \frac{U-L}{L} = \frac{(13-2)}{2} = 5.5 \qquad \begin{bmatrix} H : 위험도 \\ U : 연소상한 \\ L : 연소하한 \end{bmatrix}$$

08

주유취급소 중 2층 이상 건축물에서 부지 밖으로 통하는 출입구 통로 및 계단에는 유도등을 설치해야 한다.

09 자체소방대에 두는 화학소방자동차 및 인원(제조소, 일반취급소에서 취급하는 제4류 위험물의 최대수량의 합)

사업소의 구분	화학소방 자동차	자체소방 대원의 수
지정수량의 12만 배 미만인 사업소	1대	5인
12만 배 이상 24만 배 미만	2대	10인
24만 배 이상 48만 배 미만	3대	15인
48만 배 이상인 사업소	4대	20인

10
제6류 위험물의 경우 수계의 소화설비는 적응성이 있고, 탄산수소염류 분말 소화설비는 적응성이 없다.

11 요오드산아연(ZnIO₃)
제1류(산화성고체)의 강산화제로서 산화력이 강한 물질이다.

12 염소산나트륨(NaClO₃) : 제1류(산화성고체)
• 조해성, 흡습성이 있고 물, 알코올, 에테르에 잘 녹는다.
• 열분해 시 염화나트륨과 산소를 발생한다.
  $2NaClO_3 \rightarrow 2NaCl + 3O_2$
• 강산화제로서 철제용기를 부식시킨다.
• 산과 반응하여 독성과 폭발성이 강한 이산화염소(ClO_2)를 발생한다.

13
소화난이도등급 Ⅰ에 해당하는 제조소등의 연면적은 1,000m² 이상이며, 연면적이 600m²인 것은 Ⅱ등급에 해당된다.

14
• 탱크의 표면에 방사하는 물의 양은 탱크의 높이 15m 이하마다 원주길이 1m에 대하여 분당 37L 이상으로 할 것
• 수원의 양은 20분 이상 방사할 수 있는 수량으로 할 것
  ∴ 수원의 양 Q(L)
    = H × 원주길이(m) × 37L/원주길이(m)·분 × 20분
    [H : 탱크 높이(m)/15m, 원주길이(m) : πD]
    = $\frac{15m}{15m}$ × 3.14 × 20m × 37L/m·min × 20min
    = 46,495L

15 황린(P₄) : 제3류(자연발화성물질)
• 백색 또는 담황색고체로서 물에 녹지 않고 벤젠, 이황화탄소에 잘 녹는다.
• 공기 중 약 40~50℃에서 자연발화하므로 물속에 저장한다.
• 인화수소(PH_3)의 생성을 방지하기 위해 약알칼리성(pH=9)의 물속에 보관한다.
• 맹독성으로 피부접촉 시 화상을 입는다.
• 연소 시 오산화인(P_2O_5)의 백색 연기를 낸다.
  $P_4 + 5O_2 \rightarrow 2P_2O_5$

16 제4류 위험물(상온 : 약 20℃)

품명	① 중유	② 아세트 알데히드	③ 아세톤	④ 이황화 탄소
유별	제3석유류	특수인화물	제1석유류	특수인화물
인화점	60~150℃	−39℃	−18℃	−30℃
착화점	254~405℃	175℃	468℃	100℃

17 이산화탄소 소화설비 저장용기 설치기준
• 방호구역 외의 장소에 설치할 것
• 온도가 40℃ 이하이고 온도 변화가 적은 장소에 설치할 것
• 직사일광 및 빗물이 침투할 우려가 적은 장소에 설치할 것
• 저장용기에는 안전장치를 설치할 것
• 저장용기의 외면에 소화약제의 종류와 양, 제조년도 및 제조자를 표시할 것

18 알킬알루미늄(R−Al) : 제3류(금수성)
• C₁~₄는 자연발화성, C₅ 이상은 자연발화성이 없다.
• 용기에는 불활성기체(N_2)를 봉입하여 밀봉저장한다.
• 사용할 경우 희석제(벤젠, 톨루엔, 헥산 등)로 20~30% 희석하여 위험성을 적게 한다.
• 물과 접촉 시 가연성가스를 발생하므로 주수소화는 절대 금하고 팽창질석, 팽창진주암등으로 피복소화한다.

• 트리메틸알루미늄(TMA : Tri Methyl Aluminium)
  $(CH_3)_3Al + 3H_2O \rightarrow Al(OH)_3 + 3CH_4 \uparrow$ (메탄)
• 트리에틸알루미늄(TEA : Tri Eethyl Aluminium)
  $(C_2H_5)_3Al + 3H_2O \rightarrow Al(OH)_3 + 3C_2H_6 \uparrow$ (에탄)

---

19 제조소등 소화설비의 설치기준

소화 설비	수평 거리	방사량	방사 압력	수원의 양(Q : m³)
옥내 소화전	25m 이하	260 (L/min) 이상	350 (kPa) 이상	Q=N(소화전 개수 : 최대 5개)×7.8m³ (260L/min×30min)
옥외 소화전	40m 이하	450 (L/min) 이상	350 (kPa) 이상	Q=N(소화전 개수 : 최소 2개, 최대 4개)×13.5m³ (450L/min×30min)
스프링 클러	1.7m 이하	80 (L/min) 이상	100 (kPa) 이상	Q=N(헤드수 : 최대 30 개)×2.4m³ (80L/min×30min)
물분무	–	20 (L/m² ·min)	350 (kPa) 이상	Q=A(바닥면적m²)×6m³ (20L/m²·min×30min)

20 자동화재탐지설비의 설치기준
- 연면적 500m² 이상인 것
- 옥내에서 지정수량의 100배 이상을 취급하는 것
- 일반취급소로 사용되는 부분 외의 부분이 있는 건축물에 설치된 일반취급소
- 옥내저장소 : 지정수량의 100배 이상을 저장 및 취급하는 것
- 옥내탱크저장소로서 소화난이도등급 I에 해당하는 것
- 옥내주유취급소

21
- 제6조(위험물시설의 설치 및 변경 등)
 제조소등의 위치·구조 또는 설비의 변경 없이 당해 제조소등에서 저장하거나 취급하는 위험물의 품명·수량 또는 지정수량의 배수를 변경하고자 하는 자는 변경하고자 하는 날의 1일 전까지 행정안전부령이 정하는 바에 따라 시·도지사에게 신고해야 한다.
- 제7조(군용위험물시설의 설치 및 변경에 대한 특례)
 군사목적 또는 군부대시설을 위한 제조소등을 설치하거나 그 위치·구조 또는 설비를 변경하고자 하는 군부대의 장은 대통령령이 정하는 바에 따라 미리 제조소등의 소재지를 관할하는 시·도지사와 협의해야 한다.

22 과산화리튬(Li₂O₂) : 제1류(무기과산화물)
과산화리튬은 물과 반응하여 산소($O_2 \uparrow$)를 발생한다.
$$2LiO_2 + 2H_2O \rightarrow 4LiOH + O_2 \uparrow$$

23 알루미늄분(Al) : 제2류(가연성고체)
- 은백색 고체의 경금속이다.
- 금속의 이온화 경향이 수소(H)보다 크므로 과열된 수증기(H_2O) 또는 산과 반응하여 수소($H_2 \uparrow$)기체를 발생시킨다.
$$2Al + 6H_2O \rightarrow 2Al(OH)_3 + 3H_2 \uparrow$$
(주수소화 절대엄금)
$$2Al + 6HCl \rightarrow 2AlCl_3 + 3H_2 \uparrow$$
- 할로겐원소(F, Cl, Br, I)와 접촉 시 자연발화 위험성이 있다.
- 주수소화는 절대엄금하고 마른 모래(건조사) 등으로 피복소화한다.

25 소화효과
① 포소화기 : 질식, 냉각효과
② 강화액, ③ 수(물)소화기 : 냉각효과
④ 할로겐화합물 : 부촉매(억제)효과

26

화재 분류	종류	색상	소화방법
A급	일반화재	백색	냉각소화
B급	유류화재	황색	질식소화
C급	전기화재	청색	질식소화
D급	금속화재	무색	피복소화
F급(K급)	식용유화재	–	냉각·질식소화

27 제4류 위험물(인화성액체)
1. 메틸알코올(CH₃OH) : 목정(독성 있음)
 - 분자량 : 32, 연소범위 : 7.3~36%, 인화점 : 11℃
 - 증기밀도(g/L) $= \dfrac{분자량(g)}{22.4L} = \dfrac{32g}{22.4L} = 1.43g/L$
2. 에틸알코올(C₂H₅OH) : 주정(독성 없음)
 - 분자량 : 46, 연소범위 : 4.3~19%, 인화점 : 13℃
 - 증기밀도 $= \dfrac{46g}{22.4L} = 2.05g/L$
3. 가솔린(C₅H₁₂~C₉H₂O) : 휘발유(독성 있음)
 - 분자량 : 72~128, 연소범위 : 1.4~7.6%, 인화점 : −43~−20℃
 - 증기밀도 $= \dfrac{72g}{22.4L} \sim \dfrac{128g}{22.4L} ≒ 3.2~5.7$
∴ 메틸알코올은 가솔린보다 분자량이 작으므로 증기밀도가 가솔린보다 작다.

28

정기검사의 대상이 되는 제조소등은 액체 위험물을 저장 또는 취급하는 100만L 이상의 옥외탱크저장소이다.

29 이송취급소의 교체밸브, 제어밸브 등의 설치기준

- 밸브는 원칙적으로 이송기지 또는 전용부지 내에 설치할 것
- 밸브는 그 개폐 상태가 당해 밸브의 설치장소에서 쉽게 확인할 수 있도록 할 것
- 밸브를 지하에 설치하는 경우에는 점검상자 안에 설치할 것
- 밸브는 당해 밸브의 관리에 관계하는 자가 아니면 수동으로 개폐할 수 없도록 할 것

30

수원의 수위가 수평회전식펌프보다 낮은 위치에 있는 가압송수장치의 물올림장치에는 전용의 물올림탱크를 설치해야 한다(타설비와 겸용설치 안 됨).

※ 위험물안전관리에 관한 세부 기준 제132조(물분무 소화설비의 기준)

① 물분무 소화설비에 2 이상의 방사구역을 두는 경우에는 화재를 유효하게 소화할 수 있도록 인접하는 방사구역이 상호 중복되도록 할 것

② 고압의 전기설비가 있는 장소에는 당해 전기설비와 분무헤드 및 배관의 사이에 전기절연을 위하여 필요한 공간을 보유할 것

③ 물분무 소화설비에는 각층 또는 방사구역마다 제어밸브, 스트레이너 및 일제개방밸브 또는 수동식개방밸브를 다음 각목에 정한 것에 의하여 설치할 것

- 제어밸브 및 일제개방밸브 또는 수동식개방밸브는 스프링클러설비의 기준의 예에 의할 것
- 스트레이너 및 일제개방밸브 또는 수동식개방밸브는 제어밸브의 하류측 부근에 스트레이너, 일제개방밸브 또는 수동식개방밸브의 순으로 설치할 것

31 과염소산($HClO_4$) : 제6류(산화성액체)

- 무색 액체인 불연성물질로 독성이 강한 강산성이다.
- 물과 접촉 시 심한 열을 발생하며 발열반응한다.
- 강산화제로서 흡습성이 강하다.
- 소화 시 다량의 분무주수소화한다.

※ 강산화제의 불연성물질이므로 산화되지 않는다.

32

운송경로를 미리 파악하고 관할 소방관서 또는 관련업체에 대해 연락체계를 갖추어야 한다.

33 피크린산[$C_6H_2OH(NO_2)_3$] : 제5류의 니트로화합물(자기반응성)

- 황색의 침상결정으로 쓴맛과 독성이 있다.
- 충격, 마찰에 둔감하고 자연발화 위험이 없이 안정하다.
- 인화점 150℃, 발화점 300℃, 녹는점 122℃, 끓는점 255℃이다.

34 이황화탄소(CS_2) : 제4류(인화성액체, 특수인화물)

발화점 100℃, 액비중이 1.26으로 물보다 무겁고 물에 녹지 않아 가연성 증기의 발생을 방지하기 위해서 물속(수조)에 저장한다.

35 위험물 배합실 설치기준

①, ②, ③ 이외에

- 출입구 문턱의 높이는 바닥면으로부터 0.1m 이상일 것
- 바닥은 위험물이 침투하지 않는 구조로 하여 적당한 경사를 두고 집유설비를 할 것
- 내부에 체류한 가연성의 증기 또는 가연성의 미분을 지붕 위로 방출하는 설비를 할 것

36 과산화수소(H_2O_2) : 제6류(산화성액체)

〈위험물에 따른 주의사항〉

유별	성질에 따른 구분		표시사항
제1류 위험물 (산화성액체)	알칼리금속의 과산화물		화기·충격주의, 물기엄금 및 가연물접촉주의
	그 밖의 것		화기·충격주의 및 가연물접촉주의
제2류 위험물 (가연성고체)	철분·금속분·마그네슘		화기주의 및 물기엄금
	인화성고체		화기엄금
	그 밖의 것		화기주의
제3류 위험물	자연발화성물질		화기엄금 및 공기접촉엄금
	금수성물질		물기엄금
제4류 위험물	인화성액체		화기엄금
제5류 위험물	자기반응성물질		화기엄금 및 충격주의
제6류 위험물	산화성액체		가연물접촉주의

37 과산화벤조일[$(C_6H_5CO)_2O_2$] : 제5류(유기과산화물, 지정수량 : 10kg)

$$지정수량의 배수 = \frac{저장수량}{지정수량} = \frac{100kg}{10kg} = 10배$$

38 제4류 위험물의 공통적 성질
- 대부분 액체로서 물보다 가볍고 물에 녹지 않는 것이 많다.
- 증기의 비중은 공기보다 무겁고 인화의 위험성이 크다.
- 상온에서 인화성이 강한 액체로서 착화온도가 낮은 것은 위험하다.
- 연소하한이 낮고 정전기의 발생으로 폭발위험성이 크다.
- 소화 시 CO_2, 할로겐화물, 분말, 물분무, 포 등으로 질식소화한다(단, 수용성은 알코올포 사용).

39 칼륨(K) : 제3류(금수성물질)
- 은백색 경금속으로 비중 0.86, 융점 63.7℃, 비점 774℃이다.
- 흡습성, 조해성이 있고 물 또는 알코올에 반응하여 수소(H_2↑)를 발생시킨다.

  $2K + 2H_2O \rightarrow 2KOH + H_2$↑ (주수소화 절대엄금)

  $2K + 2C_2H_5OH \rightarrow 2C_2H_5OK + H_2$↑
- 보호액으로 석유(유동파라핀, 등유, 경유)나 벤젠 속에 보관한다.
- 가열 시 보라색 불꽃을 내면서 연소한다.

  $4K + O_2 \rightarrow 2K_2O$
- 소화 시 마른 모래(건조사) 등으로 질식소화한다.

※ 불꽃반응 색상

종류	칼륨(K)	나트륨(Na)	리튬(Li)	칼슘(Ca)
불꽃 색상	보라색	노란색	적색	주홍색

40 에틸알코올(C_2H_5OH) : 제4류의 알코올류(인화성액체)
- 에틸알코올의 완전연소반응식

  $\underset{1몰}{C_2H_5OH} + 3O_2 \rightarrow \underset{2몰}{2CO_2} + 3H_2O$

41 옥외탱크저장소
1. 밸브 없는 통기관 설치기준
   - 직경은 30mm 이상일 것
   - 선단은 수평면보다 45도 이상 구부려 빗물 등의 침투를 막는 구조로 할 것
   - 가는 눈의 구리망 등으로 인화방지장치를 할 것
   - 가연성증기를 회수하기 위하여 밸브를 통기관에 설치 시 당해 통기관의 밸브는 위험물을 주입하는 경우를 제외하고는 항상 개방되어 있는 구조로 하며 폐쇄 시 10kPa 이하의 압력에서 개방되는 구조

로 할 것(개방된 부분의 유효단면적 : 777.15mm^2 이상일 것)
2. 대기밸브부착 통기관
   - 5kPa 이하의 압력차에서 작동할 수 있는 것
   - 가는 눈의 구리망 등으로 인화방지장치를 할 것

42 제4류 위험물
동식물유류란 동물의 지육 또는 식물의 종자나 과육으로부터 추출한 것으로 1기압에서 인화점이 250℃ 미만인 것이다.
- 요오드값 : 유지 100g에 부가되는 요오드의 g수
- 요오드값이 큰 건성유는 불포화도가 크기 때문에 자연발화 위험성이 크다.
- 요오드값에 따른 분류
  - 건성유(130 이상) : 해바라기유, 동유, 아마인유, 정어리기름, 들기름 등
  - 반건성유(100~130) : 면실류, 참기름, 청어기름, 채종유, 콩기름 등
  - 불건성유(100 이하) : 피마자유, 동백기름, 올리브유, 야자유, 땅콩기름 등

43 니트로글리세린[$C_3H_5(ONO_2)_3$] : 제5류(자기반응성물질)
- 상온에서는 무색, 투명한 기름상의 액체(공업용 : 담황색)이지만 겨울철에는 동결할 우려가 있다.
- 가열, 마찰, 충격에 민감하여 폭발하기 쉽다.
- 물에 녹지 않고 알코올, 에테르, 아세톤 등에 잘 녹는다.
- 규조토에 흡수시켜 폭약인 다이너마이트를 제조한다.
- 분해반응식

  $4C_3H_5(ONO_2)_3 \rightarrow 12CO_2$↑$+ 6N_2$↑$+ O_2$↑$+ 10H_2O$

45 황린(P_4) : 제3류(자연발화성물질)
- 백색 또는 담황색의 가연성 및 자연발화성고체(발화점 34℃)이다.
- pH=9인 약알칼리성의 물속에 저장한다(CS_2에 잘 녹음).

> **참고**
>
> pH=9 이상 강알칼리용액이 되면 가연성, 유독성의 포스핀(PH_3)가스가 발생하여 공기 중 자연발화한다(강알칼리 : KOH수용액).
>
> $P_4 + 3KOH + 3H_2O \rightarrow 3KH_2PO_2 + PH_3$↑

- 피부접촉 시 화상을 입고, 공기 중 자연발화 온도는 40~50℃이다.

- 공기보다 무겁고 마늘 냄새가 나는 맹독성물질이다.
- 어두운 곳에서 인광을 내며 황린(P_4)을 260℃로 가열하면 적린(P)이 된다(공기 차단).
- 연소 시 오산화인(P_2O_5)의 흰 연기를 내며, 일부는 포스핀(PH_3)가스로 발생한다.

$$P_4 + 5O_2 \rightarrow 2P_2O_5$$

- 소화 : 물분무, 포, CO_2, 건조사 등으로 질식소화한다(고압주수소화는 황린을 비산시켜 연소면 확대분산의 위험이 있음).

46 황화린(제2류) : 삼황화린(P_4S_3), 오황화린(P_2S_5), 칠황화린(P_4S_7)

- 오황화린(P_2S_5) : 물, 알칼리와 반응하여 인산과 황화수소의 유독성기체를 발생한다.

$$P_2S_5 + 8H_2O \rightarrow 5H_2S \uparrow + 2H_3PO_4$$
$$\text{(황화수소)} \qquad \text{(인산)}$$

- 칠황화린(P_4S_7) : 물과 반응하여 황화수소($H_2S \uparrow$)기체를 발생한다.
- 삼황화린(P_4S_3) : 물에 녹지 않고 연소 시 오산화인과 이산화황이 생성된다.

$$P_4S_3 + O_2 \rightarrow 2P_2O_5 + 3SO_2 \uparrow$$
$$\text{(오산화인)} \quad \text{(이산화황)}$$

47 제5류 위험물의 종류 및 지정수량

성질	위험등급	품명	지정수량
자기반응성물질	I	유기과산화물[과산화벤조일 등]	10kg
		질산에스테르류[니트로셀룰로오스, 질산에틸 등]	
	II	니트로화합물[TNT, 피크린산 등]	200kg
		니트로소화합물[파라니트로소벤젠]	
		아조화합물[아조벤젠 등]	
		디아조화합물[디아조디니트로페놀]	
		히드라진 유도체[디메틸히드라진]	
		히드록실아민[NH_2OH]	
		히드록실아민염류[황산히드록실아민]	100kg

48 과산화벤조일[$(C_6H_5CO)_2O_2$, 벤조일퍼옥사이드(BPO)] : 제5류(자기반응성물질)

- 무색무취의 백색 분말 또는 결정이다(비중 : 1.33, 발화점 : 125℃, 녹는점 : 103~105℃).
- 물에 불용, 유기용제(에테르, 벤젠 등)에 잘 녹는다.
- 희석제와 물을 사용하여 폭발성을 낮출 수 있다[희석제 : 프탈산디메틸(DMP), 프탈산디부틸(DBP)].

- 운반할 경우 30% 이상의 물과 희석제를 첨가하여 안전하게 수송한다.
- 저장온도는 40℃ 이하에서 직사광선을 피하고 냉암소에 보관한다.

49 이동저장탱크의 구조

- 탱크는 두께 3.2mm 이상의 강철판
- 탱크의 내부칸막이 : 4,000L 이하마다 3.2mm 이상 강철판 사용

50 제2류 위험물의 지정수량

성질	위험등급	품명	지정수량
가연성고체	II	1. 황화린(P_4S_3, P_2S_5, P_4S_7) 2. 적린(P) 3. 유황(S)	100kg
	III	4. 철분(Fe) 5. 금속분(Al, Zn) 6. 마그네슘(Mg)	500kg
		7. 인화성고체(고형알코올)	1,000kg

51 23번 해설 참조

52 탱크의 내용적 및 공간용적

1. 탱크의 공간용적은 탱크의 내용적의 5/100 이상 10/100 이하의 용적으로 한다. 다만, 소화설비(소화약제방출구를 탱크 안의 윗부분에 설치하는 것에 한한다)를 설치하는 탱크의 공간용적은 당해 소화설비의 소화약제방출구 아래의 0.3m 이상 1m 미만 사이의 면으로부터 윗부분의 용적으로 한다.
2. 암반탱크에 있어서는 당해 탱크 내에 용출하는 7일간의 지하수의 양에 상당하는 용적과 당해 탱크의 내용적의 1/100의 용적 중에서 보다 큰 용적을 공간용적으로 한다.
3. 원통종형탱크의 용량(m^3)=단면적(m^2)×높이(m)

- 탱크 상부로부터 아래로 1m 지점에 고정식 포방출구(소화설비)가 설치되어 있음 : $-1m$
- 탱크 공간용적은 소화설비의 소화약제방출구 아래의 0.3m 이상 1m 미만 사이의 면으로부터 윗부분 용적(최대용적)을 계산하려면 0.3m 이상 적용함 : $-0.3m$
- 저장 가능한 최대높이 = 15m $-$ 1m $-$ 0.3m = 13.7m

$\therefore$ 원통종형탱크의 최대용량(0.3m)

$= 100\text{m}^2 \times 13.7\text{m} = 1{,}370\text{m}^3$

$\begin{bmatrix} \text{저장 가능한 최소높이} = 15\text{m} - 1\text{m} - 1\text{m} = 13\text{m} \\ \text{최소용량}(1\text{m}) = 100\text{m}^2 \times 13\text{m} = 1{,}300\text{m}^3 \end{bmatrix}$

53 36번 해설 참조

아염소산나트륨($NaClO_2$) : 제1류의 아염소산염류(산화성고체)

54 과산화칼륨(K_2O_2) : 제1류의 무기과산화물(산화성고체)

- 열분해 및 물 또는 이산화탄소와 반응 시 산소가 발생한다.

    열분해

    $2K_2O_2 \xrightarrow{\;\;\Delta\;\;} 2K_2O + O_2 \uparrow$

    물과 반응

    $2K_2O_2 + 2H_2O \rightarrow 4KOH + O_2 \uparrow$ (발열반응)

    이산화탄소와 반응

    $2K_2O_2 + 2CO_2 \rightarrow 2K_2CO_3 + O_2 \uparrow$ (공기 중)

- 산과 반응 시 과산화수소(H_2O_2)를 생성한다.

    $K_2O_2 + 2CH_3COOH \rightarrow 2CH_3COOK + H_2O_2$

55 금속나트륨(Na) : 제3류(금수성)

- 은백색의 경금속으로 비중이 0.97로 물보다 가볍다.
- 연소 시 노란색 불꽃을 내면서 연소한다.
- 물 또는 알코올과 반응 시 수소($H_2 \uparrow$)기체를 발생한다.

    $2Na + 2H_2O \rightarrow 2NaOH + H_2 \uparrow$

    $2Na + 2C_2H_5OH \rightarrow 2C_2H_5ONa + H_2 \uparrow$

- 보호액으로 석유(유동파라핀, 등유, 경유)나 벤젠 속에 보관한다.
- 소화 시 주수소화는 절대엄금하고 마른 모래 등으로 질식소화한다.

56 43번 해설 참조

니트로글리세린[$C_3H_5(ONO_2)_3$] : 제5류(자기반응성물질)

57 제1류 위험물의 지정수량

- 브롬산나트륨(브롬산염류) : 300kg
- 과산화나트륨(무기과산화물) : 50kg
- 중크롬산나트륨(중크롬산염류) : 1,000kg

$\therefore$ 지정수량 배수의 합

$= \dfrac{\text{A품목의 저장수량}}{\text{A품목의 지정수량}} + \dfrac{\text{B품목의 저장수량}}{\text{B품목의 지정수량}} + \cdots$

$= \dfrac{300\text{kg}}{300\text{kg}} + \dfrac{150\text{kg}}{50\text{kg}} + \dfrac{500\text{kg}}{1{,}000\text{kg}} +$

$= 4.5$배

58

제5류 위험물은 자기반응성물질로 특히 과열, 충격, 마찰을 피해야 하므로 제5류인 히드록실아민, 금속의 아지화합물에 해당한다.

※ 제1류 : 금속의 산화물, 무기금속산화물

　제2류 : 인화성고체

　제3류 : 칼슘의 탄화물

59 이황화탄소(CS_2) : 제4류의 특수인화물(인화성액체)

- 인화점 : $-30℃$, 발화점 : $100℃$, 연소범위 : $1.2 \sim 44\%$, 액비중 : 1.26
- 증기비중$\left(\dfrac{76}{29} = 2.62\right)$은 공기보다 무거운 무색투명한 액체이다.
- 물보다 무겁고 물에 녹지 않으며 알코올, 벤젠, 에테르 등에 잘 녹는다.
- 휘발성, 인화성, 발화성이 강하고 독성이 있어 증기 흡입 시 유독하다.
- 연소 시 유독한 아황산가스를 발생한다.

    $CS_2 + 3O_2 \rightarrow CO_2 \uparrow + 2SO_2 \uparrow$

- 저장 시 물속에 보관하여 가연성증기의 발생을 억제시킨다.
- 소화 시 CO_2, 분말 소화약제, 다량의 포 등을 방사시켜 질식 및 냉각소화한다.

60 위험물 운반용기의 내용적 수납률

- 고체 : 내용적의 95% 이하
- 액체 : 내용적의 98% 이하
- 제3류 위험물(자연발화성물질 중 알킬알루미늄 등) : 내용적의 90% 이하로 하되 50℃에서 5% 이상의 공간용적을 유지할 것

> - 저장탱크의 용량 = 탱크의 내용적 - 탱크의 공간용적
> - 저장탱크의 용량범위 : 90~95%

위험물기능사 필기 모의고사 ❷ 정답 및 해설

모의고사 2

정답

01	①	02	④	03	②	04	③	05	①	06	①	07	④	08	④	09	④	10	④
11	①	12	①	13	②	14	②	15	②	16	②	17	②	18	④	19	③	20	④
21	④	22	②	23	④	24	③	25	③	26	④	27	②	28	③	29	①	30	③
31	③	32	④	33	③	34	①	35	③	36	②	37	②	38	④	39	①	40	①
41	③	42	①	43	①	44	②	45	②	46	②	47	④	48	②	49	①	50	①
51	③	52	③	53	③	54	①	55	④	56	②	57	①	58	②	59	②	60	③

해설

01 가연물이 되기 쉬운 조건
- 산소와 친화력이 클 것
- 열전도율이 적을 것(열축적)
- 발열량이 클 것
- 표면적이 클 것
- 활성화 에너지가 적을 것
- 연쇄 반응을 일으킬 것

02 고온체의 색깔과 온도

불꽃의 온도	불꽃의 색깔	불꽃의 온도	불꽃의 색깔
500℃	적열	1,100℃	황적색
700℃	암적색	1,300℃	백적색
850℃	적색	1,500℃	휘백색
950℃	휘적색		

03 이산화탄소(CO_2)의 농도 산출 공식

$$CO_2(\%) = \frac{21 - O_2(\%)}{21} \times 100$$
$$= \frac{21 - 13}{21} \times 100 = 38.1\%$$

04 소화기의 사용방법
- 적응화재에만 사용할 것
- 성능에 따라 화점 가까이 접근하여 사용할 것
- 바람을 등지고 풍상에서 풍하로 실시할 것
- 양옆으로 비로 쓸 듯이 골고루 방사할 것

05
- 연소파 전파 속도 : 0.1~10m/sec
- 폭굉 전파 속도 : 1000~3500m/sec

06 제조소의 안전거리(제6류 위험물 제외)

건축물	안전거리
사용전압이 7,000V 초과 35,000V 이하	3m 이상
사용전압이 35,000V 초과	5m 이상
주거용(주택)	10m 이상
고압가스, 액화석유가스, 도시가스	20m 이상
학교, 병원, 극장, 복지시설	30m 이상
유형문화재, 지정문화재	50m 이상

07 전기화재(B급) 적응 소화설비
- 할로겐화합물 소화설비
- CO_2가스 소화설비
- 청정 소화약제 소화설비
- 분말 소화설비
※ 물을 사용하는 소화설비는 전기설비를 손상시킬 우려가 있어 적합하지 않다.

08
제5류 위험물은 자기반응성물질로서 자기자체에 산소를 함유하고 있어 연소 속도가 빠르고 질식소화는 효과가 없으므로 다량의 물로 주수에 의한 냉각소화가 효과적이다.

09 Halon 1301(CF₃Br)

- 분자량 : $12 + 19 \times 3 + 80 = 149$

- 증기비중 $= \dfrac{\text{분자량}}{29(\text{공기의 평균 분자량})}$

  $= \dfrac{149}{29} = 5.14$(공기보다 무거움)

10 스프링클러설비의 장·단점

장점	• 초기소화에 매우 효과적이다. • 조작이 쉽고 안전하다. • 소화약제가 물로서 경제적이고 복구가 쉽다. • 감지부가 기계적이므로 오동작, 오보가 없다. • 화재의 감지, 경보, 소화가 자동적으로 이루어진다.
단점	• 초기 시설비가 많이 든다. • 시공 및 구조가 복잡하다. • 물로 살수시 피해가 크다.

11
운송책임자의 감독, 지원을 받아야 할 위험물은 알킬알루미늄과 알킬리튬이다.

12
1. 산화제
   - 자신은 환원되고 다른 물질을 산화시키기 쉬운 물질
   - 산소를 함유하고 있는 물질로서 산소 또는 발생기 산소를 내기 쉬우므로 산소공급원이 된다.
2. 환원제
   - 자신은 산화되고 다른 물질을 환원시키기 쉬운 물질
   - 자신이 산화가 잘된다는 것은 산소와 화합(결합)력이 매우 잘되므로 연소가 잘 되는 가연물이 된다.

13 포 소화약제의 주된 소화효과
질식효과(거품)와 냉각효과(물)

14 연소의 형태
- 표면연소 : 숯, 목탄, 코크스, 금속분(Al, Mg 등)
- 분해연소 : 석탄, 종이, 목재, 플라스틱, 중유 등
- 증발연소 : 황, 파라핀(양초), 나프탈렌, 휘발유, 등유 등 제4류 위험물
- 자기(내부)연소 : 니트로셀룰로오스, 니트로글리세린 등 제5류 위험물
- 확산연소 : 수소, 아세틸렌, LPG, LNG 등 가연성기체

15 주유취급소의 소화난이도등급
- 옥내주유취급소, 제2종 판매취급소 : 소화난이도 등급 II
- 옥내주유취급소 외의 것 : 소화난이도 등급 III

16 옥외소화전설비 설치기준

수평거리	방사량	방사압력	수원의 양(Q : m³)
40m 이하	450(L/min) 이상	350(kPa) 이상	Q=N(소화전 개수 : 최소 2개, 최대 4개)×13.5m³ (450L/min×30min)

17 이황화탄소(CS₂) : 제4류의 특수인화물(인화성 액체)
- 이황화탄소와 고온의 물과의 반응식

  $CS_2 + 2H_2O \rightarrow CO_2 + 2H_2S$

  1mol : 2×22.4L

∴ 독성가스 : 황화수소(H₂S) $2 \times 22.4\text{L} = 44.8\text{L}$

18 알킬리튬(R−Li) : 제3류(금수성물질)
- 할로겐화합물과 반응하여 위험성이 증가하므로 할로겐화합물의 소화약제는 사용할 수 없다.
- 금수성물질로 주수소화는 절대엄금하고 팽창질석, 팽창진주암, 마른 모래 등을 사용한다.

19 불활성가스 소화설비
〈분사헤드의 방사 및 용기의 충전비〉

구분		전역방출방식			국소방출방식 (이산화탄소)
		이산화탄소(CO₂)		불활성가스	
		저압식	고압식	IG-100, IG-55, IG-541	
분사헤드	방사압력	1.05MPa 이상	2.1MPa 이상	1.9MPa 이상	–
	방사시간	60초 이내	60초 이내	60초 이내 (약제량 95% 이상)	30초 이내
용기의 충전비		1.5~1.9 이하	1.1~1.4 이하	32MPa 이하	–

20
① 철분(Fe) ② 마그네슘(Mg) : 제2류(금수성)

- 수증기 및 더운물과 반응하여 수소($H_2 \uparrow$)를 발생한다.
$$2Fe + 3H_2O \rightarrow Fe_2O_3 + 3H_2 \uparrow$$
$$Mg + 2H_2O \rightarrow Mg(OH)_2 + H_2 \uparrow$$
- 소화 시 주수는 엄금하고 마른 모래, 석회분 등으로 질식소화한다.

③ 나트륨(Na) : 제3류(금수성, 자연발화성)
- 물과 격렬히 반응 및 발열하고 수소($H_2 \uparrow$)를 발생한다.
$$2Na + 2H_2O \rightarrow 2NaOH + H_2 \uparrow$$
- 소화 시 주수는 엄금하고 마른 모래, 탄산칼슘분말 등으로 피복소화한다.

④ 황(S) : 제2류(가연성고체)
- 물에 녹지 않으므로 주수소화가 가능하다.
- 동소체로 사방황, 단사황, 고무상황이 있다.

21 황화린(지정수량 : 100kg)

- 황화린은 삼황화린(P_4S_3), 오황화린(P_2S_5), 칠황화린(P_4S_7)의 3종류가 있으며 분해 시 유독한 가연성인 황화수소(H_2S)가스를 발생한다.
- 소화 시 다량의 물로 냉각소화가 좋으며, 때에 따라 질식소화도 효과가 있다.

1. 삼황화린(P_4S_3)
- 황색결정으로 조해성은 없다.
- 질산, 알칼리, 이황화탄소(CS_2)에 녹고 물, 염산, 황산에는 녹지 않는다.
- 자연발화하고 연소 시 유독한 오산화인과 아황산가스를 발생한다.
$$P_4S_3 + 8O_2 \rightarrow 2P_2O_5 + 3SO_2 \uparrow$$

2. 오황화린(P_2S_5)
- 담황색 결정으로 조해성이 있어 수분 흡수 시 분해한다.
- 알코올, 이황화탄소(CS_2)에 잘 녹는다.
- 물, 알칼리와 반응 시 인산(H_3PO_4)과 황화수소(H_2S)가스를 발생한다.
$$P_2S_5 + 8H_2O \rightarrow 5H_2S + 2H_3PO_4$$

3. 칠황화린(P_4S_7)
- 담황색 결정으로 조해성이 있어 수분 흡수 시 분해한다.
- 이황화탄소(CS_2)에 약간 녹고 냉수에는 서서히 더운물에는 급격히 분해하여 유독한 황화수소와 인산을 발생한다.

22 정기점검대상 제조소등
- 지정수량의 10배 이상의 위험물을 취급하는 제조소
- 지정수량의 100배 이상의 위험물을 저장하는 옥외저장소
- 지정수량의 150배 이상의 위험물을 저장하는 옥내저장소
- 지정수량의 200배 이상을 저장하는 옥외탱크저장소
- 암반탱크저장소
- 이송취급소
- 지정수량의 10배 이상의 위험물을 취급하는 일반취급소
- 지하탱크저장소
- 이동탱크저장소
- 지하탱크가 있는 제조소·주유취급소 또는 일반취급소

23 소요 1단위의 산정 방법

건축물	내화구조의 외벽	내화구조가 아닌 외벽
제조소 및 취급소	연면적 100m²	연면적 50m²
저장소	연면적 150m²	연면적 75m²
위험물	지정수량의 10배	

※ 위험물의 소요단위 = $\dfrac{\text{저장(취급)수량}}{\text{지정수량} \times 10}$

24 탄화칼슘(CaC_2, 카바이트) : 제3류(금수성물질)
- 회백색의 불규칙한 괴상의 고체이다.
- 물과 반응하여 수산화칼슘[$Ca(OH)_2$]와 아세틸렌(C_2H_2)가스를 발생한다.
$$CaC_2 + 2H_2O \rightarrow Ca(OH)_2 + C_2H_2 \uparrow$$
- 아세틸렌(C_2H_2)가스의 폭발범위 2.5~81%로 매우 넓어 위험성이 크다.
- 고온(700℃)에서 질소(N_2)와 반응하여 석회질소($CaCN_2$)를 생성한다(질화작용).
$$CaC_2 + N_2 \rightarrow CaCN_2 + C$$
- 장기보관 시 용기 내에 불연성가스(N_2 등)를 봉입하여 저장한다.
- 소화 시 마른 모래 등으로 피복소화한다(주수 및 포는 절대엄금).

25 등유(케로신)
제4류, 제2석유류(비수용성)의 지정수량 → 1,000L

26 위험물저장소의 종류
- 옥외저장소
- 옥내저장소
- 옥외탱크저장소
- 지하탱크저장소
- 암반탱크저장소
- 이동탱크저장소

27 벤젠(C_6H_6) : 제4류, 제1석유류

- 벤젠의 완전연소반응식

$$2C_2H_6 + 15O_2 \rightarrow 12CO_2 + 6H_2O$$

$$2\text{mol} \quad : \quad 12 \times 22.4L$$
$$1\text{mol} \quad : \quad x$$

$$x = \frac{1 \times 12 \times 22.4}{2} = 134.4L(CO_2)$$

28 지정과산화물을 저장 또는 취급하는 옥내저장소의 저장창고의 기준

1. 저장창고는 150m² 이내마다 격벽으로 완전하게 구획할 것
   - 격벽 : 30cm 이상의 철근콘크리트 또는 40cm 이상의 보강콘크리트 블록조로 하고 당해 저장창고의 양측의 외벽으로부터 1m 이상, 상부의 지붕으로부터 50cm 이상 돌출하게 하여야 한다.
2. 저장창고의 외벽은 두께 20cm 이상의 철근콘크리트조 또는 두께 30cm 이상의 보강콘크리트블록조로 할 것
3. 저장창고의 지붕은 다음 각 목의 1에 적합할 것
   - 중도리 또는 서까래의 간격은 30cm 이하로 할 것
   - 지중의 아래쪽 면에는 한 변의 길이가 45cm 이하의 환강(丸鋼)·경량형강(輕量型鋼)등으로 된 강제(鋼製)의 격자를 설치할 것
   - 지붕의 아래쪽 면에 철망을 쳐서 불연재료의 도리·보 또는 서까래에 단단히 결합할 것
   - 두께 5cm 이상, 너비 30cm 이상의 목재로 만든 받침대를 설치할 것
4. 저장창고의 출입구에는 갑종 방화문을 설치할 것
5. 저장창고의 창은 바닥면으로부터 2m 이상의 높이에 두되, 하나의 벽면에 두는 창의 면적의 합계를 당해 벽면의 면적의 1/80 이내로 하고, 하나의 창의 면적을 0.4m² 이내로 할 것

29 과산화칼륨(K_2O_2) : 제1류 위험물(금수성)

- 열분해, 물 또는 CO_2와 반응 시 산소(O_2)를 발생한다.
  열분해
  $$2K_2O_2 \xrightarrow{\;\triangle\;} 2K_2 + O_2\uparrow$$
  물과 반응
  $$2K_2O_2 + 2H_2O \rightarrow 4KOH + O_2\uparrow (발열)$$
  공기 중 CO_2와 반응
  $$2K_2O_2 + 2CO_2 \rightarrow 2K_2CO_3 + O_2\uparrow$$
- 주수소화 절대엄금, 마른 모래 등으로 질식소화한다(CO_2 효과 없음).

30 벤젠(C_6H_6) : 제4류 제1석유류(인화성액체)

- 무색투명한 방향성을 갖은 휘발성이 강한 액체이다.
- 인화점 $-11℃$, 착화점 $562℃$, 끓은점 $80℃$, 융점 $5.5℃$
- 증기는 마취성과 독성이 있고 정전기에 유의할 것
- 물에 녹지 않고 알코올, 에네르, 아세톤에 잘 녹는다.
- 증기의 비중 = $\dfrac{분자량}{공기의\ 평균분자량(29)}$

  $$= \frac{87}{29} = 2.7$$

  [벤젠(C_6H_6)의 분자량 : $12 \times 6 + 1 \times 6 = 78$]

※ 증기는 공기보다 무거워 낮은 곳에 체류하기 쉬우므로 환기를 잘 시켜야 한다.

31 니트로글리세린[$C_3H_5(ONO_2)_3$] : 제5류(자기반응성물질)

니트로글리세린 + 규조토 = 다이너마이트

32 아염소산염류(제1류, 위험등급 Ⅰ, 산화성고체)

1. 내장용기
   - 유리용기 또는 플라스틱용기 사용 시 최대용적 : 10L
   - 금속제 용기 사용 시 최대용적 : 30L
2. 외장용기
   - 나무상자 또는 플라스틱 상자 사용 시 최대용적 : 125kg
   - 파이버판 상자 사용 시 최대용적 : 40kg

33 아세트알데히드(CH_3CHO) : 제4류의 특수인화물(인화성액체)

- 인화점 $-39℃$, 발화점 $185℃$, 연소범위 $4.1{\sim}57\%$
- 휘발성, 인화성이 강하고 과일냄새가 나는 무색액체이다.
- 물, 에테르, 에탄올에 잘 녹는다(수용성).
- 환원성 물질로 강산화제와 접촉을 피해야 하며 은거울반응, 펠링반응, 요오드포름반응 등을 한다.

> **참고**
>
> 아세트알데히드, 산화프로필렌의 공통사항
> - Cu, Ag, Hg, Mg 및 그 합금 등과는 용기나 설비를 사용하지 말 것(중합반응 시 폭발성 물질 생성)
> - 저장 시 불활성가스(N_2, Ar) 또는 수증기를 봉입하고 냉각장치를 사용하여 비점 이하로 유지할 것

34 제4류 위험물의 정의 및 지정품목(1기압에서)

- 특수인화물(이황화탄소, 디에틸에테르) : 발화점 100℃ 이하, 인화점 −20℃ 이하, 비점 40℃ 이하
- 제1석유류(아세톤, 휘발유) : 인화점 21℃ 미만
- 알코올류(메틸알코올, 에틸알코올, 프로필알코올) : $C_1 \sim C_3$까지 포화 1가 알코올(변성알코올 포함)
- 제2석유류(등유, 경유) : 인화점 21℃ 이상 70℃ 미만
- 제3석유류(중유, 크레오소트유) : 인화점 70℃ 이상 200℃ 미만
- 제4석유류(기어유, 실린더유) : 인화점 200℃ 이상 250℃ 미만
- 동식물유류 : 동물의 지육 또는 식물의 종자나 과육으로부터 추출한 것으로 인화점이 250℃ 미만인 것

※ 석유류의 분류는 인화점으로 한다.

35 제2류 위험물의 일반적 성질

- 가연성고체로서 비교적 낮은 온도에서 착화하기 쉬운 이연성, 속연성 물질이다.
- 연소 속도가 매우 빠른 고체이며 연소시 연소열이 크고 유독가스를 발생한다.
- 비중은 1보다 크고 물에 녹지 않으며 산소를 함유하지 않은 강력한 환원성 물질이다.
- 철분, 마그네슘분 등의 금속분은 더운물 또는 산과 접촉 시 발열하여 수소(H_2)기체를 발생시킨다.

37 제1류 위험물(산화성고체, 불연성 물질)

- 과염소산칼륨($KClO_4$) : 제1류(과염소산염류)
- 아염소산나트륨($NaClO_2$) : 제1류(아염소산염류)

38 제5류 위험물의 일반적 성질

- 자체 내에 산소를 함유한 물질이다.
- 가열, 충격, 마찰 등에 의해 폭발하는 자기반응성(내부연소성) 물질이다.
- 연소 또는 분해속도가 매우 빠른 폭발성물질이다.
- 공기 중 장시간 방치 시 자연발화 한다.
- 연소 시 소화가 곤란하므로 적은 양으로 나누어(소분하여) 저장한다.
- 초기화재 시 다량의 물로 냉각소화한다.

39 동식물유류 : 제4류 위험물로 1기압에서 인화점이 250℃ 미만인 것

- 요오드값이 큰 건성유는 불포화도가 크기 때문에 자연발화의 위험성이 크다.
- 요오드값 : 유지 100g에 부가(첨가)되는 요오드의 g수

- 요오드값에 따른 분류
  - 건성유(130 이상) : 해바라기기름, 동유, 아마인유, 정어리기름, 들기름 등
  - 반건성유(100~130) : 면실유, 참기름, 청어기름, 채종유, 콩기름 등
  - 불건성유(100 이하) : 올리브유, 동백기름, 피마자유, 야자유, 땅콩기름 등

40 위험물 적재 운반 시 조치해야 할 위험물

차광성의 덮개를 해야 하는 것	방수성의 피복으로 덮어야 하는 것
• 제1류 위험물 • 제3류 위험물 중 자연발화성물질 • 제4류 위험물 중 특수인화물 • 제5류 위험물 • 제6류 위험물	• 제1류 위험물 중 알칼리금속의 과산화물 • 제2류 위험물 중 철분, 금속분, 마그네슘 • 제3류 위험물 중 금수성물질

41

- 옥내소화전설비 설치기준

수평거리	방사량	방사압력	수원의 양(Q : m³)
25m 이하	260(L/min) 이상	350(kPa) 이상	Q=N(소화전 개수 : 최대 5개)×7.8m³ (260L/min×30min)

- 옥내소화전의 수원의 양(m³)
  $$Q = N \times 7.8m^3 = 4 \times 7.8m^3 = 31.2m^3$$

42 황린(P_4) : 제3류(자연발화성물질)

- 백색 또는 담황색 고체로서 물에 녹지 않고 벤젠, 이황화탄소에 잘 녹는다.
- 공기 중 약 40~50℃에서 자연발화하므로 물속에 저장한다.
- 인화수소(PH_3)의 생성을 방지하기 위해 약알칼리성(pH=9)의 물속에 보관한다.
- 맹독성으로 피부 접촉 시 화상을 입는다.
- 연소 시 오산화인(P_2O_5)의 백색연기를 낸다.
  $$P_4 + 5O_2 \rightarrow 2P_2O_5$$

43

① 인화칼슘(Ca_3P_2) : 제3류(금속인화합물) 300kg
② 루비듐(Rb) : 제3류(알칼리금속류) 50kg

③ 칼슘(Ca) : 제3류(알칼리토금속류) 50kg

④ 아염소산칼륨($KClO_2$) : 제1류(아염소산염류) 50kg

44 과염소산나트륨($NaClO_4$) : 제1류(산화성고체)

· 무색 또는 백색 분말로 조해성이 있는 불연성 산화제이다.
· 물, 알코올, 아세톤에 잘 녹고 에테르에는 녹지 않는다.
· 400℃에서 분해하여 산소를 발생한다.

$$NaClO_4 \xrightarrow[\triangle]{400℃} NaCl + 2O_2 \uparrow$$

· 유기물, 가연성분말, 히드라진 등과 혼합 시 가열, 충격, 마찰에 의해 폭발한다.
· 소화 시 다량의 주수소화한다.

45 질산메틸(CH_3NO_3) : 제5류(자기반응성물질)

· 무색 투명하고 단맛이 나는 액체이다.
· 비중 1.2, 비점 66℃, 증기비중 2.66

$$증기비중 = \frac{분자량}{공기의 \ 평균 \ 분자량(29)}$$
$$= \frac{77}{29} = 2.66$$

(CH_3NO_3 분자량 $= 12 + 1 \times 3 + 14 + 16 \times 3 = 77$)

· 물에 녹지 않고 알코올, 에테르에는 잘 녹는다.

46 옥외탱크저장소(소화난이도 등급 Ⅰ)

지반면으로부터 탱크열판의 상단까지의 높이가 6m 이상인 것으로 ⓗ항을 의미한다.

47 과염소산($HClO_4$) : 제6류(산화성액체)

· 무색액체로서 흡수성 및 휘발성이 강하다.
· 불연성이지만 자극성, 산화성이 크고 공기 중 분해 시 연기를 발생한다.
· 가열하면 분해 폭발하여 유독성인 HCl를 발생시킨다.

$$HClO_4 \xrightarrow{\triangle} HCl + 2O_2 \uparrow$$

· 산화력이 강한 강산으로 종이, 나무조각 등과 접촉 시 연소 폭발한다.
· 증기비중 $= \frac{분자량}{공기의 \ 평균 \ 분자량(29)}$
$$= \frac{100.5}{29} = 3.47$$

($HClO_4$ 분자량 $= 1 + 35.5 + 16 \times 4 = 100.5$)

· 저장 시 내산성용기(유리, 도자기)에 밀봉, 밀전하여 통풍이 양호한곳에 한다.
· 소화 시 마른 모래, 다량의 물분무를 사용한다.

48 금속나트륨(Na) : 제3류(자연발화성, 금수성)

· 은백색 광택 있는 경금속으로 물보다 가볍다(비중 0.97).
· 공기 중에서 연소 시 노란색 불꽃을 내면서 연소한다.

$$4Na + O_2 \rightarrow 2Na_2O(회백색)$$

· 물 또는 알코올과 반응하여 수소(H_2)기체를 발생한다.

$$2Na + 2H_2O \rightarrow 2NaOH + H_2 \uparrow$$
$$2Na + 2C_2H_5OH \rightarrow 2C_2H_5ONa + H_2 \uparrow$$
(나트륨에틸라이트)

· 공기 중 자연발화를 일으키기 쉬우므로 석유류(등유, 경유, 유동파라핀, 벤젠) 속에 저장한다.
· 할로겐과 반응하여 할로겐화합물을 생성한다(할로겐 소화약제 사용 금함).

$$2Na + Cl_2 \rightarrow 2NaCl$$
$$4Na + CCl_4 \rightarrow 4NaCl + C(폭발)$$

· 소화 시 마른 모래 등으로 질식소화한다(피부접촉 시 화상주의).

49 28번 해설 참조

50 염소산나트륨($NaClO_3$) : 제1류(산화성고체)

· 알코올, 물, 에테르, 글리세린에 잘 녹는다.
· 조해성이 크고 철제를 부식시키므로 철제용기는 사용을 금한다.
· 열분해하여 산소를 발생한다.

$$2NaClO_3 \xrightarrow[\triangle]{300℃} 2NaCl + 3O_2 \uparrow$$

· 산과 반응하여 독성과 폭발성이 강한 이산화염소(ClO_2)를 발생한다.
· 소화 시 다량의 물로 주수소화한다.

51 위험물제조소등의 허가 및 신고 제외대상

· 주택의 난방시설(공동주택의 중앙난방시설은 제외)을 위한 저장소 또는 취급소
· 농예용·축산용 또는 수산용으로 필요한 난방시설 또는 건조시설을 위한 지정수량 20배 이하의 저장소

52 황(S) : 제2류(가연성고체)

· 동소체로 사방황, 단사황, 고무사황이 있다.
· 물에 녹지 않고 고무상황을 제외하고 이황화탄소에 잘 녹는 황색 고체이다.
· 공기 중에서 연소 시 푸른빛을 내며 유독한 아황산가스를 발생한다.

$$S + O_2 \rightarrow SO_2 \uparrow$$

· 공기 중에서 분말 상태로 분진폭발 위험성이 있다.

- 전기의 부도체로서 정전기 발생 시 가열, 충격, 마찰 등에 의해 발화, 폭발위험이 있다.
- 소화의 다량의 물로 주수소화한다.

53

$$증기의\ 밀도 = \frac{분자량}{22.4L}$$

$\therefore$ 분자량이 클수록 밀도는 크다.

① 디에틸에테르($C_2H_5OC_2H_5$) 분자량

$(12 \times 2 + 1 \times 5) \times 2 + 16 = 74$

② 벤젠(C_6H_6)분자량

$12 \times 6 + 1 \times 6 = 78$

③ 가솔린(옥탄100%) ⇒ 옥탄(C_8H_{18})분자량

$12 \times 8 + 1 \times 18 = 114$

④ 에틸알코올(C_2H_5OH) 분자량

$12 \times 2 + 1 \times 5 + 16 + 1 = 46$

54 과산화수소(H_2O_2) : 제6류(산화성액체)

※ 위험물 : 농도가 36중량% 이상인 것

- 강산화제로서 촉매로 이산화망간(MnO_2)을 사용 시 분해가 촉진되어 산소의 발생이 증가한다.

$$2H_2O \xrightarrow[\text{촉매}]{MnO_2} 2H_2O + O_2 \uparrow$$

- 강산화제이지만 환원제로도 사용한다.
- 일반 시판품은 30~40%의 수용액으로 분해하기 쉽다.
  ※ 분해안정제 : 인산(H_3PO_4), 요산($C_5H_4N_4O_3$) 첨가
- 과산화수소 3%의 수용액을 옥시풀(소독약)로 사용한다.
- 고농도의 60% 이상은 충격마찰에 의한 단독으로 분해 폭발위험이 있다.
- 히드라진(N_2H_4)과 접촉 시 분해하여 발화폭발 한다.

$$2H_2O_2 + N_2H_4 \rightarrow 4H_2O + N_2 \uparrow$$

- 저장용기의 마개에는 작은 구멍이 있는 것을 사용한다(이유 : 분해 시 발생하는 산소를 방출시켜 폭발을 방지하기 위하여).
- 소화 : 다량의 물로 주수소화한다.

56 안전거리 규제 대상 제조소(제6류 취급 제조소는 제외)

옥내저장소, 옥외저장소, 옥외탱크저장소, 일반취급소 등

57 니트로벤젠($C_6H_5NO_2$) : 제4류 제3석유류(인화성액체)

- 갈색의 특유한 냄새가 나는 액체로서 증기는 독성이 있다.
- 물에 녹지 않고 유기용제에 잘 녹는다.
- 염산과 반응하여 수소로 환원시 아닐린($C_6H_5NH_2$)이 생성된다.

58

시·도지사는 제조소등의 관계인이 변경허가를 받지 아니하고 제조소등의 위치, 구조 또는 설비를 변경한때는 허가를 취소하거나 6월 이내의 기간을 정하여 제조소등의 전부 또는 일부의 사용정지를 명할 수 있다.

59 과산화나트륨(Na2O2) : 제1류의 무기과산화물(금수성)

- 과산화나트륨의 물과의 반응식

$$2Na_2O_2 + 2H_2O \rightarrow 4NaOH + O_2 \uparrow$$

$\begin{array}{ccc} 2 \times 78g & : & 32g \\ 78g & : & x \end{array}$

$x = \dfrac{78 \times 32}{2 \times 78} = 16g(O_2량)$

[Na_2O_2 분자량 : $23 \times 2 + 16 \times 2 = 78$]

60

- 옥내 저장탱크를 탱크 전용실인 1층 또는 지하층에 설치할 경우

(위험물 : 황화린, 적린, 덩어리유황, 황린, 질산)

- 옥내저장탱크를 탱크전용실인 단층건축물이외에 설치할 경우

(위험물 : 황화린, 적린, 덩어리유황, 황린, 질산, 제4류 중 인화점이 38℃ 이상인 것)

정답

01	②	02	④	03	②	04	③	05	①	06	③	07	①	08	③	09	④	10	②
11	②	12	④	13	①	14	①	15	②	16	④	17	②	18	③	19	①	20	②
21	①	22	①	23	③	24	④	25	③	26	①	27	①	28	①	29	③	30	②
31	②	32	④	33	②	34	④	35	①	36	③	37	②	38	②	39	③	40	②
41	③	42	④	43	③	44	①	45	④	46	④	47	①	48	③	49	⑤	50	④
51	②	52	②	53	②	54	③	55	②	56	①	57	①	58	④	59	②	60	①

해설

01

① 트리메틸알루미늄[TMA, $(CH_3)_3Al$] : 제3류(금수성)
  • $(CH_3)_3Al + 3H_2O \rightarrow Al(OH)_3 + 3CH_4 \uparrow$(메탄)
  • 소화 : 주수소화는 절대엄금, 팽창질석, 팽창진주
    암을 사용한다.
② 황린(P_4) : 제3류(자연발화성)
  • 물에 녹지 않고 발화점(34℃)이 낮아 물속에 보관
    한다.
  • 소화 : 다량의 물로 주수소화한다.
③ 나트륨(Na) : 제3류(자연발화성, 금수성)
  • 화학적으로 활성도가 큰 금속으로 물과 반응 시 수
    소를 발생한다.
       $2Na + H_2O \rightarrow 2NaOH + H_2 \uparrow$(발열반응)
  • 보호액 : 석유(유동파라핀, 등유, 경유)나 벤젠 속
    에 보관한다.
  • 소화 : 마른 모래 등으로 질식소화한다.
④ 인화칼슘(Ca_3P_2) : 제3류(금수성)
  • 물과 반응하여 가연성, 맹독성인 인화수소(PH_3 :
    포스핀)를 발생한다.
       $Ca_3P_2 + 6H_2O \rightarrow 3Ca(OH)_2 + 2PH_3 \uparrow$
  • 소화 : 마른 모래 등으로 피복소화(주수 및 포 소화
    약제는 절대엄금)

02

• 소화기는 건축물 각층마다 설치할 것
• 소형 소화기 : 보행거리 20m 이내 설치
  (능력단위 : 1단위 이상 대형소화기 능력단위 미만)

• 대형 소화기 : 보행거리 30m 이내 설치

  능력단위 ┌ A급 : 10단위 이상
           └ B급 : 20단위 이상

03

• 스프링클러설비를 제4류 위험물에 사용할 경우에는
  방사밀도(살수밀도)가 일정수치 이상인 경우에만 적
  응성을 갖는다.
• 제4류 위험물에 스프링클러 설치 시 1분당 방사밀도

살수기준	방사밀도($L/m^2 \cdot$분)		비고
면적(m^2)	인화점 38℃ 미만	인화점 38℃ 이상	
279 미만	16.3 이상	12.2 이상	살수기준면적은 내화 구조의 벽 및 바닥으로 구획된 하나의 실의 바닥면적을 말한다. 다만, 하나의 실의 바닥면적이 465m^2 이상인 경우의 살수기준면적은 465m^2로 한다.
279 이상 372 미만	15.5 이상	11.8 이상	
372 이상 465 미만	13.9 이상	9.8 이상	
465 이상	12.2 이상	8.1 이상	

04 제4류 위험물(인화성액체)

① CH_3COOH(초산, 아세트산) : 제2석유류
② C_6H_5Cl(클로로벤젠) : 제2석유류
③ $C_6H_5CH_3$(톨루엔) : 제1석유류
④ C_6H_5Br(브로모벤젠) : 제2석유류

05

화재분류	종류	색상	소화방법
A급	일반화재	백색	냉각소화
B급	유류 및 가스화재	황색	질식소화
C급	전기화재	청색	질식소화
D급	금속화재	무색	피복소화
F(K)급	식용유화재	—	냉각·질식소화

06 소요1단위의 산정방법

건축물	내화구조의 외벽	내화구조가 아닌 외벽
제조소 및 취급소	연면적 100m^2	연면적 50m^2
저장소	연면적 150m^2	연면적 75m^2
위험물	지정수량의 10배	

※ 소요단위 : 소화설비의 설치대상이 되는 건축물의 규모 또는 위험물의 양의 기준단위

07

기체연료라 함은 상온에서 대부분 C$_{1~4}$의 탄화수소로 구성되어 있으므로 비교적,
• 증기비중이 작아 가벼워서 공기 중에 확산하기 쉽다.
• 산소공급을 충분히 받아서 그을음이 없이 완전연소하기 쉽다.
• 물질의 상태(고체, 액체, 기체) 중 기체가 가장 분자활동이 활발하다.

08 알루미늄분(Al) : 제2류(가연성고체)

• 은백색 고체의 경금속이다.
• 금속의 이온화 경향이 수소(H)보다 크므로 과열된 수증기 또는 산과 반응하여 수소(H$_2$↑)기체를 발생시킨다.
   $2Al + 6H_2O \rightarrow 2Al(OH)_3 + 3H_2 \uparrow$ (주수소화 절대엄금)
   $2Al + 6HCl \rightarrow 2AlCl_3 + 3H_2 \uparrow$
• 할로겐원소(F, Cl, Br, I)와 접촉 시 자연발화 위험이 있다.
• 주수소화는 절대엄금하고 마른 모래(건조사) 등으로 피복소화한다.

09 위험물의 유별 성질

• 제1류 : 산화성고체
• 제2류 : 가연성고체
• 제3류 : 자연발화성 및 금수성
• 제4류 : 인화성액체
• 제5류 : 자기반응성
• 제6류 : 산화성액체

10 연소의 형태

• 표면연소 : 숯, 코크스, 목탄, 금속분(Al, Zn 등)
• 증발연소 : 파라핀(양초), 황, 나프탈렌, 휘발유, 등유 등의 제4류 위험물
• 분해연소 : 목탄, 종이, 플라스틱, 목재, 중유 등
• 자기연소(내부연소) : 셀룰로이드, 니트로셀룰로오스 등 제5류 위험물
• 확산연소 : 수소, LPG, LNG 등 가연성기체

11

• 금속이 덩어리 상태일 때보다 분말 상태일 때 산소와 접촉하는 표면적이 크기 때문에 연소가 잘되어 위험성이 크다.
• 비열(cal/g·℃)이란 어떤 물질 1g을 1℃ 높이는 데 필요한 열량으로, 덩어리 상태나 분말 상태일 때에도 똑같이 비열은 변하지 않는다.

12 강화액 소화약제[물+탄산칼륨(K$_2$CO$_3$)]

• −30℃의 한냉지에서도 사용 가능(−30~−25℃)
• 소화원리(A급, 무상방사 시 B, C급), 압력원 CO$_2$
   $H_2SO_4 + K_2CO_3 \rightarrow K_2SO_4 + H_2O + CO_2 \uparrow$
   (A급 : 목제, 종이 등의 탈수, 탈화방지작용으로 재연방지효과도 있음)
• 소화약제 pH=12(알칼리성)

13 알칼리금속 과산화물(금수성)

• 소화기 : 마른 모래(건조사), 탄산수소염류, 팽창질석 또는 팽창진주암 등이다.
• 물 또는 CO$_2$와 반응 시 격렬하게 분해하여 산소(O$_2$) 발생한다.
• 할로겐 소화약제와 반응하여 화재를 확대시킬 위험성이 있다.

14 제5류(자기반응성물질)

• 자체적으로 산소를 함유한 물질이므로 질식소화는 효과 없고 다량의 물로 주수소화가 가장 효과적이다.
• 적응성 소화설비 : 옥내, 옥외소화전설비, 물분무 소화설비, 포 소화설비 등이다.

15 이산화탄소(CO_2)의 농도산출공식

$$CO_2(\%) = \frac{21 - O_2(\%)}{21} \times 100$$

$$= \frac{21 - 13}{21} \times 100$$

$$= 38.1\%$$

16 간이소화용구의 능력단위

소화약제	용량	능력단위
소화전용 물통	8L	0.3
수조(소화전용 물통 3개 포함)	80L	1.5
수조(소화전용 물통 6개 포함)	190L	2.5
마른 모래(삽 1개 포함)	50L	0.5
팽창질석 또는 팽창진주암(삽 1개 포함)	160L	1.0

17 탄화칼슘(CaC_2, 카바이트) : 제3류(금수성)

- 물과 반응하여 수산화칼슘[$Ca(OH)_2$]과 아세틸렌(C_2H_2)가스를 발생한다.

$$CaC_2 + 2H_2O \rightarrow Ca(OH)_2 + C_2H_2\uparrow$$

- 아세틸렌(C_2H_2)가스의 폭발범위 2.5~81%로 매우 넓어 위험성이 크다.

18

- 옥외소화전설비 설치기준

수평거리	방사량	방사압력	수원의 양(Q : m³)
40m 이하	450(L/min) 이상	350(kPa) 이상	Q=N(소화전 개수 : 최소 2개, 최대 4개)×13.5m³ (450L/min×30min)

- 수원의 양(Q)

  =N(소화전 개수 : 최소 2개, 최대 4개)×13.5m³

  =4×13.5m³=54m³

19

위험물안전관리법 제17조에 따라 예방규정을 제조소등의 사용 시작하기 전에 시·도지사에게 제출해야 한다.

20 옥내소화전설비의 압력수조의 가압송수장치

$$P = P_1 + P_2 + P_3 + 0.35MPa$$

$$\begin{bmatrix} P : \text{필요한 압력(MPa)} \\ P_1 : \text{소방용 호스의 마찰손실수두압(MPa)} \\ P_2 : \text{배관의 마찰손실수두압(MPa)} \\ P_3 : \text{낙차의 환산수두압(MPa)} \end{bmatrix}$$

$$\therefore P = 3 + 1 + 1.35 + 0.35 = 5.70MPa$$

21 등유(케로신) : 제4류 제2석유류(인화성액체)

- 인화점 30~60℃, 발화점 254℃, 증기비중 4~5, 연소범위 1.1~6%, 액비중 0.79~0.85(물보다 가볍다)
- 탄소수가 C_9~C_{18}가 되는 포화, 불포화 탄화수소의 혼합물이다.
- 물에 불용, 증기는 공기보다 무겁고 전기의 부도체이므로 정전기 발생에 주의한다.
- 소화 시 포, 분말, CO_2, 할론소화제 등에 의한 질식소화한다.

22 위험물의 지정수량

- 니트로글리세린[$C_3H_5(ONO_2)_3$] : 제5류(질산에스테르류) - 10kg
- 과산화수소(H_2O_2) : 제6류(산화성액체) - 300kg
- 트리니트로톨루엔[$C_6H_2CH_3(NO_2)_3$, TNT] : 제5류(니트로화합물) - 200kg
- 피크르산[$C_6H_2OH(NO_2)_3$, TNP] 제5류(니트로화합물) - 200kg

23 적린(P) : 제2류(가연성고체)

- 암적색 분말로서 브롬화인(PBr_3)에 녹고 물, CS_2, 에테르에는 녹지 않는다.
- 황린(P_4)과 동소체이며 황린보다 안정하다.
- 독성 및 자연발화성이 없다(발화점 : 260℃, 승화점 : 416℃).
- 공기를 차단하고 황린을 260℃로 가열하면 적린이 된다.

$$황린(P_4) \underset{\text{급격히 냉각}}{\overset{\text{260℃ 가열}}{\rightleftharpoons}} 적린(P)$$

- 소화 시 다량의 물로 냉각소화한다.

24

$$증기의 \ 비중 = \frac{분자량}{공기의 \ 평균 \ 분자량(29)}$$

- 이황화탄소(CS_2)의 분자량 : 12+32×2=76
- 수소(H_2)의 분자량 : 1×2=2

$$\therefore 배수 = \frac{CS_2 \ 분자량(증기비중)}{H_2기의 \ 분자량(증기비중)} = \frac{76}{2} = 38배$$

25

① 리튬(Li), ② 나트륨(Na), ④ 칼슘(Ca) 등은 금수성물질로 물과 반응 시 가연성 가스인 수소(H_2)기체를 발생시키며 발열한다.

- $2Li + 2H_2O \rightarrow 2LiOH + H_2\uparrow$
- $2Na + 2H_2O \rightarrow 2NaOH + H_2\uparrow$
- $Ca + 2H_2O \rightarrow Ca(OH)_2 + H_2\uparrow$

③ 유황(S) : 제2류(가연성고체)
- 동소체로 사방황, 단사황, 고무상황이 있다.
- 물에 녹지 않고 고무상황을 제외하고 이황화탄소에 잘 녹는 황색 고체이다.

26 벤젠(C_6H_6) : 제4류 제1석유류(인화성액체)

- 무색투명한 방향성 및 휘발성이 강한 액체이다.
- 인화점 $-11℃$, 착화점 $562℃$, 끓는점 $80℃$, 융점 $5.5℃$
- 증기는 마취성과 독성이 있고 전기의 부도체이므로 정전기에 유의할 것
- 물에 녹지 않고 알코올, 에테르, 아세톤에 잘 녹는다.
- 증기는 공기보다 무거워 낮은 곳에 체류하기 쉬우므로 환기를 잘 시킬 것

$$증기비중 = \frac{분자량}{공기의 \ 평균 \ 분자량(29)}$$

$$= \frac{77}{29} ≒ 2.7$$

[벤젠(C_6H_6) 분자량 : $12 \times 6 + 1 \times 6 = 78$]

27 위험물안전관리법 제2조

'위험물'이라 함은 인화성 또는 발화성 등의 성질을 가지는 것으로서 대통령령이 정하는 물품을 말한다.

28 위험물의 범위기준

① 과산화수소(H_2O_2) : 제6류(산화성액체)
- 농도 36중량% 이상의 것
② 질산(HNO_3) : 제6류(산화성액체)
- 비중 1.49 이상의 것
③ 마그네슘(Mg) : 제2류(가연성고체)
- 제외 대상 : 2mm의 체를 통과하지 못하는 덩어리와 직경이 2mm 이상의 막대모양의 것
④ 유황(S) : 제2류(가연성고체)
- 순도 60중량% 이상의 것

29 니트로셀룰로오스($[C_6H_7O_2(ONO_2)_3]_n$) : 제5류 (자기반응성)

에테르(2)와 알코올(1)의 혼합액에 녹는 것을 강질화면(강면약), 녹지 않는 것을 약질화면(약면약)이라 한다.
※ 질화도 : 니트로셀룰로오스 속에 함유된 질소의 함유량
- 강면약(강질화면) : 질화도가 12.76% 이상
- 약면약(약질화면) : 질화도가 10.18~12.76%

30 황린(P_4) : 제3류(자연발화성)

물에 녹지 않고 공기 중 약 40~50℃에서 자연발화하므로 물(pH=9)속에 저장한다.
※ 위험물 운반용기의 내용적의 수납률
- 고체 : 내용적의 95% 이하
- 액체 : 내용적의 98% 이하
- 제3류 위험물(자연발화성물질 중 알킬알루미늄 등) : 내용적 90% 이하로 하되 50℃ 이상의 공간용적을 유지할 것
※ 저장탱크의 용량 = 탱크의 내용적 - 탱크의 공간용적
- 저장탱크의 용량범위 : 90~95%

31 이황화탄소(CS_2) : 제4류의 특수인화물(인화성 액체)

- 인화점 : $-30℃$, 발화점 : $100℃$, 연소범위 : 1.2~44%, 액비중 : 1.26
- 증기비중$\left(\frac{76}{29} = 2.62\right)$은 공기보다 무거운 무색투명한 액체이다.
- 물보다 무겁고 물에 녹지 않으며 알코올, 벤젠, 에테르 등에 잘 녹는다.
- 휘발성, 인화성, 발화성이 강하고 독성이 있어 증기 흡입시 유독하다.
- 연소 시 유독한 아황산가스(SO_2)를 발생한다.
  $CS_2 + 3O_2 \rightarrow CO_2\uparrow + 2SO_2\uparrow$
- 저장 시 물속에 보관하여 가연성증기의 발생을 억제시킨다.
- 소화 시 CO_2, 분말 소화약제, 다량의 포 등을 방사시켜 질식 및 냉각소화한다.

32 유별을 달리하는 위험물의 혼재기준

- ①류와 ⑥류
- ④류와 ②, ③류
- ⑤류와 ②, ④류

33 알킬알루미늄 등, 아세트알데히드 등 및 디에틸 에테르 등의 저장기준

- 이동저장탱크에 알킬알루미늄 등을 저장하는 경우에는 20kPa 이하의 압력으로 불활성의 기체를 봉입하여 둘 것
- 옥외 및 옥내저장탱크 또는 지하저장탱크 중 압력탱크 외의 탱크에 저장할 경우

위험물의 종류	유지온도
산화프로필렌, 디에틸에테르	30℃ 이하
아세트알데히드	15℃ 이하

• 옥외 및 옥내저장탱크 또는 지하저장탱크 중 압력탱크에 저장할 경우

위험물의 종류	유지온도
아세트알데히드 등 또는 디에틸에테르 등	40℃ 이하

• 아세트알데히드 등 또는 디에틸에테르 등을 이동저장탱크에 저장할 경우

위험물의 종류	유지온도
보냉장치가 있는 경우	비점 이하
보냉장치가 없는 경우	40℃ 이하

34 주유취급소의 고정주유(급유)설비의 펌프기기 최대토출량

• 제1석유류 : 50L/min 이하
• 경유 : 180L/min 이하
• 등유 : 80L/min 이하

※ 휘발유는 제1석유류에 해당된다.

35 에틸렌글리콜[$C_2H_4(OH)_2$] : 제4류 제3석유류(인화성액체)

• 무색, 무취, 단맛이 있고 흡수성과 점성이 있는 액체이다.
• 물, 알코올 등에 잘 녹고 에테르, 벤젠, CS_2에는 녹지 않는다.
• 분자량 62, 인화점 111℃, 발화점 398℃, 비중 1.1, 비점 197℃, 융점 −12.6℃
• 독성이 있는 2가 알코올이며, 부동액에 사용한다.

36

① 마그네슘(Mg), ④ 안티몬분(Sb) : 제2류(금속분)
② 고형알코올 : 제2류(인화성고체)
③ 칼슘(Ca) : 제3류(금수성)

37 제3류(금수성, 자연발화성)의 지정수량

• 칼륨(K) : 10kg, 황린(P_4) : 20kg, 칼슘의 탄화물 : 300kg
• 지정수량의 배수의 합

$$= \frac{\text{A품목 저장수량}}{\text{A품목 지정수량}} + \frac{\text{B품목 저장수량}}{\text{B품목 지정수량}} + \cdots\cdots$$

$$= \frac{20kg}{10kg} + \frac{40kg}{20kg} + \frac{300kg}{300kg} = 5배$$

38 제5류 위험물의 니트로화합물

• 니트로글리세린[$C_3H_5(ONO_2)_3$]
• 니트로글리콜[$C_2H_4(ONO_2)_2$]
• 트리니트로톨루엔[$C_6H_2CH_3(NO_2)_3$, TNT]

※ 니트로톨루엔[$C_6H_4(CH_3)NO_2$] : 제4류 제3석유류(인화성액체)

39 보호액 속에 저장하는 위험물

• 물속에 보관 : 황린(P_4), 이황화탄소(CS_2)
• 석유(유동파라핀, 등유, 경유)나 벤젠 속에 보관 : 칼륨(K), 나트륨(Na)

40

• 인화점 : 점화원 접촉 시 불이 붙는 최저온도
• 착화점(발화점) : 점화원 없이 착화되는 최저온도(열축적)
• 연소점 : 연소 시 화염이 꺼지지 않고 계속 유지되는 최저온도(인화점＋5~10℃ 높음)

41 과산화칼륨(K_2O_2) : 제1류의 무기과산화물(산화성고체)

• 무색 또는 오렌지색 분말로 에틸알코올에 용해, 흡습성 및 조해성이 강하다.
• 열분해 및 물 또는 이산화탄소와 반응 시 산소(O_2)가 발생한다.

　열분해
　$2K_2O_2 \xrightarrow{\Delta} 2K_2O + O_2 \uparrow$

　물과 반응
　$2K_2O_2 + 2H_2O \rightarrow 4KOH + O_2 \uparrow$ (발열반응)

　이산화탄소와 반응
　$2K_2O_2 + 2CO_2 \rightarrow 2K_2CO_3 + O_2 \uparrow$

• 산과 반응 시 과산화수소(H_2O_2)를 생성한다.
　$K_2O_2 + 2CH_3COOH \rightarrow 2CH_3COOK + H_2O_2$
• 주수소화는 절대엄금, 건조사 등으로 질식소화한다(CO_2는 효과 없음).

42 위험물이동저장탱크의 외부도장 색상

유별	제1류	제2류	제3류	제4류	제5류	제6류
색상	회색	적색	청색	적색 권장 (제한 없음)	황색	청색

43 과망간산칼륨($KMnO_4$) : 제1류(산화성고체)

• 흑자색의 주상결정으로 강한 산화력과 살균력이 있다.

- 물, 알코올에 녹아 진한 보라색을 나타낸다.
- 에테르, 알코올, 글리세린등 유기물과 접촉 시 발화 폭발위험성이 있다.
- 진한 황산과 접촉 시 폭발적으로 반응한다.

  $2KMnO_4 + H_2SO_4$

  $\rightarrow K_2SO_4 + 2HMnO_4$(폭발적 반응)
- 240℃에서 가열분해 시 산소(O_2)기체를 발생시킨다.

  $2KMnO_4 \rightarrow K_2MnO_4 + MnO_2 + O_2\uparrow$
  (과망간산칼륨)　(망간산칼륨)　(이산화망간)　(산소)
- 소화 시 다량의 주수 및 건조사로 피복소화한다.

44 질산구아니딘[$C(NH)(NH_2)_2 \cdot HNO_3$] : 제5류(자기반응성)

- 백색 고체로서 알코올, 물에 녹는다.
- 녹는점은 215℃이고, 급격한 가열 및 충격에 의해 폭발한다.

45 소요1단위의 산정방법

건축물	내화구조의 외벽	내화구조가 아닌 외벽
제조소 및 취급소	연면적 100m²	연면적 50m²
저장소	연면적 150m²	연면적 75m²
위험물	지정수량의 10배	

※ 소요단위 : 소화설비의 설치대상이 되는 건축물의 규모 또는 위험물의 양의 기준단위
- 질산(HNO_3) : 제6류(산화성액체), 지정수량 300kg (위험물 적용 기준 : 질산은 비중이 1.49 이상인 것)
- 질산의 1소요단위 : 지정수량 × 10배

  　　　　　＝ 300kg × 10 ＝ 3,000kg
- 질산의 비중이 1.5이므로 부피로 환산하면

  $\therefore V = \dfrac{3,000kg}{1.5kg/L} = 2,000L$

46 질산메틸(CH_3NO_3) : 제5류(자기반응성)

- 무색 투명하고 단맛이 나는 액체이다.
- 비중 1.2, 비점 66℃, 증기비중 2.66

  증기비중 $= \dfrac{\text{분자량}}{\text{공기의 평균 분자량(29)}}$

  　　　　 $= \dfrac{77}{29} = 2.66$

  (CH_3NO_3 분자량 : $12 \times 1 + 3 + 14 + 16 \times 3 = 77$)
- 물에 녹지 않고 알코올, 에테르에는 잘 녹는다.

47 삼황화린(P_4S_3) : 제2류(황과 인화합물)

- 황색 결정으로 조해성은 없다.

- 질산, 알칼리, 이황화탄소에 녹고 물, 염산, 황산에는 녹지 않는다.
- 자연발화하고 연소 시 유독한 오산화인(P_2O_5)과 아황산가스(SO_2)를 발생한다.

  $P_4S_3 + 8O_2 \rightarrow 2P_2O_5 + 3SO_2\uparrow$

48 제5류 위험물의 발화점(착화점)

구분	피크린산	TNT	과산화벤조일	니트로셀룰로오스
발화점	300℃	300℃	125℃	160~170℃

49 45번 해설 참조

- 1소요단위 : 저장소의 건축물외벽이 내화구조일 때 연면적 150m²

  $\therefore$ 소요단위 $= \dfrac{300m^2}{150m^2} = 2$단위

50 제4류 위험물의 위험등급

위험등급	품명
I	특수인화물
II	제1석유류, 알코올류
III	제2석유류, 제3석유류, 제4석유류, 동식물유류

51

- 탱크의 공간용적 : 탱크 용적의 100분의 5 이상 100분의 10 이하로 한다.
- 소화설비를 설치하는 탱크의 공간용적(탱크안 윗부분에 설치 시)은 당해 소화설비의 소화약제 방출구 아래의 0.3미터 이상 1미터 미만 사이의 면으로부터 윗부분의 용적으로 한다.
- 암반탱크의 공간용적 : 탱크 내에 용출하는 7일간의 지하수의 양에 상당하는 용적과 당해 탱크의 내용적의 100분의 1의 용적 중에서 보다 큰 용적을 공간용적으로 한다.

52 HNO_3(질산) : 제6류(산화성액체)

- 무색의 부식성, 흡습성이 강한 발연성 액체이다.
- 직사광선에서 분해하여 적갈색(황갈색)의 유독한 이산화질소(NO_2)을 발생한다(갈색병에 냉암소에 보관).

  $4HNO_3 \rightarrow 2H_2O + O_2\uparrow + 4NO_2\uparrow$
- 금속의 부동태 : 진한 질산의 산화력에 의해 금속의 산화 피막(Fe_2O_3, NiO, Al_2O_3 등)을 만드는 현상이다. (부동태를 만드는 금속 : Fe, Ni, Al)

- 크산토프로테인반응(단백질검출반응) : 단백질에 질산을 가하면 노란색으로 변한다.
- 왕수 : 질산(HNO_3)과 염산(HCl)을 1:3 비율로 혼합한 산
  [왕수에 유일하게 녹는 금속 : 금(Au), 백금(Pt)]
- 소화 시 다량의 물로 주수소화, 건조사 등을 사용한다.

53 옥내저장소 구조 및 설비의 기준
- 내화구조 : 벽, 기둥, 바닥
- 불연재료 : 보, 석까래

54 옥내저장소에서 위험물용기 적재 높이 제한
- 기계에 의하여 하역하는 구조로 된 용기만을 겹쳐 쌓는 경우 : 6m
- 제4류 위험물 중 제3석유류, 제4석유류 및 동식물유류를 수납하는 용기만을 겹쳐 쌓는 경우 : 4m
- 그 밖의 경우 : 3m

55 금속칼륨(K) : 제3류(자연발화성, 금수성)
- 은백색 경금속으로 흡습성, 조해성이 있다.
- 보호액으로 석유(유동파라핀, 등유, 경유)나 벤젠 속에 보관한다.
- 연소 시 보라색 불꽃을 내면서 연소한다.
- 물, 알코올과 반응하여 수소($H_2\uparrow$)기체를 발생시킨다.
  $2K + 2H_2O \rightarrow 2KOH + H_2\uparrow$ (발열반응)
  $2K + 2C_2H_5OH \rightarrow 2C_2H_5OK + H_2\uparrow$
  (칼륨에틸라이트)
- 이산화탄소(CO_2) 및 사염화탄소(CCl_4)와 접촉하면 폭발적으로 반응한다.
  $4K + 3CO_2 \rightarrow 2K_2CO_3 + C$(연소, 폭발)
  $4K + CCl_4 \rightarrow 4KCl + C$(폭발)
- 소화 시 주수소화, CO_2, 할론소화제는 절대엄금하고, 건조사 등으로 질식소화한다.

56 제3류 위험물(자연발화성, 금수성물질)
- 적응성 있는 소화기 : 탄산수소염류, 건조사, 팽창질석 또는 팽창진주암 등
- 적응성 없는 소화기 : 주수소화, CO_2, 할로겐화합물, 분말 소화약제 등

57 위험물안전관리에 관한 세부기준 제149조(위험물과 혼재 가능한 고압가스)
내용적이 120L 미만의 용기에 충전한 액화석유가스 또는 압축천연가스(4류 위험물과 혼재하는 경우에 한함)

58 유별로 정리하여 서로 1m 이상 간격을 두는 경우에 저장 가능한 경우
- 제1류 위험물(알칼리금속의 과산화물 또는 이를 함유한 것을 제외)과 제5류 위험물을 저장하는 경우
- 제1류 위험물과 제6류 위험물을 저장하는 경우
- 제1류 위험물과 제3류 위험물 중 자연발화성물질(황린 또는 이를 함유한 것에 한한다)을 저장하는 경우
- 제2류 위험물 중 인화성고체와 제4류 위험물을 저장하는 경우
- 제3류 위험물 중 알킬알루미늄등과 제4류 위험물(알킬알루미늄 또는 알킬리튬을 함유한 것에 한한다)을 저장하는 경우
- 제4류 위험물 중 유기과산화물 또는 이를 함유하는 것과 제5류 위험물 중 유기과산화물 또는 이를 함유한 것을 저장하는 경우

59 질산나트륨($NaNO_3$)
제1류(질산염류), 지정수량 300kg

60 디에틸에테르($C_2H_5OC_2H_5$) : 제4류의 특수인화물
공기 중에서 직사광선에 장시간 노출 시 과산화물을 생성한다.
- 과산화물 생성 방지 : 40mesh의 구리망을 넣어준다.
- 과산화물 검출 시약 : 10% KI용액(황색 변화)
- 과산화물 제거 시약 : 환원철 또는 황산 제1철

위험물기능사 필기 모의고사 ❹ 정답 및 해설

정답

01	②	02	①	03	④	04	②	05	②	06	④	07	③	08	②	09	③	10	④
11	②	12	②	13	①	14	①	15	③	16	②	17	④	18	②	19	②	20	④
21	①	22	②	23	①	24	③	25	④	26	①	27	②	28	①	29	①	30	③
31	①	32	③	33	②	34	①	35	③	36	③	37	①	38	①	39	③	40	③
41	①	42	②	43	①	44	④	45	④	46	④	47	①	48	④	49	③	50	④
51	③	52	④	53	④	54	③	55	①	56	①	57	①	58	④	59	③	60	③

해설

01 소요1단위의 산정방법

건축물	내화구조의 외벽	내화구조가 아닌 외벽
제조소 및 취급소	연면적 $100m^2$	연면적 $50m^2$
저장소	연면적 $150m^2$	연면적 $75m^2$
위험물	지정수량의 10배	

02 알킬알루미늄(R-Al) : 제3류(금수성물질)
• 소화 시 팽창질석 또는 팽창진주암 등으로 피복소화한다.
• 금수성물질이므로 주수소화 등의 수(水)계 소화약제는 절대엄금한다.

03
• 분진폭발 위험성이 있는 물질 : 금속분말가루, 곡물가루, 석탄분진, 목재분진, 섬유분진, 종이분진 등
• 분진폭발 위험성이 없는 물질(불연성물질) : 시멘트가루, 석회석분말, 수산화칼슘가루 등

04 제5류 위험물(자기반응성물질)
• 자체적으로 산소를 함유한 물질이므로 질식소화는 효과 없고 다량의 물로 주수소화하여 냉각소화가 가장 효과적이다.
• 옥내 및 옥외소화전설비, 포 소화설비, 스프링클러설비, 물분무 소화설비 등이 있다.

05 제4류 위험물에 적응성이 있는 소화기
보기 ①, ③, ④ 이외에 무상강화액소화기, 할로겐화물소화기, 탄산수소염류분말소화기 등이 있다.

06 자동화재탐지설비의 설치기준
• 하나의 경계구역은 건축물이 2개 이상의 층에 걸치지 않을 것(단, 하나의 경계구역 면적이 $500m^2$ 이하 또는 계단, 승강로에 연기감지기 설치 시 제외)
• 하나의 경계구역 면적은 $600m^2$ 이하로 하고, 한 변의 길이가 50m(광전식 분리형 감지기 설치 : 100m) 이하로 할 것(단, 당해 소방대상물의 주된 출입구에서 그 내부 전체를 볼 수 있는 경우 $1,000m^2$ 이하로 할 수 있음)
• 자동화재탐지설비의 감지기는 지붕 또는 옥내는 천장 윗부분에서 유효하게 화재 발생을 감지할 수 있도록 설치할 것
• 자동화재탐지설비에는 비상전원을 설치할 것

07 플래시 오버(=순발연소=순간연소)
화재 발생 시 실내의 온도가 급격히 상승하여 축적된 가연성가스가 일순간 폭발적으로 착화하여 실내 전체가 화염에 휩싸이는 현상(온도 : 800~900℃)
• 실내화재의 진행 과정
  초기 → 성장기 → 최성기 → 감쇠기
• 플래시 오버 발생 시기는 성장기에 발생한다.

모의고사 4

08 니트로글리세린[$C_3H_5(ONO_2)_3$] : 제5류(자기반응성)

- 상온에서 무색 액체지만 겨울에는 동결한다.
- 가열, 마찰, 충격에 민감하여 폭발하기 쉽다.
- 규조토와 니트로글리세린 혼합시켜 다이너마이트를 제조한다.

09 할로겐화합물 소화약제

구분	할론 1301	할론 1211	할론 1011	할론 2402
화학식	CF_3Br	CF_2ClBr	CH_2ClBr	$C_2F_4Br_2$
상태 (상온)	기체	기체	액체	액체

10 옥외탱크저장소의 보유공지

저장 또는 취급하는 위험물의 최대수량	공지의 너비
지정수량의 500배 이하	3m 이상
지정수량의 500배 초과 1,000배 이하	5m 이상
지정수량의 1,000배 초과 2,000배 이하	9m 이상
지정수량의 2,000배 초과 3,000배 이하	12m 이상
지정수량의 3,000배 초과 4,000배 이하	15m 이상
지정수량의 4,000배 초과	당해 탱크의 수평단면의 최대 지름(횡형인 경우는 긴 변)과 높이 중 큰 것과 같은 거리 이상(단, 30m 초과의 경우 30m 이상으로, 15m 미만의 경우 15m 이상으로 할 것)

11 분말 소화약제의 가압용 및 축압용 가스

질소(N_2)가스, 이산화탄소(CO_2)

12 소화원리

- 냉각소화 : 물의 기화열 및 비열이 큰 것을 이용하여 가연성물질을 발화점이하로 냉각시키는 효과
  (물의 기화열 : 539kcal/kg, 물의 비열 : 1kcal/kg · ℃)
- 질식효과 : 공기 중 산소농도 21%를 15% 이하로 감소시키는 효과(CO_2, 분말소화기)
  (질식소화의 산소농도 : 10~15%)
- 부촉매소화(억제소화) : 계속되는 연소반응(화학적 반응)을 억제하여 연쇄반응을 느리게 하는 효과(할론소화기)
- 제거소화 : 가연성물질을 제거시키는 소화효과

※ 연소의 4요소 : 가연물, 산소공급원, 점화원, 연쇄반응

13 위험물의 위험등급

- 위험등급 Ⅰ : 무기과산화물
- 위험등급 Ⅱ : 황화린, 적린, 유황, 제1석유류, 알코올류

14 이상기체 상태방정식

$$PV = nRT = \frac{W}{M}RT$$

$$\therefore V = \frac{WRT}{PT} = \frac{1100 \times 0.082 \times (273+0)}{1 \times 44}$$
$$= 559L = 0.56m^3$$

$$\begin{bmatrix} P : 압력(atm) & V : 부피(L) \\ n : 몰수\left(\frac{W}{M}\right) & M : 분자량 \\ W : 질량(g) & T : 절대온도(273+℃)[K] \\ R : 기체상수\ 0.082(atm \cdot m^3/mol \cdot K) \end{bmatrix}$$

※ CO_2 분자량 : $12+16 \times 2 = 44$
　표준 상태 : 0℃ · 1atm

16 연소의 형태

- 표면연소 : 숯, 목탄, 코크스, 금속분(Mg, Zn 등)
- 분해연소 : 석탄, 종이, 목재, 플라스틱, 중유 등
- 증발연소 : 황, 파라핀(양초), 나프탈렌, 휘발유, 등유, 알코올 등의 제4류 위험물
- 자기연소(내부연소) : 니트로셀룰로오스, 니트로글리세린 등 제5류 위험물
- 확산연소 : 수소, 아세틸렌, LPG, LNG 등 가연성기체

17 할로겐화합물 소화약제의 명칭

- 할론104(CCl_4) : CTC(Carbon Tetrachloride)
  (사염화탄소)
- 할론1011(CH_2ClBr) : CB(chloro Bromo Methane)
  (일취화일염화메탄)
- 할론1301(CF_3Br) : MTB(Bromo Trifluoro Methane)
  (일취화삼불화메탄)
- 할론1211(CF_2ClBr) : BCF(Bromo chloro difluoro Methane)
  (일취화일염화이불화메탄)
- 할론2402($C_2F_4Br_2$) : FB(Di Bromo Tetrafluoro ethane)
  (이취화사불화에탄)

18 마그네슘(Mg) : 제2류(가연성고체, 금수성)

- 위험물 제외대상 : 2mm의 체를 통과 못하는 덩어리와 직경이 2mm 이상을 막대모양의 것
- 이산화탄소(CO_2)와 폭발적으로 반응한다.

  $2Mg + CO_2 \rightarrow 2MgO + C(CO_2$ 소화제 사용 금함)
- 가열 및 점화 시 강한 빛과 열을 내며 폭발연소한다. (산화반응)

  $2Mg + O_2 \rightarrow 2MgO + 287.4kcal$
- 물과 반응하여 가연성기체인 수소($H_2\uparrow$)가스가 발생한다.

  $Mg + 2H_2O \rightarrow Mg(OH)_2 + H_2\uparrow$(주수소화 절대엄금)
- 소화 시 물, CO_2, 포, 할로겐 등의 소화약제는 사용을 금하고 석회분말이나 마른 모래로 덮어 질식소화한다.

19

- 제1종 판매취급소 : 지정수량의 20배 이하
- 제2종 판매취급소 : 지정수량의 40배 이하

20 자체소방대

- 설치대상 : 지정수량의 3,000배 이상의 제4류 위험물을 취급하는 제조소, 일반취급소
- 자체소방대에 두는 화학소방자동차 및 인원

사업소	지정수량의 양	화학소방 자동차	자체소방 대원의 수
제조소 또는 일반취급소에 서 취급하는 제4류 위험물 의 최대수량의 합계	12만 배 미만인 사업소	1대	5인
	12만 배 이상 24만 배 미만	2대	10인
	24만 배 이상 48만 배 미만	3대	15인
	48만 배 이상인 사업소	4대	20인

21 위험물 운반용기의 내용적의 수납률

- 고체 : 내용적의 95% 이하
- 액체 : 내용적의 98% 이하
- 제3류 위험물(자연발화성물질 중 알킬알루미늄 등) : 내용적의 90% 이하로 하되 50℃에서 5% 이상의 공간용적을 유지할 것
- ※ 저장탱크의 용량 = 탱크의 내용적 − 탱크의 공간용적
  - 저장탱크의 용량범위 : 90~95%

23 삼황화린(P_4S_3) : 제2류(황과 인화합물)

- 황색 결정으로 조해성은 없다.
- 연소 시 유독한 오산화인(P_2O_5)과 아황산가스(SO_2)를 발생한다.

  $P_4S_3 + 8O_2 \rightarrow 2P_2O_5 + 3SO_2$
- 자연발화하고 질산, 알칼리, CS_2에 녹고 물, 염산, 황산에는 녹지 않는다.

24

- 제2류(가연성고체) : 유황, 적린, 삼황화린
- 제3류(자연발화성물질) : 황린

25 제5류 위험물(자기반응성물질)

성질	위험 등급	품명	지정 수량
자기 반응성 물질	I	1. 유기 과산화물(과산화벤조일)	10kg
		2. 질산에스테르류(니트로셀룰로오스, 질산메틸)	10kg
	II	3. 니트로 화합물(TNT, 피크린산)	200kg
		4. 니트로소 화합물(파라니트로소벤젠)	200kg
		5. 아조 화합물(아조디카르본아미드)	200kg
		6. 디아조 화합물(디아조디니트로벤젠)	200kg
		7. 히드라진 유도체(디메틸히드라진)	200kg
		8. 히드록실아민(NH_2OH)	100kg
		9. 히드록실아민염류(황산히드록실아민)	100kg

		10. 그 밖의 총리령이 정하는 것
		  ① 금속의 아지드 화합물
		  ② 질산구아니딘
			200kg

26 과염소산칼륨($KClO_4$) : 제1류(산화성고체)

- 무색 무취의 사방정계의 백색 결정이다.
- 물, 알코올, 에테르에 녹지 않는다.
- 진한 황산(c−H_2SO_4)과 접촉 시 폭발성가스를 생성하여 위험하다.
- 400℃에 분해 시작, 610℃에서 완전분해되어 산소를 방출한다.

  $KClO_4 \xrightarrow[\triangle]{610℃} KCl + 2O_2\uparrow$
- 인(P), 유황(S), 목판, 유기물 등과 혼합 시 가열, 충격, 마찰에 의해 폭발한다.
- 용도 : 화약, 폭약, 로켓연료, 섬광제 등에 사용된다.

27 이상기체 상태방정식

$$PV = nRT = \frac{W}{M}RT$$

$$\therefore \frac{W}{V} = \frac{PM}{RT} \quad \left[밀도(\rho) = \frac{W}{V}(g/L) \right]$$

$$= \frac{0.99 \times 44}{0.082 \times (273 + 55)}$$

$$= 1.62 g/L$$

28 위험물 이동저장탱크의 외부도장 색상

유별	제1류	제2류	제3류	제4류	제5류	제6류
색상	회색	적색	청색	적색권장 (색상제한 없음)	황색	청색

29 예방규정을 정하여야 하는 제조소등

- 지정수량의 10배 이상의 위험물을 취급하는 제조소
- 지정수량의 100배 이상의 위험물을 저장하는 옥외 저장소
- 지정수량의 150배 이상의 위험물을 저장하는 옥내 저장소
- 지정수량의 200배 이상을 저장하는 옥외탱크저장소
- 암반탱크저장소
- 이송취급소
- 지정수량의 10배 이상의 위험물 취급하는 일반취급소

30 제5류 위험물(자기반응성물질) 운반용기의 외부 주의사항 표기

'화기엄금 및 충격주의' 표기할 것

31

황(S) : 제2류(가연성고체)와 질산암모늄(NH_4NO_3) : 제1류(산화성고체) 위험물이 서로 혼합하여 화약연료로 사용되므로 연소 및 폭발 위험성이 매우 커진다.

32

제2류 위험물의 인화성고체에 대한 것이다.

33 유별을 달리하는 위험물의 혼재기준

위험물의 구분	제1류	제2류	제3류	제4류	제5류	제6류
제1류		×	×	×	×	○
제2류	×		×	○	○	×
제3류	×	×		○	×	×
제4류	×	○	○		○	×
제5류	×	○	×	○		×
제6류	○	×	×	×	×	

※ 지정수량의 $\frac{1}{10}$ 이하의 위험물은 제외한다.

34 원통형 탱크(종으로 설치한 것)의 내용적 계산식

$$V = \pi r^2 L \, [r = 2m, \ L : 10m]$$

$$= \pi \times 2^2 \times 10 \times 0.9$$

$$= 113.09 m^3$$

$$\begin{bmatrix} 탱크용량 = 내용적 - 공간용적 \\ = 100\% - 10\% \\ = 90\% = 0.9 \end{bmatrix}$$

35

① 아세톤 : 제4류 제1석유류
② 실린더유 : 제4류 제4석유류
③ 트리니트로톨루엔(TNT) : 제5류의 니트로화합물
④ 니트로벤젠 : 제4류 제3석유류

36

① $CH_3(C_6H_4)NO_2$(니트로톨루엔) : 제4류 제3석유류
② CH_3COCH_3(아세톤) : 제4류 제1석유류
③ $C_6H_2(NO_3)_3OH$(트리니트로페놀, 피크린산, TNP) : 제5류
④ $C_6H_5NO_2$(니트로벤젠) : 제4류 제3석유류

37 제4류 위험물의 지정수량

- 경유(제2석유류, 비수용성) : 1,000L
- 글리세린(제3석유류, 수용성) : 4,000L
- ∴ 지정수량의 배수 합

$$= \frac{A품목\ 저장수량}{A품목\ 지정수량} + \frac{B품목\ 저장수량}{B품목\ 지정수량} + \cdots\cdots$$

$$= \frac{2,000L}{1,000L} + \frac{2,000L}{4,000L} = 2.5배$$

38 제4류 위험물(인화성액체)

※ 제2석유류 : 1기압에서 인화점이 21℃ 이상 70℃ 미만

- 제2석유류 : 등유, 경유, 장뇌유
- 제3석유류 : 중유, 글리세린
- 제4석유류 : 기계유

39 과망간산칼륨($KMnO_4$) : 제1류(산화성고체)

- 흑자색 주상결정으로 강한 산화력과 살균력이 있다.
- 진한 황산과 격렬하게 폭발적으로 반응한다.

$$2KMnO_4 + H_2SO_4 \rightarrow K_2SO_4 + 2HMnO_4$$

- 알코올류, 에테르, 유기물 등과 혼촉 시 발화폭발 위험성이 있다.
- 240℃로 가열 시 분해하여 산소를 방출하고 이산화망간과 망간산칼륨(K_2MnO_4)을 생성한다.

$$2KMnO_4 \xrightarrow[\triangle]{240℃} K_2MnO_4 + MnO_2 + O_2 \uparrow$$

- 목탄, 황 등 환원성물질과 접촉 시 가열, 충격에 폭발의 위험성이 있다.

40

- 황화린, 적린, 유황 : 제2류(가연성고체) 지정수량 100kg
- 칼슘 : 제3류(자연발화성, 금수성) 지정수량 50kg

41

- 제5류의 질산에스테르류(자기반응성) : 질산메틸(CH_3NO_3)
- 제1류 위험물의 질산염류(산화성고체) : 질산칼륨(KNO_3), 질산나트륨($NaNO_3$), 질산암모늄(NH_4NO_3)

42 보호액 및 안정제 첨가 위험물

1. 보호액
   - 석유(유동파라핀, 등유, 경유), 벤젠 속에 보관 : 칼륨(K), 나트륨(Na)
   - 물속에 보관 : 황린(P_4), 이황화탄소(CS_2)
2. 안정제 첨가
   - 알루미늄(Al) : 헥산(C_6H_{14})
   - 과산화수소(H_2O_2) : 인산(H_3PO_4) 또는 요산($C_5H_4N_4O_3$)

※ 인화석회(Ca_3P_2, 인화칼슘) : 제3류(금수성)
   - 적갈색의 괴상의 고체이다.
   - 물 또는 묽은 산과 반응하여 가연성이며 맹독성인 포스핀(PH_3 : 인화수소)가스를 발생한다.

$$Ca_3P_2 + 6H_2O \rightarrow 3Ca(OH)_2 + 2PH_3 \uparrow$$
$$Ca_3P_2 + 6HCl \rightarrow 3CaCl_2 + 2PH_3 \uparrow$$

- 소화 시 주수 및 포소화는 엄금하고 마른 모래 등으로 피복소화한다.

43 제1류 위험물의 종류와 지정수량

성질	위험 등급	품명	지정수량
산화성 고체	I	1. 아염소산염류($NaClO_2$ 등)	50kg
		2. 염소산염류($KClO_3$ 등)	50kg
		3. 과염소산염류($NaClO_4$ 등)	50kg
		4. 무기과산화물 (K_2O_2, Na_2O_2 등)	50kg
	II	5. 브롬산염류($KBrO_3$ 등)	300kg
		6. 질산염류(KNO_3, $NaNO_3$ 등)	300kg
		7. 요오드산염류(KIO_3 등)	300kg
	III	8. 과망간산염류($KMnO_4$ 등)	1,000kg
		9. 중크롬산염류($K_2Cr_2O_7$ 등)	1,000kg
그밖에 행정 자치부령이 정하는 것	I~III	10. 과요오드산염류, 과요오드산, 크롬, 납, 요오드의 산화물, 아질산염류, 염소화이소시아눌, 퍼옥소이황산염류, 퍼옥소붕산염류 등	50kg~ 1,000kg

44 경유(디젤유) : 제4류 제2석유류(인화성액체)

- 인화점 50~70℃, 발화점 257℃, 연소범위 1~6%, 비중 0.83~0.88, 증기비중 4~5
- 탄소수가 C_{10}~C_{20}가 되는 포화, 불포화탄화수소의 혼합물이다.
- 물에 불용, 유기용제에 잘 녹는다.
- 소화 시 주수소화는 화재면 확대되므로 금하고 포, 분말, CO_2, 할론소화제 등으로 질식소화한다.

45 이동탱크저장소의 표지 및 상치장소 표시

1. 표지의 설치기준
   - 표시 내용 : '위험물'
   - 표시 색상 : 흑색 바탕에 황색의 반사도표
   - 문자의 크기 : 60cm 이상×30cm 이상의 직사각형
   - 설치장소 : 차량의 전면 및 후면의 보기 쉬운 장소
2. 게시판의 설치기준
   - 설치 위치 : 이동저장탱크의 뒷면 중 보기 쉬운 곳
   - 기재 내용 : 유별, 품명, 최대수량, 적재중량

- 문자의 크기 : 가로 40mm 이상, 세로 45mm 이상
  (여러 품명 혼재 시 품명별 문자의 크기 : 20mm
  이상×20mm 이상)

46 제4류의 특수인화물의 인화점
- $C_2H_5OC_2H_5$(디에틸에테르) : $-45℃$
- CS_2(이황화탄소) : $-30℃$
- CH_3CHO(아세트알데히드) : $-38℃$
※ 제4류 위험물 중 특수인화물의 지정성상(1기압에서)
  - 발화점 100℃ 이하인 것
  - 인화점 $-20℃$ 이하, 비점 40℃ 이하인 것

47 니트로셀룰로오스[$C_6H_7O_2(ONO_2)_3$]$_n$: 제5류(자기반응성)
저장 및 운반 시 물(20%) 또는 알코올(30%)로 습윤시킨다.

48 옥내소화전설비 설치기준

수평 거리	방사량	방사압력	수원의 양(Q : m³)
25m 이하	260(L/min) 이상	350(kPa) 이상	Q=N(소화전 개수 : 최대 5개)×7.8m³ (260L/min×30min)

49 유기과산화물 : 제5류 위험물(자기반응성)
① 일광이 들지 않는 건조한 냉암소에 저장한다.
② 가능한 조금씩 소분하여 저장한다.
③ 제5류는 제4류와 혼재하여 운반이 가능하다.
④ 자기반응성이 커서 가열, 마찰, 충격에 의해 활성산소가 분해가 잘되므로 다른 강산화제와 같이 저장 시 더욱더 강한 산화작용을 일으켜 폭발이 쉽게 일어날 수 있다.

50 지하탱크 저장소 시설기준
보기 ①, ②, ③ 이외에
- 탱크전용실은 시설물 및 대지경계선으로부터 0.1m 이상 떨어진 곳에 설치할 것
- 탱크전용실 벽·바닥 및 뚜껑의 두께는 0.3m 이상일 것
- 탱크의 주위에 입자지름 5mm 이하의 마른 자갈분을 채울 것
- 지하저장탱크를 2 이상 인접해 설치하는 경우에는 그 상호간에 1m 이상의 간격을 유지
- 지하저장탱크의 재질은 두께 3.2mm 이상의 강철판으로 할 것

51 황린(P_4) : 제3류 위험물(자연발화성)
- 백색 또는 담황색 고체로서 물에 녹지 않고 벤젠, 이황화탄소에 잘 녹는다.
- 공기 중 약 40~50℃에서 자연발화하므로 물속에 저장한다.
- 강알칼리용액에서는 포스핀(인화수소, PH_3)이 생성되므로 이를 방지하기 위해 약알칼리성(pH=9)인 물속에 보관한다.
- 맹독성으로 피부접촉 시 화상을 입는다.
- 연소 시 오산화인(P_2O_5)의 백색 연기를 낸다.
  $$P_4 + 5O_2 \rightarrow 2P_2O_5$$
- 소화 시 마른 모래, 물분무 등으로 질식소화한다.

52 제5류 위험물의 지정수량
- 니트로셀룰로오스(제5류의 질산에스테르류) : 10kg
- 트리니트로페놀(제5류의 니트로화합물) : 200kg
∴ 지정수량의 배수의 합

$$= \frac{\text{A품목 저장수량}}{\text{A품목 지정수량}} + \frac{\text{B품목 저장수량}}{\text{B품목 지정수량}} + \cdots\cdots$$

$$= \frac{5kg}{10kg} + \frac{x}{200kg} = 1배$$

$$\frac{x}{200kg} = 1 - 0.5$$

$$\therefore x = 100kg$$

53 제3류 위험물(금수성)에 적응성이 있는 소화설비
탄산수소염류 등의 분말 소화설비

54 제4류 위험물의 정의 및 지정품목(1기압에서)
- 제2석유류(등유, 경유) : 인화점 21℃ 이상 70℃ 미만
※ 석유류의 분류는 인화점으로 한다.

55 질산암모늄(NH_4NO_3) : 제1류(산화성고체)
- 무색무취의 백색 결정으로 물, 알코올에 잘 녹는다.
- 물에 녹을 때 흡열반응을 하며, 가열 시 분해하여 산소를 발생한다.
  $$2NH_4NO_3 \rightarrow 4H_2O + 2N_2\uparrow + O_2\uparrow$$
- AN-FO폭약의 기폭제 : NH_4NO_3(94%)+경유(6%) 혼합

56
1. 위험물의 소요 1단위 : 지정수량의 10배
2. 제1류 위험물(산화성고체)의 지정수량
   - 아염소산염류 : 50kg
   - 질산염류 : 300kg

3. 지정수량의 배수의 합

$$= \frac{500kg}{50kg} + \frac{3000kg}{300kg} = 20배$$

$$\therefore 소요단위 = \frac{지정수량의 배수의 합}{10}$$

$$= \frac{20}{10} = 2단위$$

57 유황(S) : 제2류(가연성고체)

• 동소체로 사방황, 단사황, 고무상황이 있다.
• 물에 녹지 않고 고무상황을 제외하고 이황화탄소에 잘 녹는 황색 고체이다.
• 공기 중에서 연소 시 푸른빛을 내며 유독한 이황산가스를 발생한다.

$$S + O_2 \rightarrow SO_2 \uparrow$$

• 공기 중에서 분말 상태로는 분진폭발 위험성이 있다.
• 전기의 부도체로서 정전기 발생 시 가열, 충격, 마찰 등에 의해 발화 폭발 위험이 있다.
• 고온에서 탄소, 수소, 금속, 할로겐원소 등과 격렬히 발열반응한다.

$$C + 2S \rightarrow CS_2 + 발열$$

$$H_2 + S \rightarrow H_2S \uparrow + 발열$$

• 소화 시 다량의 물로 주수소화한다.

58 알루미늄분(Al) : 제2류(가연성고체)

• 은백색의 경금속으로 연소 시 많은 열을 발생한다.
• 분진폭발의 위험이 있으며 수분 및 할로겐원소와 접촉 시 자연발화의 위험이 있다.
• 테르밋(Al 분말 + Fe_2O_3) 용접에 사용된다(점화제 : BaO_2).
• 수증기(H_2O)와 반응하여 수소($H_2\uparrow$)를 발생한다.

$$2Al + 6H_2O \rightarrow 2Al(OH)_3 + 3H_2 \uparrow$$

• 주수소화는 절대엄금, 마른 모래 등으로 피복소화한다.

59 과산화벤조일[$(C_6H_5CO)_2O_2$] : 제5류(유기과산화물)

• 무색무취의 백색 분말 또는 결정이다(비중 : 1.33, 발화점 : 125℃, 녹는점 : 103~105℃).
• 물에 불용, 유기용제(에테르, 벤젠 등)에 잘 녹는다.
• 희석제와 물을 사용하여 폭발성을 낮출 수 있다.
  [희석제 : 프탈산디메틸(DMP), 프탈산디부틸(DBP)]
• 운반할 경우 30% 이상의 물과 희석제를 첨가하여 안전하게 수송한다.
• 저장온도는 40℃ 이하에서 직사광선을 피하고 냉암소에 보관한다.

60

위험물운송자는 장거리(고속국도에서는 340km 이상, 그 밖의 도로에서는 200km 이상)에 걸치는 운송을 하는 때에는 2명 이상의 운전자로 해야 한다. 다만, 다음의 1에 해당하는 경우에는 그러하지 아니하다.
• 운송책임자를 동승시킨 경우
• 운송하는 위험물이 제2류 위험물·제3류 위험물(칼슘 또는 알루미늄의 탄화물과 이것만을 함유한 것)또는 제4류 위험물(특수인화물을 제외)인 경우
• 운송 도중에 2시간 이내마다 20분 이상씩 휴식하는 경우

정답

01	①	02	④	03	①	04	④	05	①	06	①	07	①	08	④	09	③	10	②
11	②	12	①	13	②	14	①	15	③	16	②	17	③	18	②	19	④	20	③
21	④	22	①	23	②	24	①	25	②	26	②	27	②	28	①	29	④	30	①
31	④	32	②	33	②	34	②	35	④	36	④	37	①	38	②	39	②	40	④
41	③	42	①	43	③	44	④	45	③	46	④	47	④	48	②	49	④	50	③
51	①	52	④	53	④	54	①	55	③	56	②	57	④	58	②	59	③	60	④

해설

01 분말 소화약제의 열분해반응식

종별	약제명	색상	적응 화재	열분해반응식
제1종	탄산수소 나트륨 ($NaHCO_3$)	백색	B, C급	$2NaHCO_3 \rightarrow Na_2CO_3 + CO_2 + H_2O$
제2종	탄산수소 칼륨 ($KHCO_3$)	담자(회) 색	B, C급	$2KHCO_3 \rightarrow K_2CO_3 + CO_2 + H_2O$
제3종	제1인산 암모늄	담홍색	A, B, C급	$NH_4H_2PO_4 \rightarrow HPO_3 + NH_3 + H_2O$
제4종	탄산수소 칼륨 + 요소 [$KHCO_3$ + $(NH_2)_2CO$]	회색	회색	$2KHCO_3 + (NH_2)_2CO \rightarrow K_2CO_3 + 2NH_3 + 2CO_2$

02
제2류 위험물 중 지정수량이 500kg인 것은 철분·금속분·마그네슘 등의 금속화재이므로 D급에 해당한다.

03 위험물안전관리법 제11조(제조소등의 폐지)
제조소등의 관계인(소유자·점유자 또는 관리자)은 당해 제조소등의 용도를 폐지한 때에는 행정부령이 정하는 바에 따라 제조소등의 용도를 폐지한 날로부터 14일 이내에 시·도지사에게 신고해야 한다.

04
• 할로겐화합물 소화약제 명명법

Halon 2 4 0 2
C 원자수 ┘ │ │ └ Br 원자수
F 원자수 ─────┘ └── Cl 원자수

• 할로겐화합물 소화약제

구분	할론 2402	할론 1211	할론 1301	할론 1011
화학식	$C_2F_4Br_2$	CF_2ClBr	CF_3Br	CH_2ClBr
상태 (상온)	액체	기체	기체	액체

05 연소의 형태
• 표면연소 : 숯, 목탄, 코크스, 금속분(Al, Zn) 등
• 분해연소 : 석탄, 종이, 목재, 플라스틱, 중유 등
• 증발연소 : 황, 파라핀(양초), 나프탈렌, 휘발유, 등유 등 제4류 위험물
• 자기연소(내부연소) : 니트로셀룰로오스, 니트로글리세린 등 제5류 위험물
• 확산연소 : 수소, 아세틸렌, LPG, LNG 등 가연성기체

06 자동화재탐지설비의 설치기준
• 경계구역은 건축물이 2개 이상의 층에 걸치지 않을 것(단, 하나의 경계구역 면적이 500m² 이하 또는 계단, 승강로에 연기감지기 설치 시 제외)
• 하나의 경계구역 면적은 600m² 이하로 하고, 한 변의 길이가 50m(광전식 분리형 감지기 설치 : 100m) 이하로 할 것

- 자동화재탐지설비의 감지기는 지붕 또는 옥내는 천장 윗부분에서 유효하게 화재 발생을 감지할 수 있도록 설치할 것
- 자동화재탐지설비에는 비상전원을 설치할 것

07 제4류 위험물의 알코올류 지정수량 : 400L

- 위험물의 소요1단위＝지정수량의 10배

- 소요단위＝$\dfrac{저장수량}{지정수량 \times 10}$

$$= \dfrac{20,000}{400 \times 10} = 5단위$$

08 분말 소화설비의 가압용 및 축압용 가스

질소(N_2), 이산화탄소(CO_2)

09 과산화칼륨(K_2O_2) : 제1류의 무기과산화물(금수성)

- 무색 또는 오렌지색 분말로 에틸알코올에 용해, 흡습성 및 조해성이 강하다.
- 열분해 및 물 또는 이산화탄소와 반응 시 산소가 발생한다.

    열분해

    $2K_2O_2 \xrightarrow{\quad} 2K_2O + O_2 \uparrow$

    물과 반응

    $2K_2O_2 + 2H_2O \rightarrow 4KOH + O_2 \uparrow$ (발열반응)

    이산화탄소와 반응

    $2K_2O_2 + 2CO_2 \rightarrow 2K_2CO_3 + O_2 \uparrow$

- 산과 반응 시 과산화수소(H_2O_2)를 생성한다.

    $K_2O_2 + 2CH_3COOH \rightarrow 2CH_3COOK + H_2O_2$

- 주수소화는 절대엄금, 마른 모래(건조사) 등으로 질식소화한다(CO_2는 효과 없음).

10

제4류 위험물 중 가솔린은 인화점 $-43 \sim -20℃$로 허가받을 수 없다.

※ 옥외저장소에 저장이 가능한 위험물

- 제2류 위험물 중 유황 또는 인화성고체(인화점이 0℃ 이상인 것)
- 제4류 위험물중 제1석유류(인화점이 0℃ 이상인 것)·알코올류·제2석유류·제3석유류·제4석유류 및 동식물유류
- 제6류 위험물
- 제2류 위험물 및 제4류 위험물 중 특별시·광역시 또는 도의 조례에서 정하는 위험물
- 「국제해사기구에 관한 협약」에 의하여 설치된 국제해사

기구가 채택한 「국제해상위험물규칙」(IMDG Code)에 적합한 용기에 수납된 위험물

11 플래시 오버(Flash Over)

화재 발생 시 실내의 온도가 급격히 상승하여 축적된 가연성가스가 일순간 폭발적으로 착화하여 실내 전체가 화염에 휩싸이는 현상

- 연료지배형 화재에서 환기지배형으로 전이
    - 연료지배형 화재 : 가연물(연료)의 지배를 받는 화재이므로 가연물의 양에 따라 지배를 받는다(목재건축물).
    - 환기지배형 화재 : 산소공급원의 지배를 받는 화재이므로 연소가 서서히 진행되며, 온도 또한 서서히 증가하는 특징을 가지고 있다(내화구조건축물).
- 국소화재에서 대화재로 전이
※ 실내화재 진행 과정 : 초기 → 성장기(플래시 오버현상) → 최성기 → 감쇄기

12 제3류(금수성물질)에 적응성이 있는 소화기

- 탄산수소염류의 분말
- 마른 모래
- 팽창질석 또는 팽창진주암

13 1번 해설 참조

14 유류 및 가스탱크의 화재 발생 현상

- 보일 오버(Boil over) : 탱크 바닥의 물이 비등하여 부피 팽창으로 유류가 넘쳐 연소하는 현상
- 블레비(BLEVE) : 액화가스저장탱크의 압력 상승으로 폭발하는 현상
- 슬롭 오버(Slop over) : 물 방사 시 뜨거워진 유류표면에서 비등 증발하여 연소유와 함께 분출하는 현상
- 프로스 오버(Froth over) : 탱크 바닥의 물이 비등하여 부피 팽창으로 유류기 연소히지 않고 넘치는 현상

15 소화약제의 소화효과

- 물(냉각효과) [A급] : 물의 기화열과 비열이 크기 때문에 가연성물질의 화재 시 발화점 이하의 온도로 냉각시킨다.

    $\left(\begin{array}{l} 물의 기화열 : 539kcal/kg \\ 물의 비열 : 1kcal/kg \cdot ℃ \end{array}\right)$

- 이산화탄소(질식효과) [B, C급] : 공기 중 산소농도의 21%을 15% 이하로 감소시킨다.

    (질식효과의 산소의 농도 : 10~15%)

- 할로겐화합물(부촉매효과) [B, C급] : 연소반응을 느리게 진행하게 하여 연쇄반응을 억제한다.
- 분말 소화약제(질식, 부촉매효과)

$$\left[\begin{array}{l} 1종, 2종, 4종 : B, C급 \\ 3종 : A, B, C급 \end{array}\right]$$

16 질식소화
건조사 등의 불연성고체로 가연물을 덮어 공기 중의 산소공급을 차단시키는 방법이다.

17 금속칼륨(K) 및 금속나트륨(Na) : 제3류(금수성)
- 물과 반응 시 수소($H_2\uparrow$)기체를 발생시킨다.

$$2K + 2H_2O \rightarrow 2KOH + H_2\uparrow$$
$$2Na + 2H_2O \rightarrow 2NaOH + H_2\uparrow$$

- 석유(유동파라핀, 등유, 경유), 벤젠 속에 저장한다.

> **참고**
>
> 보호액속에 저장하는 위험물
> - 이황화탄소(CS_2), 황린(P_4) : 물속에 보관함
> - 칼륨(K), 나트륨(Na) : 석유(유동파라핀, 경우, 등유) 속에 보관함
> - 트리니트로톨루엔(TNT) : 운반 시 물(10%)을 첨가 습윤시킴
> - 니트로셀룰로오스(NC) : 운반 시 물(20%) 또는 알코올(30%)을 첨가 습윤시킴

18 포헤드방식의 포헤드 설치기준
- 방호대상물의 표면적 $9m^2$당 1개 이상의 헤드를 설치할 것
- 방호대상물의 표면적 $1m^2$당의 방사량은 6.5L/min 이상의 비율로 계산한 양
- 방사구역은 $100m^2$ 이상(방호대상물의 표면적이 $100m^2$ 미만 당해 표면적)으로 할 것

19 스프링클러헤드의 설치기준
1. 개방형스프링클러헤드
   - 반사판으로부터 하방으로 0.45m, 수평 방향으로 0.3m의 공간을 보유할 것
   - 헤드의 축심이 헤드의 부착면에 직각이 되도록 설치할 것
2. 폐쇄형스프링클러헤드
   - 헤드의 반사판과 당해 헤드의 부착면과의 거리는 0.3m 이하일 것
   - 헤드는 당해 헤드의 부착면으로부터 0.4m 이상 돌

출한 보 등에 의하여 구획된 부분마다 설치할 것
- 급배기용 덕트 등의 긴 변의 길이가 1.2m를 초과하는 것이 있는 경우에는 당해 덕트 등의 아랫면에도 스프링클러헤드를 설치할 것
- 가연성물질을 수납하는 부분에 스프링클러헤드를 설치하는 경우에는 당해 헤드의 반사판으로부터 하방으로 0.9m, 수평방향으로 0.4m의 공간을 보유할 것
- 개구부에 설치하는 스프링클러헤드는 당해 개구부의 상단으로부터 높이 0.15m 이내의 벽면에 설치할 것

20
1. Mg(마그네슘) : 제2류(가연성고체, 금수성)
   - 물과 반응하여 수소기체가 발생한다.

$$Mg + 2H_2O \rightarrow Mg(OH)_2 + H_2\uparrow$$

   - 이산화탄소와 폭발적으로 반응을 한다(위험함).

$$2Mg + CO_2 \rightarrow 2MgO + C$$

2. 나트륨(Na) : 제3류(자연발화성, 금수성)
   - 물과 반응하여 수소($H_2\uparrow$) 기체가 발생한다(격렬히 반응).

$$2Na + 2H_2O \rightarrow 2NaOH + H_2\uparrow$$

   - 이산화탄소와 폭발적으로 반응한다(위험함).

$$4Na + 3CO_2 \rightarrow 2Na_2CO_3 + C(연소폭발)$$

21
① 황린(P_4) : 제3류(자연발화성)
② 적린(P) : 제2류(가연성고체)
③ 마그네슘(Mg) : 제2류(가연성고체, 금수성)
④ 칼륨(K) : 제3류(자연발화성, 금수성)

22 황린(P_4) : 제3류(자연발화성)
황린은 강알칼리용액인 수산화칼륨(KOH)수용액과 반응하여 가연성이며 유독성인 포스핀(PH_3=인화수소)가스를 발생시킨다.

$$P_4 + 3KOH + 3H_2O \rightarrow 3KH_2PO_2 + PH_3\uparrow$$

따라서 물속에 보관 시 pH=9(약알칼리성)가 되도록 유지한다.

23
- 적린(P)과 황린(P_4)는 동소체로서 성분원소가 같다. (적린과 황린의 연소생성물이 오산화인(P_2O_5)으로 같다.)
- 발화온도 : 적린 260℃, 황린 34℃

24 과산화칼륨(K_2O_2), 과산화마그네슘(MgO_2) : 제1류(무기과산화물)

- 무기과산화물＋산 → 과산화수소(H_2O_2)를 생성한다.
  $$K_2O_2 + 2HCl \rightarrow 2KCl + H_2O_2$$
  $$MgO_2 + 2HCl \rightarrow MgCl_2 + H_2O_2$$
- 공통으로 생성된 과산화수소(H_2O_2)는 제6류 위험물로, 지정수량은 300kg이다.

25 알킬알루미늄(R-Al) : 제3류(금수성)

- $C_{1\sim4}$는 자연발화성, C_5 이상은 자연발화성이 없다.
- 용기에는 불활성기체(N_2)를 봉입하여 밀봉 저장한다.
- 사용할 경우 희석제(벤젠, 톨루엔, 헥산 등)로 20~30% 희석하여 위험성을 적게 한다.
- 물과 접촉 시 가연성가스를 발생하므로 주수소화는 절대엄금하고 팽창질석, 팽창진주암 등으로 피복소화한다.
  트리메틸알루미늄(TMA : Tri Methyl Aluminium)
  $$(CH_3)_3Al + 3H_2O \rightarrow Al(OH)_3 + 3CH_4 \uparrow (\text{메탄})$$
  트리에틸알루미늄(TEA : Tri Eethyl Aluminium)
  $$(C_2H_5)_3Al + 3H_2O \rightarrow Al(OH)_3 + 3C_2H_6 \uparrow (\text{에탄})$$

26 간이소화용구의 능력단위

소화약제	용량	능력단위
소화전용 물통	8L	0.3
수조(소화전용 물통 3개 포함)	80L	1.5
수조(소화전용 물통 6개 포함)	190L	2.5
마른 모래(삽 1개 포함)	50L	0.5
팽창질석 또는 팽창진주암(삽 1개 포함)	160L	1.0

27

차광성의 덮개를 해야 하는 것	방수성의 피복으로 덮어야 하는 것
• 제1류 위험물 • 제3류 위험물 중 자연발화성물질 • 제4류 위험물 중 특수인화물 • 제5류 위험물 • 제6류 위험물	• 제1류 위험물 중 알칼리금속의 과산화물 • 제2류 위험물 중 철분, 금속분, 마그네슘 • 제3류 위험물 중 금수성물질

28

위험물(제4류 위험물에 있어서는 특수인화물 및 제1석유류에 한한다)을 운송하게 하는 자는 위험물안전카드를 위험물운송자로 하여금 휴대하게 할 것

29

① Na_2O_2(과산화나트륨) : 제1류의 무기과산화물
② $NaClO_3$(염소산나트륨) : 제1류의 염소산염류
③ NH_4ClO_4(과염소산암모늄) : 제1류의 과염소산염류
④ $HClO_4$(과염소산) : 제6류(산화성액체)

30

- 흑색화약 = 질산칼륨(75%) + 유황(10%) + 목탄(15%) 등을 혼합하여 제조한다.
  $$2KNO_3 + 3C + S \rightarrow K_2S + 3CO_2 + N_2$$
- 질산칼륨(KNO_3) : 제1류(산화성고체)
- 유황(S) : 제2류(가연성고체)

31 적린(P) : 제2류(가연성고체)

- 암적색 분말로서 브롬화인(PBr_3)에 녹고 물, CS_2, 에테르에는 녹지 않는다.
- 적린(P)는 황린(P_4)과 동소체이며 황린보다 안정하다.
- 독성 및 자연발화성이 없다(발화점 : 260℃, 승화점 : 416℃)
- 공기를 차단하고 황린을 260℃로 가열하면 적린이 된다.

  황린(P_4) $\overset{260℃ \, 가열}{\underset{급격히 \, 냉각}{\rightleftarrows}}$ 적린(P)

- 소화 시 다량의 물로 냉각소화한다.

32 제1류 위험물 중 총리령이 정하는 위험물

- 과요오드산염류
- 과요오드산
- 크롬, 납 또는 요오드의 산화물
- 아질산염류
- 차아염소산염류
- 염소화이소시아눌산
- 퍼옥소이황산염류
- 퍼옥소붕산염류
※ 제5류 위험물 중 총리령이 정하는 위험물
   • 금속의 아지화합물
   • 질산구아니딘

33 소화난이도 등급 I의 소화설비

<table>
<tr><th colspan="2">제조소등의 구분</th><th>소화설비</th></tr>
<tr><td rowspan="2">옥
내
저
장
소</td><td>처마 높이가 6m 이상인 단층건물 또는 다른 용도의 부분이 있는 건축물에 설치한 옥내저장소</td><td>스프링클러설비 또는 이동식 외의 물분무 등 소화설비</td></tr>
<tr><td>그 밖의 것</td><td>옥외소화전설비, 스프링클러설비, 이동식 외의 물분무 등 소화설비 또는 이동식 포 소화설비(포소화전을 옥외에 설치하는 것에 한한다.)</td></tr>
</table>

34

- 축합반응 : 2개의 분자가 부가(첨가)반응할 때 물(H_2O)분자가 빠지면서 결합하는 반응으로, 이때 $c-H_2SO_4$은 탈수작용이 촉매역할을 한다.
- 에탄올의 축합반응

$$C_2H_5OH + C_2H_5OH \underset{130 \sim 140\text{℃}}{\overset{c-H_2SO_4}{\rightleftharpoons}} C_2H_5OC_2H_5 + H_2O$$
(에탄올)   (에탄올)   (디에틸에테르) (물)

- 에탄올의 탈수반응

$$C_2H_5OH \underset{160 \sim 180\text{℃}}{\overset{c-H_2SO_4}{\rightleftharpoons}} C_2H_4 + H_2O$$
(에틸렌)

36 트리니트로톨루엔[$C_6H_2CH_3(NO_2)_3$, TNT] : 제5류의 니트로화합물

- 담황색의 주상결정으로 물에 불용, 알코올, 아세톤, 벤젠에 녹는다.
- 폭발력이 강하여 폭약에 사용되며 급격한 타격에 분해폭발한다.

$$2C_6H_2CH_3(NO_2)_3 \rightarrow 2C + 12CO + 3N_2 \uparrow + 5H_2 \uparrow$$

37 과산화나트륨(Na_2O_2) : 제1류의 무기과산화물(금수성)

- 무기과산화물 + 물(H_2O) 또는 이산화탄소(CO_2)
  $\rightarrow$ 산소(O_2) $\uparrow$ 발생

$$2Na_2O_2 + 2H_2O \rightarrow 4NaOH + O_2 \uparrow$$
(수산화나트륨) (산소)

$$2Na_2O_2 + 2CO_2 \rightarrow 2Na_2CO_3 + O_2 \uparrow$$
(탄산나트륨) (산소)

- 소화 시 주수소화는 절대엄금하고 건조사 등으로 질식소화한다(CO_2는 효과 없음).

38 제4류 위험물(인화성액체)

구분	아세톤	이황화탄소	벤젠	산화프로필렌
화학식	CH_3COCH_3	CS_2	C_6H_6	CH_3CHCH_2O
유별	제1석유류	특수인화물	제1석유류	특수인화물
인화점	−18℃	−30℃	−11℃	−37℃
수용성	수용성	비수용성	비수용성	수용성
액비중	0.79	1.26	0.9	0.83

39

과염소산칼륨(제1류 산화성고체)과 가연성고체(제2류)를 혼합 시 가열, 충격, 마찰에 의하여 발화폭발의 위험성은 더욱더 증가한다(혼재 불가).

40 유황(S) : 제2류(가연성고체)

- 동소체로 사방황, 단사황, 고무상황이 있다.
- 물에 녹지 않고 고무상황을 제외하고 CS_2에 잘 녹는 황색 고체이다.
- 공기 중에서 연소 시 푸른빛을 내며 유독한 아황산가스를 발생한다.

$$S + O_2 \rightarrow SO_2$$

- 공기 중에서 분말 상태로 분진폭발의 위험성이 있다.
- 전기의 부도체로서 정전기 발생 시 가열, 충격, 마찰 등에 의해 발화폭발 위험이 있다.
- 고온에서 탄소, 수소, 금속, 할로겐원소 등과 격렬히 발열반응한다.

$$C + 2S \rightarrow CS_2 + 발열$$
$$H_2 + S \rightarrow H_2S \uparrow + 발열$$

- 소화 시 다량의 물로 주수소화한다.

41 포름산(HCOOH, 개미산, 의산) : 제4류 제2석유류(수용성)

- 무색, 강한 산성의 신맛이 나는 자극성 액체이다.
- 물에 잘 녹고 물보다 무거우며(비중 1.2), 인화점 68℃로 유기용제에 잘 녹는다.
- 강한 환원성이 있어 은거울반응, 펠링반응을 한다.
- 소화 시 알코올용포, 다량의 주수소화한다.

42 제4류 위험물의 인화점과 발화점

품명	이황화탄소	산화프로필렌	휘발유	메탄올
인화점	−30℃	−37℃	−43 ~ −20℃	11℃
발화점	100℃	465℃	300℃	464℃
유별	특수인화물	특수인화물	제1석유류	알코올류

43 제5류(자기반응성물질)

자체적으로 산소를 함유하고 있어 질식소화는 효과가 없고, 다량의 물로 주수소화에 의한 냉각소화가 효과적이다.

44 질산칼륨(KNO_3) : 제1류(산화성고체)

- 무색무취의 결정 또는 분말로 산화성이 있다.
- 물, 글리세린 등에 잘 녹고 알코올에는 녹지 않는다.
- 흑색화약(질산칼륨 75%＋유황 10%＋목탄 15%)의 원료로 사용된다.

$$2KNO_3 + 3C + S \rightarrow K_2S + 3CO_2 + N_2$$

- 단독으로는 분해하지 않으나 가열하면 용융분해하여 산소를 발생한다.

$$2KNO_3 \xrightarrow[\triangle]{400℃} 2KNO_2 + O_2 \uparrow$$

- 강산화제이므로 가연성분말(유황), 황린, 나트륨, 에테르, 유기물 등과 혼촉발화의 위험성이 있다.

45 과산화수소(H_2O_2) : 제6류(산화성액체)

- 물, 에탄올, 에테르에 잘 녹고 벤젠에는 녹지 않는다.
- 저장용기에는 구멍있는 마개를 사용하여 발생기 산소를 방출시킨다.
- 과산화수소 36%(중량) 이상만 위험물에 해당된다.
- 일반시판품은 30~40% 수용액으로 분해 시 발생기 산소[O]를 발생하기 때문에 안정제로 인산(H_3PO_4) 또는 요산($C_5H_4N_4O_3$)을 첨가하여 약산성으로 만든다.
- 3~6% 수용액을 옥시풀의 살균제, 표백제로 사용된다.

$$2H_2O_2 \rightarrow 2H_2O + O_2 \uparrow$$

- 강산화제이지만 환원제로도 사용한다.
- 소화 시 다량의 물로 주소소화한다.

46 제6류 위험물(산화성액체)의 액비중

- 과염소산 : 1.76
- 과산화수소 : 1.465
- 질산 : 1.49

※ 제6류 위험물 적용범위
  - 과산화수소 : 농도가 36중량 % 이상인 것
  - 질산 : 비중이 1.49 이상인 것

47 제조소의 안전거리(제6류 위험물은 제외)

건축물	안전거리
사용전압이 7,000V 초과 35,000V 이하	3m 이상
사용전압이 35,000V 초과	5m 이상
주거용(주택)	10m 이상
고압가스, 액화석유가스, 도시가스	20m 이상
학교, 병원, 극장, 복지시설	30m 이상
유형문화재, 지정문화재	50m 이상

48 금속칼륨(K) : 제3류 위험물(금수성)

- 비중이 0.86으로 물보다 가벼운 은백색의 연한 경금속이다.
- 연소 시 보라색 불꽃을 내며 연소한다.

$$4K + O_2 \rightarrow 2K_2O$$

- 물 또는 알코올과 반응 시 수소(H_2)기체를 발생한다.

$$K + 2H_2O \rightarrow 2KOH + H_2 \uparrow$$

$$2K + 2C_2H_5OH \rightarrow 2C_2H_5OK + H_2 \uparrow$$
$$\text{(칼륨에틸레이트)}$$

- 저장은 석유(유동파라핀, 등유, 경유), 벤젠 속에 한다.
- 소화 시 주수소화는 절대엄금하고 건조사 등으로 질식소화한다.

49 위험물 운반용기의 내용적 수납률

- 고체 : 내용적의 95% 이하
- 액체 : 내용적의 98% 이하
- 제3류 위험물(자연발화성물질 중 알킬알루미늄 등) : 내용적의 90% 이하로 하되 50℃에서 5% 이상의 공간용적을 유지할 것

※ 저장탱크의 용량 : 탱크의 내용적－탱크의 공간용적
  저장탱크의 용량범위 : 90~95% 이하

50 메틸알코올(CH_3OH, 목정) : 제4류의 알코올류

- 무색투명한 술 냄새가 나는 휘발성인 액체이다.
- 인화점 11℃, 발화점 464℃, 연소범위 7.3~36%
- 독성이 있어 흡입 시 실명 또는 사망한다.
- 물, 유기용매에 잘 녹고 나트륨과 반응 시 수소기체를 발생한다.

$$2CH_3OH + 2Na \rightarrow 2CH_3ONa + H_2 \uparrow$$
$$\text{(나트륨메톡시드)}$$

※ 에틸알코올 연소범위 : 4.3~19%,
  프로필알코올 연소범위 : 2.1~13.5%

52 제6류 위험물(산화성액체)

성질	위험등급	품명	지정수량
산화성액체	I	• 과염소산($HClO_4$) • 과산화수소(H_2O_2) : 순도 36wt% 이상 • 질산(HNO_3) : 비중 1.49 이상 • 할로겐간 화합물(BrF_3, BrF_5, IF_5 등)	300kg

53 질산(HNO_3) : 제6류(산화성액체)

• 질산은 산화력이 강한 산성으로서 직사광선에 분해하여 황갈색의 유독성인 이산화질소($NO_2\uparrow$)를 발생시킨다.

$$4HNO_3 \rightarrow 2H_2O + 4NO_2\uparrow + O_2\uparrow$$

• 보관 시 갈색병에 넣어 통풍이 양호한 냉암소에 보관한다.

54 제2류 위험물(가연성고체)

성질	위험등급	품명	지정수량
가연성고체	II	1. 황화린(P_4S_3, P_2S_5, P_4S_7) 2. 적린(P) 3. 유황(S)	100kg
	III	4. 철분(Fe) 5. 금속분(Al, Zn) 6. 마그네슘(Mg)	500kg
		7. 인화성 고체(고형알코올)	1,000kg

55 저장탱크의 용량＝탱크의 내용적－탱크의 공간용적

• 저장탱크의 용량범위 : 90~95% 이하
• 탱크의 공간용적 : 5%~10% 이하

56

알칼리금속(K, Na)＋알코올 → 수소($H_2\uparrow$)기체 발생

$$2K + 2C_2H_5OH \rightarrow 2C_2H_5OK + H_2\uparrow$$
(칼륨에틸레이트)

57 옥외저장탱크의 펌프설비 기준

• 펌프설비의 주위에는 너비 3m 이상의 공지를 보유할 것
• 펌프설비로부터 옥외저장탱크까지의 사이에는 당해 옥외저장탱크의 보유공지 너비의 1/3 이상의 거리를 유지할 것
• 펌프실의 창 및 출입구에는 갑종방화문 또는 을종방화문을 설치할 것

• 펌프실의 바닥의 주위에는 높이 0.2m 이상의 턱을 만들고 바닥은 콘크리트 등 위험물이 스며들지 아니하는 재료로 적당히 경사지게 하여 그 최저부에는 집유설비를 설치할 것
• 펌프실 외의 장소에 설치하는 펌프설비에는 그 직하의 지반면의 주위에 높이 0.15m 이상의 턱을 만들고 당해 지반면은 콘크리트 등 위험물이 스며들지 아니하는 재료로 적당히 경사지게 하여 그 최저부에는 집유설비를 할 것, 이 경우 제4류 위험물(온도 20℃의 물 100g에 용해되는 양이 1g 미만인 것에 한한다)을 취급하는 펌프설비에 있어서는 당해 위험물이 직접 배수구에 유입하지 아니하도록 집유설비에 유분리장치를 설치하여야 함

※ 알코올류는 수용성이므로 집유설비에 유분리장치를 만들 필요가 없다.

58 제5류 위험물의 지정수량

• 유기과산화물 : 10kg, 히드록실아민 : 100kg
• 지정수량의 배수의 합

$$= \frac{A품목의\ 저장수량}{A품목의\ 지정수량} + \frac{B품목의\ 저장수량}{B품목의\ 지정수량} + \cdots\cdots$$

$$= \frac{30kg}{10kg} + \frac{500kg}{100kg} = 8배$$

59 금속분(제2류 위험물)

• 알칼리금속·알칼리토금속·철 및 마그네슘외의 금속의 분말
• 구리분·니켈분 및 150μm의 체를 통과하는 것이 50 중량% 미만인 것은 제외

60 아세톤(CH_3COCH_3) : 제4류 제1석유류(수용성)

• 인화점 －18℃, 발화점 538℃, 비중 0.79, 연소범위 2.6~12.8%, 비점 56.6℃

$$증기비중 = \frac{분자량}{공기의\ 평균\ 분자량(29)}$$

$$= \frac{58}{29} = 2(공기보다\ 무거움)$$

• 무색, 독특한 냄새가 나는 휘발성액체로 보관 중 황색으로 변한다.
• 물, 알코올, 에테르, 가솔린 등의 유기용제에 잘 녹는다.
• 탈지작용, 요오드포름반응, 아세틸렌용제에 사용한다.
• 직사광선에 의해 폭발성과산화물을 생성한다.
• 소화 시 알코올포, 다량의 주수로 희석소화한다.

위험물기능사 필기 모의고사 ❻ 정답 및 해설

정답

01	②	02	②	03	③	04	②	05	①	06	④	07	①	08	③	09	①	10	②
11	①	12	③	13	③	14	②	15	①	16	③	17	③	18	③	19	④	20	④
21	③	22	④	23	④	24	③	25	②	26	④	27	②	28	①	29	②	30	③
31	③	32	④	33	④	34	②	35	④	36	③	37	③	38	①	39	④	40	③
41	②	42	④	43	②	44	②	45	③	46	①	47	①	48	②	49	③	50	③
51	②	52	④	53	②	54	①	55	②	56	①	57	③	58	④	59	②	60	①

해설

01
식용유화재 시 식용유(기름)와 제1종 분말 소화약제인 탄산수소나트륨(NaHCO₃)과 반응하면 비누화반응이 일어나 비누(지방산금속염)가 만들어지면서 거품이 생성된다. 이 거품이 식용유를 덮어서 질식소화가 나타난다.

02 제6류 위험물(산화성액체)의 지정수량 : 300kg
• 지정수량의 배수의 총합

$$= \frac{A품목의\ 저장수량}{A품목의\ 지정수량} + \frac{B품목의\ 저장수량}{B품목의\ 지정수량} + \cdots\cdots$$

$$= \frac{150kg}{300kg} + \frac{420kg}{300kg} + \frac{300kg}{300kg} = 2.9배$$

03 제5류 위험물(자기반응성물질)
• 니트로화합물 : 트리니트로페놀(피크르산), 트리니트로톨루엔(TNT), 테트릴
• 질산에스테르류 : 니트로셀룰로오스

04 제2류 위험물(가연성고체)
• 적린(P)은 연소 시 유독성인 오산화인(P₂O₅)을 발생한다.

$$4P + 5O_2 \rightarrow 2P_2O_5 (백색\ 연기)$$

• 마그네슘과 산 또는 수증기와 반응 시 고열과 함께 가연성의 수소(H₂↑)기체를 발생한다.

$$Mg + 2HCl \rightarrow MgCl_2 + H_2 \uparrow$$
$$Mg + 2H_2O \rightarrow Mg(OH)_2 + H_2 \uparrow$$

• 가루 상태의 유황은 공기 중에서 분진폭발의 위험이 있다.

05
① 적린(제2류)과 황린(제3류) : 혼재 불가
② 질산염류(제1류)와 질산(제6류)
③ 칼륨(제3류)과 특수인화물(제4류)
④ 유기과산화물(제5류)과 유황(제2류)
※ 유별을 달리하는 위험물의 혼재기준(꼭 암기)
  • ①과 ⑥
  • ④와 ②, ③
  • ⑤와 ②, ④

06 제6류 위험물(산화성액체)
• 질산(HNO_3)의 비점 : 86℃
• 과염소산($HClO_4$)의 비점 : 130℃

07 가연물이 되기 쉬운 조건
• 산소와 친화력이 클 것
• 발열량이 클 것(발열반응)
• 표면적(접촉면적)이 클 것
• 열전도율이 적을 것(열축적)
• 활성화 에너지가 적을 것
• 연쇄반응을 일으킬 것

08

종별	약제명	화학식	색상	적응화재
제1종	탄산수소 나트륨	$NaHCO_3$	백색	B, C급
제2종	탄산수소칼륨	$KHCO_3$	담자(회)색	B, C급
제3종	제1인산 암모늄	$NH_4H_2PO_4$	담홍색	A, B, C급
제4종	탄산수소칼륨 +요소	$KHCO_3$ $+(NH_2)_2CO$	회(백)색	B, C급

09 정전기 제거방법

보기 ②, ③, ④ 이외에
- 유속을 1m/s 이하로 유지할 것
- 제진기를 설치할 것

10 물이 소화약제로 사용되는 이유(냉각소화)

- 물의 기화열(539kcal/kg)과 비열(1kcal/kg · ℃)이 크다.
- 쉽게 구할 수 있고 취급이 간편하다.
- 펌프, 호스 등으로 이송이 용이하고 경제적이다.

11 전기화재에 적응성이 있는 소화설비

- 물분무 소화설비
- 불활성가스(CO_2) 소화설비
- 할로겐화합물 소화설비
- 인산염류분말 소화설비
- 탄산수소염류 분말 소화설비

12

하나의 경계구역의 한 변의 길이는 50m(광전식 분리형 감지기를 설치할 경우에는 100m) 이하로 한다.

13 할론 1301(CF_2Br)

- 분자량 : 12+19×3+80=149
- 증기비중 $= \dfrac{분자량}{공기의 \ 평균 \ 분자량(29)}$

  $= \dfrac{149}{29} ≒ 5.14$

> **참고**
>
> 할론 소화약제 명명법
>
> 할론 1 3 0 1
>
> C 원자수 ┘   └ Br 원자수
> F 원자수 ──────── Cl 원자수

14 니트로셀룰로오스[$C_6H_7O_2(ONO_2)_3]_n$: 제5류(자기반응성)

- 직사광선, 산, 알칼리에 분해하여 자연발화한다.
- 질화도(질소함유물)가 클수록 분해도, 폭발성이 증가한다.
- 장기간 보관 시 자연발화 위험성이 증가하므로 저장, 운반 시 물(20%) 또는 알코올(30%)로 습윤시킨다.
- 건조된 상태에서 타격, 마찰 등에 의해 폭발 위험성이 있다.
- 강산화제, 유기과산화물류 등과 혼촉 시 발화폭발한다.

15 제3류 위험물(금수성)에 적응성이 있는 소화약제

- 탄산수소염류
- 마른 모래(건조사)
- 팽창질석 또는 팽창진주암

17 제5류 위험물(자기반응성물질)의 소화

- 자체적으로 산소를 함유하고 있으므로 질식소화는 효과가 없다.
- 다량의 물로 주수소화에 의한 냉각소화가 가장 효과적이다(물분무 소화설비).

18 연소의 형태

- 표면연소 : 숯, 목탄, 코크스, 금속분 등
- 분해연소 : 석탄, 종이, 목재, 플라스틱, 중유 등
- 증발연소 : 황, 파라핀(양초), 나프탈렌, 휘발유, 등유 등 제4류 위험물
- 자기연소(내부연소) : 니트로셀룰로오스, 피크르산 등 제5류 위험물
- 확산연소 : 수소, 아세틸렌, LPG, LNG 등 가연성기체

19

- 국소방식 배출설비의 배출능력은 1시간당 배출장소 용적의 20배 이상으로 할 것
- 전역방식 배출설비의 배출능력은 바닥면적 $1m^2$당 $18m^3$ 이상으로 할 것

20 산화성물질 : 제1류(산화성고체)와 제6류(산화성액체)

① 무기과산화물, ③ 질산염류 : 제1류 위험물
② 과염소산 : 제6류 위험물
④ 마그네슘 : 제2류 위험물(가연성고체)

21

$Q=m\cdot c\cdot \varDelta t, \quad Q=m\cdot r$

$\begin{bmatrix} Q : 열량(kcal) & \qquad m : 질량(kg) \\ C : 비열(kcal/kg\cdot ℃) & \qquad \varDelta t : 온도차(℃) \\ r : 기화잠열(kcal/kg) \\ 물의 기화잠열(539kcal/kg) \\ 물의 비열(1kcal/kg\cdot ℃) \end{bmatrix}$

$Q=m\cdot C\cdot \varDelta t+m\cdot r$

$\quad =[100kg\times 1kcal/kg\cdot ℃\times (100-20)℃]$
$\qquad +(100kg\times 540kcal/kg)$
$\quad =62,000kcal$

22 브롬산암모늄(NH_4BrO_3)

제1류의 브롬산염류

23 과산화나트륨(Na_2O_2) : 제1류 중 무기과산화물

· 조해성이 강하고 알코올에는 녹지 않는다.
· 물 또는 공기 중 이산화탄소와 반응 시 산소를 발생한다.

$\quad 2Na_2O_2+2H_2O \rightarrow 4NaOH+O_2\uparrow$
$\quad 2Na_2O_2+2CO_2 \rightarrow 2Na_2CO_3+O_2\uparrow$

· 열분해 시 산소를 발생한다.

$\quad 2Na_2O_2 \rightarrow 2Na_2O+O_2\uparrow$

· 산과 반응 시 과산화수소(H_2O_2)를 발생한다.

$\quad Na_2O_2+2HCl \rightarrow NaCl+H_2O_2$

· 주수소화엄금, 건조사 등으로 질식소화한다(CO_2는 효과 없음).

24 보일 오버(Boil over)

탱크 바닥의 물이 비등하여 부피 팽창으로 유류가 넘쳐 연소하는 현상이다. 여기에 다량의 냉각수(물)을 첨가하는 것은 유류화재를 더욱더 확대시키는 위험한 소화방법이다.

25 간이탱크저장소

· 하나의 간이탱크저장소에 설치하는 간이저장탱크는 그 수를 3 이하로 할 것(단, 동일 품질의 위험물의 탱크는 2 이상 설치하지 않을 것)
· 간이저장탱크 용량은 600L 이하일 것
· 간이저장탱크는 3.2mm 이상의 강판을 사용할 것
· 70KPa의 압력으로 10분간 수압시험을 실시하여 이상이 없을 것
· 통기관의 지름은 25mm 이상, 선단의 높이는 지상 1.5m 이상으로 할 것

26 과염소산암모늄(NH_4ClO_4) : 제1류(산화성고체)

· 무색무취의 결정 또는 백색 분말로 조해성이 있다.
· 물, 알코올, 아세톤에 잘 녹고 에테르에는 녹지 않는다.
· 130℃에서 분해 시작, 300℃에서 급격히 분해한다.

$\quad 2NH_4ClO_4 \rightarrow N_2\uparrow +Cl_2\uparrow +2O_2\uparrow +4H_2O$

27 메틸알코올(CH_3OH) : 제4류 알코올류 지정수량 400L

$\therefore 400L\times 0.8kg/L=320kg$

28 위험물 지정수량

① 황화린 : 제2류 – 100kg
② 마그네슘 : 제2류 – 500kg
③ 알킬알루미늄 : 제3류 – 10kg
④ 황린 : 제3류 – 20kg

29 제4류 위험물의 정의 및 지정품목(1기압에서)

· 특수인화물(이황화탄소, 에테르) : 발화점 100℃ 이하, 인화점 –20℃ 이하, 비점 40℃ 이하
· 제1석유류(아세톤, 휘발유) : 인화점 21℃ 미만
· 알코올류(메틸알코올, 에틸알코올, 프로필알코올) : C_1~C_3 까지 포화1가 알코올(변성알코올 포함)
· 제2석유류(등유, 경유) : 인화점 21℃ 이상 70℃ 미만
· 제3석유류(중유, 크레오소트유) : 인화점 70℃ 이상 200℃ 미만
· 제4석유류(기어유, 실린더유) : 인화점 200℃ 이상 250℃ 미만
· 동식물유류 : 동물의 지육 등 또는 식물의 종자나 과육으로부터 추출한 것으로서 인화점이 250℃ 미만인 것

※ 석유류의 분류는 인화점으로 한다.

30 자동화재탐지설비 일반점검표

점검항목	점검내용	점검방법	결과	비고
수신기	변형, 손상의 유무	육안		
	표시의 적부	육안		
	경계구역 알람도의 적부	육안		
	기능의 적부	작동확인		

31

- 벤젠(C_6H_6)분자량 $=12\times6+1\times6=78g/mol$
- $C_6H_6+7.5O_2 \rightarrow 6CO_2+3H_2O$

$$78kg \ \overset{:}{\longleftarrow} \ \ 6\times22.4m^3$$
$$1kg \ \ \ : \ \ \ x$$

$$x=\frac{1\times6\times22.4}{2}=1.72m^3 \text{(표준 상태 : 0℃, 1기압)}$$

- 0℃, 1기압 $=760mmHg$, $1.72m^3$을 27℃, 750mmHg으로 환산하면,

보일샤를 법칙 : $\dfrac{PV}{T}=\dfrac{P'V'}{T'}$ 을 이용하여

$$\frac{760\times1.72}{(273+0)}=\frac{750\times V'}{(273+27)}$$

$$\therefore V'=\frac{760\times1.7\times300}{273\times750}=1.92m^3$$

32 디에틸에테르($C_2H_5OC_2H_5$) : 제4류의 특수인화물

- 무색, 휘발성이 강한 액체로서 특유한 향과 마취성이 있다.
- 인화점 $-45℃$, 발화점 180℃, 연소범위 1.9~48% 증기비중 2.6
- 물에 녹지 않고 알코올에 잘 녹는다.
- 공기 중에서 직사광선에 장시간 노출 시 과산화물을 생성한다.
- 정전기 발생방지제로 소량의 염화칼슘($CaCl_2$)을 넣어서 갈색병의 냉암소에 보관한다.
- 소화 시 CO_2로 질식소화한다.

33

- 원형(횡형) 탱크 내용적(V)

$$V=\pi r^2\times\left[l+\frac{l_1+l_2}{3}\right] \ \ \begin{bmatrix} V:(m^3) & l:15m \\ r:5m & l_1, l_2:3m \end{bmatrix}$$

$$=\pi\times5^2\times\left[15+\frac{3+3}{3}\right]$$

$$=1,335.1m^3$$

- 탱크의 용량 $=$ 탱크의 내용적 $\times0.9$

$$=1,335.1\times0.9$$
$$=1,201.59m^3$$

※ 저장탱크의 용량 = 탱크의 내용적 - 탱크의 공간용적
저장탱크의 용량범위 : 90~95%

34

- 제5류 : 질산메틸(질산에스테르류)
- 제1류 : 질산은(질산염류), 무수크롬산(크롬의 산화물), 질산암모늄(질산염류)

35 제3류 위험물(자연발화성, 금수성)

분류	나트륨 (Na)	황린 (P_4)	트리에틸알루미늄 $[(C_2H_5)_3Al]$
상태	고체	고체	액체
금수성	있음	없음	있음
자연발화성	있음	있음	있음

36 니트로셀룰로오스$[C_6H_7O_2(ONO_2)_3]n$: 제5류(자기반응성물질)

자연발화폭발 위험성을 방지하기 위해 저장 및 운반 시 안정제로 물(20%) 또는 알코올(30%)로 습윤시킨다.

37 등유(케로신) : 제4류 제2석유류(인화성액체)

- 인화점 30~60℃, 발화점 254℃, 증기비중 4~5
- 탄소수가 C_9~C_{18}가 되는 포화, 불포화탄화수소의 혼합물이다.
- 물에 불용ㆍ증기는 공기보다 무겁고 전기의 부도체이므로 정전기 발생에 주의한다.
- 소화 시 포ㆍ분말ㆍCO_2ㆍ할론 소화약제 등에 의한 질식소화한다.

38 벤조일퍼옥사이드(BPO)$[(C_6H_5CO)_2O_2]$: 제5류(자기반응성물질)

- 무색, 무취의 백색 분말 또는 결정이다(비중 1.33, 발화점 125℃, 녹는점 103~105℃).
- 물에 불용, 유기용제(에테르, 벤젠 등)에 잘 녹는다.
- 희석제와 물을 사용하여 폭발성을 낮출 수 있다. [희석제 : 프탈산디메틸(DMP), 프탈산디부틸(DBP)]
- 운반 시 30% 이상의 물과 희석제를 첨가하여 안전하게 운송한다.
- 저장온도는 40℃ 이하에서 직사광선을 피하고 냉암소에 보관한다.

39

1. 게시판 설치기준
   - 기재사항 : 위험물의 유별ㆍ품명, 저장최대수량, 취급최대수량, 지정수량의 배수, 안전관리자의 성명(직명)
   - 게시판의 크기 : 0.3m 이상×0.6m 이상
   - 게시판의 색상 : 백색 바탕에 흑색 문자
2. 주의사항표시게시판(크기 : 0.3m×0.6m 이상)

위험물의 종류	주의사항	게시판의 색상
제1류 중 알칼리금속 과산화물 제3류 중 금수성물질	물기엄금	청색 바탕에 백색 문자
제2류(인화성고체는 제외)	화기주의	적색 바탕에 백색 문자
제2류 중 인화성고체 제3류 중 자연발화성물품 제4류 위험물 제5류 위험물	화기엄금	

40 아세트알데히드 등을 취급하는 제조소의 특례

• 취급하는 설비는 은(Ag), 수은(Hg), 동(Cu), 마그네슘(Mg) 또는 이들의 합금으로 만들지 않을 것
• 취급하는 설비에는 연소성혼합기체의 생성 시 폭발을 방지하기 위한 불활성기체 또는 수증기를 봉입하는 장치를 갖출 것

41 제4류 위험물(인화성액체)의 분자식

① 아세톤(CH_3COCH_3) : 탄소수 3개 – 제1석유류
② 톨루엔($C_6H_5CH_3$) : 탄소수 7개 – 제1석유류
③ 아세트산(CH_3COOH) : 탄소수 2개 – 제2석유류
④ 이황화탄소(CS_2) : 탄소수 1개 – 특수인화물

42 휘발유(가솔린, $C_5H_{12}{\sim}C_9H_{20}$) : 제4류, 제1석유류

• 순수한 것은 무색투명한 휘발성 액체로서 물에 녹지 않고 유기용제에 잘 녹는다.
• 주성분은 $C_5{\sim}C_9$의 포화, 불조화탄화수소의 혼합물이며, 비전도성이므로 정전기 축적에 주의한다.
• 인화점 $-43{\sim}-20℃$, 발화점 300℃, 연소범위 1.4~7.6%, 증기비중 3~4
• 옥탄가를 높여 연소성 향상을 위해 사에틸납[$(C_2H_5)_4Pb$]을 첨가시켜 오렌지 또는 청색으로 착색한다(노킹현상 억제).
• 소화 시 : 포(대량일 때), CO_2, 할로겐화합물, 분말 등으로 질식소화한다.

43 피크르산[$C_6H_2(NO_2)_3OH$, 트리니트로페놀(TNP)] : 제5류의 니트로화합물

황산촉매 하에 페놀과 질산을 니트로화반응시켜 제조한다.

$$C_6H_5OH + 3HNO_3 \xrightarrow[\text{(탈수작용)}]{\text{c-}H_2SO_4\text{(진한 황산)}}$$
(페놀)　　(질산)

$$C_6H_2(NO_2)_3OH + 3H_2O$$
(트리니트로톨루엔)　(물)

44 과산화수소(H_2O_2) : 제6류(산화성액체)

• 위험물 적용대상 : 농도가 36중량% 이상일 것
• 강산화제로서 촉매로 이산화망간(MnO_2)을 사용 시 분해가 촉진되어 산소의 발생이 증가한다.

$$2H_2O \xrightarrow[\text{촉매}]{MnO_2} 2H_2O + O_2\uparrow$$

• 일반시판품은 30~40%의 수용액으로 분해하기 쉽다.
• 과산화수소 3%의 수용액은 옥시풀(소독약)로 사용한다.
• 알칼리용액에서는 급격히 분해되나 약산성에서는 분해가 잘 된다. 그러므로 직사광선을 피하고 분해방지제(안정제)로 인산, 요산을 가한다.
• 분해 시 발생되는 산소를 방출하기 위하여 용기에 작은 구멍이 있는 마개를 사용한다.

45 금속나트륨(Na) : 제3류(자연발화성, 금수성)

• 은백색의 광택 있는 무른 경금속으로 물보다 가볍다 (비중 0.97).
• 공기 중에서 연소 시 노란색 불꽃을 내면서 연소한다.

$$4Na + O_2 \rightarrow 2Na_2O(회백색)$$

• 물 또는 알코올과 반응하여 수소($H_2\uparrow$)기체를 발생한다.

$$2Na + 2H_2O \rightarrow 2NaOH + H_2\uparrow$$
$$2Na + 2C_2H_5OH \rightarrow 2C_2H_5ONa + H_2\uparrow$$

• 보호액으로 석유(유동파라핀, 등유, 경유), 벤젠 속에 저장한다.
• 소화 시 주수소화는 엄금하고 건조사 등으로 질식소화한다.

> **참고**
>
> 불꽃반응색상
>
> | 품명 | 칼륨(K) | 나트륨(Na) | 리튬(Li) | 칼슘(Ca) |
> |---|---|---|---|---|
> | 불꽃색상 | 보라색 | 노란색 | 적색 | 주홍색 |

46 운송책임자의 감독·지원을 받아 운송하는 위험물

알킬알루미늄, 알킬리튬

47 이격거리

• 옥내저장탱크와 탱크전용실 벽의 사이 : 0.5m 이상
• 옥내저장탱크의 상호간 : 0.5m 이상

48 밸브 없는 통기관 설치기준

• 직경 : 30mm 이상으로 할 것

- 선단은 수평으로부터 45° 이상 구부려 빗물 등의 침투를 막는 구조로 할 것
- 가는 눈의 구리망 등으로 인화방지망을 설치할 것

49 위험물 운반용기의 외부표시사항

- 위험물의 품명, 위험등급, 화학명 및 수용성(제4류 위험물의 수용성인 것에 한함)
- 위험물의 수량
- 위험물에 따른 주의사항

유별	구분	주의사항
제1류 위험물 (산화성액체)	알칼리금속의 과산화물	화기·충격주의, 물기엄금 및 가연물접촉주의
	그 밖의 것	화기·충격주의 및 가연물접촉주의
제2류 위험물 (가연성고체)	철분·금속분·마그네슘	화기주의 및 물기엄금
	인화성고체	화기엄금
	그 밖의 것	화기주의
제4류 위험물	인화성액체	화기엄금
제5류 위험물	자기반응성물질	화기엄금 및 충격주의
제6류 위험물	산화성액체	가연물접촉주의

50 염의 정의＝금속(NH_4^+)＋산의 음이온

- 질산염＝금속(NH_4^+)＋질산의 음이온(NO_3^-)
  질산은($AgNO_3$), 질산암모늄(NH_4NO_3), 질산나트륨($NaNO_3$), 질산칼륨(KNO_3) 등
- 질산섬유소 : 제5류의 질산에스테르류(니트로셀룰로오스임)

51 질산(HNO_3)

제6류(산화성액체) [비중이 1.49 이상]

52 제2류 위험물의 지정수량(가연성고체)

- 황화린, 적린, 유황 : 100kg
- 철분, 금속분, 마그네슘 : 500kg
- 인화성고체 : 1000kg

53 벤젠(C_6H_6) : 제4류 제1석유류(인화성액체)

- 무색투명한 방향성 및 휘발성이 강한 액체이다.
- 공명구조의 안정된 π결합이 있어 부가(첨가)반응보다 치환반응이 더 잘 일어난다.
- 물에 녹지 않고 알코올, 에테르, 아세톤에 잘 녹는다.
- 인화점 $-11℃$, 착화점 $562℃$, 융점 $5.5℃$

(가솔린의 인화점 : $-43 \sim -20℃$)
- 증기는 마취성과 독성이 있다.

54 칼륨(K) : 제3류(자연발화성, 금수성)

- 물과 반응하여 수소(H_2)기체를 발생한다.
  $$2K+2H_2O \rightarrow 2KOH+H_2\uparrow$$
- 알코올과 반응하여 수소(H_2)기체를 발생한다.
  $$2K+2C_2H_5OH \rightarrow 2C_2H_5OK+H_2\uparrow$$
  (칼륨에틸레이트)

55 제4류 위험물의 인화점

품명	아세톤	디에틸에테르	부틸알코올	메칠알코올
화학식	CH_3COCH_3	$C_2H_5OC_2H_5$	$CH_3(CH_2)_3OH$	CH_3OH
인화점	$-18℃$	$-45℃$	$37℃$	$11℃$

56

적린(P) : 제2류(가연성고체)

57

① CaC_2(탄화칼슘, 카바이트) : 제3류(금수성)
② S(유황) : 제2류(가연성고체)
③ P_2O_5(오산화인) : 인의 연소생성물
- 적린(P) : $4P+5O_2 \rightarrow 2P_2O_5$(백색 연기)
- 황린(P_4) : $P_4+5O_2 \rightarrow 2P_2O_5$(백색 연기)
④ K(금속칼륨) : 제3류(자연발화성, 금수성)

58 톨루엔($C_6H_5CH_3$) : 제4류 제1석유류(인화성액체)

- 무색투명한 액체로서 특유한 냄새가 난다.
- 인화점 4℃, 발화점 552℃
- 마취성, 독성, 휘발성이 있는 가연성액체이다.
- 물에 녹지 않고 알코올, 벤젠, 에테르 등에 잘 녹는다.
- TNT폭약 원료에 사용된다.

59 지정수량 10배 이상의 위험물을 저장하는 제조소에 설치해야 하는 경보설비

자동화재탐지설비, 비상경보설비, 확성장치, 비상방송설비 중 1종 이상

60

- 위험등급 Ⅰ : 무기과산화물(제1류)
- 위험등급 Ⅱ : 황화린, 적린, 유황(제2류)
- 위험등급 Ⅲ : 제1석유류, 알코올류(제4류)

위험물기능사 필기 모의고사 ❼ 정답 및 해설

정답

01	②	02	①	03	①	04	④	05	④	06	①	07	①	08	④	09	③	10	③
11	②	12	②	13	④	14	②	15	②	16	①	17	①	18	③	19	④	20	②
21	①	22	③	23	③	24	②	25	①	26	③	27	②	28	④	29	②	30	①
31	③	32	②	33	④	34	④	35	②	36	②	37	②	38	②	39	④	40	②
41	①	42	③	43	①	44	②	45	②	46	②	47	②	48	④	49	②	50	②
51	④	52	④	53	①	54	④	55	②	56	②	57	①	58	②	59	①	60	④

해설

01 과산화나트륨(Na_2O_2) : 제1류의 무기과산화물
(산화성고체)
- 물 또는 공기 중 이산화탄소와 반응 시 산소를 발생
한다.
  $$Na_2O_2 + 2H_2O \rightarrow 4NaOH + O_2 \uparrow$$
  $$2Na_2O_2 + 2CO_2 \rightarrow 2Na_2CO_3 + O_2 \uparrow$$
- 주수소화엄금, 건조사 등으로 질식소화한다(CO_2는
효과 없음).

02 자동화재탐지설비를 설치해야 할 위험물 제조소등
- 연면적 500m² 이상의 제조소 및 일반취급소
- 옥내에서 지정수량의 100배 이상을 저장·취급하는
제조소, 일반취급소·옥내 저장소(고인화점 위험물
만을 100℃ 미만의 온도에서 취급 시는 제외)

03 제3종 분말 소화약제($NH_4H_2PO_4$)의 열분해반응식
$$NH_4H_2PO_4 \rightarrow \underline{NH_3} + \underline{H_2O} + HPO_3$$
[1 → 1 : 1 : 1]

04 탱크안전성능검사의 대상이 되는 탱크(령 제8조)
① 기초·지반검사 : 옥외탱크저장소의 액체위험물탱크
중 그 용량이 100만 리터 이상인 탱크
② 충수·수압검사 : 액체위험물을 저장 또는 취급하는
탱크
③ 용접부검사 : ①의 규정에 의한 탱크
④ 암반탱크검사 : 액체위험물을 저장 또는 취급하는
암반 내의 공간을 이용한 탱크

05 제3류 위험물의 금수성물질에 적응성 있는 소화기
- 탄산수소염류 분말
- 마른 모래
- 팽창질석 또는 팽창진주암

06
- 제5류(자기반응성물질)는 자체적으로 산소를 함유하
고 있는 물질이므로 질식소화는 효과 없고, 다량의 주
수에 의한 냉각소화가 가장 효과적이다.
- 물(水)계통의 소화설비 : 옥내, 옥외소화전설비, 스프
링클러설비, 물분무소화전설비, 포소화전설비

07

화재분류	종류	색상	소화방법	가연물
A급	일반화재	백색	냉각소화	플라스틱, 목재, 섬유
B급	유류 및 가스화재	황색	질식소화	석유류, LPG, LNG
C급	전기화재	청색	질식소화	변전실, 전산실
D급	금속화재	무색	피복소화	Na, K, Al, Zn
F(K)급	식용유화재	—	냉각·질식소화	식용유

08 간이소화용구의 능력단위

소화약제	용량	능력단위
소화전용 물통	8L	0.3
수조(소화전용 물통 3개 포함)	80L	1.5
수조(소화전용 물통 6개 포함)	190L	2.5
마른 모래(삽 1개 포함)	50L	0.5
팽창질석 또는 팽창진주암(삽 1개 포함)	160L	1.0

09

- 제1류 위험물(알칼리금속의 과산화물 또는 이를 함유한 것을 제외)과 제5류 위험물을 저장하는 경우
- 제1류 위험물과 제6류 위험물을 저장하는 경우
- 제1류 위험물과 제3류 위험물 중 자연발화성물질(황린 또는 이를 함유한 것에 한함)을 저장하는 경우
- 제2류 위험물 중 인화성고체와 제4류 위험물을 저장하는 경우
- 제3류 위험물 중 알킬알루미늄 등과 제4류 위험물(알킬알루미늄 또는 알킬리튬을 함유한 것에 한함)을 저장하는 경우
- 제4류 위험물과 제5류 위험물 중 유기과산화물 또는 이를 함유한 것을 저장하는 경우

10 제6류(산화성액체)의 적응성이 있는 소화설비

- 옥내소화전설비
- 옥외소화전설비
- 포소화전설비
- 물분무소화전설비
- 스프링클러설비(다량의 주수에 의한 냉각소화)

11

피난설비를 설치하여야 하는 제조소등 건축물의 2층 이상의 부분을 점포·휴게음식점 또는 전시장의 용도로 사용하는 것에 있어서는 당해 건축물의 2층 이상으로부터 직접 주유취급소의 부지 밖으로 통하는 출입구와 당해 출입구로 통하는 통로·계단 및 출입구에 유도등을 설치해야 한다.

12

종별	약제명	화학식	색상	적응화재
제1종	탄산수소나트륨	$NaHCO_3$	백색	B, C급
제2종	탄산수소칼륨	$KHCO_3$	담자(회)색	B, C급
제3종	제1인산암모늄	$NH_4H_2PO_4$	담홍색	A, B, C급
제4종	탄산수소칼륨 + 요소	$KHCO_3$ + $CO(NH_2)_2$	회색	B, C급

13 연소의 3요소 : 가연물, 산소공급원, 점화원

① 과염소산(제6류) : 불연성물질(가연물이 아님)
② 마그네슘분말, 수소 : 가연물, 연소열 : 점화원
③ 아세톤, 수소 : 가연물
④ 불꽃(점화원), 아세톤(가연물), 질산암모늄(산소공급원)

※ 질산암모늄(제1류)은 분해 시 산소를 발생시킨다.

$$2NH_4NO_3 \xrightarrow{\Delta} 4H_2O + 2N_2\uparrow + O_2\uparrow$$

14 이상기체 상태방정식

$$PV = nRT = \frac{W}{M}RT$$

$$\begin{bmatrix} P : 압력(atm) & V : 부피(L) \\ n : 몰수(mol) & M : 분자량(g/mol) \\ W : 질량(g) & \\ R : 기체상수\ 0.082(atm \cdot L/mol \cdot K) \\ T : 절대온도(273 + ℃)[K] \end{bmatrix}$$

$$V = \frac{WRT}{PM} = \frac{1,000 \times 0.082 \times (273+25)}{2 \times 44} ≒ 278L$$

15 제2종 분말 소화약제($KHCO_3$)

질식효과 + 냉각효과

16 물분무등 소화설비

물분무 소화설비·미분무 소화설비·포 소화설비·이산화탄소 소화설비·할로겐화합물 소화설비·청정 소화약제 소화설비·분말 소화설비·강화액 소화설비

17 위험물이 2가지 이상의 성상을 가지는 복수성상 물품일 경우 유별 분류기준

- 산화성고체(1류) + 가연성고체(2류) ⇒ 제2류
- 산화성고체(1류) + 자기반응성물질(5류) ⇒ 제5류
- 가연성고체(2류) + 자연발화성물질 및 금수성물질(3류) ⇒ 제3류
- 자연발화성물질 및 금수성물질(3류) + 인화성액체(4

류) ⇒ 제3류

• 인화성액체(4류)＋자기반응성물질(5류) ⇒ 제5류

※ 복수성상 유별 우선순위 : 제1류＜제2류＜제4류＜제3류＜제5류

18 자동화재탐지설비의 설치기준

• 경계구역은 건축물이 2 이상의 층에 걸치지 아니하도록 할 것

• 하나의 경계구역의 면적은 500m² 이하이면 당해 경계구역이 2개의 층을 하나의 경계구역으로 할 수 있음

• 하나의 경계구역의 면적은 600m² 이하로 하고, 그 한 변의 길이는 50m(광전식 분리형 감지기를 설치할 경우에는 100m) 이하로 할 것

• 하나의 경계구역의 주된 출입구에서 그 내부의 전체를 볼 수 있는 경우에 있어서는 그 면적은 1,000m² 이하로 할 수 있다.

• 자동화재탐지설비에는 비상전원을 설치할 것

19 탄화칼슘(CaC₂, 카바이트) : 제3류(금수성)

• 물과 반응하여 수산화칼슘과 아세틸렌가스를 발생한다.

$$CaC_2 + 2H_2O \rightarrow Ca(OH)_2 + C_2H_2 \uparrow$$

• 아세틸렌(C_2H_2)가스의 폭발범위는 2.5~81%로 매우 넓어 위험성이 크다.

• 소화 시 마른 모래 등으로 피복소화한다(주수 및 포는 절대엄금).

20 옥외저장소 중 덩어리 상태의 유황만을 지반면에 설치한 경계표시의 안쪽에서 저장, 취급 시 기술기준

• 하나의 경계표시의 내부의 면적은 100m² 이하일 것

• 2 이상의 경계표시를 설치하는 경우에 있어서는 각각의 경계표시 내부의 면적을 합산한 면적은 1,000m² 이하로 하고, 인접하는 경계표시와 경계표시와의 간격은 공지 너비의 1/2 이상으로 할 것(단, 지정수량의 200배 이상 : 10m 이상으로 할 것)

21 유황(S) : 제2류(가연성고체)

• 동소체로 사방황, 단사황, 고무상황이 있다.

• 물에 녹지 않고 고무상황을 제외하고 이황화탄소에 잘 녹는 황색 고체이다.

• 공기 중에서 분말 상태로는 분진폭발 위험성이 있다.

• 공기 중에서 연소 시 푸른빛을 내며 유독한 아황산가스를 발생한다.

$$S + O_2 \rightarrow SO_2 \uparrow$$

• 전기의 부도체로서 정전기 발생 시 가열, 충격, 마찰 등에 의해 발화폭발 위험이 있다.

• 고온에서 탄소, 수소, 금속, 할로겐원소 등과 격렬히 발열반응한다.

$$C + 2S \rightarrow CS_2 + 발열$$

$$H_2 + S \rightarrow H_2S + 발열$$

• 소화 시 다량의 물로 주수소화한다.

22 과산화수소(H₂O₂) : 제6류(산화성액체)

• 강산화제로 분해 시 발생기 산소[O]는 산화력이 강하다.

• 고농도의 60% 이상은 충격, 마찰에 의해 단독으로 분해폭발위험이 있다.

• 일반시판품은 30~40%의 수용액으로 분해하기 쉽다.

• 알칼리용액에서는 급격히 분해되나 약산성에서는 분해가 잘 안 된다. 그러므로 직사광선을 피하고 분해방지제(안정제)로 인산(H_3PO_4), 요산($C_5H_4N_4O_3$)을 첨가한다.

• 분해 시 발생되는 산소를 방출하기 위하여 용기에 작은 구멍이 있는 마개를 사용한다.

23 위험물 운송 시 운송책임자의 감독 또는 지원을 받아 운송하는 위험물

• 알킬알루미늄(R-Al) : Al(CH₃)₃(트리메틸 알루미늄), Al(C₄H₉)₃(트리부틸 알루미늄)

• 알킬리튬(R-Li) : CH₃Li(메틸리튬)

24 과염소산(HClO₄) : 제6류(산화성액체)

• 무색 액체로 흡수성, 휘발성이 강한 산이다.

• 물과 접촉 시 심하게 발열한다.

• 불연성이지만 자극성·산화성이 크고 분해 시 연기를 발생한다.

• 융점이 -112℃로 가열 시 분해폭발하여 HCl를 발생시킨다.

$$HClO_4 \xrightarrow{\quad} HCl + 2O_2$$

• 소화 시 마른 모래, 다량의 물분무를 사용한다.

25 제4류 위험물 중 특수인화물의 정의

• 1기압에서 발화점이 100℃ 이하

• 1기압에서 인화점이 -20℃ 이하이고, 비점이 40℃ 이하

• 지정품목 : 이황화탄소, 디에틸에테르

• 지정수량 : 50L

26

1. 알킬알루미늄 등을 취급하는 제조소의 특례
   - 안전한 장소에 설치된 저장실에 유입시킬 수 있는 설비를 갖출 것
   - 불활성기체를 봉입하는 장치를 갖출 것
2. 아세트알데히드 등을 취급하는 제조소의 특례
   - 은(Ag), 수은(Hg), 마그네슘(Mg) 또는 이들을 성분으로 하는 합금으로 만들지 않을 것
   - 연소성 혼합기체의 생성에 의한 폭발을 방지하기 위한 불활성기체 또는 수증기를 봉입하는 장치를 갖출 것
   - 냉각장치 또는 보냉장치 및 불활성기체를 봉입하는 장치를 갖출 것

27 위험물안전관리에 관한 세부기준 제9조

28 디에틸에테르($C_2H_5OC_2H_5$) : 제4류의 특수인화물

- 무색, 휘발성이 강한 액체로서 특유한 향과 마취성이 있다.
- 인화점 $-45℃$, 발화점 $180℃$, 연소범위 $1.9 \sim 48\%$
- 직사광선에 장시간 노출 시 분해되어 과산화물을 생성하므로 갈색 병에 밀전하여 보관하고 용기 공간용적은 2% 이상, 운반용기 공간용적은 10% 이상 여유를 둔다.
- 대량 저장 시 불활성가스를 봉입하고 정전기를 방지하기 위해 소량의 염화칼슘($CaCl_2$)를 넣어 냉암소에 저장한다.

29 과산화나트륨(Na_2O_2) : 제1류 중 무기과산화물 (산화성고체)

- 물 또는 공기 중 이산화탄소와 반응 시 산소를 발생한다.

  $2Na_2O_2 + 2H_2O \rightarrow 4NaOH + O_2 \uparrow$

  $2Na_2O_2 + 2CO_2 \rightarrow 2Na_2CO_3 + O_2 \uparrow$
- 열분해 시 산소(O_2)를 발생한다.

  $2Na_2O_2 \xrightarrow{\;\triangle\;} 2Na_2O + O_2 \uparrow$
- 산과 반응하여 과산화수소(H_2O_2)를 발생한다.

  $Na_2O_2 + 2HCl \rightarrow 2NaCl + H_2O_2$
- 조해성이 강한 백색 결정으로 알코올에는 녹지 않는다.
- 주수소화는 절대엄금, 건조사 등으로 질식소화한다 (CO_2는 효과 없음).

30

- 유기과산화물(제5류) : 과산화벤조일(벤조일퍼옥사이드 : BPO), 과산화메틸에틸케톤(메틸에틸퍼옥사이드 : MEKPO)
- 과산화마그네슘(제1류)
- 과산화수소(제6류)

31 제1류 위험물의 지정수량

- 염소산염류 : 50kg
- 요드산염류 : 300kg
- 질산염류 : 300kg
- $\therefore$ 지정수량 배수의 합

$$= \frac{A품목\ 저장수량}{A품목\ 지정수량} + \frac{B품목\ 저장수량}{B품목\ 지정수량} + \cdots\cdots$$

$$= \frac{250kg}{50kg} + \frac{600kg}{300kg} + \frac{900kg}{300kg} = 10배$$

32 옥외저장소에 저장할 수 있는 위험물

- 제2류 위험물 중 유황, 인화성고체(인화점이 $0℃$ 이상인 것에 한함)
- 제4류 위험물 중 제1석유류(인화점이 $0℃$ 이상인 것에 한함), 제2석유류, 제3석유류, 제4석유류, 알코올류, 동식물유류
- 제6류 위험물

33 히드라진(N_2H_4) : 제4류 제2석유류

- 인화점 $38℃$, 발화점 $270℃$, 비점 $113.5℃$, 연소범위 : $4.7 \sim 100\%$
- 무색 맹독성인 가연성의 발연성액체이다.
- 물, 알코올 등의 극성용매에 잘 녹고 에테르에는 녹지 않는다.
- 공기 중에서 $180℃$로 가열 시 암모니아(NH_3), 질소(N_2), 수소(H_2)로 분해한다.

  $2N_2H_4 \rightarrow 2NH_3 + N_2 + H_2$
- 약알칼리성으로 강산, 강산화성물질과 혼합 시 폭발 위험이 크다.

34 제4류 위험물(인화성액체)의 분류

- 제1석유류 : 시클로헥산, 피리딘, 염화아세틸, 휘발유
- 제2석유류 : 아크릴산, 포름산(개미산, 의산)
- 제3석유류 : 중유

35 황린(P_4) : 제3류 위험물(자연발화성)

- 백색 또는 담황색 고체로서 물에 녹지 않고 벤젠, 이

황화탄소에 잘 녹는다(발화점 34℃).
- 공기 중 약 40~50℃에서 자연발화하므로 물속에 저장한다.
- 강알칼리용액에서는 포스핀(인화수소, PH_3)이 생성하므로 이를 방지하기 위해 약알칼리성(pH=9)인 물속에 보관한다.
- 맹독성으로 피부접촉 시 화상을 입는다.
- 연소 시 오산화인(P_2O_5)의 백색 연기를 낸다.
  $$P_4 + 5O_2 \rightarrow 2P_2O_5$$
- 소화 시 마른 모래, 물분무 등으로 질식소화한다(주수소화는 황린을 비산시켜 연소면이 확대 우려가 있음).

36 18번 해설 참조

37 무기과산화물 : 제1류(산화성고체)
- 가열분해 시 산소를 발생시켜 다른 물질의 연소를 도와주는 조연성물질이다.
- 물과 반응하여 산소($O_2\uparrow$)를 발생시킨다.
- 산과 반응하여 과산화수소(H_2O_2)를 발생한다.

38 위험물과 물의 반응식
① 인화알루미늄(AlP) : 제3류(금수성)
  $$AlP + 3H_2O \rightarrow Al(OH)_3 + PH_3\uparrow$$
② 트리에틸알루미늄[$(C_2H_5)_3Al$] : 제3류(금수성)
  $$(C_2H_5)_3Al + 3H_2O \rightarrow Al(OH)_3 + 3C_2H_6\uparrow$$
③ 오황화린(P_2S_5) : 제2류(가연성고체)
  $$P_2S_5 + 8H_2O \rightarrow 5H_2S\uparrow + 2H_3PO_4$$
④ 황린(P_4) : 제3류(자연발화성)
  - 물에 녹지 않고 발화점 34℃이므로 물속에 저장한다.

39 제4류 위험물(인화성액체)

품명	디에틸에테르	아세트알데히드	산화프로필렌	이황화탄소
화학식	$C_2H_5OC_2H_5$	CH_3CHO	CH_3CHCH_2O	CS_2
유별	특수인화물	특수인화물	특수인화물	특수인화물
비중	0.71	0.78	0.83	1.26
인화점 (℃)	−45	−38	−37	−30
발화점 (℃)	180	185	465	100

※ 이황화탄소(CS_2)를 물속에 보관하는 이유 : 가연성증기 발생을 억제하기 위하여

40 위험물안전관리자
- 선임 신고 기간 : 14일
- 해임 시 재선임 기간 : 30일

41 황린(P_4) : 제3류(자연발화성)
- 물에 녹지 않고 발화점이 34℃이므로 물속에 저장한다.
- 황린(P_4)과 적린(P)은 서로 동소체이다.

42 제6류(산화성액체)의 지정수량 : 300kg
∴ 지정수량 배수의 합
$$= \frac{A품목\ 저장수량}{A품목\ 지정수량} + \frac{B품목\ 저장수량}{B품목\ 지정수량} + \cdots\cdots$$
$$= \frac{300kg}{300kg} + \frac{300kg}{300kg} = 2배$$

43
금속나트륨(Na), 금속칼륨(K)은 제3류의 자연발화성물질로 공기와 접촉 시 발열, 발화폭발성이 있으므로 석유류 속에 보관 저장한다.

44
① 이황화탄소, 디에틸에테르(제4류의 특수인화물)
② 에틸알코올(제4류의 알코올류), 고형알코올(제2류의 인화성고체)
③ 등유, 경유(제4류의 제2석유류)
④ 중유, 크레오소트유(제4류의 제3석유류)

45 위험물 안전관리법 제28조(안전교육)
안전관리자·탱크시험자·위험물운송자 등 위험물의 안전관리와 관련된 업무를 수행하는 자로서 대통령령이 정하는 자는 해당 업무에 관한 능력의 습득 또는 향상을 위하여 소방청장이 실시하는 교육을 받아야 한다.

47
- 탱크의 공간용적 : 탱크용적의 5/100 이상 10/100 이하로 한다.
- 소화설비를 설치하는 탱크의 공간용적(탱크 안 윗부분에 설치 시) : 당해 소화설비의 소화약제 방출구 아래의 0.3m 이상 1m 미만 사이의 면으로부터 윗부분의 용적으로 한다.
- 암반탱크의 공간용적 : 당해 탱크 내에 용출하는 7일간의 지하수의 양에 상당하는 용적과 당해 탱크의 내용적의 100분의 1의 용적 중에서 보다 큰 용적을 공간용적으로 한다.

48 탄화알루미늄(Al_4C_3)

제3류, 지정수량 300kg

49 에틸렌글리콜

제4류 위험물 혼재 가능+제2류, 제3류, 제5류

① 유황(제2류)
② 과망간산칼륨(제1류) : 혼재 불가
③ 알루미늄분(제3류)
④ 트리니트로톨루엔(제5류)

※ 유별을 달리하는 위험물 혼재기준

위험물의 구분	제1류	제2류	제3류	제4류	제5류	제6류
제1류		×	×	×	×	○
제2류	×		×	○	○	×
제3류	×	×		○	×	×
제4류	×	○	○		○	×
제5류	×	○	×	○		×
제6류	○	×	×	×	×	

※ 지정수량 $\frac{1}{10}$ 이하의 위험물은 적용 제외한다.

50 적린(P)

제2류 위험물, 위험등급 Ⅱ

51

① • 탄소(C)의 질량 : 1kg×0.8=0.8kg
 • 수소(H)의 질량 : 1kg×0.14=0.14kg
 • 황(S)의 질량 : 1kg×0.06=0.06kg

② 완전연소반응식에서 산소(O_2)량을 구한다.

• 탄소 : $C \quad + \quad O_2 \rightarrow CO_2$

$$12kg \quad : \quad 32kg$$
$$0.8kg \quad : \quad x$$

$$x = \frac{0.8 \times 32}{2} = 2.13kg(O_2량)$$

• 수소 : $2H_2 \quad + \quad O_2 \rightarrow 2H_2O$

$$12kg \quad : \quad 32kg$$
$$0.14kg \quad : \quad x$$

$$x = \frac{0.14 \times 32}{4} = 1.12kg(O_2량)$$

• 황 : $S \quad + \quad O_2 \rightarrow SO_2$

$$32kg \quad : \quad 32kg$$
$$0.06kg \quad : \quad x$$

$$x = \frac{0.06 \times 32}{32} = 0.06kg$$

③ 총산소량=2.13+1.12+0.06=3.31kg

$$\therefore \text{필요한 이론공기량(무게)} = \frac{3.31}{0.23} ≒ 14.4kg$$

52 제4류 위험물 : 동식물유류란 동물의 지육 또는 색물의 종자나 과육으로부터 추출한 것으로 1기압에서 인화점이 250℃ 미만인 것

• 요오드값 : 유지 100g에 부가되는 요오드의 g수
• 요오드값이 큰 건성유는 불포화도가 크기 때문에 자연발화 위험성이 크다.
• 요오드값에 따른 분류

  ┌ 건성유(130 이상) : 해바라기유, 동유, 아마인유, 정어리기름, 들기름 등
  ├ 반건성유(100~130) : 면실유, 참기름, 청어기름, 채종류, 콩기름 등
  └ 불건성유(100 이하) : 피마자유, 동백기름, 올리브유, 야자유, 땅콩기름, 낙화생유 등

53 시클로헥산(C_6H_{12}) : 제4류 제1석유류

• 무색 액체로서 물에 녹지 않고 에탄올, 에테르 등에 잘 녹는다.
• 고리모양탄화수소 중 탄소원자 6개로 구성된 지방족 탄화수소이다.
• 300℃에서 벤젠(C_6H_6)에 니켈(Ni) 촉매 하에 수소(H_2)를 부가(첨가)반응시켜 제조한다.

$$C_6H_6 + 3H_2 \xrightarrow[\text{부가반응}]{Ni} C_6H_{12}$$

※ 방향족탄화수소 : 고리모양의 탄화수소화합물 중 벤젠핵을 가지고 있는 벤젠의 유도체화합물

54 옥내 탱크 저장소의 소화난이도등급 제외대상

• 고인화점 위험물만을 100℃ 미만의 온도를 저장하는 것
• 제6류 위험물을 저장하는 것

55 이황화탄소(CS_2) : 제4류의 특수인화물

액비중이 1.26으로 물보다 무겁고 물에 녹지 않기 때문에 가연성증기의 발생을 억제하기 위해서 물속에 저장한다.

56 판매 취급소의 시설기준(요약)

1. 건축물
 • 내화구조 또는 불연재료
 • 보, 전장 : 불연재료

- 바닥 : 내화구조
- 창, 출입구 : 갑종 또는 을종방화문, 망입유리

2. 위험물 배합실 기준
- 바닥면적 : $6m^2$ 이상 $15m^2$ 이하
- 벽 : 내화구조 또는 불연재료
- 바닥 : 위험물 침투 안 되는 구조로 경사를 두고 집유설비를 할 것
- 출입구 : 자동폐쇄식의 갑종방화문, 문턱 높이 0.1m 이상
- 내부체류 증기 및 미분 : 지붕 위로 방출설비

※ 판매취급소에는 탱크시설을 설치하지 않는다.

57 트리니트로톨루엔[$C_6H_2CH_3(NO_2)_3$, TNT] : 제5류(자기반응성)

- 담황색의 주상결정으로 물에 불용, 알코올, 아세톤, 벤젠, 에테르 등에 잘 녹는다.
- 폭발력이 강하여 폭약에 사용되며 급격한 타격에 분해 폭발한다.

$$2C_6H_2CH_3(NO_2)_3 \rightarrow 2C + 12CO + 3N_2\uparrow + 5H_2\uparrow$$

- 진한 황산 촉매 하에 톨루엔과 질산을 니트로화반응 시켜 만든다.

$$C_6H_5CH_3 + 3HNO_3 \xrightarrow[\text{탈수}]{C-H_2SO_4} C_6H_2CH_3(NO_2)_3 + 3H_2O$$
$$\text{(톨루엔)} \quad \text{(질산)} \qquad\qquad \text{(트리니트로톨루엔)} \quad \text{(물)}$$

58 질산(HNO_3) : 제6류(산화성액체)

- 무색의 부식성, 흡습성이 강한 발연성 액체이다.
- 직사광선에 분해하여 적갈색(황갈색)의 유독한 이산화질소(NO_2)을 발생하므로 갈색병에 저장하여 냉암소에 보관한다.

$$4HNO_3 \rightarrow 2H_2O + O_2\uparrow + 4NO_2\uparrow$$

- 산화력이 강한 산으로 목탄분, 유기물등과 접촉 시 자연발화 위험이 있다.

※ 과산화수소(H_2O_2) : 제6류 위험물로 분해하여 산소를 발생하기 쉬우므로 분해방지제(안정제)로 인산(H_3PO_4), 요산($C_5H_4N_4O_3$) 등을 사용하여 약산성으로 만든다.

59 제4류 위험물의 위험등급

- Ⅰ등급 : 특수인화물
- Ⅱ등급 : 제1석유류, 알코올류
- Ⅲ등급 : 제2석유류, 제3석유류, 제4석유류, 동식물유류

60 과염소산($HClO_4$) : 제6류(산화성액체)

- $HClO_4$ 분자량 $= 1 + 35.5 + 16 \times 4 = 100.5$
- 증기비중 $= \dfrac{\text{분자량}}{\text{공기의 평균 분자량(29)}}$

$$= \dfrac{100.5}{29} \fallingdotseq 3.46$$

※ 증기는 공기보다 무겁다.

정답

01	③	02	②	03	①	04	④	05	④	06	①	07	②	08	③	09	②	10	①
11	③	12	②	13	①	14	④	15	④	16	④	17	②	18	③	19	④	20	①
21	④	22	③	23	①	24	④	25	③	26	②	27	①	28	②	29	③	30	③
31	④	32	③	33	①	34	④	35	②	36	④	37	②	38	②	39	④	40	②
41	①	42	③	43	①	44	④	45	①	46	①	47	①	48	③	49	③	50	④
51	②	52	②	53	②	54	③	55	③	56	②	57	①	58	①	59	④	60	②

해설

01
- 성냥불(점화원)
- 황(가연물) : $\underline{S} + O_2 \rightarrow SO_2$
- 염소산암모늄(산소공급원) :
  $2NH_4ClO_3 \rightarrow N_2 + Cl_2 + 4H_2O + \underline{O_2}\uparrow$
※ 연소의 3요소 : 가연물, 점화원, 산소공급원

02 제3종 분말 소화약제($NH_4H_2PO_4$) : A, B, C급 화재 적용
- 열분해반응식
  $NH_4H_2PO_4 \rightarrow NH_3 + H_2O + HPO_3$
  (제1인산암모늄) (암모니아) (물) (메타인산)

03
- 메틸알코올과 에틸알코올은 연소 시 연기가 거의 나지 않아 연소 상태의 불꽃 유무를 잘 느끼지 못한다.
- 메틸알코올(목정)은 독성이 강하여 먹으면 실명 또는 사망한다.
- 에틸알코올(주정)은 독성이 없으며 술의 주성분으로 마시면 취한다.

04 위험물의 방유제, 방유턱의 용량
1. 위험물 제조소의 옥외에 있는 위험물 취급 탱크의 방유제의 용량
   - 탱크 1기일 때 : 탱크 용량×0.5 [50%]
   - 탱크 2기 이상일 때 : 최대 탱크 용량×0.5+(나머지 탱크 용량 합계×0.1 [10%])
2. 위험물 제조소의 옥내에 있는 위험물 취급 탱크의 방

유턱의 용량
- 탱크 1기일 때 : 탱크 용량 이상
- 탱크 2기 이상일 때 : 최대 탱크 용량 이상
3. 위험물 옥외탱크저장소의 방유제의 용량
   - 탱크 1기일 때 : 탱크 용량×1.1 [110%]
     (비인화성물질 : 100%)
   - 탱크 2기일 때 : 최대 탱크 용량×1.1 [110%]
     (비인화성물질 : 100%)
※ 제조소의 옥외에서 취급 탱크가 2기 이상이므로 방유제 용량
  $= (50,000L×0.5) + (30,000L×0.1) + (20,000L×0.1)$
  $= 30,000L$

05 12번 해설 참조
① 염화규소화합물(제3류) – 특수인화물(제4류)
② 고형 알코올(제4류) – 니트로화합물(제5류)
③ 염소산염류(제1류) – 질산(제6류)
④ 질산구아니딘(제5류) – 황린(제3류)
※ 제5류와 혼재 가능 : 제2류와 제4류(⑤와 ②, ④)

06 자체소방대에 두는 화학소방자동차 및 인원

제조소등에서 취급하는 제4류 위험물의 최대수량의 합	화학소방 자동차	자체소방 대원의 수
지정수량의 12만배 미만인 사업소	1대	5인
12만배 이상 24만배 미만	2대	10인
24만배 이상 48만배 미만	3대	15인
48만배 이상인 사업소	4대	20인

07

- 제1류(산화성고체) : Na_2O_2(과산화나트륨),
  NH_4ClO_4(과염소산암모늄), $KClO_3$(염소산칼륨)
- 제6류(산화성액체) : $HClO_4$(과염소산)

08 부틸리튬(C_4H_9Li) : 제3류(금수성)

- 무색의 가연성액체로서 자극성이 있다.
- 증기는 공기보다 무겁고 자연발화의 위험이 있으므
  로 저장용기에는 희석제와 불활성가스를 함께 봉입
  하여 저장한다.
- 물과 심하게 반응하고, 공기 중 노출 시 자연발화하
  며, CO_2와는 격렬히 반응한다.
- 소화 시 주수는 절대 금하고 건조사 등으로 질식소화
  한다(CO_2는 효과 없음).

09 제6류 위험물(산화성액체)

구분	액비중	수용성	반응성	연소성
질산	1.49	○	산화제	불연성
과산화수소	1.46	○	산화제 환원제	불연성

10

① 과염소산($HClO_4$) : $1 \times 1 + 35.5 \times 1 + 16 \times 4 = 100.5$
② 과산화수소(H_2O_2) : $1 \times 2 + 16 \times 2 = 34$
③ 질산(HNO_3) : $1 \times 1 + 14 \times 1 + 16 \times 3 = 63$
④ 히드라진(N_2H_4) : $14 \times 2 + 1 \times 4 = 28 + 4 = 32$

11 오황화린(P_2S_5) : 제2류(가연성고체)

- 담황색 결정으로 조해성이 있어 수분 흡수 시 분해
  한다.
- 알코올, 이황화탄소(CS_2)에 잘 녹는다.
- 물, 알칼리와 반응 시 유독한 인산(H_3PO_4)과 황화수
  소(H_2S)가스를 발생한다.
  $P_2S_5 + 8H_2O \rightarrow 5H_2S + 2H_3PO_4$

12 유별을 달리하는 위험물의 혼재기준(꼭 암기)

- ①과 ⑥
- ④와 ②, ③
- ⑤와 ②, ④

13 질산칼륨(KNO_3) : 제1류(산화성고체)

- 무색, 무취의 결정 또는 분말로 산화성이 있다.
- 물, 글리세린 등에 잘 녹고, 알코올에는 녹지 않는다.

- 흑색화약(질산칼륨+유황+목탄)의 원료로 사용된
  다.
  $2KNO_3 + 3C + S \rightarrow K_2S + 3CO_2 + N_2$
- 용융분해하여 산소를 발생한다.
  $2KNO_3 \xrightarrow[\triangle]{400℃} 2KNO_2 + O_2\uparrow$
- 강산화제이므로 유기물, 강산, 황린, 유황 등과 혼촉
  발화의 위험성이 있다.

14 질산암모늄(NH_4NO_3) : 제1류(산화성고체)

- 무색, 무취의 결정으로 조해성, 흡수성이 강하다.
- 물에 용해 시 흡열반응하므로 열의 흡수로 인해 한제
  로 사용한다.
- 가열 시 산소(O_2)를 발생하며, 충격을 주면 단독 분
  해 폭발한다.
  $2NH_4NO_3 \rightarrow 4H_2O + 2N_2 + O_2\uparrow$
- 소화 시 다량의 물로 주수하여 냉각소화한다.

15

- 탱크의 공간용적은 탱크용적의 100분의 5 이상 100
  분의 10 이하로 한다.
- 소화설비를 설치하는 탱크의 공간용적(탱크 안 윗부
  분에 설치 시)은 당해 소화설비의 소화약제 방출구 아
  래의 0.3m 이상 1m 미만 사이의 면으로부터 윗부분
  의 용적으로 한다.
- 암반탱크에 있어서는 해당 탱크 내에 용출하는 7일
  간의 지하수의 양에 상당하는 용적과 해당 탱크의 내
  용적의 100분의 1의 용적 중에서 보다 큰 용적을 공
  간용적으로 한다.

16

$Q = mc\varDelta t = mc(t_2 - t_1)$

$\varDelta t = \dfrac{Q}{m \cdot c}$

$\quad = \dfrac{8000}{2 \times 100}$

$\quad = 40℃$

$\varDelta t = (t_2 - t_1)$

$40℃ = (t_2 - 15℃)$

$\therefore t_2 = 40 + 15 = 55℃$

$\left[\begin{array}{l} Q : \text{열량(J)} \\ m : \text{질량(g)} \\ c : \text{비열(J/g} \cdot ℃) \\ \varDelta t : \text{온도차}(t_2 - t_1)(℃) \end{array}\right]$

17

제5류 위험물은 자기반응성물질로서 물질 자체 내에 산
소를 함유하고 있어 질식소화는 효과가 없고 다량의 물
로 주수하여 냉각소화를 한다.

18 정전기 방지대책

보기 ①, ②, ④ 이외에,
• 제진기를 설치할 것
• 유속을 1m/s 이하로 유지할 것

19 에틸알코올(주정, C_2H_5OH)

• 분자량 : $C_2H_5OH = 12 \times 2 + 1 \times 5 + 16 + 1 = 46$

• 증기비중$= \dfrac{분자량}{공기의 \ 평균 \ 분자량(29)}$

$\quad\quad\quad = \dfrac{46}{29} \fallingdotseq 1.585$

20 제4류 위험물(인화성액체)

• 화재 시 수용성인 물질은 알코올포 등으로 소화가 가능하다. 그러나 비수용성물질은 주수소화 시 비중이 물보다 작아 화재면을 확대할 우려가 있으므로 주의해야 한다.
• 소화 시 포 소화약제나 물분무가 적응성이 있다.

21 위험물 연소반응식

① 황린(P_4) : $P_4 + 5O_2 \rightarrow 2P_2O_5$(오산화인 : 백색 연기)
② 황(S) : $S + O_2 \rightarrow SO_2$(이산화황, 아황산가스)
③ 적린(P) : $4P + 5O_2 \rightarrow 2P_2O_5$(오산화인 : 백색 연기)
④ 삼황화인(P_4S_3) : $P_4S_3 + 8O_2 \rightarrow 2P_2O_5 + 3SO_2$(이산화황, 아황산가스)

22 에틸렌글리콜[$C_2H_4(OH)_2$] : 제4류 제3석유류

• 무색 단맛이 나는 액체로서 독성이 있고 흡습성이 있다.
• 물, 알코올, 아세톤에 잘 녹고 에테르 벤젠, CS_2에는 녹지 않는다.
• 2가 알코올이며, 동결현상을 방지하기 위해 부동액에 사용한다.

23 스프링클러설비 설치기준

수평 거리	방사량	방사압력	수원의 양(Q : m³)
1.7m 이하	80(L/min) 이상	100(kPa) 이상	Q=N(헤드수 : 최대 30개) ×2.4m³ (80L/min×30min)

24

① 아세트산 : 제4류 제2석유류
② 에틸렌글리콜, ③ 크레오소트유 : 제4류 제3석유류

④ 아세톤 : 제4류 제1석유류(인화점(−18℃)
※ 아세톤은 제1석유류 인화점이 0℃ 이하이므로 옥외저장소에 저장·취급할 수 없다.

> **참고**
>
> 옥외저장소에 저장할 수 있는 위험물
> • 제2류 위험물 중 유황, 인화성 고체(인화점이 0℃ 이상인 것에 한함)
> • 제4류 위험물 중 제1석유류(인화점이 0℃ 이상인 것에 한함), 제2석유류, 제3석유류, 제4석유류, 알코올류, 동식물유류
> • 제6류 위험물

25 분말 소화약제 열분해반응식

종별	약제명	색상	열분해반응식
제1종	탄산수소나트륨	백색	$2NaHCO_3$ $\rightarrow Na_2CO_3 + CO_2 + H_2O$
제2종	탄산수소칼륨	담자(회)색	$2KHCO_3$ $\rightarrow K_2CO_3 + CO_2 + H_2O$
제3종	제1인산암모늄	담홍색	$NH_4H_2PO_4$ $\rightarrow HPO_3 + NH_3 + H_2O$
제4종	탄산수소칼륨 +요소	회색	$2KHCO_3 + (NH_2)_2CO$ $\rightarrow K_2CO_3 + 2NH_3 + 2CO_2$

26 인화칼슘(Ca_3P_2, 인화석회) : 제3류(금수성)

물 또는 약산과 격렬히 반응하여 가연성 및 유독성인 인화수소(PH_3, 포스핀)가스를 발생시킨다.

• $Ca_3P_2 + 6H_2O \rightarrow 3Ca(OH)_2 + 2PH_3 \uparrow$
• $Ca_3P_2 + 6HCl \rightarrow 3CaCl_2 + 2PH_3 \uparrow$

27

• 지방족 탄화수소 : 탄소와 수소 원자들이 사슬 모양으로 결합된 유기화합물로 수소의 일부 또는 전부가 다른 관능기(작용기)로 치환된 화합물(에테르, 알코올류, 카르복실산, 케톤 등)
• 방향족 탄화수소 : 고리 모양 탄화수소 중 벤젠핵을 가지고 있는 벤젠의 유도체(톨루엔, 크레졸, 니트로벤젠, 페놀 등)

28 제1종 분말 소화약제
(NaHCO₃ 분자량 : 23+1+12+16×3=84)

$2NaHCO_3 \rightarrow Na_2CO_3 + CO_2 + H_2O$

2×84kg	:	22.4m³
x	:	5m³

$$\therefore \ x = \frac{2 \times 84 \times 5}{22.4} = 37.5 \text{m}^3$$

29 자연발화 방지대책
- 직사광선을 피하고 저장실 온도를 낮출 것
- 습도 및 온도를 낮게 유지하여 미생물 활동에 의한 열 발생을 낮출 것
- 통풍 및 환기 등을 잘하여 열 축적을 방지할 것

30 주의사항 표시 게시판

위험물의 종류	주의사항	게시판의 색상	크기
제1류 중 알칼리금속과산화물 제3류 중 금수성물질	물기 엄금	청색바탕에 백색문자	0.3m ×0.6m (이상)
제2류(인화성고체는 제외)	화기 주의	적색바탕에 백색문자	
제2류(인화성고체) 제3류(자연발화성물품) 제4류 제5류	화기 엄금		

31 수성막포 소화약제(AFFF) : 질식, 냉각효과
- 주성분은 불소계 계면활성제이다.
- 포 소화약제 중 가장 우수한 약제로 유류화재에 탁월한 성능이 있다.
- 분말 소화약제와 병행 사용 시 소화효과가 두 배로 증가한다.
- 일명 라이트 워터(Light water)라고 하며 저발포용으로 3%와 6%가 있다.

32 불활성가스 청정 소화약제의 기본 성분
질소(N_2), 아르곤(Ar), 이산화탄소(CO_2), 헬륨(He)
※ 불소(F)는 할로겐족 원소이다.

33 제6류 위험물의 품명 및 지정수량

성질	위험등급	품명	지정수량
산화성 액체	I	1. 과염소산($HClO_4$)	300kg
		2. 과산화수소(H_2O_2)	
		3. 질산(HNO_3)	
		4. 할로겐화합물 ① 삼불화브롬(BrF_3) ② 오불화브롬(BrF_5) ③ 오불화요오드(IF_5)	

34 제2류 위험물의 품명과 지정수량

성질	위험등급	품명	지정수량
가연성 고체	II	1. 황화린(P_4S_3, P_2S_5, P_4S_7) 2. 적린(P) 3. 유황(S)	100kg
	III	4. 철분(Fe) 5. 금속분(Al, Zn) 6. 마그네슘(Mg)	500kg
		7. 인화성고체(고형알코올)	1,000kg

35 메틸리튬(CH_3Li) : 제3류의 알킬리튬(R–Li)(금수성물질)
물과 반응하면 수산화리튬(LiOH)과 메탄(CH_4)을 생성한다.
$$CH_3Li + H_2O \rightarrow LiOH + CH_4 \uparrow$$

36 제1류 위험물(산화성고체)의 품명과 지정수량
- 염소산칼륨($KClO_3$) : 염소산염류(50kg)
- 과염소산암모늄(NH_4ClO_4) : 과염소산염류(50kg)
- 과산화바륨(BaO_2) : 무기과산화물(50kg)
※ 질산구아니딘($CH_5H_3HNO_3$) : 제5류 위험물(자기반응성)

37 트리니트로톨루엔[$C_6H_2CH_3(NO_2)_3$, TNT] : 제5류(자기반응성)
진한 황산(탈수작용)을 촉매하에 톨루엔과 질산을 반응시켜 니트로화반응하여 얻는다.

(톨루엔)   (질산)   (TNT)   (물)

39
1. 제5류 위험물의 지정수량
   - 아조화합물 : 200kg
   - 히드록실아민 : 100kg
   - 유기과산화물 : 10kg
2. 지정수량의 배수의 합
$$= \frac{\text{A품목 저장수량}}{\text{A품목 지정수량}} + \frac{\text{B품목 저장수량}}{\text{B품목 지정수량}} + \cdots\cdots$$
$$= \frac{800\text{kg}}{200\text{kg}} + \frac{300\text{kg}}{100\text{kg}} + \frac{40\text{kg}}{10\text{kg}} = 11\text{배}$$

40 주유취급소에 설치할 수 있는 건축물
- 주유 또는 등유·경유를 옮겨 담기 위한 작업장
- 주유취급소의 업무를 행하기 위한 사무소
- 자동차 등의 점검 및 간이정비를 위한 작업장
- 자동차 등의 세정을 위한 작업장
- 주유취급소에 출입하는 사람을 대상으로 한 점포·휴게음식점 또는 전시장
- 주유취급소의 관계자가 거주하는 주거시설
- 전기자동차용 충전설비(전기를 동력원으로 하는 자동차에 직접 전기를 공급하는 설비)

41 간이소화용구의 능력단위

소화약제	용량	능력단위
소화전용 물통	8L	0.3
수조(소화전용 물통 3개 포함)	80L	1.5
수조(소화전용 물통 6개 포함)	190L	2.5
마른 모래(삽 1개 포함)	50L	0.5
팽창질석 또는 팽창진주암(삽 1개 포함)	160L	1.0

42 원형 탱크(횡형)의 내용적(V)

$$V = \pi r^2 \times \left[l + \frac{l_1 + l_2}{3} \right]$$
$$= \pi \times 10^2 \times \left[18 + \frac{3+3}{3} \right]$$
$$= 6{,}283 \text{m}^3$$

43
① 아세톤 : 제4류 제1석유류
② 실린더유 : 제4류 제4석유류
③ 트리니트로톨루엔 : 제5류의 니트로화합물
④ 니트로벤젠 : 제4류 제3석유류

44 지하탱크저장소의 기준
- 탱크전용실은 씰물 및 대지경계선으로부터 0.1m 이상 떨어진 곳에 설치할 것
- 탱크전용실 벽·바닥 및 뚜껑의 두께는 0.3m 이상일 것
- 지하저장탱크는 탱크전용실의 안쪽과 0.1m 이상의 간격을 유지할 것
- 탱크의 주위에 입자지름 5mm 이하의 마른 자갈분을 채울 것
- 지하저장탱크의 윗부분은 지면으로부터 0.6m 이상

아래에 있을 것
- 지하저장탱크를 2 이상 인접해 설치하는 경우에는 그 상호간에 1m(당해 2 이상의 지하저장탱크의 용량의 합계가 지정수량의 100배 이하 : 0.5m) 이상의 간격을 유지할 것
- 지하저장탱크의 재질은 두께 3.2mm 이상의 강철판으로 할 것

45 자동화재탐지설비 설치 대상
- 연면적 500m^2 이상 제조소 및 일반취급소
- 옥내에서 지정수량이 100배 이상을 저장 또는 취급하는 제조소, 일반취급소, 옥내저장소(단, 고인화점 위험물만을 100℃ 미만의 온도에서 취급 시 제외)

46 피뢰설비 설치 대상
지정수량 10배 이상의 제조소(제6류는 제외)

47 제4류 위험물의 발화점과 인화점

화학식	CS_2	C_6H_6	CH_3COCH_3	CH_3COOCH_3
명칭	이황화탄소	벤젠	아세톤	초산메틸
유별	특수인화물	제1석유류	제1석유류	제1석유류
발화점	100℃	498℃	468℃	502℃
인화점	−30℃	−11℃	−18℃	−10℃

48 옥내소화전설비 설치기준

수평거리	방사량	방사압력	수원의 양(Q : m^3)
25m 이하	260(L/min) 이상	350(kPa) (=350kPa) 이상	Q=N(소화전 개수 : 최대 5개)×7.8m^3 (260L/min×30min)

49
- 연소점 : 연소가 지속될 수 있는 최저 온도
- 인화점 : 점화원과 접촉했을 때 발화하는 최저 온도
- 발화점(착화점) : 외부의 점화원 없이 발화하는 최저 온도
- 포화온도 : 액체 가연물에서 증기가 발생할 때의 온도

50
제2류(가연성고체) 중 금속분, 철분, 마그네슘 등은 물과 반응하여 가연성 기체인 수소(H_2)를 발생하므로 주수소화는 절대엄금한다.

$$2Fe + 3H_2O \rightarrow Fe_2O_3 + 3H_2 \uparrow$$
$$Mg + 2H_2O \rightarrow Mg(OH)_2 + H_2 \uparrow$$

51 할로겐화합물 소화약제의 소화효과

- 부촉매(억제)효과 : 주된 소화효과
- 질식효과
- 냉각효과

52 벤젠(C_6H_5) : 제4류 제1석유류(인화성액체)

- 무색투명한 방향성을 갖는 액체이다.
- 비중 0.9(증기비중 2.8), 인화점 $-11℃$, 착화점 $562℃$, 융점 5.5℃, 연소범위 1.4~7.1%
- 공명구조의 π 결합을 하고 있는 불포화탄화수소로서 부가반응보다 치환반응이 더 잘 일어난다.

53 탄화칼슘(CaC_2, 카바이트) : 제3류(금수성)

- 물과 반응하여 수산화칼슘[$Ca(OH)_2$]과 아세틸렌 (C_2H_2) 가스를 발생한다.
$$CaC_2 + 2H_2O \rightarrow Ca(OH)_2 + C_2H_2 \uparrow$$
- 아세틸렌(C_2H_2) 가스의 폭발 범위 : 2.5~81%
- 소화 : 마른 모래 등으로 피복소화한다(주수 및 포는 절대엄금).

54 연소의 형태

- 표면연소 : 숯, 목탄, 코크스, 금속분 등
- 분해연소 : 석탄, 종이, 목재, 플라스틱, 중유 등
- 증발연소 : 황, 파라핀(양초), 나프탈렌, 휘발유, 등유 등 제4류 위험물
- 자기연소(내부연소) : 니트로셀룰로오스, 피크르산 등 제5류 위험물
- 확산연소 : 수소, 아세틸렌, LPG, LNG 등 가연성 기체

55 나트륨(Na) : 제3류 위험물(금수성물질)

- 물과 반응하여 수소(H_2) 기체가 발생한다.
$$2Na + 2H_2O \rightarrow 2NaOH + H_2 \uparrow + 발열$$
- 석유(등유, 경유, 유동파라핀), 벤젠 속에 저장한다.

56 과염소산($HClO_4$) : 제6류(산화성액체)

- 무색 액체로 흡수성, 휘발성이 강한 강산이다.
- 물과 접촉 시 심하게 발열한다.
- 불연성이지만 자극성, 산화성이 크고, 분해 시 연기를 발생한다.
- 비중 1.7, 융점이 $-112℃$로 가열 시 분해 폭발하여 염화수소(HCl)와 산소(O_2)를 발생한다.

$$HClO_4 \xrightarrow{\Delta} HCl + 2O_2 \uparrow$$

- 소화 시 마른 모래, 다량의 물분무를 사용한다.

57

제조소등의 위치·구조 또는 설비의 변경 없이 위험물의 품명·수량 또는 지정수량의 배수를 변경하고자 하는 자는 변경하고자 하는 날의 1일 전까지 시·도지사에게 신고해야 한다.

58

- 이동저장탱크에 위험물(휘발유, 등유, 경유)을 교체 주입하고자 할 때 정전기 방지 조치를 위해 유속을 1m/s 이하로 할 것
- 이동저장탱크에 위험물 주입 시 인화점이 40℃ 미만인 위험물일 때는 원동기를 정지시킬 것

59 이동저장탱크의 외부도장 색상

유별	제1류	제2류	제3류	제4류	제5류	제6류
색상	회색	적색	청색	적색 권장 (제한 없음)	황색	청색

60

① $KClO_3$, ③ $KClO_4$: 제1류(산화성고체)로 물과 반응하지 않음

② Na_2O_2 : 제1류(금수성물질)
$$2Na_2O_2 + 2H_2O \rightarrow 4NaOH + O_2 \uparrow (산소)$$

④ CaC_2 : 제3류(금수성물질)
$$CaC_2 + 2H_2O \rightarrow Ca(OH)_2 + C_2H_2 \uparrow (아세틸렌)$$

정답

01	③	02	③	03	③	04	④	05	②	06	②	07	①	08	②	09	②	10	④
11	①	12	②	13	④	14	④	15	②	16	③	17	②	18	②	19	④	20	①
21	④	22	①	23	①	24	③	25	①	26	④	27	②	28	③	29	④	30	②
31	③	32	③	33	②	34	②	35	③	36	③	37	③	38	④	39	③	40	①
41	③	42	③	43	③	44	③	45	①	46	②	47	③	48	②	49	③	50	③
51	②	52	④	53	②	54	④	55	④	56	③	57	①	58	①	59	③	60	④

해설

01 분말 소화약제의 열분해반응식

종별	약제명	색상	열분해반응식
제1종	탄산수소나트륨	백색	$2NaHCO_3$ $\rightarrow Na_2CO_3 + CO_2 + H_2O$
제2종	탄산수소칼륨	담자(회)색	$2KHCO_3$ $\rightarrow K_2CO_3 + CO_2 + H_2O$
제3종	제1인산암모늄	담홍색	$NH_4H_2PO_4$ $\rightarrow HPO_3 + NH_3 + H_2O$
제4종	탄산수소칼륨 +요소	회색	$2KHCO_3 + (NH_2)_2CO$ $\rightarrow K_2CO_3 + 2NH_3 + 2CO_2$

02 제조소의 안전거리(제6류 위험물 제외)

건축물	안전거리
사용전압이 7,000V 초과 35,000V 이하	3m 이상
사용전압이 35,000V 초과	5m 이상
주거용(주택)	10m 이상
고압가스, 액화석유가스, 도시가스	20m 이상
학교, 병원, 극장, 복지시설	30m 이상
유형문화재, 지정문화재	50m 이상

03 니트로글리세린[$C_3H_5(ONO_2)_3$] : 제5류 위험물 (자기반응성물질)
• 상온에서 무색, 투명한 액체이지만 겨울에는 동결한다.
• 가열, 마찰, 충격에 민감하여 폭발하기 쉽다.
• 물에 녹지 않고 알코올, 에테르, 아세톤 등에 잘 녹는다.

• 규조토에 흡수시켜 폭약인 다이너마이트를 제조한다.

04 분말 소화약제의 가압용 또는 축압용 가스
질소(N_2), 이산화탄소(CO_2)

05 취급소의 구분
• 주유취급소
• 이송취급소
• 판매취급소
• 일반취급소

07 염소산나트륨($NaClO_3$) : 제1류 중 염소산염류
• 강산화성고체로서 조해성, 알코올, 에테르, 물에 잘 녹는다.
• 산과 반응 시 유독한 폭발성 이산화염소(ClO_2)를 발생한다.
• 황, 목탄, 유기물 등과 혼합 시 위험하다.
• 철제를 부식하므로 철제 용기 사용을 금지한다.

08

제조소등의 구분		소화설비
옥내저장소	처마 높이가 6m 이상인 단층건물 또는 다른 용도의 부분이 있는 건축물에 설치한 옥내저장소	스프링클러설비 또는 이동식 외의 물분무등 소화설비
	그 밖의 것	옥외소화전설비, 스프링클러설비, 이동식 외의 물분무등 소화설비 또는 이동식 포소화설비(포소화전을 옥외에 설치하는 것에 한한다.)

※ 물분무등 소화설비 : 물분무, 미분무, 포, CO₂, 할로겐화합물, 청정 소화약제, 분말, 강화액 소화설비

09 자연발화 방지대책
- 직사광선을 피하고 저장실 온도를 낮출 것
- 습도 및 온도를 낮게 유지하여 미생물 활동에 의한 열 발생을 낮출 것
- 통풍 및 환기 등을 잘하여 열 축적을 방지할 것

10 황화린(P_4S_3, P_2S_5, P_4S_7) : 제2류(가연성고체)
- 삼황화린(P_4S_3) : 비중 2.03, 녹는점 172.5℃, 착화점 100℃
- 오황화린(P_2S_5) : 비중 2.09, 녹는점 290℃, 착화점 142℃

12 화재의 분류

화재분류	종류	색상	소화방법
A급 화재	일반화재	백색	냉각소화
B급 화재	유류 및 가스화재	황색	질식소화
C급 화재	전기화재	청색	질식소화
D급 화재	금속화재	무색	피복소화
F(K)급 화재	식용유화재	—	냉각·질식소화

13
- 알코올용포 소화약제 : 일반 포를 수용성위험물에 방사하면 포약제가 소멸하는 소포성 때문에 사용하지 못한다. 이를 방지하기 위해 특별히 제조된 포약제를 말한다.
- 알코올용포 사용 위험물(수용성위험물) : 알코올, 아세톤, 포름산(개미산), 피리딘, 초산 등의 수용성 액체화재 시 사용한다.

14 염소산칼륨($KClO_3$) : 제1류(산화성고체)
- 무색, 백색 분말로 산화력이 강하다.
- 열분해반응식 : $2KClO_3 \rightarrow 2KCl + 3O_2\uparrow$
- 온수, 글리세린에 잘 녹고 냉수, 알코올에는 녹지 않는다.

15 과산화수소(H_2O_2) : 제6류(산화성액체)
※ 위험물 대상 범위 : 농도가 36중량% 이상인 것
- 강산화제로 분해 시 발생기 산소(O_2)는 산화력이 강하다.

- 강산화제이지만 환원제로도 사용한다.
- 일반 시판품은 30~40%의 수용액으로 분해하기 쉽다(분해안정제 : 인산(H_3PO_4), 요산($C_5H_4N4O_3$)을 첨가).
- 과산화수소 3% 수용액을 옥시풀(소독약)로 사용한다.
- 고농도의 60% 이상은 충격 마찰에 의해 단독으로 분해폭발 위험이 있다.
- 히드라진(N_2H_4)과 접촉 시 분해하여 발화폭발한다.
- 저장 용기의 마개에는 작은 구멍이 있는 것을 사용한다(이유 : 분해 시 발생하는 산소를 방출시켜 폭발을 방지하기 위하여).
- 소화 : 다량의 물로 주수소화한다.

16
위험도(H)$= \dfrac{U-L}{L}$ $\begin{bmatrix} \text{H : 위험도} \\ \text{U : 연소상한} \\ \text{L : 연소하한} \end{bmatrix}$

$= \dfrac{(13-2)}{2} = 5.5$

17
$2C_6H_6 + 15O_2 \rightarrow 12CO_2 + 6H_2O$

2mol : 12×22.4L

1mol : x

$\therefore \ x = \dfrac{1 \times 12 \times 22.4}{2} = 134.4$L

18 제6류(산화성액체)
불연성물질로서 분해 시 산소를 방출하여 다른 물질은 산화시키고 자신은 환원되는 산화성물질이다.

19
- 분진폭발을 일으키는 물질 : 밀가루, 금속분말, 곡물가루, 섬유 분진, 종이 분진, 플라스틱 분진, 담배 분진 등
- 분진폭발이 없는 물질(불연성물질) : 생석회, 시멘트분말, 석회석분말 등

20
- 과산화벤조일 : 제5류의 유기과산화물, 지정수량 10kg
- 과염소산 : 제6류 위험물, 지정수량 300kg
  ∴ 지정수량의 합 = 10 + 300 = 310kg

21 과염소산(HClO$_4$) : 제6류(산화성액체)

- 무색 액체로 흡수성, 휘발성이 강한 강산이다.
- 물과 접촉 시 심하게 발열한다.
- 가연물(종이, 나무부스러기 등)과 접촉 시 연소폭발한다.
- 금속분과 반응하여 과염소산염을 만들고 Fe, Cu, Zn과 격렬히 반응하여 산화물을 만든다.

22 유기과산화물 : 제5류(자기반응성물질)

제5류 위험물은 자체 내에 산소를 함유하고 있으므로 질식소화는 효과가 없으며, 다량의 물로 주수하여 냉각소화하는 것이 효과적이다.

23 위험물의 소요 1단위 : 지정수량의 10배

$$\therefore \text{소요단위} = \frac{\text{저장수량}}{\text{지정수량} \times 10\text{배}}$$

$$= \frac{1,000\text{kg}}{10\text{kg} \times 10\text{배}} = 10\text{단위}$$

※ 유기과산화물(제5류) 지정수량 : 10kg

25 위험물의 등급에 따른 분류

위험 등급	위험물의 분류
위험 등급 I	① 제1류 위험물 중 아염소산염류, 염소산염류, 과염소산염류, 무기과산화물, 그 밖에 지정수량이 50kg인 위험물 ② 제3류 위험물 중 칼륨, 나트륨, 알킬알루미늄, 알킬리튬, 그 밖에 지정수량이 10kg인 위험물 및 황린 ③ 제4류 위험물 중 특수인화물 ④ 제5류 위험물 중 유기과산화물, 질산에스테르류, 그 밖에 지정수량이 10kg인 위험물 ⑤ 제6류 위험물
위험 등급 II	① 제1류 위험물 중 브롬산염류, 질산염류, 요오드산염류, 그 밖에 지정수량이 300kg인 위험물 ② 제2류 위험물 중 황화린, 적린, 유황, 그 밖에 지정수량이 100kg인 위험물 ③ 제3류 위험물 중 알칼리금속(칼륨, 나트륨 제외) 및 알칼리토금속, 유기금속화합물(알킬알루미늄 및 알킬리튬 제외), 그 밖에 지정수량이 50kg인 위험물 ④ 제4류 위험물 중 제1석유류, 알코올류 ⑤ 제5류 위험물 중 위험등급 I 위험물 외의 것
위험 등급 III	위험등급 I, II 이외의 위험물

26 히드라진(NH$_2$NH$_2$) : 제4류 제2석유류(인화성액체)

- 분자량 32, 인화점 38℃, 발화점 270℃, 비중 1.011
- 무색 맹독성인 가연성의 발연성액체이다.
- 물, 알코올 등의 극성용매에 잘 녹고, 비극성용매인 에테르에는 녹지 않는다.
- 180℃로 가열 시 암모니아(NH$_3$), 질소(N$_2$), 수소(H$_2$)로 분해된다.

$$2N_2H_4 \xrightarrow[\triangle]{180℃} 2NH_3 + N_2\uparrow + H_2\uparrow$$

- 약알칼리성으로 강산, 강산화성 물질과 혼합 시 폭발 위험이 크다.

27 포 소화약제의 조건

- 부착성 : 화재면에 포 소화약제가 잘 부착되는 성질
- 응집성 : 포 소화약제 간에 서로 분리되지 않고 응집하는 성질
- 유동성 : 화재면에 골고루 잘 퍼지는 성질

28 소요 1단위의 산정방법

건축물	내화구조의 외벽	내화구조가 아닌 외벽
제조소 및 취급소	연면적 100m^2	연면적 50m^2
저장소	연면적 150m^2	연면적 75m^2
위험물	지정수량의 10배	

29 제4류 특수인화물(인화성액체)

- 조건 : 1atm에서 발화점 100℃ 이하, 인화점 −20℃ 이하, 비점 40℃ 이하
- 품목 : 이황화탄소, 디에틸에테르, 아세트알데히드, 산화프로필렌 등

※ 콜로디온 : 제4류 제1석유류

30 이황화탄소(CS$_2$) : 제4류 특수인화물(인화성액체)

- 인화점 −30℃, 발화점 100℃, 연소범위 1.2~44%, 액비중 1.26
- 증기비중$\left(\frac{76}{29} = 2.62\right)$은 공기보다 무거운 무색 투명한 액체이다.
- 물보다 무겁고 물에 녹지 않으며 알코올, 벤젠, 에테르 등에 잘 녹는다.
- 휘발성, 인화성, 발화성이 강하고 독성이 있어 증기 흡입 시 유독하다.
- 연소 시 유독한 아황산가스(SO$_4$)를 발생한다.

$$CS_2 + 3O_2 \rightarrow CO_2\uparrow + 2SO_2\uparrow$$

- 저장 시 물속에 보관하여 가연성증기의 발생을 억제 시킨다.
- 소화 시 이산화탄소(CO_2), 분말 소화약제, 다량의 포 등을 방사시켜 질식 및 냉각소화한다.

31 제1종 분말 소화약제($NaHCO_3$) 분해반응식

$$2NaHCO_3 \rightarrow Na_2CO_3 + CO_2 + H_2O$$

$$
\begin{array}{ccc}
2 \times 84\text{kg} & : & 22.4\text{m}^3 \\
x & : & 5\text{m}^3
\end{array}
$$

$$\therefore\ x = \frac{2 \times 84 \times 5}{22.4} = 37.5\text{kg}$$

32 휘발유(가솔린, $C_5 \sim C_9$) : 제4류 제1석유류

- 액비중 0.65~0.8
- 증기비중 3~4
- 인화점 $-43 \sim -20$℃
- 발화점 300℃
- 연소범위 1.4~7.6%

33 탄화알루미늄(Al_4C_3) : 제3류 위험물(금수성물질)

- 물과 반응 시 가연성 가스인 메탄(CH_4)이 생성된다.
$$Al_4C_3 + 12H_2O \rightarrow 4Al(OH)_3 + 3CH_4\uparrow$$
- 소화 시 주수소화는 절대엄금하고, 마른 모래 등으로 피복소화한다.

34 제4류 위험물(인화성액체)

품명	아세트알데히드	벤젠	스티렌	아닐린
화학식	CH_3CHO	C_6H_6	$C_6H_5CHCH_2$	$C_6H_5NH_2$
유별	특수인화물	제1석유류	제2석유류	제3석유류

35 에틸알코올(C_2H_5OH) : 제4류 알코올류(인화성 액체)

- 물에 잘 녹으며, 술의 주성분으로 주정이라 한다.
- 인화점 13℃, 착화점 423℃, 연소 범위 4.3~19%
- 요오드포름에 반응한다.

36 옥내탱크 저장소의 탱크 이격거리

- 탱크와 탱크 전용실의 벽과의 거리 : 0.5m 이상
- 탱크 상호 간의 거리 : 0.5m 이상

37

제4류 위험물은 유기화합물로서 전기를 통하지 않는 부 도체로 정전기를 일으키기 쉽다.

38 제4류 위험물 중 특수인화물의 인화점

- 디에틸에테르($C_2H_5OC_2H_5$) : -45℃
- 이황화탄소(CS_2) : -30℃
- 아세트알데히드(CH_3CHO) : -38℃

39 중크롬산칼륨($C_2Cr_2O_7$) : 제1류(산화성고체)

- 등적색의 결정으로 쓴맛, 독성이 있다.
- 물에 녹고 알코올에는 녹지 않는다.
- 강산화제로서 500℃에서 분해하여 산소를 발생한다.
- 가연물, 유기물과 혼합 시 발열, 발화한다.
- 가열, 충격, 마찰 등에 의해 폭발할 위험성이 있다.
- 소화 시 다량의 물로 주수소화한다(안전거리 확보).

40 화재의 분류

종류	화재 등급	색상	소화방법
일반화재	A급	백색	냉각소화
유류 및 가스화재	B급	황색	질식소화
전기화재	C급	청색	질식소화
금속화재	D급	무색	피복소화
식용유화재	F(K)급	―	냉각·질식소화

42

$$증기밀도(\rho) = \frac{분자량(\text{g})}{22.4\text{L}}\ (\text{g/L})$$

: 표준 상태(0℃, 1기압)

① 디에틸에테르($C_2H_5OC_2H_5$) 분자량
$$(12 \times 2 + 1 \times 5) \times 2 + 16 = 74,$$
$$밀도(\rho) = \frac{74}{22.4\text{L}} = 3.3\text{g/L}$$

② 벤젠(C_6H_5) 분자량
$$12 \times 6 + 1 \times 6 = 78,$$
$$밀도(\rho) = \frac{78}{22.4\text{L}} = 3.48\text{g/L}$$

③ 가솔린(옥탄 100%)(C_8H_{18}) 분자량
$$12 \times 8 + 1 \times 18 = 114,$$
$$밀도(\rho) = \frac{114}{22.4\text{L}} = 5.09\text{g/L}$$

④ 에틸알코올(C_2H_5OH) 분자량

$12 \times 2 + 1 \times 5 + 16 + 1 = 46$,

$$밀도(\rho) = \frac{46}{22.4L} = 2.05g/L$$

※ 분자량이 클수록 증기밀도가 크다.

43

1. 마그네슘(Mg) : 제2류 위험물(금수성)
   - 이산화탄소(CO_2)와 폭발적으로 반응한다.

     $2Mg + CO_2 \rightarrow 2MgO + C$
   - 물(H_2O)과 반응 시 수소($H_2\uparrow$) 기체를 발생한다.

     $Mg + 2H_2O \rightarrow Mg(OH)_2 + H_2\uparrow$
2. 나트륨(Na) : 제3류 위험물(자연발화성, 금수성)
   - 이산화탄소(CO_2)와 폭발적으로 반응한다.

     $4Na + 3CO_2 \rightarrow 2Na_2CO_3 + C$
   - 물(H_2O)과 반응 시 수소($H_2\uparrow$) 기체를 발생한다.

     $2Na + 2H_2O \rightarrow 2NaOH + H_2\uparrow$

44 할로겐화합물 소화설비에 적응성이 있는 대상물 (억제소화효과)

제4류 위험물, 전기설비, 인화성고체

45 암반탱크의 공간용적

탱크 내에 용출하는 7일간의 지하수의 양에 상당하는 용적과 당해탱크의 내용적의 1/100의 용적 중에서 보다 큰 용적을 공간용적으로 한다.

46 아세트알데히드 등의 저장(취급) 시 주의사항

- 은·수은·동·마그네슘 또는 이들을 성분으로 하는 합금으로 만들지 아니할 것
- 연소성 혼합기체의 생성에 의한 폭발을 방지하기 위한 불활성 기체 또는 수증기를 봉입하는 장치를 갖출 것
- 아세트알데히드 등을 취급하는 탱크에는 냉각장치 또는 저온을 유지하기 위한 장치(이하 '보냉장치'라 한다) 및 연소성 혼합기체의 생성에 의한 폭발을 방지하기 위한 불활성 기체를 봉입하는 장치를 갖출 것

47 메틸알코올(CH_3OH) : 제4류 알코올류, 지정수량 400L

- 위험물의 소요 1단위 : 지정수량의 10배
- $소요단위 = \dfrac{저장수량}{지정수량 \times 10배}$

  $= \dfrac{8000L}{400L \times 10배} = 2단위$

- 마른 모래(삽 1개 포함)

  50L : 0.5단위

  x : 2단위

  $\therefore x = \dfrac{50 \times 2}{0.5} = 200L$

※ 간이소화용구의 능력단위

소화약제	용량	능력단위
소화전용 물통	8L	0.3
수조(소화전용 물통 3개 포함)	80L	1.5
수조(소화전용 물통 6개 포함)	190L	2.5
마른 모래(삽 1개 포함)	50L	0.5
팽창질석 또는 팽창진주암(삽 1개 포함)	160L	1.0

48 제6류 위험물 적응 소화설비(물 계통의 소화설비)

- 옥내소화전설비
- 옥외소화전설비
- 스프링클러설비
- 물분무 소화설비
- 포 소화설비
- 인산염류 등 소화설비

49 과산화칼륨(K_2O_2) : 제1류의 무기과산화물

- 물 또는 이산화탄소와 반응하여 산소(O_2)를 방출한다.

  $2K_2O_2 + 2H_2O \rightarrow 4KOH + O_2\uparrow$

  $2K_2O_2 + 2CO_2 \rightarrow 2K_2CO_3 + O_2\uparrow$
- 산과 반응하여 과산화수소(H_2O_2)를 생성한다.

  $K_2O_2 + H_2SO_4 \rightarrow K_2SO_4 + H_2O_2$

> **참고**
>
> 무기과산화물
> - 물과 접촉 시 산소 발생(주수소화 절대엄금)
> - 열분해 시 산소 발생(유기물 접촉 금합)
> - 소화방법 : 건조사 등(질식소화)

50 염소산나트륨($NaClO_3$) : 제1류 위험물(산화성 고체)

- 알코올, 물, 에테르, 글리세린에 잘 녹는다.
- 조해성이 크고 철제를 부식시키므로 철제 용기는 사용을 금한다.
- 열분해 시 산소를 발생한다.

  $2NaClO_3 \xrightarrow[\triangle]{300\text{℃}} 2NaCl + 3O_2\uparrow$

- 산과 반응하여 독성과 폭발성이 강한 이산화염소(ClO_2)를 발생한다.

$$2NaClO_3 + 2HCl \rightarrow 2NaCl + 2ClO_2 \uparrow + H_2O_2$$

- 소화 시 다량의 물로 주수소화한다.

51 이산화탄소(CO_2)의 농도 산출공식

$$CO_2(\%) = \frac{21 - O_2(\%)}{21} \times 100$$

$$= \frac{21 - 13}{21} \times 100 = 38.1\%$$

52

① 과산화칼륨(K_2O_2) : 제1류(금수성)

$$2K_2O_2 + 2H_2O \rightarrow 4KOH + O_2 \uparrow \text{(산소)}$$

② 탄화칼슘(CaC_2, 카바이트) : 제3류(금수성)

$$CaC_2 + 2H_2O \rightarrow Ca(OH)_2 + C_2H_2 \uparrow \text{(아세틸렌)}$$

③ 탄화알루미늄(Al_4C_3) : 제3류(금수성)

$$Al_4C_3 + 12H_2O \rightarrow 4Al(OH)_3 + 3CH_4 \uparrow \text{(메탄)}$$

④ 황린(P_4) : 제3류(자연발화성), 물속에 보관한다.

53

① 질산(HNO_3) : 제6류, 300kg

② 피크린산$[C_6H_2(NO_2)_3OH]$: 제5류의 니트로화합물, 200kg

③ 질산메틸(CH_3NO_3) : 제5류의 질산에스테르류, 10kg

④ 과산화벤조일$[(C_6H_5CO)_2O_2]$: 제5류의 유기과산화물, 10kg

54 제4류 위험물의 공통성질

- 대부분 인화성액체로서 물보다 가볍고 물에 녹지 않는다.
- 증기의 비중은 공기보다 무겁다(단, HCN 제외).
- 증기와 공기가 조금만 혼합하여도 연소폭발의 위험이 있다.
- 전기의 부도체로서 정전기 축적으로 인화의 위험이 있다.

55

제6류 위험물(산화성액체)인 질산(HNO_3)과 과염소산($HClO_4$)은 분해 시 산소(O_2)를 발생시켜 다른 물질을 산화시키는 조연성이며 불연성물질이다.

56 지정과산화물 옥내저장소의 저장 창고의 기준

- 저장 창고는 150m² 이내마다 격벽으로 완전하게 구

획할 것
- 저장 창고 외벽은 두께 20cm 이상의 철근콘크리트조 또는 두께 30cm 이상의 보강콘크리트브록조로 할 것
- 저장 창고의 창은 바닥으로부터 2m 이상 높게 하되, 하나의 벽면에 두는 창의 면적의 합계를 해당 벽면의 면적의 1/80 이내로 하고, 하나의 창의 면적은 0.4m² 이내로 할 것
- 출입구에는 갑종방화문을 설치할 것

57 산화프로필렌(CH_3CHCH_2O) : 제4류의 특수인화물(인화성액체)

- 인화점 −37℃, 발화점 465℃, 연소범위 2.5~38.5%
- 무색의 에테르향의 냄새가 나는 휘발성이 강한 액체이다.
- 물, 벤젠, 에테르, 알코올 등에 잘 녹고 피부 접촉 시 화상을 입는다(수용성).
- 소화 : 알코올용 포, 다량의 물, CO_2 등으로 질식소화한다.

58

- 할로겐화합물 소화약제 명명법

Halon   1   2   0   2

C의 원자수 ┐   ↑   ┌ Br의 원자수
F의 원자수 ───   └── Cl의 원자수

- 할로겐화합물 소화약제

품명	Halon 1202	Halon 1211	Halon 2402	Halon 1301
화학식	CBr_2F_2	$CBrClF_2$	$C_2Br_2F_4$	CF_3Br

※ $C_2Br_2F_2$는 없다.

59

기체연료는 연소(폭발)범위 안에서 비정상적 연소로 폭발적인 현상이 나타난다.

60 알코올 한 분자 내에 −OH(히드록시기) 수에 따른 분류

- 1가 알코올(−OH 1개) : 메탄올(CH_3OH), 에탄올(C_2H_5OH)
- 2가 알코올(−OH 2개) : 에틸렌글리콜$[C_2H_4(OH)_2]$
- 3가 알코올(−OH 3개) : 글리세린$[C_3H_5(OH)_3]$

※ 제4류 알코올류 : 1분자를 구성하는 탄소 수가 $C_1 \sim C_3$인 포화 1가 알코올(변성알코올 포함)

위험물기능사 필기 모의고사 ❿ 정답 및 해설

정답

01	①	02	①	03	②	04	④	05	②	06	③	07	③	08	③	09	①	10	①
11	③	12	②	13	②	14	①	15	④	16	③	17	①	18	②	19	①	20	①
21	③	22	④	23	①	24	③	25	③	26	③	27	④	28	③	29	③	30	④
31	②	32	④	33	③	34	①	35	①	36	②	37	③	38	②	39	①	40	①
41	③	42	②	43	①	44	④	45	③	46	②	47	③	48	③	49	③	50	③
51	①	52	③	53	③	54	④	55	④	56	④	57	③	58	③	59	④	60	②

해설

01 예방규정을 정해야 하는 제조소등
- 지정수량의 10배 이상의 위험물을 취급하는 제조소
- 지정수량의 100배 이상의 위험물을 저장하는 옥외 저장소
- 지정수량의 150배 이상의 위험물을 저장하는 옥내 저장소
- 지정수량의 200배 이상을 저장하는 옥외탱크저장소
- 암반탱크저장소
- 이송취급소
- 지정수량의 10배 이상의 위험물 취급하는 일반취급소

02
'금속분'이라 함은 알칼리금속·알칼리토류금속·철 및 마그네슘 외의 금속분말을 말하고, 구리분·니켈분 및 150마이크로미터의 체를 통과하는 것이 50중량퍼센트 미만인 것은 제외한다.

03 트리에틸알루미늄[$(C_2H_5)_3Al$, TEA] : 제3류(금수성)
- 물과 반응하여 에탄($C_2H_6\uparrow$)가스를 발생한다.
  $$(C_2H_5)_3Al + 3H_2O \rightarrow Al(OH)_3 + 3C_2H_6\uparrow$$
- 저장 시 희석안정제(벤젠, 톨루엔, 헥산 등)를 사용하여 불활성기체(N_2)를 봉입한다.
- 소화 시 팽창질석, 팽창진주암을 사용한다(주수소화 엄금).

04
이동저장탱크는 그 내부에 4,000L 이하마다 3.2mm 이상의 강철판 또는 이와 동등 이상의 강도, 내열성 및 내식성이 잇는 금속성의 것으로 칸막이를 설치해야 한다.

05 옥외소화전설비 설치기준

수평 거리	방사량	방사압력	수원의 양(Q : m^3)
40m 이하	450(L/min) 이상	350(kPa) 이상	Q=N(소화전 개수 : 최소 2개, 최대 4개)×13.5m^3 (450L/min×30min)

∴ Q$=13.5m^3 \times$ N(최대 4개)
  $=13.5m^3 \times 4 = 54m^3$

※ 옥외소화전이 6개이지만 최대 4개만 해당된다.

06 원형(횡) 탱크의 내용적(V)
$$V = \pi r^2 \times \left(l + \frac{l_1 + l_2}{3} \right)$$
$$= \pi \times 5^2 \times \left(15 + \frac{2+2}{3} \right)$$
$$\fallingdotseq 1,283m^3$$

07
주유취급소에서 자동차 등에 위험물을 주유할 때 자동차 등의 원동기를 정지시켜야 하는 위험물의 인화점 기준은 40℃ 미만이다.

08 히드록실아민 제조소의 안전거리

$$D = 51.1 \cdot \sqrt[3]{N}$$

$\begin{bmatrix} D : \text{안전거리(m}^3) \\ N : \text{취급하는 히드록실아민의 지정수량의} \\ \qquad \text{배수(지정수량 : 100kg)} \end{bmatrix}$

09 디에틸에테르($C_2H_5OC_2H_5$) : 제4류 위험물의 특수인화물(인화성액체)

- 무색, 휘발성이 강한 액체로서 특유한 향과 마취성이 있다.
- 인화점 −45℃, 발화점 180℃, 연소범위 1.9~48%
- 직사광선에 장시간 노출 시 과산화물을 생성하므로 갈색병에 보관한다.
  - 과산화물 검출시약 : 디에틸에테르+KI(10%)용액 → 황색 변화
  - 과산화물 제거시약 : 30%의 황산제일철수용액
  - 과산화물 생성 방지 : 40mesh의 구리망을 넣어 준다.
- 저장 시 불활성 가스를 봉합하고 정전기를 방지하기 위해 소량의 염화칼슘($CaCl_2$)을 넣어 둔다.
- 소화 시 CO_2로 질식소화한다.

10

1. 제3류 위험물(금수성)의 적응성 있는 소화기
   - 탄산수소염류
   - 마른 모래
   - 팽창질석 또는 팽창진주암
2. 제3류 위험물의 공통성질
   - 대부분 무기화합물의 고체이다(단, 알킬알루미늄은 액체).
   - 금수성물질(황린은 자연발화성)로 물과 반응 시 발열 또는 발화하고 가연성가스를 발생한다.
   - 알킬알루미늄, 알킬리튬은 공기 중에서 급격히 산화하고, 물과 접촉 시 가연성가스를 발생하여 발화한다.

11

- 목조 건물 : 고온으로 타고 단시간에 꺼진다.
- 내화구조 건물 : 저온으로 타고 장시간에 꺼진다.

12 알킬알루미늄 등, 아세트알데히드 등 및 디에틸에테르 등의 저장기준

- 이동저장탱크에 알킬알루미늄 등을 저장하는 경우에는 20kPa 이하의 압력으로 불활성의 기체를 봉입하

여 둘 것
- 옥외 및 옥내저장탱크 또는 지하저장탱크 중 압력탱크 외의 탱크에 저장할 경우

위험물의 종류	유지온도
산화프로필렌, 디에틸에테르	30℃ 이하
아세트알데히드	15℃ 이하

- 옥외 및 옥내저장탱크 또는 지하저장탱크 중 압력탱크에 저장할 경우

위험물의 종류	유지온도
아세트알데히드 등 또는 디에틸에테르 등	40℃ 이하

- 아세트알데히드 등 또는 디에틸에테르 등을 이동저장탱크에 저장할 경우

위험물의 종류	유지온도
보냉장치가 있는 경우	비점 이하
보냉장치가 없는 경우	40℃ 이하

13

- 제4류 제3석유류 : 니트로톨루엔($C_6H_4CH_3NO_2$) → 니트로기(−NO_2)가 1개 있음
- 제5류 : 니트로글리세린[$C_3H_5(ONO_2)_3$], 니트로글리콜[$C_2H_4(ONO_2)_2$], 트리니트로톨루엔[$C_6H_2CH_3(NO_2)_3$]
※ 니트로기(−NO_2)가 2개 이상 있으므로 폭발성이 있는 제5류 위험물이다.

14

① 적린(P) : 제2류 위험물(가연성고체)
② 나트륨(Na), ③ 칼륨(K) : 제3류 위험물의 금수성, 자연발화성물질로 석유류(유동파라핀, 등유, 경유)에 저장한다.
④ 황린(P_4) : 제3류 위험물의 자연발화성물질로 발화점이 34℃로 낮고 물에 녹지 않아 물속에 보관한다.

15

1. 제2류 위험물(가연성고체)의 지정수량
   - 황화린, 적린, 유황 : 100kg
   - 철분, 금속분, 마그네슘 : 500kg
   - 인화성 고체 : 1,000kg
   ※ 지정수량 500kg의 철분, 금속분, 마그네슘 등은 물과 반응하여 수소($H_2\uparrow$) 발생(금속화재)

2. 화재의 종류

종류	화재 등급	색상	소화방법
일반화재	A급	백색	냉각소화
유류 및 가스화재	B급	황색	질식소화
전기화재	C급	청색	질식소화
금속화재	D급	무색	피복소화
식용유화재	F(K)급	–	냉각·질식소화

16 고정주유설비의 설치기준(중심선을 기점으로 한 거리)

- 도로경계선 : 4m 이상
- 부지경계선, 담 및 건축물의 벽 : 2m(개구부가 없는 벽 : 1m) 이상

17

① 적린(제2류)과 황린(제3류)
② 질산염류(제1류)와 질산(제6류)
③ 칼륨(제3류)과 특수인화물(제4류)
④ 유기과산화물(제5류)과 유황(제2류)

※ 유별을 달리하는 위험물의 혼재 기준(단, 지정수량 $\frac{1}{10}$ 이 하는 적용 안 됨)

위험물의 구분	제1류	제2류	제3류	제4류	제5류	제6류
제1류		×	×	×	×	○
제2류	×		×	○	○	×
제3류	×	×		○	×	×
제4류	×	○	○		○	×
제5류	×	○	×	○		×
제6류	○	×	×	×	×	

※ 서로 혼재 가능한 위험물(꼭 암기 바람)
 - 제1류와 제6류
 - 제4류와 제2류, 제3류
 - 제5류와 제2류, 제4류

18 칼륨(K) : 제3류(금수성, 자연발화성)

- 물과 반응하여 수소($H_2\uparrow$)를 발생한다.

$$2K\ +\ 2H_2O\ \rightarrow\ 2KOH\ +\ H_2\uparrow$$
(칼륨)　　(물)　　(수산화칼륨)　　(수소)

- 에틸알코올과 반응하여 수소($H_2\uparrow$)를 발생한다.

$$2K\ +\ 2C_2H_5OH\ \rightarrow\ 2C_2H_5OK\ +\ H_2\uparrow$$
(칼륨)　　(에틸알코올)　　(칼륨에틸레이트)　　(수소)

- 보라색 불꽃 반응을 하고 석유류 속에 보관한다.

19 이동탱크저장소는 경보설비를 설치하지 않는다.

① 자동화재탐지설비를 설치해야 하는 경우
 - 연면적 500m² 이상인 제조소 및 일반취급소
 - 지정수량의 100배 이상을 취급하는 제조소 및 일반취급소, 옥내저장소
 - 연면적이 150m²를 초과하는 옥내저장소
 - 처마 높이가 6m 이상인 단층 건물의 옥내저장소
 - 단층 건물 외에 건축물에 있는 옥내탱크저장소로서 소화난이도등급 Ⅰ에 해당하는 옥내탱크저장소
 - 옥내주유취급소
② 위의 ①항 이외의 것 : 지정수량 10배 이상을 취급하는 제조소등은 자동화재탐지설비, 비상경보설비, 확성장치 또는 비상방송설비 중 1종 이상을 설치해야 한다.

20 피뢰설비 설치 대상

지정수량의 10배 이상의 제조소등(제6류는 제외)

21 인화칼슘(Ca_3P_2, 인화석회) : 제3류(금수성)

물 또는 산화반응 시 가연성, 유독성인 포스핀(PH_3, 인화수소)가스를 발생한다.

- $Ca_3P_2 + 6H_2O \rightarrow 3Ca(OH)_2 + 2PH_3\uparrow$
- $Ca_3P_2 + 6HCl \rightarrow 3CaCl_2 + 2PH_3\uparrow$

22 적린(P) : 제2류(가연성고체), 염소산칼륨($KClO_3$) : 제1류(산화성고체)

적린은 염소산칼륨에서 분해 시 발생하는 산소와 반응하여 오산화인(P_2O_5)을 생성한다.

- 염소산칼륨 분해반응식 : $2KClO_3 \rightarrow 2KCl + 3O_2\uparrow$
- 적린의 산화반응식 : $4P + 5O_2 \rightarrow 2P_2O_5$(오산화인 : 백색 연기)

23 분말 소화약제(드라이 케미컬)

종별	화학식	품명	색상	적응화재
제1종	$NaHCO_3$	탄산수소나트륨	백색	B, C급
제2종	$KHCO_3$	탄산수소칼륨	담자(회)색	B, C급
제3종	$NH_4H_2PO_4$	인산암모늄	담홍색	A, B, C급
제4종	$KHCO_3$ $+(NH_2)_2CO$	중탄산칼륨 +요소	회(백)색	B, C급

24 물질의 발화온도가 낮아지는 경우
- 발열량이 클 때
- 산소의 농도가 클 때
- 화학적 활성도가 클 때
- 산소와 친화력이 높을 때

25 자동화재탐지설비의 설치기준
하나의 경계구역의 주된 출입구에서 그 내부의 전체를 볼 수 있는 경우 그 면적을 $1,000m^2$ 이하로 할 수 있다.

26 제3석유류
중유, 클레오소트유, 그 밖에 1기압에서 인화점이 $70℃$ 이상 $200℃$ 미만의 것(단, 도료류, 그 밖의 물품은 가연성 액체량이 40중량퍼센트 이하인 것은 제외)

27
- 황린(P_4) : 제3류(자연발화성)
- 적린(P) : 제2류(가연성고체)
- 황린(P_4) $\xrightarrow{260℃}$ 적린(P)
- 황린(P_4)과 적린(P)은 서로 동소체로서 연소생성물이 동일하다.

28 소화난이도등급 Ⅰ의 제조소등에 설치해야 하는 소화설비

제조소등의 구분		소화설비
옥내탱크저장소	유황만을 저장·취급하는 것	물분무 소화설비
	인화점 70℃ 이상의 제4류 위험물만을 저장·취급하는 것	물분무 소화설비, 고정식 포 소화설비, 이동식 이외의 불활성가스 소화설비, 이동식 이외의 할로겐화합물 소화설비 또는 이동식 이외의 분말 소화설비
	그 밖의 것	고정식 포 소화설비, 이동식 이외의 불활성가스 소화설비, 이동식 이외의 할론겐화합물 소화설비 또는 이동식 이외의 분말 소화설비

29
옥외탱크저장소의 방유제는 탱크의 옆 판으로부터 일정한 거리를 유지할 것(단, 인화점이 $200℃$ 이상인 위험물은 제외)

- 지름이 15m 미만인 경우 : 탱크 높이의 $\frac{1}{3}$ 이상
- 지름이 15m 이상인 경우 : 탱크 높이의 $\frac{1}{2}$ 이상

∴ 지름이 18m(15m 이상)이므로

높이 $15m \times \frac{1}{2} = 7.5m$ 이상의 거리 유지

30 위험물제조소의 급기구
바닥면적 $150m^2$마다 1개 이상으로 하고 급기구의 크기는 $800cm^2$ 이상으로 할 것

31 메틸에틸케톤($CH_3COC_2H_5$, MEK)
제4류 제1석유류(비수용성), 지정수량 200L

32
제조소나 취급소용으로 옥외 공작물은 외벽이 내화구조인 것으로 간주하므로 최대수평투영면적 $100m^2$를 1소요단위로 한다.

※ 소요 1단위의 산정방법

건축물	내화구조의 외벽	내화구조가 아닌 외벽
제조소 및 취급소	연면적 100m²	연면적 50m²
저장소	연면적 150m²	연면적 75m²
위험물	지정수량의 10배	

33 제2류 위험물
인화성 고체라 함은 고형 알코올, 그 밖에 1기압에서 인화점이 섭씨 40도 미만인 고체를 말한다.

34 식용유화재의 비누화반응
- 기름(지방)과 제1종 분말인 탄산수소나트륨($NaHCO_3$)이 만나면 지방산금속열(비누)이 생성되면서 거품이 일어나는 반응이다.
- 이 거품이 화재면을 덮어 질식효과가 일어나 소화가 이루어지는 현상으로 소화효과가 좋다.

35
제2류 위험물(가연성고체)은 대부분 물보다 무겁고 주수에 의한 냉각소화를 한다(금속분은 제외).

36 주유취급소
- 주유공지 : 너비 15m 이상 6m 이상의 콘크리트로 포장한 공지
- 공지의 바닥 : 지면보다 높게, 적당한 기울기, 배수구, 집유설비 및 유분리장치를 설치할 것
- 주유 중 엔진 정지 : 황색 바탕에 흑색 문자
- 주유관 길이 : 5m 이내(현수식 : 반경 3m 이내)

37 알코올의 분류(R-OH, C_nH_{2n+1}-OH)

- -OH기의 수에 따른 분류

1가 알코올	-OH : 1개	CH_3OH(메틸알코올), C_2H_5OH(에틸알코올)
2가 알코올	-OH : 2개	$C_2H_4(OH)_2$(에틸렌글리콜)
3가 알코올	-OH : 3개	$C_3H_5(ON)_3$(글리세린＝글리세롤)

- -OH기와 결합한 탄소원자에 연결된 알킬기(R-)의 수에 따른 분류

1차 알코올	R-C-OH (H, H)	예 CH_3-C-OH (H, H) 에틸알코올
2차 알코올	R-C-OH (H, R′)	예 CH_3-C-OH (H, CH₃) SO-프로판올
3차 알코올	R′-C-OH (R, R″)	예 CH_3-C-OH (CH₃, CH₃) tert-부탄올 (트리메틸카비놀)

38 포헤드방식의 포헤드 설치기준

- 헤드 : 방호 대상물의 표면적 $9m^2$당 1개 이상
- 방사량 : 방호 대상물의 표면적 $1m^2$당 6.5L/min 이상

※ 포워터스프링클러헤드와 포헤드의 설치기준
  - 포워터스프링클러헤드 : 바닥면적 $8m^2$마다 1개 이상
  - 포헤드 : 바닥면적 $9m^2$마다 1개 이상

39 위험물 운송자가 위험물안전카드를 휴대해야 하는 위험물

특수인화물, 제1석유류

40 제5류 위험물(자기반응성물질)

① 트리니트로톨루엔(TNT) : 니트로화합물
② 니트로글리세린, ③ 니트로글리콜, ④ 셀룰로이드 : 질산에스테르류

41 제1류 위험물(산화성고체)

- 과염소산칼륨($KClO_4$) : 과염소산염류, 지정수량 50kg

$$KClO_4 \xrightarrow[\triangle]{610℃} KCl + 2O_2 \uparrow (산소)$$

- 아염소산나트륨($NaClO_2$) : 아염소산염류, 지정수량 50kg

$$3NaClO_2 \xrightarrow[\triangle]{120℃} 2NaClO + NaCl + 2O_2 \uparrow (산소)$$

42

제조소등에서 취급하는 제4류 위험물의 최대수량의 합	화학 소방 자동차	자체소방 대원의 수
지정수량의 12만 배 미만인 사업소	1대	5인
12만 배 이상 24만 배 미만	2대	10인
24만 배 이상 48만 배 미만	3대	15인
48만 배 이상인 사업소	4대	20인

43

$$증기비중 = \frac{분자량}{공기의\ 평균\ 분자량(29)}$$

※ 분자량이 클수록 증기비중이 크다.

① 벤젠(C_6H_5)의 분자량

$$12 \times 6 + 1 \times 6 = 78, \frac{78}{29} = 2.69$$

② 등유($C_9 \sim C_{18}$)의 분자량

$$12 \times 9 \sim 12 \times 18 = 108 \sim 216,$$

$$\frac{108}{29} \sim \frac{206}{29} = 3.7 \sim 7.4(≒4 \sim 5)$$

③ 메틸알코올(CH_3OH)의 분자량

$$12 + 1 \times 4 + 16 = 32, \frac{32}{29} = 1.1$$

④ 디에틸에테르($C_2H_5OC_2H_5$) 분자량

$$12 \times 4 + 1 \times 10 + 16 = 74, \frac{74}{29} = 2.55$$

44 피크르산[$C_6H_2(NO_2)_3OH$, TNP] : 제5류의 니트로화합물

- 침상결정으로 쓴맛이 있고 독성이 있다.
- 찬물에 불용, 온수, 알코올, 벤젠 등에 잘 녹는다.
- 진한 황산 촉매하에 페놀(C_6H_5OH)과 질산을 니트로화반응시켜 제조한다.

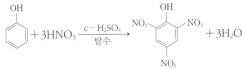

(페놀)　　(질산)　　　　[트리니트로 페놀(피크린산)]　(물)

- 피크린산 금속염(Fe, Cu, Pb 등)은 격렬히 폭발한다.
- 운반 시 10~20% 물로 습윤시켜 운반한다.

45　황린과 적린

구분	황린(P_4) : 제3류	적린(P) : 제2류
외관 및 형상	백색 또는 담황색 고체	암적색 분말
냄새	마늘 냄새	없음
자연발화(공기 중)	40~50℃	약 260℃
CS_2의 용해성	용해	불용
저장(보호액)	물속	–
독성	맹독성	없음
연소생성물	오산화인(P_2O_5)	오산화인(P_2O_5)

※ 황린(P_4)과 적린(P)은 서로 동소체로서 연소생성물이 동일하다.

46　알루미늄(Al)분 : 제2류(가연성, 금수성)

- 양쪽성원소로서 산, 염기와 반응하여 수소($H_2 \uparrow$) 기체를 발생한다.
- 은백색 경금속으로 물과 만응 시 수소($H_2 \uparrow$)를 발생한다.
- 공기 중 부유하면 분진폭발 위험이 있다.
- 저장 시 밀폐용기에 밀봉 밀전하여 건조한 곳에 보관한다.

47

- 현열(Q_1)＝$G \cdot C \cdot \varDelta t$
  ＝$100 \times 1 \times (100-20) = 8,000$kcal
- 잠열(Q_2)＝$G \cdot r$
  ＝$100 \times 540 = 54,000$kcal

$$
\begin{bmatrix}
Q_1 : 현열(kcal) & C : 물의 비열(1kcal/kg \cdot ℃) \\
Q_2 : 잠열(kcal) & r : 물의 증발잠열(540kcal/kg) \\
G : 질량 & \varDelta t : 온도차(t_2-t_1)℃
\end{bmatrix}
$$

∴ Q＝$Q_1 + Q_2 = 8,000 + 54,000 = 62,000$kcal

48

- 오존파괴지수(ODP)
  ＝$\dfrac{\text{어떤 물질 1kg에 의해 파괴되는 오존량}}{\text{CFC}-11\ \text{1kg에 의해 파괴되는 오존량}}$

※ CFC−11 : 염화불화탄소($CFCl_3$)를 나타냄
- 오존파괴지수(ODP) : Halon 1301＝14.1＞Halon 2402＝6.6＞Halon 1211＝2.4

49

구분	화학식	유별	증기비중	인화점	수용성
아세트알데히드	CH_3CHO	특수인화물	1.52	−39℃	물에 녹음
아세톤	CH_3COCH_3	제1석유류	2	−18℃	물에 녹음

※ 증기의 비중＝$\dfrac{분자량}{공기의 평균 분자량(29)}$

50　제조소등의 전기설비의 소화설비

- 소형 수동식 소화기 : 바닥면적 100m²마다 1개 이상 설치

51　원통형(종형) 탱크의 내용적(V)

- $V = \pi r^2 l$
  $= 3.14 \times 2^2 \times 10$　$\begin{bmatrix} r : 2m \\ l : 10m \end{bmatrix}$
  $= 125.6$m³
- 탱크의 공간용적이 10%이므로,
  ∴ 탱크의 용량(m³)＝125.6m³ × 0.9＝113.04m³

52　제1류 위험물(산화성고체)의 지정수량

- 브롬산나트륨(브롬산염류) : 300kg
- 과산화나트륨(무기과산화물) : 50kg
- 중크롬산나트륨(중크롬산염류) : 1,000kg
∴ 지정수량의 배수의 총합
  ＝$\dfrac{\text{A품목의 저장수량}}{\text{A품목의 지정수량}} + \dfrac{\text{B품목의 저장수량}}{\text{B품목의 지정수량}} + \cdots\cdots$
  ＝$\dfrac{300kg}{300kg} + \dfrac{150kg}{50kg} + \dfrac{500kg}{1,000kg} = 4.5$배

53　글리세린[$C_3H_5(OH)_3$] : 제4류 제3석유류(수용성), 지정수량 4,000l

- 무색, 단맛이 있고 흡습성과 점성이 있는 액체이다.
- 물, 알코올에 잘 녹고, 벤젠, 에테르에는 녹지 않는다.
- 독성이 없는 3가 알코올이며, 화장품 연료에 사용한다.

모의고사 10

54 제6류 위험물(산화성액체)

비중이 물보다 무겁고 물에 잘 녹는다(지정수량 300kg).

구분	과염소산	과산화수소	질산
화학식	$HClO_4$	H_2O_2	HNO_3
비중	3.5	1.46	1.49

55 전기설비에 적응성이 있는 소화설비

- 물분무 소화설비
- CO_2 소화설비
- 할로겐화합물 소화설비
- 분말 소화설비

56 불활성가스(CO_2) 저장 용기 설치기준

- 방호구역 외의 장소에 설치할 것
- 온도가 40℃ 이하이고 온도 변화가 적은 장소에 설치할 것
- 직사일광 및 빗물이 침투할 우려가 적은 장소에 설치할 것
- 저장 용기에는 안전장치를 설치할 것
- 저장 용기의 외면에 소화약제의 종류와 양, 제조년도 및 제조자를 표시할 것
- 용기 간의 간격은 점검에 지장이 없도록 3cm 이상 간격을 유지할 것

57 제1류 위험물의 무기과산화물(금수성)

- 산과 반응 시 과산화수소(H_2O_2)를 생성한다.
  $K_2O_2 + 2HCl \rightarrow 2KCl + \underline{H_2O_2}$(과산화수소)
  $MgO_2 + 2HCl \rightarrow MgCl_2 + \underline{H_2O_2}$(과산화수소)
- 물과 반응 시 산소($O_2\uparrow$)를 발생시킨다.
  $2K_2O_2 + 2H_2O \rightarrow 4KOH + O_2\uparrow$(산소)
  $MgO_2 + H_2O \rightarrow Mg(OH)_2 + [O]$(활성산소)
  ∴ 과산화수소(H_2O_2) : 제6류(산화성액체), 지정수량 300kg

58 옥외저장소에서 선반에 저장 시 용기의 높이

6m 이하(단, 옥내저장소에서 선반에 저장 시 용기의 높이 : 제한 없음)

※ 옥내 또는 옥외저장소에 위험물을 저장할 경우(높이 제한)
- 기계에 의하여 하역하는 구조로 된 용기 : 6m 이하
- 제4류 위험물 중 제3석유류, 제4석유류 및 동식물유의 용기 : 4m 이하
- 그 밖의 경우 : 3m 이하

59 지하탱크저장소의 기준

보기 ①, ②, ③ 이외에

- 탱크전용실은 지하의 가장 가까운 벽, 피트, 가시관 및 대지경계선으로부터 0.1m 이상 떨어진 곳에 설치할 것
- 지하저장탱크를 2 이상 인접해 설치 시 상호이격거리 : 1m 이상(단, 탱크 용량의 합계가 지정수량 100배 이하 : 0.5m 이상)
- 탱크전용실의 구조(철근콘크리트 구조) : 벽, 바닥, 뚜껑의 두께 : 0.3m 이상

60 옥외저장탱크의 통기관 설치기준(제4류에 한함)

1. 밸브 없는 통기관 : 항상 열려 있다.
   - 직경이 30mm 이상일 것
   - 선단은 수평면보다 45도 이상 구부려 빗물 등의 침투 방지 구조로 할 것
   - 가는눈 구리망 등으로 인화방지장치를 할 것(단, 인화점 70℃ 이상의 위험물만을 인화점 미만에서 저장(취급) 시 제외)
   - 가연성증기 회수를 목적으로 밸브를 통기관에 설치할 때 밸브는 개방되어 있어야 하며 닫혔을 경우 10kPa 이하의 압력에서 개방되는 구조로 할 것(개방 부분의 단면적 : 777.15mm² 이상)
2. 대기밸브부착 통기관 : 항상 닫혀 있다.
   - 5kPa 이하의 압력 차이로 작동할 수 있어야 한다.

정답

01	②	02	②	03	②	04	②	05	④	06	②	07	③	08	①	09	②	10	②
11	②	12	①	13	①	14	④	15	①	16	③	17	③	18	①	19	③	20	②
21	③	22	①	23	③	24	④	25	②	26	①	27	②	28	③	29	④	30	④
31	①	32	①	33	①	34	①	35	①	36	②	37	①	38	①	39	④	40	④
41	①	42	④	43	①	44	④	45	①	46	②	47	②	48	②	49	③	50	①
51	④	52	①	53	④	54	③	55	④	56	①	57	②	58	④	59	③	60	①

해설

01
- 금속화재(D급)는 마른 모래로 덮어서 질식소화한다.
- 주수소화는 가연성기체인 수소가 발생하기 때문에 절대엄금한다.

02 제3종 소화약제($NH_4H_2PO_4$)의 열분해반응식

$NH_4H_2PO_4 \rightarrow HPO_3 + NH_3 + H_2O$

03 제3류 위험물(자연발화성, 금수성)의 위험등급 및 지정수량

구분	황린	수소화나트륨	리튬
화학식	P_4	NaH	Li
위험등급	I	III	II
지정수량	20kg	300kg	50kg

04 유류 및 가스탱크의 화재 발생 현상
- 보일 오버 : 탱크 바닥의 물이 비등하여 부피 팽창으로 유류가 넘쳐 연소하는 현상
- 블레비(BLEVE) : 액화가스 저장탱크의 압력 상승으로 폭발하는 현상
- 슬롭 오버 : 물 방사 시 뜨거워진 유류표면에서 비등 증발하여 연소유와 함께 분출하는 현상
- 프로스 오버 : 탱크 바닥의 물이 비등하여 부피 팽창으로 유류가 연소하지 않고 넘치는 현상
- ※ 플래시 오버 : 화재 발생 시 실내의 온도가 급격히 상승하여 축적된 가연성 가스가 일순간 폭발적으로 착화하여 실내 전체가 화염에 휩싸이는 현상

05 이산화탄소 소화약제의 소화효과

질식, 냉각, 피복효과

06
① 디에틸에테르($C_2H_5OC_2H_5$) : 제4류 특수인화물(인화성액체)
② 과염소산칼륨($KClO_4$) : 제1류(산화성고체, 불연성)
③ 에틸렌글리콜[$C_2H_4(OH)_2$] : 제4류 제2석유류(인화성액체)
④ 황린(P_4) : 제3류(자연발화성물질)

07 제5류 위험물(자기반응성물질)의 지정수량
① 니트로셀룰로오스 : 질산에스테르류 - 10kg
② 히드록실아민 : 100kg
③ 아조벤젠 : 아조화합물 - 200kg
④ 트리니트로페놀(TNP, 피크린산) : 니트로화합물 - 200kg

08 메틸알코올(CH_3OH, 목정) : 제4류 알코올류, 지정수량 400L
- 분자량(CH_3OH) $= 12 + 1 \times 4 + 16 = 32$
- 증기비중 $= \dfrac{분자량}{공기의\ 평균\ 분자량(29)}$

  $= \dfrac{32}{29} ≒ 1.1$
- 액비중 0.79, 인화점 11℃, 발화점 464℃, 연소범위 7.3~36%
- 물에 잘 녹는 무색투명한 액체의 1가 알코올로 독성이 있다.

10

- 저장탱크의 용적 산정 기준

  탱크의 용량＝탱크의 내용적－공간용적

- 탱크의 공간용적 : $\dfrac{5}{100} \sim \dfrac{10}{100}$ (5%~10%)

  최대용량＝30,000L－(30,000L × 0.05)

  　　　　　＝28,500L

  최소용량＝30,000L－(30,000L × 0.1)

  　　　　　＝27,000L

11

- 탱크의 반지름이 2m이므로 탱크의 지름 4m, 탱크의 높이 12m

- 탱크의 지름이 15m 미만이므로 탱크의 옆판과의 거리는 탱크의 $\dfrac{1}{3}$ 이상

∴ 방유제까지의 거리(L)＝12m × $\dfrac{1}{3}$＝4m 이상

> **참고**
>
> 1. 옥외탱크저장소의 방유제 용량
>   - 탱크 1기일 때 : 탱크 용량×1.1배 [110%](비인화성물질 : 100%)
>   - 탱크 2기 이상일 때 : 최대 탱크 용량×1.1배 [110%] (비인화성물질 : 100%)
> 2. 탱크 옆판과의 거리
>
> | 탱크의 지름 | 탱크 옆판과의 거리 |
> |---|---|
> | 15m 미만 | 탱크 높이의 $\dfrac{1}{3}$ 이상 |
> | 15m 이상 | 탱크 높이의 $\dfrac{1}{2}$ 이상 |

12

- 주유취급소의 탱크 용량 기준

저장탱크의 종류	탱크의 용량	저장탱크의 종류	탱크 용량
고정주유설비	50,000L 이하	폐유탱크	2,000L 이하
고정급유설비	50,000L 이하	간이탱크	600L×3기 이하
보일러 전용탱크	10,000L 이하	고속국도의 탱크	60,000L 이하

- 용량(Q)

  ＝(간이탱크 2×600L)＋(폐유탱크 1×2,000L)

  　＋(고정주유(급유)설비 2×50,000L)

  ＝103,200L

13 위험물제조소의 보유공지

취급 위험물의 최대수량	공지의 너비
지정수량의 10배 이하	3m 이상
지정수량의 10배 초과	5m 이상

14

① 인산암모늄($NH_4H_2PO_4$) : 제3종 분말 소화약제

② 탄산수소나트륨($NaHCO_3$) : 제1종 분말 소화약제

③ 탄산수소칼륨($KHCO_3$) : 제2종 분말 소화약제

④ 과산화나트륨(Na_2O_2) : 제1류의 무기과산화물

15 이상기체 상태방정식

$$PV = nRT = \dfrac{W}{M}RT$$

$$V = \dfrac{WRT}{PM} = \dfrac{1000 \times 0.082 \times (273+25)}{2 \times 44} \fallingdotseq 278L$$

$$\begin{bmatrix} P : 압력(atm) & M : 분자량 \\ V : 부피(L) & W : 질량(g) \\ n : 몰수\left(\dfrac{W}{M}\right) & T : 절대온도(273+℃)[K] \\ R : 기체상수\ 0.082(atm \cdot L/mol \cdot K) \end{bmatrix}$$

16 운송책임자의 감독 및 지원을 받아 운송하는 위험물

- 알킬알루미늄
- 알킬리튬
- 알킬알루미늄 또는 알킬리튬의 물질을 함유하는 화합물

17

① 아세톤 : 제4류 제1석유류

② 실린더유 : 제4류 제4석유류

③ 과산화벤조일 : 제5류의 유기과산화물

④ 니트로벤젠 : 제4류 제3석유류

18 옥외탱크저장소의 방유제(이황화탄소는 제외)

① 방유제의 용량(단, 인화성이 없는 위험물은 110%를 100%로 봄)
   - 탱크가 1개일 때 : 탱크 용량의 110% 이상
   - 탱크가 2개 이상일 때 : 탱크 중 용량이 최대인 것의 용량의 110% 이상

② 방유제의 두께는 0.2m 이상, 높이는 0.5m 이상 3m 이하, 지하의 매설 깊이 1m 이상

③ 방유제의 면적은 80,000m² 이하
④ 방유제와 옥외저장탱크 옆판과의 유지해야 할 거리
- 탱크 지름 15m 미만 : 탱크 높이의 1/3 이상
- 탱크 지름 15m 이상 : 탱크 높이의 1/2 이상

19

① 가솔린 : 제4류 위험물(인화성액체), 제1석유류
② 운반용기 외부표시사항
- 위험물의 품명, 위험등급, 화학명 및 수용성(제4류 위험물에 한함)
- 위험물의 수량

※ 위험물에 따른 주의사항

유별	성질에 따른 구분	표시사항
제1류 위험물 (산화성액체)	알칼리금속의 과산화물	화기 · 충격주의, 물기엄금 및 가연물접촉주의
	그 밖의 것	화기 · 충격주의 및 가연물접촉주의
제2류 위험물 (가연성고체)	철분 · 금속분 · 마그네슘	화기주의 및 물기엄금
	인화성고체	화기엄금
	그 밖의 것	화기주의
제3류 위험물	자연발화성물질	화기엄금 및 공기접촉엄금
	금수성물질	물기엄금
제4류 위험물	인화성액체	화기엄금
제5류 위험물	자기반응성물질	화기엄금 및 충격주의
제6류 위험물	산화성액체	가연물접촉주의

20 옥내소화전설비의 압력수조 압력

$P = p_1 + p_2 + p_3 + 0.35\text{MPa}$

$\begin{bmatrix} P : 필요한 압력(\text{MPa}) \\ p_1 : 소방용 호스의 마찰손실수두압(\text{MPa}) \\ p_2 : 배관의 마칠손실수두압(\text{MPa}) \\ p_3 : 낙차의 환산수두압(\text{MPa}) \end{bmatrix}$

$\therefore P = p_1 + p_2 + p_3 + 0.35\text{MPa}$
$= 3 + 1 + 1.35 + 0.35 = 5.70\text{MPa}$

21 할로겐화합물 소화설비에 적응성 있는 대상물(소화효과 : 부촉매(억제)소화, 질식소화)

- 전기설비
- 제4류 위험물
- 인화성고체

22 위험장소의 분류

- 0종 장소 : 위험분위기가 통상 상태에서 연속적 또는 장시간 지속적으로 발생할 우려가 있는 장소
- 1종 장소 : 위험분위기가 통상 상태에서 주기적 또는 간헐적으로 발생할 우려가 있는 장소
- 2종 장소 : 이상 상태에서 위험분위기가 단시간에 발생할 우려가 있는 장소

23

적재하는 제5류 위험물 중 55℃ 이하의 온도에서 분해될 우려가 있는 것은 보냉컨테이너에 수납하는 등 적정한 온도관리를 해야 한다.

24 제3류 위험물(자연발화성, 금수성)의 물과 반응식

① 칼슘(Ca)
$Ca + 2H_2O \rightarrow Ca(OH)_2 + H_2 \uparrow (수소)$
② 탄화칼슘(CaC₂)
$CaC_2 + 2H_2O \rightarrow Ca(OH)_2 + C_2H_2 \uparrow (아세틸렌)$
③ 금속나트륨(Na)
$2Na + 2H_2O \rightarrow 2NaOH + H_2 \uparrow (수소)$
④ 인화칼슘 (Ca₃P₂)
$Ca_3P_2 + 6H_2O \rightarrow 3Ca(OH)_2 + 2PH_3 \uparrow (포스핀)$

25 화학포 소화약제(A, B급)

- 외약제(A제) : 탄산수소나트륨($NaHCO_3$), 기포안정제(사포닝, 계면활성제, 소다회, 가스분해단백질)
- 내약제(B제) : 황산알루미늄[$Al_2(SO_4)_3$]
- 반응식(포핵 : CO_2)
$6NaHCO_3 + Al_2(SO_4)_3 \cdot 18H_2O$
$\rightarrow 3Na_2SO_4 + 2Al(OH)_3 + 6CO_2 \uparrow + 18H_2O$

26

- 제5류의 질산에스테르류(상온에서 액체) : 질산메틸, 질산에틸, 니트로글리세린, 니트로글리콜
- 제5류의 니트로화합물(상온에서 고체) : 피크린산, 트리니트로톨루엔, 테트릴, 디니트로벤젠

27 위험물안저관리에 관한 세부 기준 제129조

주배관의 입상관 구경은 최소 50mm 이상으로 한다.

28

지정수량의 3천 배 이상의 위험물을 취급하는 제조소 또는 일반취급소의 설치 또는 변경에 따른 완공검사는 한국소방산업기술원이 실시한다.

29

- 수소(H_2)의 분자량 : $1 \times 2 = 2g$
- 이황화탄소(CS_2)의 분자량 : $12 + 32 \times 2 = 76g$

$$\therefore \frac{\text{이황화탄소 분자량}}{\text{수소 분자량}} = \frac{76}{2} = 38\text{배}$$

30 원형(횡) 탱크의 내용적(V)

- $V = \pi r^2 \times \left(l + \dfrac{l_1 + l_2}{3} \right)$

$\quad = \pi \times 5^2 \times \left(15 + \dfrac{3+3}{3} \right)$

$\quad = 1,334.5m^3$

- 탱크의 공간용적이 10%이므로 탱크의 용량은 90%가 된다.

$\quad \therefore$ 탱크의 용량 $= 1,334.5m^3 \times 0.9 = 1,201.05m^3$

$\quad$ (탱크의 용량 = 탱크의 내용적 − 공간용적)

31 톨루엔($C_6H_5CH_3$) : 제4류 제1석유류(인화성액체)

- 인화점 4℃, 발화점 552℃, 비중 0.86
- 마취성, 독성이 있는 휘발성 액체이다(독성은 벤젠의 1/10 정도).
- 진한 황산 촉매하에 진한 질산과 니트로화반응 시 트리니트로톨루엔(TNT)가 생성된다.

$$C_6H_5CH_3 + 3HNO_3 \xrightarrow[\text{니트로화}]{c-H_2SO_4} C_6H_2CH_3(NO_2)_3 + 3H_2O$$
$\quad$ (톨루엔) $\quad$ (질산) $\qquad\qquad$ (트리니트로톨루엔) $\quad$ (물)

- 증기의 비중(92/29≒3.17)은 공기보다 무겁다.

32 폐쇄형 스프링클러 헤드의 표시온도

부착장소의 최고주위온도(℃)	표시온도(℃)
28 미만	58 미만
28 이상, 39 미만	58 이상, 79 미만
39 이상, 64 미만	79 이상, 121 미만
64 이상, 106 미만	121 이상, 162 미만
106 이상	162 이상

33

- 대형 수동식 소화기 : 보행거리 30m 이하당 1개
- 소형 수동식 소화기 : 보행거리 20m 이하당 1개

34

② 130L/min → 260L/min
③ 250kPa → 350kPa
④ 2.6m³ → 7.8m³

※ 옥내소화전설비 설치기준

수평거리	방사량	방사압력	수원의 양(Q : m³)
25m 이하	260(L/min) 이상	350(kPa) (=350kPa) 이상	Q=N(소화전 개수 : 최대 5개)×7.8m³ (260L/min×30min)

35 화재 등급

- 일반화재(A급) : 종이, 목재, 플라스틱 등
- 유류화재(B급) : 가솔린, 알코올류, 등유 등 제4류 위험물
- 전기화재(C급) : 변전실, 변압기 등
- 금속화재(D급) : 알루미늄, 마그네슘, 나트륨 등

36 과염소산나트륨($NaClO_4$) : 제1류(산화성고체)

- 무색 또는 백색 분말로 조해성이 있는 불연성산화제이다.
- 물, 아세톤, 알코올에 잘 녹고 에테르에는 녹지 않는다.
- 400℃에 분해되어 산소(조연성가스)를 발생한다.

$$NaClO_4 \xrightarrow[\triangle]{400℃} NaCl + 2O_2 \uparrow$$

- 유기물, 가연성분말, 히드라진 등과 혼합 시 가열, 충격, 마찰에 의해 폭발한다.
- 비중 2.5, 융점 482℃, 분해 온도 400℃
- 소화 시 다량의 물로 주수소화한다.

37 이송취급소의 이송기지에 설치해야 하는 경보설비

비상벨장치, 확성장치

38 위험물안전관리법상 위험물 대상기준

- 유황 : 순도가 60중량% 이상인 것을 말한다. 이 경우 순도 측정에 있어서 불순물은 활석 등 불연성물질과 수분에 한한다.
- 철분 : 철의 분말로서 53마이크로미터의 표준체를 통과하는 것이 50중량% 미만인 것은 제외한다.
- 금속분 : 알칼리금속·알칼리토금속·철 및 마그네슘 이외의 금속의 분말을 말하고, 구리분·니켈분 및 150마이크로미터의 체를 통과하는 것이 50중량% 미만인 것은 제외한다.
- 마그네슘은 다음 각목의 1에 해당하는 것은 제외한다.
  - 2mm의 체를 통과하지 아니하는 덩어리 상태의 것
  - 직경 2mm 이상의 막대 모양의 것
- 인화성고체 : 고형 알코올 그 밖에 1기압에서 인화점이 섭씨 40도 미만인 고체

- 과산화수소 : 농도가 36중량% 이상인 것
- 질산 : 비중이 1.49 이상인 것
- 알코올류 : $C_1 \sim C_3$인 포화1가 알코올로서 60중량% 이상인 것

39 질산나트륨($NaNO_3$, 칠레초석) : 제1류(산화성고체)

- 무색 또는 백색 결정으로 조해성이 있다.
- 물, 글리세린에 잘 녹고, 알코올에는 녹지 않는다.
- 380℃에서 분해되어 아질산나트륨($NaNO_2$)과 산소($O_2\uparrow$)를 발생한다.

$$2NaNO_3 \rightarrow 2NaNO_2 + O_2\uparrow$$

※ 흑색 화약의 원료 : 질산칼륨(75%)+유황(10%)+목탄(15%)

40 과산화바륨(BaO_2) : 제1류의 무기과산화물(산화성고체)

- 냉수에 약간 녹으나 알코올, 에테르, 아세톤에는 녹지 않는다.
- 열분해 및 온수와 반응 시 산소(O_2)를 발생한다.

$$\text{열분해} : 2BaO_2 \xrightarrow[\triangle]{840℃} 2BaO + O_2\uparrow$$

$$\text{온수와 반응} : 2BaO_2 + 2H_2O \rightarrow 2Ba(OH)_2 + O_2\uparrow$$

- 산화 반응 시 과산화수소(H_2O_2)를 생성한다.

$$BaO_2 + H_2SO_4 \rightarrow BaSO_4 + H_2O_2$$

- 탄산가스(CO_2)와 반응 시 탄산염과 산소를 발생한다.

$$2BaO_2 + 2CO_2 \rightarrow 2BaCO_3 + O_2\uparrow$$

- 테르밋의 점화제에 사용한다.

41 표지사항의 기준

- 주유 중 엔진 정지 : 황색 바탕에 흑색 문자
- 위험물 차량의 표지 : 흑색 바탕에 황색의 반사도료로 '위험물'이라고 표시
- 화기엄금 및 화기주의 : 적색 바탕에 백색 문자
- 물기엄금 : 청색 바탕에 백색 문자

※ 크기(전부 동일함) : 0.3m 이상×0.6m 이상

42 황화린(제2류)의 3종류

삼황화린(P_4S_3), 오황화린(P_2S_5), 칠황화린(P_4S_7)

43

① P_4S_3(삼황화린) : 제2류, Ⅱ등급
　P(적린) : 제2류, Ⅱ등급
② Mg(마그네슘) : 제2류, Ⅲ등급
　CH_3CHO(아세트알데히드) : 제4류, Ⅰ등급

③ P_4(황린) : 제3류, Ⅰ등급
　AlP(인화알루미늄) : 제3류, Ⅲ등급
④ NaH(수소화나트륨) : 제3류, Ⅲ등급
　Zn(아연) : 제2류, Ⅲ등급

44 수소화칼슘(CaH_2) : 제3류 금속의 수소화합물(금수성)

- 물과 반응 시 수산화칼슘[$Ca(OH)_2$]과 수소($H_2\uparrow$)를 발생한다.

$$CaH_2 + 2H_2O \rightarrow Ca(OH)_2 + 2H_2\uparrow$$

- 소화 시 마른 모래 등으로 피복소화(주수 및 포소화는 절대엄금)한다.

45 제4류 위험물의 인화점

구분	아닐린	에틸렌글리콜	글리세린	실린더유
화학식	$C_6H_5NH_2$	$C_2H_4(OH)_2$	$C_3H_5(OH)_3$	–
유별	제3석유류	제3석유류	제3석유류	제4석유류
인화점	75℃	111℃	160℃	250℃

46 산화프로필렌(CH_3CHCH_2O) : 제4류 중 특수인화물(인화성액체)

- 인화점 −37℃, 발화점 465℃, 연소범위 2.5~38.5%
- 에테르향의 냄새가 나는 휘발성이 강한 액체이다.
- 물, 벤젠, 에테르, 알코올 등에 잘 녹고 피부접촉 시 화상을 입는다(수용성).
- 소화 : 알코올용포, 다량의 물, CO_2 등으로 질식소화한다.

> **참고**
>
> 아세트알데히드, 산화프로필렌의 공통사항
> - Cu, Ag, Hg, Mg 및 그 합금 등과는 용기나 설비를 사용하지 말 것(중합반응 시 폭발성물질 생성)
> - 저장 시 불활성가스(N_2, Ar) 또는 수증기를 봉입하고 냉각장치를 사용하여 비점 이하로 유지할 것

47 제2류의 지정수량

- 고형 알코올(인화성고체) : 1,000kg
- 철분 : 500kg
- ∴ 지정수량의 배수의 합

$$= \frac{\text{A품목의 저장수량}}{\text{A품목의 지정수량}} + \frac{\text{B품목의 저장수량}}{\text{B품목의 지정수량}} + \cdots\cdots$$

$$= \frac{2000kg}{1000kg} + \frac{1000kg}{500kg} = 4\text{배}$$

48 칼륨(K) : 제3류(자연발화성, 금수성물질)

- 물과 반응하여 수산화나트륨(수산화물)과 수소를 발생한다.

  $2K + 2H_2O \rightarrow 2KOH + H_2 \uparrow (수소)$
- 주기율표에서 1족(알칼리금속)에 있는 금속으로 최외각전자(원자가전자)가 1개로 쉽게 1가의 양이온(+1)으로 되며 반응이 활발하다.
- 보호액으로 석유류(유동파라핀, 등유, 경유), 벤젠 속에 저장한다.

> **참고**
> - 칼륨(K), 나트륨(Na) : 석유류 속에 저장
> - 황린(P_4), 이황화탄소(CS_2) : 물속에 저장

49 위험물안전관리에 관한 세부 기준 제24조

① 옥외저장탱크의 지붕판(노즐·맨홀 등 포함)의 교체(동일한 형태의 것으로 교체하는 경우에 한함)
② 옥외저장탱크의 옆판(노즐·맨홀 등 포함)의 교체 중 다음 각 목의 어느 하나에 해당하는 경우
  - 최하단 옆판을 교체하는 경우에는 옆판 표면적의 10% 이내
  - 최하단 외의 옆판을 교체하는 경우에는 옆판 표면적의 30% 이내의 교체
③ 옥외저장탱크의 밑판(옆판의 중심선으로부터 600mm 이내의 밑판에 있어서는 당해 밑판의 원주길이의 10% 미만에 해당하는 밑판에 한함)의 교체
④ 옥외저장탱크의 밑판 또는 옆판(노즐·맨홀 등 포함)의 정비(밑판 또는 옆판의 표면적의 50% 미만의 겹침보수공사 또는 육성보수공사를 포함)
⑤ 옥외탱크저장소의 기초·지반의 정비
⑥ 암반탱크의 내벽의 정비
⑦ 제조소 또는 일반취급소의 구조·설비를 변경하는 경우에 변경에 의한 위험물 취급량의 증가가 지정수량의 3천 배 미만인 경우

50 위험물의 지정수량의 배수의 합 : 1 이상인 것

① 브롬산칼륨 : 300kg, 염소산칼륨 : 50kg
  - 지정수량의 배수의 합 $= \dfrac{80}{300} + \dfrac{40}{50} = 1.07$
② 질산 : 300kg, 과산화수소 : 300kg
  - 지정수량의 배수의 합 $= \dfrac{100}{300} + \dfrac{150}{300} = 0.83$
③ 질산칼륨 : 300kg, 중크롬산나트륨 : 1,000kg
  - 지정수량의 배수의 합 $= \dfrac{120}{300} + \dfrac{500}{1000} = 0.90$
④ 휘발유 : 400L, 윤활유 : 6,000L
  - 지정수량의 배수의 합 $= \dfrac{20}{400} + \dfrac{2000}{6000} = 0.38$

52 제3종 분말 소화약제 열분해반응식

$NH_4H_2PO_4 \rightarrow HPO_3 + NH_3 + H_2O$
(인산암모늄) (메타인산) (암모니아) (물)

53 복수의 성상을 가지는 위험물에 대한 품명 지정의 기준상 유별

① 산화성고체(1류)+가연성고체(2류) → 제2류
② 산화성고체(1류)+자기반응성물질(5류) → 제5류
③ 가연성고체(2류)+자연발화성물질 및 금수성물질(3류) → 제3류
④ 인화성액체(4류)+자기반응성물질(5류) → 제5류
※ 복수성상 유별 우선순위 : 제1류<제2류<제4류<제3류<제5류

54 알킬알루미늄(R–Al) : 제3류 위험물(금수성물질)

- 알킬기($C_nH_{2n+1}-$, R–)에 알루미늄(Al)이 결합된 화합물이다.
- 탄소수 $C_{1~4}$까지는 자연발화하고, C_5 이상은 연소 반응을 하지 않는다.
- 물과 반응 시 가연성가스를 발생한다(주수소화 절대 엄금).
- 트리메틸알루미늄(TMA)
  $(CH_3)_3Al + 3H_2O \rightarrow Al(OH)_3 + 3CH_4 \uparrow (메탄)$
- 트리에틸알루미늄(TEA)
  $(C_2H_5)_3Al + 3H_2O \rightarrow Al(OH)_3 + 3C_2H_6 \uparrow (에탄)$
- 저장 시 희석안정제(벤젠, 톨루엔, 헥산 등)를 사용하여 불활성기체(N_2)를 봉입한다.
- 소화 시 팽창질석 또는 팽창진주암을 사용한다(주수소화 절대엄금).

55 제조소의 안전거리(제6류 위험물의 제외)

건축물	안전거리
사용전압이 7,000V 초과 35,000V 이하	3m 이상
사용전압이 35,000V 초과	5m 이상
주거용(주택)	10m 이상
고압가스, 액화석유가스, 도시가스	20m 이상
학교, 병원, 극장, 복지시설	30m 이상
유형문화재, 지정문화재	50m 이상

56 이황화탄소(CS_2) : 제4류의 특수인화물(인화성 액체)

- 인화점 : $-30℃$, 발화점 : $100℃$, 연소범위 : $1.2\sim44\%$, 액비중 : 1.26
- 증기비중$\left(\dfrac{76}{29}=2.62\right)$은 공기보다 무거운 무색투명한 액체이다.
- 물보다 무겁고 물에 녹지 않으며 알코올, 벤젠, 에테르 등에 잘 녹는다.
- 휘발성, 인화성, 발화성이 강하고 독성이 있어 증기 흡입 시 유독하다.
- 연소 시 유독한 아황산가스를 발생한다.

$CS_2+3O_2 \rightarrow CO_2\uparrow+2SO_2\uparrow$

- 저장 시 물속에 보관하여 가연성증기의 발생을 억제시킨다.
- 소화 시 CO_2, 분말 소화약제, 다량의 포 등을 방사시켜 질식 및 냉각소화한다.

57 위험물 적재운반 시 조치해야 할 위험물

차광성의 덮개를 해야 하는 것	방수성의 피복으로 덮어야 하는 것
• 제1류 위험물 • 제3류 위험물 중 자연발화성 물질 • 제4류 위험물 중 특수인화물 • 제5류 위험물 • 제6류 위험물	• 제1류 위험물 중 알칼리금속의 과산화물 • 제2류 위험물 중 철분, 금속분, 마그네슘 • 제3류 위험물 중 금수성물질

58 폭발범위(연소범위)

품명	메탄	톨루엔	에틸알코올	에틸에테르
화학식	CH_4	$C_6H_5CH_3$	C_2H_5OH	$C_2H_5OC_2H_5$
폭발범위	$5\sim15\%$	$1.4\sim6.7\%$	$4.3\sim19\%$	$1.9\sim48\%$

59 제3류(금수성) : 물과 반응 시 발생하는 가연성가스

① NaH(수소화나트륨)

$NaH+H_2O \rightarrow NaOH+H_2\uparrow$ (수소)

② Al_4C_3(탄화알루미늄)

$Al_4C_3+12H_2O \rightarrow 4Al(OH)_3+3CH_4\uparrow$ (메탄)

③ CaC_2(탄화칼슘)

$CaC_2+2H_2O \rightarrow Ca(OH)_2+C_2H_2\uparrow$ (아세틸렌)

④ $(C_2H_5)_3Al$(트리에틸알루미늄)

$(C_2H_5)_3Al+3H_2O \rightarrow Al(OH)_3+3C_3H_6\uparrow$ (에탄)

60 위험물안전관리법 제16조, 제28조, 시행령 제20조

① 제조소등의 관계인은 교육대상자에 대하여 필요한 안전교육을 받게 해야 한다.
② 안전교육대상자
- 안전관리자로 선임된 자
- 탱크시험자의 기술인력으로 종사하는 자
- 위험물 운송자로 종사하는 자
③ 탱크시험자가 되고자 하는 자는 대통령령이 정하는 기술능력·시설 및 장비를 갖추어 시·도지사에게 등록해야 한다.
④ 시·도지사, 소방본부장 또는 소방서장은 교육대상자가 교육을 받지 아니한 때에는 그 교육대상자가 교육을 받을 때까지 이 법의 규정에 따라 그 자격으로 행하는 행위를 제한할 수 있다.

위험물기능사 필기 모의고사 ⑫ 정답 및 해설

정답

01	②	02	②	03	③	04	①	05	③	06	②	07	④	08	②	09	③	10	②
11	④	12	①	13	①	14	③	15	②	16	③	17	②	18	①	19	②	20	①
21	③	22	②	23	③	24	②	25	④	26	③	27	②	28	②	29	④	30	②
31	②	32	④	33	④	34	③	35	③	36	②	37	②	38	①	39	④	40	①
41	②	42	②	43	③	44	④	45	①	46	②	47	①	48	③	49	③	50	④
51	②	52	④	53	③	54	③	55	②	56	①	57	②	58	③	59	③	60	④

해설

01 제1류 위험물(산화성고체)의 지정수량

위험등급	품명	지정수량
I	아염소산염류, 염소산염류, 과염소산염류, 무기과산화물	50kg
II	브롬산염류, 질산염류, 요오드산염류	300kg
III	과망간산염류, 중크롬산염류	1,000kg

02 수산화나트륨(NaH) : 제3류(금수성물질)

$NaH + H_2O \rightarrow NaOH + H_2$

24g : 22.4L

240g : x

$\therefore x = \dfrac{240 \times 22.4}{24} = 224L$

(NaH의 분자량＝23＋1＝24)

03 Halon 1301(CF₃Br)

• 분자량 : CF₃Br＝12＋19＋3＋80＝149

• 증기비중＝$\dfrac{분자량}{공기의 평균 분자량(29)}$

$= \dfrac{149}{29} = 5.14$(공기보다 무겁다)

04 소화기의 외부 표시사항

• 소화기의 명칭
• 능력단위
• 총 중량
• 취급 시 주의사항

• 형식승인번호
• 적응화재표시
• 사용방법
• 제조년월일
• 제조업체명

05 이산화탄소 저장용기의 충전비

저압식	고압식
1.1~1.4	1.5~1.9

※ 저압식 저장용기의 설치기준
• 액면계, 압력계, 파괴판, 방출밸브를 설치할 것
• 2.3MPa 이상의 압력 및 1.9MPa 이하의 압력에서 작동하는 압력경보장치를 설치할 것
• 용기 내부의 온도를 −20℃ 이상, −18℃ 이하로 유지할 수 있는 자동냉동기를 설치할 것

06 배출설비 설치기준

• 배출설비 : 국소방식
• 배출설비 : 배풍기, 배출닥트, 후드 등을 이용하여 강제 배출할 것
• 배출능력 : 1시간당 배출장소 용적의 20배 이상
(단, 전역방식 : 바닥면적 1m²당 18m³ 이상)
$\therefore$ 배출능력(Q)＝500m³×20배＝10,000m³/hr

07 금속나트륨(Na) : 제3류 위험물(자연발화성, 금수성물질)

- 은백색의 경금속으로 비중이 0.97로 물보다 가볍다(비중 0.97).
- 융점 97.7℃로 연소 시 노란색 불꽃반응을 한다.
- 물 또는 알코올과 반응 시 수소(H_2↑)를 발생한다.

  $2Na + 2H_2O \rightarrow 2NaOH + H_2$↑ (발열반응)

  $2Na + 2C_2H_5OH \rightarrow 2C_2H_5ONa + H_2$↑
- 보호액으로 석유(유동파라핀, 등유, 경유)나 벤젠 속에 보관한다.
- 소화 시 마른 모래 등으로 질식소화한다(피부 접촉 시 화상주의).

08 제4류 위험물

동식물유류란 동물의 지육 또는 식물의 종자나 과육으로부터 추출한 것으로 1기압에서 인화점이 250℃ 미만인 것이다.

- 요오드값 : 유지 100g에 부과되는 요오드의 g수이다.
- 요오드값이 클수록 불포화도가 크다.
- 요오드값이 큰 건성유는 불포화도가 크기 때문에 자연발화가 잘 일어난다.
- 요오드값에 따른 분류
  - 건성유(130 이상) : 해바라기유, 동유, 아마인유, 정어리기름, 들기름 등
  - 반건성유(100~130) : 면실유, 참기름, 청어기름, 채종유, 콩기름 등
  - 불건성유(100 이하) : 올리브유, 동백기름, 피마자유, 야자유 등

09

산화성액체는 제6류 위험물로서 분해하여 산소를 발생하기 때문에 가연물과의 접촉을 피해야 한다.

10

제2류 위험물은 가연성고체로서 산소와 결합하여 폭발할 위험성이 큰 환원제이므로 산소를 방출하는 산화제와 혼합하면 위험하기 때문이다.

> **참고**
> - 환원제 : 자신은 산화(산소와 결합)되고 다른 물질을 환원시키는 물질
> - 산화제 : 자신은 환원(산소 방출)되고 다른 물질은 산화시키는 물질

11 황린(P_4)

제3류(자연발화성물질), 지정수량 20kg

12 인화성액체

액체(제3석유류, 제4석유류 및 동식물유류에 있어서는 1기압과 섭씨 20도에서 액상인 것에 한한다)로서 인화의 위험성이 있는 것을 말한다.

13 위험물 운송자가 위험물안전카드를 휴대해야 하는 위험물

제4류 위험물 중 특수인화물과 제1석유류

14 원형(횡) 탱크의 내용적(V)

$$V = \pi r^2 \times \left(l + \frac{l_1 + l_2}{3} \right)$$

$$= \pi \times 10^2 \times \left(18 + \frac{3+3}{3} \right)$$

$$= 6,283m^3$$

15 브롬산칼륨($KBrO_3$) : 제1류(산화성고체)

- 열분해반응식 : $2KBrO_3 \rightarrow 2KBr + 3O_2$↑

  　　　　　2mol　　　$3 \times 22.4L$(0℃, 1atm)

  이 반응식에서 브롬산칼륨 2mol이 표준 상태(0℃, 1atm)에서 분해 시 산소(O_2)가 67.2L($=3 \times 22.4L$) 발생하므로 2atm, 27℃로 환산하여 부피를 구한다.
- 보일샤르 법칙에 대입하면,

$$\frac{P_1V_1}{T_1} = \frac{P_2V_2}{T_2} \begin{bmatrix} P_1 : 1atm & P_2 : 2atm \\ V_1 : 67.2L & V_2 : ? \\ T_1 : (273+0℃)K & T_2 : (273+27)K \end{bmatrix}$$

$$\therefore V_2 = \frac{P_1V_1T_2}{P_2T_1}$$

$$= \frac{1 \times 67.2 \times (273+27)}{2 \times (273+0)}$$

$$= 36.92L$$

16 제1류 위험물의 지정수량(산화성고체)

① $NaClO_4$(과염소산나트륨) : 과염소산염류 – 50kg
② MgO_2(과산화마그네슘) : 무기과산화물 – 50kg
③ KNO_3(질산칼륨) : 질산염류 – 300kg
④ NH_4ClO_3(염소산나트륨) : 염소산염류 – 50kg

17 제5류 위험물의 공통 성질

- 자체 내에 산소를 함유한 물질이다.
- 가열, 충격, 마찰 등에 의해 폭발하는 자기반응성(내부연소성)물질이다.

- 유기물이므로 연소 또는 분해 속도가 매우 빠른 폭발성물질이다.
- 공기 중 장시간 방치 시 자연발화한다.

18 아세트알데히드 등 또는 디에틸에테르 등을 이동 저장탱크에 저장할 경우

위험물의 종류	유지온도
보냉장치가 있는 경우	비점 이하
보냉장치가 없는 경우	40℃ 이하

19 니트로셀룰로오스[$C_6H_7O_2(ONO_2)_3$]$_n$: 제5류(자기반응성물질)

- 인화점 13℃, 착화점 180℃, 분해온도 130℃
- 셀룰로오스를 진한 질산(3)과 진한 황산(1)의 혼합액을 반응시켜 만든 셀룰로오스에스테르이다.
- 맛, 냄새가 없고, 물에 불용, 아세톤, 초산에틸, 초산아밀 등에 잘 녹는다.
- 직사광선, 산·알칼리에 분해하여 자연발화한다.
- 질화도(질소함유율)가 클수록 분해도·폭발성이 증가한다.
- 저장·운반 시 물(20%) 또는 알코올(30%)로 습윤시킨다(건조 시 타격, 마찰 등에 의해 폭발위험성이 있다).

20 정전기 방지대책

- 접지를 할 것
- 공기를 이온화할 것
- 상대습도를 70% 이상 유지할 것
- 유속을 1m/s 이하로 유지할 것
- 제진기를 설치할 것

21 제4류 위험물의 수용성과 비수용성

품명	아크릴산	아세트알데히드	벤젠	글리세린
화학식	$CH_2CHCOOH$	CH_3CHO	C_6H_6	$C_3H_5(OH)_3$
유별	제2석유류	특수인화물	제1석유류	제3석유류
용해성	수용성	수용성	비수용성	수용성

22 인화칼슘(Ca_3P_2, 인화석회) : 제3류(금수성물질)

- 적갈색 괴상의 고체로서 물 또는 약산과 반응 시 독성이 강한 포스핀(PH_3, 인화수소)가스를 발생시킨다.
$$Ca_3P_2 + 6H_2O \rightarrow 3Ca(OH)_2 + 2PH_3 \uparrow (포스핀)$$
$$Ca_3P_2 + 6HCl \rightarrow 3CaCl_2 + 2PH_3 \uparrow (포스핀)$$

- 소화 시 주수 및 포소화는 엄금하고 마른 모래 등으로 피복소화한다.

23 과염소산칼륨($KClO_4$) : 제1류(산화성고체)

- 무색 무취의 사방정계의 백색 결정의 강산화제이다.
- 물, 알코올, 에테르에 녹지 않는다.
- 400℃에서 분해 시작, 610℃에서 완전분해되어 산소를 방출한다.
$$KClO_4 \xrightarrow[\quad\varDelta\quad]{610℃} KCl + 2O_2 \uparrow$$
- 진한 황산(c-H_2SO_4)과 접촉 시 폭발성가스를 생성하여 위험하다.
- 인(P), 유황(S), 목탄, 금속분, 유기물 등과 혼합 시 가열, 충격, 마찰에 의해 폭발한다.

24

① 질산(HNO_3) : 제6류 - 300kg
② 피크린산[$C_6H_2OH(NO_2)_3$] : 제5류(니트로화합물) - 200kg
③ 질산메틸(CH_3NO_3) : 제5류(질산에스테르류) - 10kg
④ 과산화벤조일[$(C_6H_5CO)_2O_2$] : 제5류(유기과산화물) - 10kg

25

① 황화린 : 제2류의 가연성고체와 과산화물이 분해 시 발생하는 산소와 반응할 경우 자연발화의 위험성이 있다.
② 마그네슘 : 제2류의 금수성물질로 물과 반응하면 수소($H_2 \uparrow$) 기체를 발생한다.
③ 적린 : 제2류의 가연성고체와 할로겐원소(조연성물질)와 만나면 폭발 우려가 있다.
④ 수소화리튬 : 제3류의 금수성물질로 저장용기에 불활성기체(Ar, N_2 등)를 봉입한다.

26 제4류 위험물(인화성액체)

품명	에틸렌클리콜	글리세린	아세톤	n-부탄올
화학식	$C_2H_4(OH)_2$	$C_3H_5(OH)_3$	CH_3COCH_3	C_4H_9OH
유별	제3석유류	제3석유류	제1석유류	제2석유류

27 소화난이도등급 Ⅰ의 제조소등에 설치해야 하는 소화설비

제조소등의 구분		소화설비
옥외탱크저장소	지중탱크 또는 해상탱크 외의 것	유황만을 저장·취급하는 것
		물분무 소화설비
		인화점 70℃ 이상의 제4류 위험물만을 저장·취급하는 것
		물분무 소화설비 또는 고정식 포 소화설비
		그 밖의 것
		고정식 포 소화설비(포 소화설비가 적응성이 없는 경우에는 분말 소화설비)
	지중탱크	고정식 포 소화설비, 이동식 이외의 불활성가스 소화설비 또는 이동식 이외의 할로겐화물 소화설비
	해상탱크	고정식 포 소화설비, 물분무 소화설비, 이동식 이외의 불활성가스 소화설비 또는 이동식 이외의 할로겐화물 소화설비

28 분말 소화약제

종별	약제명	화학식	색상	적응화재
제1종	탄산수소나트륨	$NaHCO_3$	백색	B, C급
제2종	탄산수소칼륨	$KHCO_3$	담자(회)색	B, C급
제3종	제1인산암모늄	$NH_4H_2PO_4$	담홍색	A, B, C급
제4종	탄산수소칼륨+요소	$KHCO_3$ $+(NH_2)_2CO$	회색	B, C급

29 안전관리법 제15조(안전관리자)

• 위험물안전관리자의 선임 시기 : 위험물 저장(취급)하기 전
• 위험물안전관리자 해임 또는 퇴직 시 재선임 기간 : 30일 이내
• 위험물안전관리자 직무 대행기관 : 30일 이내
• 위험물안전관리자 선임 신고 기간 : 14일 이내에 소방본부장 또는 소방서장에게 신고

30

• 설치대상 : 지정수량의 10배 이상을 저장(취급)하는 것
• 제조소등별로 설치해야 할 경보설비의 종류 : 자동화재탐지설비, 비상경보설비, 확성장치 또는 비상방송설비 중 1종 이상

31 고온체의 색과 온도

색	암적색	적색	황색	휘적색	황적색	백적색	휘백색
온도(℃)	700	850	900	950	1,100	1,300	1,500

32 옥내저장소의 안전거리기준 적용 예외대상 위험물

• 제4석유류 또는 동식물유류의 지정수량 20배 미만
• 제6류 위험물을 저장, 취급하는 옥내저장소

34 염소산나트륨($NaClO_3$) : 제1류 위험물(산화성 고체)

• 알코올, 물, 에테르, 글리세린에 잘 녹는다.
• 조해성이 크고 철제를 부식시키므로 철제 용기는 사용을 금한다.
• 열분해하여 산소를 발생한다.

$$2NaClO_3 \xrightarrow[\triangle]{300℃} 2NaCl + 3O_2 \uparrow$$

• 산과 반응하여 독성과 폭발성이 강한 이산화염소(ClO_2)를 발생한다.

$$2NaClO_3 + 2HCl \rightarrow 2NaCl + 2ClO_2 \uparrow + H_2O_2$$

35 옥내소화전설비의 설치기준

• 개폐밸브, 호스접속구의 높이 : 바닥으로부터 1.5m 이하
• 옥내소화전함의 상부의 벽면에 적색표시등 설치, 포시등의 부착면과 15도 이상의 각도가 되는 방향으로 10m 이상 떨어진 곳에서 식별이 가능할 것
• 비상전원의 용량 : 45분 이상 작동 가능할 것
• 주배관의 입상관의 직경 : 50mm 이상

수평거리	방사량	방사압력	수원의 양(Q : m³)
25m 이하	260(L/min) 이상	350(kPa) 이상	Q=N(소화전 개수 : 최대 5개)×7.8m³ (260L/min×30min)

36

공기 중의 산소 농도 21%를 15% 이하로 떨어뜨리면 질식효과가 나타난다.

37 소요 1단위의 산정방법

건축물	내화구조의 외벽	내화구조가 아닌 외벽
제조소 및 취급소	연면적 100m²	연면적 50m²
저장소	연면적 150m²	연면적 75m²
위험물	지정수량의 10배	

38

- 질산(HNO_3)의 수소원자를 알킬기($C_nH_{2n+1}-$, R-)로 치환된 물질 → [R-NO₃]
  CH_3NO_3(질산메틸), $C_2H_5NO_3$(질산에틸) 등
- 질산에스테르류 : 질산메틸, 질산에틸, 니트로글리세린, 니트로셀룰로오스
  ∴ 질산에스테르류의 지정수량 : 10kg

39 옥외저장소의 보유공지의 너비

저장 또는 취급하는 위험물의 최대수량	공지의 너비
지정수량의 10배 이하	3m 이상
지정수량의 10배 초과 20배 이하	5m 이상
지정수량의 20배 초과 50배 이하	9m 이상
지정수량의 50배 초과 200배 이하	12m 이상
지정수량의 200배 초과	15m 이상

※ 다만, 제4류 위험물 중 제4석유류와 제6류 위험물을 저장 또는 취급하는 옥외저장소의 보유공지는 표에 의한 공지의 너비의 3분의 1 이상의 너비로 할 수 있다.

40 황린과 적린의 비교

구분	황린(P_4) : 제3류	적린(P) : 제2류
외관 및 형상	백색 또는 담황색 고체	암적색 분말
냄새	마늘 냄새	없음
독성	맹독성	없음
공기 중 자연발화독성	자연발화(40~50℃)	없음
발화점	약 34℃	약 260℃
CS_2에 대한 용해성	녹음	녹지 않음
연소 시 생성물 (동소체)	P_2O_5	P_2O_5

저장(보호액)	물속	-
용도	적린제조, 농약	성냥, 화약

41 과산화나트륨(Na_2O_2) : 제1류의 무기과산화물 (산화성고체)

물과 반응하여 수산화나트륨(NaOH)과 산소($O_2↑$)를 발생한다.

$$2Na_2O_2 + 2H_2O \rightarrow 4NaOH + O_2$$

$$2 \times 78g \qquad : \qquad 32g$$
$$78g \qquad : \qquad x$$

$$\therefore x = \frac{78 \times 32}{2 \times 78} = 16g(O_2)$$

$\begin{bmatrix} Na_2O_2의 \ 분자량 : 23 \times 2 + 16 \times 2 = 78 \\ O_2의 \ 분자량 : 16 \times 2 = 32 \end{bmatrix}$

42

- 금속분(제2류 위험물, 금수성)은 물과 반응 시 가연성가스인 수소($H_2↑$) 기체를 발생한다.(수소 폭발범위 : 4~75%)
- 소화 시 주수소화는 절대엄금하고 건조사 등으로 피복소화한다.

43 과망간산칼륨($KMnO_4$) : 제1류(산화성고체)

- 흑자색의 주상결정으로 강한 산화력과 살균력이 있다.
- 물, 알코올에 녹아 진한 보라색을 나타낸다.
- 에테르, 알코올, 글리세린 등 유기물과 접촉 시 발화 폭발위험성이 있다.
- 진한 황산과 접촉 시 폭발적으로 반응한다.
  $$2KMnO_4 + H_2SO_4 \rightarrow K_2SO_4 + 2HMnO_4$$
- 240℃에서 가열분해시 산소(O_2)기체를 발생시킨다.
  $$2KMnO_4 \rightarrow K_2MnO_4 + MnO_2 + O_2↑$$
  (과망간산칼륨) (망간산칼륨) (이산화망간) (산소)
- 가연 물질인 목탄, 황 등과 접촉 시 가열, 충격, 마찰에 의해 폭발할 위험성이 있다.

44 아세톤(CH_3COCH_3)

제4류 제1석유류(수용성)

45 분말 소화약제의 가압용 및 축압용 가스

질소(N_2) 또는 이산화탄소(CO_2)

46

물분무 소화설비의 방사구역은 150m² 이상(방호대상물의 바닥면적이 150m² 미만인 경우에는 그 바닥면적)으로 해야 한다.

47 제4류 위험물의 지정수량

- 경유 : 제2석유류(비수용성) – 1,000L
- 글리세린 : 제3석유류(수용성) – 4,000L
- ∴ 지정수량의 배수의 합

$$= \frac{A품목 저장수량}{A품목 지정수량} + \frac{B품목 저장수량}{B품목 지정수량} + \cdots\cdots$$

$$= \frac{2000L}{1000L} + \frac{2000L}{4000L} = 2.5배$$

48 전기설비의 소화설비

- 제조소등에 전기설비(전기 배선, 조명기구 등은 제외)가 설치된 경우 : 면적 100m²마다 소형소화기를 1개 이상 설치할 것

49 일제 개방밸브 또는 수동식 개방밸브 설치기준

- 설치 높이 : 바닥면으로부터 1.5m 이하
- 설치 위치 : 방수구역마다
- 작동압력 : 최고사용압력 이하
- 수동식 개방밸브를 조작하는 힘 : 15kg 이하
- 2차측 배관 부분에는 당해 방수구역에 방수하지 않고 당해 밸브의 작동을 시험할 수 있는 장치를 설치할 것

50 위험물 제조소의 옥외에 있는 위험물 취급 탱크의 방유제의 용량

- 탱크 1기일 때 : 탱크 용량×0.5[50%]
- 탱크 2기 이상일 때 : 최대 탱크 용량×0.5+(나머지 탱크 용량 합계×0.1[10%])

※ 옥외에서 취급탱크가 2기 이상이므로
방유제 용량
$$= (50,000L \times 0.5) + (30,000L \times 0.1) + (20,000L \times 0.1)$$
$$= 30,000L$$

51 제4류(인화성액체), B급(유류화재)

- 석유류의 비수용성 화재 시 봉상주수(옥내·옥외)나 적상주수(스프링클러설비)하면 석유류의 비중이 물보다 가벼워 물 위에 떠서 연소면을 확대할 우려가 있다.
- 적응성 있는 소화약제 : 물분무, 포 소화약제, 분말, 이산화탄소, 할로겐화합물 등의 소화약제

52 옥외탱크저장소의 보유공지

저장 또는 취급하는 위험물의 최대수량	공지의 너비
지정수량의 500배 이하	3m 이상
지정수량의 500배 초과 1,000배 이하	5m 이상
지정수량의 1,000배 초과 2,000배 이하	9m 이상
지정수량의 2,000배 초과 3,000배 이하	12m 이상
지정수량의 3,000배 초과 4,000배 이하	15m 이상
지정수량의 4,000배 초과	당해 탱크의 수평단면의 최대 지름(횡형인 경우는 긴 변)과 높이 중 큰 것과 같은 거리 이상(단, 30m 초과의 경우 30m 이상으로, 15m 미만의 경우 15m 이상으로 할 것)

53 지하탱크저장소(탱크의 상호 간의 거리)

- 지하탱크를 2개 이상 인접해 설치 시 : 1m 이상
- 지하탱크 2개의 탱크 용량 합계가 지정수량의 100배 이하 : 0.5m 이상

54 이동탱크저장소에 저장할 때 접지도선을 설치해야 하는 위험물

제4류 중 특수인화물, 제1석유류, 제2석유류

55

경유는 제4류 제2석유류로 인화점이 50~70℃이다. 40℃ 미만의 위험물을 주유할 때 원동기 정지를 시키기 때문에 적용이 안 된다.

※ 주유취급소·판매취급소·이송취급소 또는 이동탱크저장의 위험물 취급기준
- 자동차 등에 주유할 때에는 고정주유설비를 사용하여 직접 주유할 것
- 자동차 등에 인화점 40℃ 미만의 위험물을 주유할 때에는 자동차 등의 원동기를 정지시킬 것
- 고정주유설비 또는 고정급유설비에 접속하는 위험물을 주입할 때에는 당해 탱크에 접속된 고정주유설비 또는 고정급유설비의 사용을 중지하고, 자동차 등을 당해 탱크의 주입구에 접근시키지 아니할 것
- 고정주설비 또는 고정급유설비에는 당해 주유설비에 접속한 전용탱크 또는 간이 탱크의 배관외의 것을 통하

여서는 위험물을 공급하지 아니할 것
- 주유원간이대기실 내에서는 화기를 사용하지 아니할 것

56

품명	알칼리토금속	아염소산염류	질산에스테르	제6류 위험물
유별	제3류	제1류	제5류	–
성질	금수성	산화성고체	자기반응성물질	산화성액체
지정수량	50kg	50kg	10kg	300kg
위험등급	II	I	I	I

57 전기불꽃에너지의 공식

$$E = \frac{1}{2}QV = \frac{1}{2}CV^2$$

58 원형(횡) 탱크의 내용적(V)

- 내용적$(V) = \pi \times r^2 \times \left(l + \dfrac{l_1 + l_2}{3}\right)$

$$= \pi \times 5^2 \times \left(10 + \frac{5+5}{3}\right)$$

$$= 1,047.19 m^3$$

- 탱크의 공간용적이 5%이므로 탱크외 용량은 95%이다.

∴ 탱크의 용량 $= 1047.19m^3 \times 0.95 = 994.84m^3$
(탱크의 용량 = 탱크의 내용적 − 공간용적)

59 황화린 : 제2류 위험물(가연성고체)

- 황화린의 종류 : 삼황화린(P_4S_3), 오황화린(P_2S_5), 칠황화린(P_4S_7)
- 분해 시 유독한 가연성인 황화수소(H_2S)가스를 발생한다.

60 탱크에 설치하는 포 소화설비의 고정식 포방출구의 종류

탱크 지붕의 종류	포방출구 형태	포 주입방법
고정지붕구조의 탱크 (CRT)	I 형 방출구	상부조 주입법
	II 형 방출구	
	III형 방출구	저부조 주입법
	IV형 방출구	
부상지붕구조의 탱크 (FRT)	특형 방출구	상부조 주입법

※
- 고정지붕구조의 탱크(CRT : Cone Roof Tank) : I, II, III, IV형 방출구
- 부상지붕구조의 탱크(FRT : Floating Roof Tank) : 특형 방출구
- 상부조 주입법 : 고정포 방출구를 탱크 옆판의 상부에 설치하여 액표면상에 포를 방출하는 방법
- 저부조 주입법 : 탱크의 액면하에 설치된 포방출구로부터 포를 탱크 내에 주입하는 방법

정답

01	④	02	③	03	②	04	①	05	④	06	②	07	②	08	③	09	②	10	①
11	④	12	③	13	④	14	③	15	②	16	③	17	①	18	④	19	④	20	②
21	②	22	④	23	④	24	②	25	①	26	③	27	①	28	①	29	④	30	①
31	④	32	③	33	④	34	②	35	②	36	④	37	③	38	①	39	④	40	①
41	①	42	①	43	④	44	④	45	②	46	②	47	④	48	④	49	③	50	③
51	③	52	③	53	②	54	④	55	③	56	③	57	③	58	④	59	①	60	③

해설

01 아세톤(CH_3COCH_3) : 제4류 제1석유류(수용성)
- 분자량＝$12+1×3+12+16+12+1×3=58$
- 증기비중＝$\dfrac{분자량}{공기의 평균 분자량(29)}$

  ＝$\dfrac{58}{29}=2$(공기보다 무겁다)
- 증기밀도＝$\dfrac{분자량}{22.4L}=\dfrac{58g}{22.4L}=2.58g/L$

02 제3류 위험물(금수성물질)
① $2Na+2H_2O → 2NaOH+H_2\uparrow$(수소 : 가연성)
② $CaH_2+2H_2O → Ca(OH)_2+H_2\uparrow$(수소 : 가연성)
③ $Ca_3P_2+6H_2O → 3Ca(OH)_2+2PH_3\uparrow$(인화수소 : 독성, 가연성)
④ $NaH+H_2O → NaOH+H_2\uparrow$(수소 : 가연성)

03 이황화탄소(CS_2) : 제4류 위험물의 특수인화물
- 무색투명한 액체로서 물에 녹지 않고 알코올, 벤젠, 에테르 등에 녹는다.
- 발화점 100℃, 액비중 1.26으로 물보다 무거워 가연성증기의 발생을 억제하기 위해 물속에 저장한다.
- 연소 시 독성이 강한 아황산가스(SO_2)를 발생한다.
  $CS_2+3O_2 → CO_2+2SO_2$

04
① 과산화수소(H_2O_2) : 제6류(산화성액체)
- 법 규정상 : 농도는 36중량% 이상, 지정수량 300kg 이상이므로 위험물에 해당됨

② 질산(HNO_3) : 제6류(산화성액체)
- 법 규정상 : 비중 1.49 이상, 지정수량 300kg 이상이므로, 비중 1.40은 위험물에 해당 안 됨
③ 마그네슘(Mg) : 제2류(가연성고체)
- 법 규정상 : 직경이 2mm 이상의 막대모양은 위험물에서 제외대상이므로 직경이 2.5mm의 막대모양은 위험물에 해당 안 됨
④ 유황(S) : 제2류(가연성고체)
- 법 규정상 : 유황은 순도가 60중량% 이상, 지정수량 100kg이므로 위험물에 해당 안 됨

05 판매취급소의 배합실에서 배합하거나 옮겨 담는 작업을 할 수 있는 위험물
- 도료류
- 제1류 위험물 중 염소산염류
- 유황
- 인화점이 38℃ 이상인 제4류 위험물

06 위험물제조소의 보유공지

지정수량의 배수	공지의 너비
지정수량의 10배 이하	3m 이상
지정수량의 10배 초과	5m 이상

07 과산화리튬(LiO_2) : 제1류의 무기과산화물(산화성고체)
- 물과 격렬히 반응하여 산소($O_2\uparrow$)를 발생시키며, 폭발 위험성이 있다.

$$2LiO_2 + 2H_2O \rightarrow 4LiOH + O_2\uparrow$$

- 소화 시 주수소화는 절대엄금하고 마른 모래 등으로 질식소화한다(CO_2는 효과 없음).

08 제2류 위험물의 지정수량

성질	품명	지정수량
가연성고체	황화린, 적린, 유황	100kg
	철분, 금속분, 마그네슘	500kg
	인화성고체	1,000kg

※ 칼슘(Ca) : 제3류 위험물 지정수량 50kg

09 HNO₃(질산) : 제6류 위험물(산화성액체)

[위험물 적용대상 : 비중이 1.49 이상인 것]

- 흡습성, 자극성, 부식성이 강한 발연성액체이다.
- 강산으로 직사광선에 의해 분해 시 적갈색의 이산화질소(NO_2)를 발생시킨다.

$$4HNO_3 \rightarrow 2H_2O + 4NO_2\uparrow + O_2\uparrow$$

- 질산은 단백질과 반응 시 노란색으로 변한다(크산토프로테인반응 : 단백질검출반응).
- 왕수에 녹는 금속은 금(Au)과 백금(Pt)이다(왕수=염산(3)+질산(1) 혼합액).
- 진한 질산은 금속과 반응 시 산화 피막을 형성하는 부동태를 만든다(부동태를 만드는 금속 : Fe, Ni, Al, Cr, Co).
- 진한 질산은 물과 접촉 시 심하게 발열하고 가열 시 NO_2(적갈색)가 발생한다.
- 저장 시 직사광선을 피하고 갈색 병의 냉암소에 보관한다.
- 소화 : 마른 모래, CO_2 등을 사용하고, 소량일 경우 다량의 물로 희석소화한다(물로 소화 시 발열, 비산할 위험이 있으므로 주의).

10 휘발유(가솔린) : 제4류의 제1석유류, 위험등급 Ⅱ

- 증기비중 3~4로 공기보다 무겁다.
- 이동탱크저장소로 운송 시 제4류 위험물 중 특수인화물과 제1석유류는 위험물안전카드를 휴대해야 한다.

11

이동저장탱크는 그 내부에 4,000L 이하마다 3.2m 이상의 강철판 또는 이와 동등 이상의 강도, 내열성 및 내식성이 있는 금속성의 것으로 칸막이를 설치해야 한다.

12

- 벤젠(C_6H_6)의 완전연소반응식

$$\underline{C_6H_6} + 7.5O_2 \rightarrow \underline{6CO_2} + 3H_2O$$

$$78kg \quad : \quad 6 \times 22.4m^3$$
$$1kg \quad : \quad x$$

$$CO_2(x) = \frac{1 \times 6 \times 22.4}{78} = 1.72m^3 (0℃, 1atm)$$

이 반응식에서 벤젠 1kg 연소 시 0℃, 1atm(표준 상태)에서 $1.72m^3$의 CO_2가 발생하므로 27℃ 750mmHg로 환산하여 부피를 구한다.

- 보일샤르 법칙에 대입하면,

$$\frac{P_1V_1}{T_1} = \frac{P_2V_2}{T_2}$$

$$\begin{bmatrix} P_1 : 1atm=760mmHg & P_2 : 750mmHg \\ V_1 : 1.72m^3 & V_2 : ? \\ T_1 : (273+0℃)K & T_2 : (273+27℃)K \end{bmatrix}$$

$$\therefore V_2 = \frac{P_1V_1T_2}{P_2T_1} = \frac{760 \times 1.72 \times (273+27)}{750 \times (273+0)}$$
$$= 1.92m^3$$

13

- 제2류 위험물의 지정수량

성질	품명	지정수량
가연성고체	황화인, 적린, 유황	100kg
	철분, 금속분, 마그네슘	500kg
	인화성고체	1,000kg

- 철분, 금속분, 마그네슘 등은 금속화재이므로 D급 화재이다.

14

1. 운송책임자의 감독·지원을 받아 운송하는 위험물
   - 알킬알루미늄
   - 알킬리튬
   - 알킬알루미늄 또는 알킬리튬의 물질을 함유하는 위험물
2. 위험물의 운송 시에 준수해야 하는 기준
   - 위험물 운송자는 운송의 개시 전에 이동저장탱크의 배출밸브 등의 밸브와 폐쇄장치, 맨홀 및 주입구의 뚜껑, 소화기 등의 점검을 충분히 실시할 것
   - 위험물운송자는 장거리(고속국도에 있어서는 340km 이상, 그 밖의 도로에 있어서는 200km 이상)에 걸치는 운송을 하는 때에는 2명 이상의 운전자로 해야 한다. 다만, 다음에 해당하는 경우에는 그러하지 아니하다.

- 운송책임자를 동승시킨 경우
- 운송하는 위험물이 제2류 위험물, 제3류 위험물 (칼슘 또는 알루미늄의 탄화물과 이것만을 함유한 것에 한한다) 또는 제4류 위험물(특수인화물을 제외한다)인 경우
- 운송 도중에 2시간 이내마다 20분 이상씩 휴식하는 경우
- 제4류 위험물 중 특수인화물 및 제1석유류를 운송하게 하는 자는 위험물 안전카드를 휴대하게 할 것

15 제3류 위험물의 위험등급과 지정수량

품명	황린(P_4)	리튬(Li)	수소화나트륨 (NaH)
위험등급	I	II	III
지정수량	20kg	50kg	300kg

16 제6류 위험물(산화성액체), 지정수량 300kg

과염소산($HClO_4$), 과산화수소(H_2O_2), 질산(HNO_3)

※ 과염소산나트륨($NaClO_4$) : 제1류 위험물(산화성고체)

17 알루미늄(Al)분말 : 제2류(가연성고체)

- 수증기와 반응하여 수소(H_2)를 발생한다.
  $$2Al + 6H_2O \rightarrow 2Al(OH)_3 + 3H_2 \uparrow$$
- 은백색의 경금속으로 연소 시 많은 열을 발생한다.
- 공기 중에서 부식을 방지하는 산화 피막을 형성하여 내부를 보호한다(부동태).

> **참고**
> - 부동태를 만드는 금속 : Fe, Ni, Al 등
> - 부동태를 만드는 산 : 진한 황산, 진한 질산

- 분진폭발 위험이 있으며, 수분 및 할로겐원소(F, Cl, Br, I)와 접촉 시 자연발화의 위험이 있다.
- 산, 알칼리와 반응 시 수소(H_2)를 발생하는 양쪽성원소이다.

> **참고**
> 양쪽성원소 : Al, Zn, Sn, Pb(알아주나)

- 테르밋(Al 분말+Fe_2O_3)용접에 사용된다(점화제 : BaO_2).
- 소화 : 주수소화는 절대엄금, 마른 모래 등으로 피복소화한다.

18 과염소산암모늄(NH_4ClO_4) : 제1류(산화성고체)

- 무색 결정 또는 백색 분말로 조해성이 있는 불연성의 산화제이다.
- 물, 알코올, 아세톤에 잘 녹고 에테르에는 녹지 않는다.
- 130℃에서 분해하기 시작하여 약 300℃ 부근에서 급격히 분해폭발한다.
  $$2NH_4ClO_4 \rightarrow N_2 \uparrow + Cl_2 \uparrow + 2O_2 \uparrow + 4H_2O$$
- 강산, 가연물, 산화성물질 등과 혼합 시 폭발의 위험성이 있다.

19 금수성 위험물질에 적응성이 있는 소화기

- 탄산수소염류
- 마른 모래
- 팽창질석 또는 팽창진주암

20

- 저장탱크의 용량=탱크의 내용적－탱크의 공간용적
- 저장탱크의 공간용적=5/100~10/100(5~10%)
- 탱크의 용량 범위 : 90~95%
  ∴ Q=(300L×90%)~(300L×95%)=270~285L

21 옥외저장소에 저장할 수 있는 위험물

- 제2류 위험물 : 유황, 인화성고체(인화점이 0℃ 이상)
- 제4류 위험물 : 제1석유류(인화점이 0℃ 이상), 제2석유류, 제3석유류, 제4석유류, 알코올류, 동식물유류
- 제6류 위험물

22 스프링클러설비의 소화작용

- 냉각작용
- 질식작용
- 희석작용
- 유화(에멀젼)작용

※ 억제(부촉매)작용 : 할로겐화합물 소화약제로 소화 시 가연물 연소반응에서 연쇄반응을 억제(느리게)하는 작용

23 동식물유류 : 제4류 위험물로 1기압에서 인화점이 250℃ 미만인 것

- 요오드값이 큰 건성유는 불포화도가 크기 때문에 자연발화가 잘 일어난다.
- 요오드값에 따른 분류

건성유(130 이상) : 해바라기유, 동유, 아마인유, 정어리기름, 들기름 등

반건성유(100~130) : 면실유, 참기름, 청어기름, 채종류, 콩기름 등

불건성유(100 이하) : 피마자유, 동백기름, 올리브유, 야자유, 땅콩기름, 낙화생유 등

24 황린(P_4) : 제3류 위험물(자연발화성), 지정수량 20kg

- 비중 1.82, 융점 44.1℃, 비점 280℃, 증기비중 4.3 (124/29＝4.3)
- 백색 또는 담황색의 가연성 및 자연발화성고체(발화점 : 34℃)이다.
- pH 9인 약알칼리성의 물속에 저장한다(CS_2에 잘 녹음).

> **참고**
>
> pH 9 이상 강알칼리용액이 되면 가연성, 유독성의 포스핀(PH_3)가스가 발생하여 공기 중 자연발화한다(강알칼리 : KOH수용액).
>
> $P_4 + 3KOH + 3H_2O \rightarrow 3KH_2PO_2 + PH_3\uparrow$

- 피부접촉 시 화상을 입고, 공기 중 자연발화온도는 40~50℃이다.
- 공기보다 무겁고 마늘 냄새가 나는 맹독성물질이다.
- 어두운 곳에서 인광을 내며, 황린(P_4)을 260℃로 가열하면 적린(P)이 된다(공기 차단).
- 연소 시 오산화인(P_2O_5)의 흰 연기를 내며, 일부는 포스핀(PH_3)가스로 발생한다.

  $P_4 + 5O_2 \rightarrow 2P_2O_5$

- 소화 : 물분무, 포, CO_2, 건조사 등으로 질식소화한다(고압주수소화는 황린을 비산시켜 연소면 확대분산의 위험이 있음).

25 원형(종) 탱크의 내용적(V)

- 내용적(V)＝$\pi r^2 l = \pi \times 2^2 \times 10 = 125.66m^3$
- 탱크의 공간용적이 10%이므로 용량은 90%이다.

  ∴ 탱크의 용량＝$125.66m^3 \times 0.9 = 113.09m^3$

  (탱크의 용량＝탱크의 내용적－공간용적)

26 지정과산화물 옥내저장소의 기준

- 저장창고는 150m^2 이내마다 격벽으로 완전히 구획할 것
- 출입구는 갑종방화문을 설치할 것
- 창은 바닥면으로부터 2m 이상의 높이에 설치할 것
- 하나의 벽면에 두는 창의 면적 합계는 벽면적의 1/80 이내로 할 것
- 하나의 창의 면적은 0.4m^2 이내로 할 것

27

- 이상기체 상태방정식

  $$PV = nRT = \frac{W}{M}RT$$

P : 압력(atm)	V : 부피(m^3)
n : mol수$\left(\dfrac{W}{M}\right)$	W : 질량(kg)
M : 분자량	T : 절대온도(273＋℃)[K]
R : 기체상수 0.082($m^3 \cdot atm/kg-mol \cdot K$)	

- 표준 상태 : 0℃, 1기압, CO_2 분자량 : 44

  ∴ V＝$\dfrac{WRT}{PM} = \dfrac{1.1 \times 0.082 \times (273 + 0)}{1 \times 44}$

  $≒0.56m^3$

28 산화프로필렌(CH_3CHCH_2O) : 제4류 특수인화물(인화성액체)

- 인화점 －37℃, 발화점 465℃, 연소범위 2.5~38.5%
- 에테르향의 냄새가 나는 무색의 휘발성이 강한 액체이다.
- 물, 벤젠, 에테르, 알코올 등에 잘 녹고 피부접촉 시 화상을 입는다(수용성).
- 소화 : 알코올용포, 다량의 물, CO_2 등으로 질식소화한다.

> **참고**
>
> 아세트알데히드, 산화프로필렌의 공통사항
> - Cu, Ag, Hg, Mg 및 그 합금 등과는 용기나 설비를 사용하지 말 것(중합반응 시 폭발성물질 생성)
> - 저장 시 불활성가스(N_2, Ar) 또는 수증기를 봉입하고 냉각장치를 사용하여 비점 이하로 유지할 것

29

- 나트륨(Na) : 제3류(자연발화성, 금수성물질), 상온 상압에서 고체 상태
- 황린(P_4) : 제2류(자연발화성), 상온 상압에서 고체 상태

- 트리에틸알루미늄$[(C_2H_5)_3Al]$: 제3류(자연발화성, 금수성), 상온 상압에서 액체 상태

30 저장탱크의 용적 산정 기준 : 탱크의 용량＝탱크의 내용적－공간용적

- 일반 탱크의 공간용적 : 탱크 용적의 5/100 이상 10/100 이하로 한다.
- 소화설비를 설치하는 탱크의 공간용적(탱그 안 윗부분에 설치 시) : 당해 소화설비의 소화약제 방출구 아래의 0.3m 이상 1m 미만 사이의 면으로부터 윗부분의 용적으로 한다.
- 암반탱크의 공간용적 : 탱크 내에 용출하는 7일간의 지하수의 양에 상당하는 용적과 당해탱크의 내용적의 1/100의 용적 중에서 보다 큰 용적을 공간용적으로 한다.

31 위험물의 화재 위험성이 증가하는 조건

- 온도, 압력, 산소 농도, 연소열, 증기압 : 높을수록
- 인화점, 착화점, 비점, 비중 : 낮을수록
- 연소범위(폭발범위) : 넓을수록

32 옥내소화전설비의 수원의 양(Q : m^3)

$Q=N$(소화전 개수 : 최대 5개)$\times 7.8m^3$
$=4\times 7.8m^3=31.2m^3$

※ 옥내소화전설비 설치기준

수평거리	방사량	방사압력	수원의 양(Q : m^3)
25m 이하	260(L/min) 이상	350(kPa) 이상	$Q=N$(소화전 개수 : 최대 5개)$\times 7.8m^3$ (260L/min$\times$30min)

33 가연물이 되기 쉬운 조건

보기 ①, ③, ④ 이외에
- 열전도율이 작을 것(열축적이 잘 됨)
- 연쇄반응을 일으킬 것

※ 가연물이 될 수 없는 조건
- 주기율표의 O족 원소 : He, Ne, Ar, Kr, Xe, Rn
- 질소 또는 질소산화물(NOx) : 산소와 흡열반응하는 물질
- 이미 산화반응이 완결된 안정된 산화물 : CO_2, H_2O, Al_2O_3 등

34 금속화재(D급)

- 마른 모래 등으로 질식소화한다.
- 주수소화 시 수소($H_2\uparrow$)기체가 발생하므로 절대엄금한다.

35 옥내저장탱크의 탱크전용실의 용량(옥내저장탱크 2 이상 설치 시는 각 탱크의 용량 합계)

1. 1층 이하의 층일 경우
- 지정수량 40배 이하(단, 20,000L 초과 시 20,000L 포함) : 제2석유류(인화점 38℃ 이상), 제3석유류, 알코올류
- 지정수량 40배 이하 : 제4석유류, 동식물유류

2. 2층 이상의 층일 경우
- 지정수량 10배 이하(단, 5,000L 초과 시 5,000L로 함) : 제2석유류(인화점 38℃ 이상), 제3석유류, 알코올류
- 지정수량 10배 이하 : 제4석유류, 동식물유류

36

- 위험물제조소의 표지판

크기	0.3m×0.6m(이상)
색상	백색 바탕, 흑색 문자

- 게시판

크기	0.3m×0.6m(이상)
색상	백색 바탕, 흑색 문자
기재사항	유별, 품명 및 저장 및 취급최대수량, 지정수량의 배수, 안전관리자 성명 및 직명
주의사항	• 물기엄금(청색 바탕에 백색 문자) • 화기주의, 화기엄금(적색 바탕에 백색 문자)

주의사항	유별
화기엄금 (적색 바탕, 백색 문자)	• 제2류 위험물(인화성고체) • 제3류 위험물(자연발화성물품) • 제4류 위험물 • 제5류 위험물
화기주의 (적색 바탕, 백색 문자)	• 제2류 위험물(인화성고체 제외)
물기엄금 (청색 바탕, 백색 문자)	• 제1류 위험물(무기과산화물) • 제3류 위험물(금수성물품)

37 자동화재탐지설비의 설치기준

- 경계구역은 건축물이 2개 이상의 층에 걸치지 않을

것(단, 하나의 경계구역 면적이 500m² 이하 또는 계단, 승강로에 연기감지기 설치 시 제외)
• 하나의 경계구역 면적은 600m² 이하로 하고, 그 한 변의 길이는 50m(광전식 분리형 감지기를 설치 : 100m) 이하로 할 것(단, 하나의 경계구역의 주된 출입구에서 그 내부의 전체를 볼 수 있는 경우 그 면적을 1,000m² 이하로 할 수 있음)
• 자동화재탐지설비의 감지기는 지붕 또는 옥내는 천장 윗부분에서 유효하게 화재 발생을 감지할 수 있도록 설치할 것
• 비상전원을 설치할 것

38 가솔린(휘발유) : 제4류 제1석유류(인화성액체)
• 순수한 것은 무색투명한 휘발성 액체로서 물에 녹지 않고 유기용제에 잘 녹는다.
• 주성분은 $C_5{\sim}C_9$의 포화, 불포화탄화수소의 혼합물이며 비전도성이므로 정전기 축적에 주의한다.
• 인화점 $-43{\sim}-20{\degree}\!C$, 발화점 $300{\degree}\!C$, 연소범위 $1.4{\sim}7.6\%$, 증기비중 $3{\sim}4$

39 옥내저장창고의 바닥에 물이 스며 나오거나 스며 들지 않는 구조로 하는 위험물
• 제1류 위험물 중 알칼리금속의 과산화물 또는 이를 함유하는 것
• 제2류 위험물 중 철분·금속분·마그네슘 또는 이 중 어느 하나 이상을 함유하는 것
• 제3류 위험물 중 금수성물질
• 제4류 위험물

40 제5류(자기반응성물질)의 상태
• 액체 : 질산메틸, 니트로글리세린, 디니트로벤젠, 니트로글리콜
• 고체 : 피크린산, 트리니트로톨루엔, 테트릴

41 제5류 위험물(자기반응성물질)의 품명
• 제5류의 니트로화합물 : 트리니트로톨루엔(TNT)
• 제5류의 질산에스테르류 : 니트로글리세린, 니트로글리콜, 셀룰로이드

42 위험물안전관리법 제2조(정의)
'제조소'라 함은 위험물을 제조할 목적으로 지정수량 이상의 위험물을 취급하기 위하여 규정에 따른 허가받은 장소를 말한다.

43 옥외탱크저장소의 보유공지

저장 또는 취급하는 위험물의 최대수량	공지의 너비
지정수량의 500배 이하	3m 이상
지정수량의 500배 초과 1,000배 이하	5m 이상
지정수량의 1,000배 초과 2,000배 이하	9m 이상
지정수량의 2,000배 초과 3,000배 이하	12m 이상
지정수량의 3,000배 초과 4,000배 이하	15m 이상
지정수량의 4,000배 초과	당해 탱크의 수평단면의 최대 지름(횡형인 경우는 긴 변)과 높이 중 큰 것과 같은 거리 이상(단, 30m 초과의 경우 30m 이상으로, 15m 미만의 경우 15m 이상으로 할 것)

44 제5류 : 니트로글리세린[$C_3H_5(ONO_2)_3$, NG]
• 무색, 단맛이 나는 액체(상온)이나 겨울철에는 동결한다.
• 가열, 마찰, 충격에 민감하여 폭발하기 쉽다.
• 규조토에 흡수시켜 폭약인 다이너마이트를 제조한다.
• 물에 불용, 알코올, 에테르, 아세톤 등 유기용매에 잘 녹는다.
• 강산류, 강산화제와 혼촉 시 분해가 촉진되어 발화 폭발한다.

$$4C_3H_5(ONO_2)_3$$
$$\rightarrow 12CO_2\uparrow + 6N_2\uparrow + O_2\uparrow + 10H_2O$$

45 제4류 제1석유류의 인화점

품명	톨루엔	벤젠	피리딘	아세톤
화학식	$C_6H_5CH_3$	C_6H_6	C_5H_5N	CH_3COCH_3
인화점	$4{\degree}\!C$	$-11{\degree}\!C$	$20{\degree}\!C$	$-18{\degree}\!C$

46 제1류(산화성고체)의 지정수량
① $KMnO_4$(과망간산칼륨) : 과망간산염류 1,000kg
② $KClO_2$(아염소산칼륨) : 아염소산염류 50kg
③ $NaIO_3$(요오드산나트륨) : 요오드산염류 300kg
④ NH_4NO_3(질산암모늄) : 질산염류 300kg

47

① 황화린(제2류)은 가연성고체로서 과산화물류, 유기산산화제 등과 접촉 시 발화의 위험이 있으므로 통풍이 양호한 곳에 저장할 것

② 마그네슘(제2류)은 금수성물질로 물과 접촉 시 가연성인 수소($H_2\uparrow$)기체를 발생시킨다.

$$Mg + 2H_2O \rightarrow Mg(OH)_2 + H_2\uparrow + 열$$

③ 적린(제2류)은 할로겐원소(Br_2, I_2)와 격렬히 반응하여 폭발할 우려가 있다.

④ 수소화리튬(제3류)은 금수성물질로 저장용기에 불활성기체(N_2, Ar 등)를 봉입하여 습기를 피하고 통풍 양호한 곳에 보관한다.

48

- 수산화벤조일 : 제5류(유기과산화물), 지정수량 10kg
- 과염소산 : 제6류(산화성액체), 지정수량 300kg
  ∴ 지정수량의 합=10kg+30kg=310kg

49 운반용기 재질

금속판, 강판, 유리, 나무, 플라스틱, 양철판, 짚, 알루미늄판, 종이, 섬유판, 삼, 합성섬유, 고무류

50

$$제5류 \ 위험물의 \ 지정수량의 \ 배수 = \frac{저장수량}{지정수량}$$

① 니트로화합물 $= \dfrac{50kg}{200kg} = 0.25$

② 니트로소화합물 $= \dfrac{50kg}{200kg} = 0.25$

③ 질산에스테르류 $= \dfrac{50kg}{10kg} = 5$

④ 히드록실아민 $= \dfrac{50kg}{100kg} = 0.5$

51 황(S) : 제2류(가연성고체)

- 황색 고체 및 분말 상태이며, 분말 상태로 공기 중에 부유하면 분진폭발의 위험이 있다.
- 동소체로 사방황, 단사황, 고무상황이 있다.
- 전기의 부도체로 정전기 발생 시 가열, 충격, 마찰 등에 의해 발화폭발의 위험이 있다.
- 공기 중 연소 시 푸른색의 유독한 아황산가스를 발생한다.

$$S + O_2 \rightarrow SO_2$$

52 알루미늄분(Al) : 제2류(가연성고체)

- 은백색의 경금속으로 연소 시 많은 열을 발생한다.
- 분진폭발의 위험이 있으며 수분 및 할로겐원소와 접촉 시 자연발화의 위험이 있다.
- 수증기(H_2O)와 반응하여 수소($H_2\uparrow$)를 발생한다.

$$2Al + 6H_2O \rightarrow 2Al(OH)_3 + 3H_2\uparrow$$

- 테르밋(Al 분말+Fe_2O_3) 용접에 사용된다(점화제 : BaO_2).
- 주수소화는 절대엄금, 마른 모래 등으로 피복소화한다.

53 염소산칼륨($KClO_3$) : 제1류 위험물(산화성고체)

- 무색 결정 또는 백색 분말로, 비중 2.32, 분해온도 400℃이다.
- 온수, 글리세린에 녹고, 냉수, 알코올에는 잘 녹지 않는다.
- 열분해반응식 : $2KClO_3 \rightarrow 2KCl + 3O_2\uparrow$
  (염소산칼륨)　(염화칼륨)　(산소)
- 가연물과 혼재 시 또는 강산화성물질(유황, 유기물, 목탄, 적린 등)과 접촉 충격 시 폭발 위험이 있다.

54 탄화칼슘(CaC_2, 카바이트) : 제3류(금수성)

- 회백색의 불규칙한 괴상의 고체이다.
- 물과 반응하여 수산화칼슘[$Ca(OH)_2$]과 아세틸렌(C_2H_2)가스를 발생한다.

$$CaC_2 + 2H_2O \rightarrow Ca(OH)_2 + C_2H_2\uparrow$$

- 아세틸렌(C_2H_2) 가스의 폭발범위 2.5~81%로 매우 넓어 위험성이 크다.
- 고온(700℃)에서 질소와 반응하여 석회질소($CaCN_2$)를 생성한다(질화작용).

$$CaC_2 + N_2 \rightarrow CaCN_2 + C$$

- 장기보존 시 용기 내에 불연성가스(N_2 등)를 봉입하여 저장한다.
- 소화 시 마른 모래 등으로 피복소화한다(주수 및 포는 절대엄금).

55 N_2H_4(히드라진)

제4류 제2석유류

※ 제5류 : $Pb(NO_3)_2$(아지화납), CH_3ONO_2(질산메틸), NH_2OH(히드록실아민)

56 정기점검대상인 제조소등

- 예방규정을 정해야 하는 제조소등
- 지정수량의 10배 이상의 위험물을 취급하는 제조소

- 지정수량의 100배 이상의 위험물을 저장하는 옥외저장소
- 지정수량의 150배 이상의 위험물을 저장하는 옥내저장소
- 지정수량의 200배 이상을 저장하는 옥외탱크저장소
- 암반탱크저장소
- 이송취급소
- 지정수량의 10배 이상의 위험물을 취급하는 일반취급소
- 지하탱크취급소
- 이동탱크저장소
- 제조소(지하매설탱크)·주유취급소 또는 일반취급소

57

이황화탄소는 제4류의 특수인화물이므로 제외된다.

※ 위험물운송자는 장거리(고속국도에서는 340km 이상, 그 밖의 도로에서는 200km 이상)에 걸치는 운송을 하는 때에는 2명 이상의 운전자로 해야 한다. 다만, 다음의 하나에 해당하는 경우에는 그러하지 아니하다.
- 운송책임자를 동승시킨 경우
- 운송하는 위험물이 제2류 위험물·제3류 위험물(칼슘 또는 알루미늄의 탄화물과 이것만을 함유한 것) 또는 제4류 위험물(특수인화물을 제외)인 경우
- 운송 도중에 2시간 이내마다 20분 이상씩 휴식하는 경우

58 제3류 위험물(금수성물질)의 물과 반응식
- 인화칼슘(Ca_3P_2, 인화석회)

  $Ca_3P_2 + 6H_2O \rightarrow 3Ca(OH)_2 + 2PH_3$

  (포스핀＝인화수소)
- 탄화알루미늄(Al_4C_3)

  $Al_4C_3 + 12H_2O \rightarrow 4Al(OH)_3 + 3CH_4$(메탄)
- 나트륨(Na) : 석유류 속에 저장

  $2Na + 2H_2O \rightarrow 2NaOH + H_2$(수소)

※ 소화 시 주수 및 포소화는 금하고 건조사 등으로 피복소화한다.

59 제6류 위험물

성질	위험등급	품명	지정수량
산화성 액체	I	과염소산($HClO_4$)	300kg
		과산화수소(H_2O_2)	
		질산(HNO_3)	
		그 밖의 총리령이 정하는 것 – 할로겐간화합물 (BrF_3, BrF_5, IF_5 등)	

60 포 소화약제의 종류
- 화학포 소화약제 : 외약제(A제 : $NaHCO_3$수용액)와 내약제(B제 : $Al_2(SO_4)_3$수용액)의 화학반응에 의해 생성된 이산화탄소(CO_2)를 이용하여 포를 발생시킨다.

  $6NaHCO_3 + Al_2(SO_4)_3 + 18H_2O$
  (탄산수소나트륨) (황산알루미늄)   (물)

  $\rightarrow 3Na_2SO_4 + 2Al(OH)_3 + 6CO_2 \uparrow + 18H_2O$
  (황산나트륨) (수산화알루미늄) (이산화탄소)   (물)
- 공기포(기계포) 소화약제 : 발포기의 기계적 수단으로 공기의 거품을 만들어내는 방식이다.

  (종류 : 단백포, 불화단백포, 합성계면활성제포, 수성막포, 알코올포)

정답

01	③	02	②	03	①	04	④	05	④	06	②	07	①	08	③	09	①	10	④
11	④	12	②	13	①	14	①	15	②	16	①	17	②	18	③	19	①	20	①
21	①	22	①	23	②	24	④	25	④	26	③	27	②	28	④	29	③	30	①
31	②	32	③	33	①	34	③	35	③	36	①	37	③	38	④	39	①	40	③
41	③	42	④	43	④	44	④	45	②	46	③	47	③	48	②	49	④	50	②
51	③	52	①	53	④	54	③	55	②	56	②	57	③	58	①	59	②	60	④

해설

01 포름산(HCOOH, 개미산, 의산) : 제4류 제2석유류(수용성)
- 무색, 강한 산성의 신맛이 나는 자극성 액체이다.
- 물에 잘 녹고 물보다 무거우며(비중 1.2) 인화점 68℃, 녹는점 8℃로 알코올, 에테르 등 유기용제에도 잘 녹는다.
- 강한 환원성이 있어 은거울반응, 펠링반응을 한다.
- 소화 시 알코올용포, 다량의 주수소화한다.

03
- 제3류 : NaH(수소화나트륨)
- 제2류 : Al(알루미늄), Mg(마그네슘), P_4S_3(삼황화린)

04 위험물안전관리법 제3조(적용 제외)
항공기, 선박, 철도, 궤도에 의한 위험물의 저장, 취급 및 운반은 적용을 받지 않는다.

05 폭발의 종류
- 분해폭발 : 아세틸렌, 산화에틸렌, 과산화물, 히드라진 등
- 중합폭발 : 시안화수소, 염화비닐 등
- 분진폭발 : 금속분, 밀가루, 곡물가루, 담배가루, 먼지 등
- 산화폭발 : 액화가스, 압축가스 등
- 압력폭발 : 고압가스용기폭발, 보일러폭발 등

06 셀룰로이드 : 제5류의 질산에스테르류(자기반응성)
- 무색 또는 반투명의 고체로서 열, 햇빛 등에 의해 황색으로 변한다.
- 물에 녹지 않고 알코올, 아세톤, 니트로벤젠에 잘 녹는 질소를 함유한 유기물이다.
- 연소 시 유독가스를 발생하고 습도와 온도가 높을 경우 자연발화의 위험이 있다.
- 가소제로서 니트로셀룰로오스와 장뇌의 균일한 콜로이드 분산액으로부터 만들어진 합성 플라스틱 물질이다.

07 금속분(Zn, Al) : 제2류 위험물(금수성, 가연성 고체)
금속분(Zn, Al)은 과열된 수증기와 반응하여 가연성 기체인 수소($H_2 \uparrow$)를 발생한다.
- $Zn + 2H_2O \rightarrow Zn(OH)_2 + H_2 \uparrow$
- $2Al + 6H_2O \rightarrow 2Al(OH)_3 + 3H_2 \uparrow$

09 옥외탱크저장소의 방유제의 용량
- 탱크 1기일 때 : 탱크용량×1.1 [110%] (비인화성물질 : 100%)
- 탱크 2기 이상일 때 : 최대탱크용량×1.1 [110%] (비인화성물질 : 100%)
- 탱크 2기 이상이므로,
  방유제용량＝최대탱크용량×1.1
  ＝1,500kL×1.1＝1,650kL

모의고사 14

10 제5류 위험물(자기반응성)

- 제5류(질산에스테르류) : 니트로글리콜, 니트로글리세린, 셀룰로이드
- 제5류(니트로화합물) : 테트릴

11 제6류(산화성액체)

강산화성 물질로 분해 시 산소를 발생하므로 질식소화는 효과가 없고 물 계통의 소화설비가 적응성이 있다.

13 과염소산(HClO₄) : 제6류(산화성액체)

무색 액체이며, 산화력과 흡습성이 강하여 유기물, 알코올류 가연물(종이, 나무 조각) 등과 접촉 시 발화 및 연소폭발한다.

14 위험물제조소의 옥외에 있는 위험물 취급 탱크의 방유제의 용량

- 탱크 1기일 때 : 탱크용량×0.5 [50%]
- 탱크 2기일 때 : 최대탱크용량×0.5＋(나머지 탱크 용량 합계×0.1 [10%])

15 옥내저장소의 보유공지

저장 또는 취급하는 위험물의 최대수량	공지의 너비	
	벽·기둥 및 바닥이 내화구조로 된 건축물	그 밖의 건축물
지정수량의 5배 이하	–	0.5m 이상
지정수량의 5배 초과 10배 이하	1m 이상	1.5m 이상
지정수량의 10배 초과 20배 이하	2m 이상	3m 이상
지정수량의 20배 초과 50배 이하	3m 이상	5m 이상
지정수량의 50배 초과 200배 이하	5m 이상	10m 이상
지정수량의 200배 초과	10m 이상	15m 이상

- 황린(P₄) : 제3류, 지정수량 20kg
- 보유공지 3m 이상 : 지정수량의 20배 초과
- ∴ ⌈ 지정수량 20배 : 20kg×20배＝400kg 초과
  ⌊ 지정수량 50배 : 20kg×50배＝1,000kg 이하

16 점화원(에너지)의 종류

- 화학적 에너지원 : 산화열, 연소열, 분해열, 반응열, 중합열 등
- 전기적 에너지원 : 저항열, 유전열, 유도열, 정전기열, 아크방전 등
- 기계적(물리적) 에너지원 : 마찰열, 압축열, 충격열 등
- 원자력 에너지원 : 핵분열, 핵융합열

17 유류 및 가스탱크의 화재 발생 현상

- 보일 오버 : 탱크 바닥의 물이 비등하여 부피 팽창으로 유류가 넘쳐 연소하는 현상
- 블레비(BLEVE) : 액화가스저장탱크의 압력 상승으로 폭발하는 현상
- 슬롭 오버 : 물 방사 시 뜨거워진 유류표면에서 비등 증발하여 연소유와 함께 분출하는 현상
- 프로스 오버 : 탱크 바닥의 물이 비등하여 부피 팽창으로 유류가 연소하지 않고 넘치는 현상
- ※ 플래시 오버 : 화재 발생 시 실내의 온도가 급격히 상승하여 축적된 가연성가스가 일순간 폭발적으로 착화하여 실내 전체가 화염에 휩싸이는 현상

18 질산칼륨(KNO₃) : 제1류(산화성고체)

용융분해하여 아질산칼륨과 산소를 발생한다.

$$2KNO_3 \xrightarrow[\triangle]{400℃} 2KNO_2 + O_2 \uparrow$$
(질산칼륨)　　　　(아질산칼륨) (산소)

19 제4류(인화성액체) 유류화재(B급)

- 옥내·옥외소화전설비의 봉상주수소화나 스프링클러의 적상주수소화 시 비수용성이므로 연소면을 확대시킬 우려가 있으므로 적합하지 못하다.
- 물 계통의 포 소화설비와 물분무는 적응성이 있고 불활성가스(CO₂), 할로겐화합물, 분말 소화약제 등의 질식소화도 적응성이 있다.

20 이송취급소의 경보설비 설치기준

- 이송기지에는 비상벨장치 및 확성장치를 설치할 것
- 가연성증기를 발생하는 위험물을 취급하는 펌프실 등에는 가연성증기경보설비를 설치할 것

21 강화액 소화약제

물에 탄산칼륨(K₂CO₃)을 용해시켜 소화 성능을 강화시킨 소화약제로서, −30℃에서도 동결하지 않아 보온이 필요 없어 한냉지에서도 사용이 가능하다.

※ 소화원리(A급, 무상방사 시 B, C급), 압력원 CO₂
　　$H_2SO_4 + K_2CO_3 \rightarrow K_2SO_4 + H_2O + CO_2 \uparrow$

22 지하탱크저장소의 기준

- 탱크전용실은 썰물 및 대지경계선으로부터 0.1m 이상 떨어진 곳에 설치할 것
- 탱크전용실 벽·바닥 및 뚜껑의 두께는 0.3m 이상일 것
- 지하저장탱크는 탱크전용실의 안쪽과 0.1m 이상의 간격을 유지할 것
- 탱크의 주위에 입자지름 5mm 이하의 마른 자갈분을 채울 것
- 지하저장탱크의 윗부분은 지면으로부터 0.6m 이상 아래에 있을 것
- 지하저장탱크를 2 이상 인접해 설치하는 경우에는 그 상호간에 1m(당해 2 이상의 지하저장탱크의 용량의 합계가 지정수량의 100배 이하 : 0.5m) 이상의 간격을 유지할 것
- 지하저장탱크의 재질은 두께 3.2mm 이상의 강철판으로 할 것

23 무상주수(물분무)의 소화효과

- 냉각효과 : 물의 증발열(539kcal/kg)과 비열(1kcal/log·℃)이 큰 것을 이용한다.
- 질식효과 : 공기 중에 산소를 21%에서 15% 이하로 떨어뜨린다.
- 유화(에멀션)효과 : 액체의 위험물과 물이 미세한 입자가 되어 혼합하는 형태로 위험물의 농도를 낮춰 준다.

24 연소의 3요소 : 가연물, 점화원, 산소공급원

① 과산화수소(H_2O_2) : 제6류(산화성액체)
- 분해 : $2H_2O_2 \rightarrow 2H_2O + O_2 \uparrow$ (산소)

② 질산칼륨(KNO_3) : 제1류(산화성고체)
- 분해 : $2KNO_3 \rightarrow 2KNO_2 + O_2 \uparrow$ (산소)

③ 질산(HNO_3) : 제6류(산화성액체)
- 분해 : $4HNO_3 \rightarrow 2H_2O + 4NO_2 + O_2 \uparrow$ (산소)

④ 이산화탄소(CO_2) : 산화반응이 완결된 물질로 불연성기체이다.

25

- 할로겐화합물 소화약제 명명법

```
 Halon    1   0   0   1
 C 원자수 ┘           └─ Br 원자수
 F 원자수 ─────────── Cl 원자수
```

- 할로겐화합물 소화약제

종류\구분	할론 2402	할론 1211	할론 1301	할론 1011	할론 1001
화학식	$C_2F_4Br_2$	CF_2ClBr	CF_3Br	CH_2ClBr	CH_3Br

26 제5류 위험물의 지정수량(자기반응성물질)

① 니트로셀룰로오스(질산에스테르류) : 10kg
② 히드록실아민 : 100kg
③ 아조벤젠(아조화합물) : 200kg
④ 트리니트로페놀(니트로화합물) : 200kg

27 폭굉유도거리가 짧아지는 경우

- 정상연소 속도가 큰 화합물일수록
- 관 속에 방해물이 있거나 관경이 가늘수록
- 압력이 높을수록
- 점화원 에너지가 강할수록

※ 폭굉유도거리(DID) : 관 속에 폭굉가스가 존재할 때 최초의 완만한 연소가 격렬한 폭굉으로 발전할 때까지의 거리

28 가연물이 되기 쉬운 조건

- 산소와 친화력이 클 것
- 발열량이 클 것(발열반응)
- 표면적(접촉면적)이 클 것
- 열전도율이 적을 것(열축적)
- 활성화 에너지가 적을 것
- 연쇄반응을 일으킬 것

29 제4류 위험물의 인화점

구분	인화점범위(1atm)
특수인화물	• 발화점 100℃ 이하 • 인화점 −20℃ 이하이고, 비점 40℃ 이하
제1석유류	• 인화점 21℃ 미만
제2석유류	• 인화점 21℃ 이상 70℃ 미만
제3석유류	• 인화점 70℃ 이상 200℃ 미만
제4석유류	• 인화점 200℃ 이상 250℃ 미만
동식물류	• 인화점 250℃ 미만

30 불활성가스 청정 소화약제의 성분 비율

소화약제명	화학식
IG-01	Ar
IG-100	N_2
IG-541	N_2 : 52%, Ar : 40%, CO_2 : 8%
IG-55	N_2 : 50%, Ar : 50%

31 과산화칼륨(K_2O_2) : 제1류의 무기과산화물(금수성)

$2K_2O_2 + 2H_2O \rightarrow 4KOH + O_2 \uparrow$ (산소 : 지연성가스)

※ 제3류(금수성)의 물과의 반응식

• 칼륨 : $2K + 2H_2O$
  $\rightarrow 2KOH + H_2 \uparrow$ (수소 : 가연성)
• 탄화알루미늄 : $Al_4C_3 + 12H_2O$
  $\rightarrow 4Al(OH)_3 + 3CH_4$(메탄 : 가연성)
• 트리에틸알루미늄 : $(C_2H_5)_3Al + 3H_2O$
  $\rightarrow Al(OH)_3 + 3C_2H_6$(에탄 : 가연성)

32 이산화탄소 소화약제

• 소화약제에 의해 오염·오손이 없다.
• 전기절연성이 우수하여 전기화재에 탁월하다.
• 저장이 편리하고 수명이 반영구적이다.
• 심부화재에 효과적이다.

※ 소화약제 중 증발잠열은 물이 가장 크다(물의 증발잠열 : 539kcal/kg).

33 과산화나트륨(Na_2O_2) : 제1류의 무기과산화물 (산화성고체)

• 물 또는 공기 중 이산화탄소와 반응 시 산소를 발생한다.
  $2Na_2O_2 + 2H_2O \rightarrow 4NaOH + O_2 \uparrow$
  $2Na_2O_2 + 2CO_2 \rightarrow 2Na_2CO_3 + O_2 \uparrow$
• 열분해 시 산소(O_2)를 발생한다.
  $2Na_2O_2 \rightarrow 2NaO + O_2 \uparrow$
• 조해성이 강하고 알코올에는 녹지 않는다.
• 산과 반응하여 과산화수소(H_2O_2)를 발생한다.
  $Na_2O_2 + 2HCl \rightarrow NaCl + H_2O_2$
• 주수소화는 절대엄금, 건조사 등으로 질식소화한다 (CO_2는 효과 없음).

34 제4류 위험물의 일반적인 성질

• 대부분 인화성액체로서 물보다 가볍고 물에 녹지 않는다.
• 증기의 비중은 공기보다 무겁다(단, HCN 제외).
• 증기와 공기가 조금만 혼합되어도 연소폭발의 위험이 있다.
• 전기의 부도체로서 정전기 축적으로 인한 인화의 위험이 있다.
• 대부분 유기화합물이다.

35 배출설비

① 배출설비는 국소방식으로 할 것
② 배풍기, 배출닥트, 후드 등을 이용하여 강제 배출할 것
③ 배출능력은 1시간당 배출장소 용적의 20배 이상일 것(단, 전역방식 : 바닥면적 $1m^2$당 $18m^3$ 이상)
④ 배출설비의 급기구 및 배출구의 설치기준
  • 급기구는 높은 곳에 설치하고, 인화방지망을 설치할 것
  • 배출구는 지상 2m 이상 높이에 설치하고, 화재 시 자동폐쇄되는 방화댐퍼를 설치할 것
⑤ 배풍기는 강제배기방식으로 옥내탁트의 내압이 대기압 이상이 되지 않는 위치에 설치할 것

36 제4류 위험물(인화성액체)의 인화점

구분	등유	벤젠	아세톤	아세트알데히드
유별	제2석유류	제1석유류	제1석유류	특수인화물
인화점	30~60℃	-11℃	-18℃	-39℃

37 제4류 위험물(인화성액체)의 비중

구분	메틸에틸케톤	니트로벤젠	에틸렌글리콜	글리세린
화학식	$CH_3COC_2H_5$	$C_6H_5NO_2$	$C_2H_4(OH)_2$	$C_3H_5(OH)_3$
유별	제1석유류	제3석유류	제3석유류	제3석유류
비중	0.81	1.2	1.1	1.26

38

• 제4류 제1석유류 : 아세트니트릴
• 제5류의 유기과산화물 : 과산화벤조일, 과산화초산, 과산화요소
• 제5류의 질산에스테르류 : 질산메틸, 니트로글리콜
• 제5류의 니트로화합물 : 디니트로벤젠, 트리니트로톨루엔

39　아염소산나트륨(NaClO₂) : 제1류(산화성고체)
- 무색의 결정성 분말로 조해성이 있고 물에 잘 녹는다.
- 분해온도는 무수물일 때 350℃, 수분 존재 시 120~140℃이다.
- 산과 접촉 시 분해하여 이산화염소(ClO_2)의 유독가스를 발생시킨다.

$$2NaClO_2 + 2HCl \rightarrow 3NaCl + 2ClO_2 \uparrow + H_2O$$

- 강산화제로서 충격, 마찰에 의해 폭발 위험이 있다.
- 유황, 금속분, 유기물질 등의 가연물과 혼촉 시 발화 위험이 있다.
- 보관 시 습기를 피하고 건조한 냉암소에 밀봉저장한다.

40　유황(S) : 제2류 위험물(가연성고체)
- 가연성이며 환원성고체로서 산화제와 접촉은 위험성이 있어 피해야 한다.
- 물에 녹지 않고 이황화탄소(CS_2)에 잘 녹는다.
- 동소체로 사방황, 단사황, 고무상황이 있다.
- 전기를 통하지 않는 부도체이다.
- 소화 시 다량의 물로 주수소화 및 질식소화한다.

42　옥내저장소의 설비기준
- 저장창고에는 규정에 준하여 채광, 조명 및 환기의 설비를 갖출 것
- 인화점이 70℃ 미만인 위험물 저장창고의 내부에 체류한 가연성증기를 지붕 위로 배출하는 설비를 갖출 것

43
위험물안전관리법 제15조에 의거하여 제조소등의 관계인은 위험물안전관리자의 선임·신고를 해야 한다.

44　과염소산칼륨(KClO₄) : 제1류(산화성고체)
- 무색무취의 사방정계의 백색 결정이다.
- 물, 알코올, 에테르에 녹지 않는다.
- 진한 황산과 접촉 시 폭발성가스를 생성하여 위험하다.
- 400℃에서 분해 시작, 610℃에서 완전분해되어 산소를 방출한다.

$$KClO_4 + \xrightarrow[\varDelta]{600℃} KCl + 2O_2 \uparrow$$

- 인(P), 황(S), 목탄, 유기물 등과 혼합 시 가열, 충격, 마찰에 의해 폭발한다.
- 용도 : 화약, 폭약, 로켓 연료, 섬광제 등에 사용된다.

45　피리딘(C₅H₅N) : 제4류 제1석유류(인화성액체)
- 인화점 20℃, 분자량 79, 발화점 482℃
- 물, 알코올, 에테르에 잘 녹는 무색의 알칼리성액체이다.
- 약알칼리성이며 강한 악취와 독성 및 흡습성이 있다.
- 질산(HNO_3)과 가열해도 분해폭발하지 않고 안정하다.
- 액비중 : 0.98,

$$증기비중 = \frac{분자량}{공기의 \ 평균 \ 분자량(29)} = \frac{77}{29} ≒ 2.72$$

- 소화 : 알코올포, 분무주수 등을 사용한다.

46　클로로벤젠(C₆H₅Cl)
제4류 제2석유류의 비수용성(1,000L)

47　게시판
① 크기 : 0.3m 이상×0.6m 이상
② 색상 : 백색 바탕에 흑색 문자(주의사항 : 적색 문자)
③ 게시판
- '옥외저장탱크 주입구'라고 표시할 것
- 위험물의 유별, 품명, 주의사항 등을 표시할 것

48　알루미늄분(Al) : 제2류(가연성고체)
- 은백색의 경금속으로 연소 시 많은 열을 발생한다.
- 분진폭발의 위험이 있으며 수분 및 할로겐원소와 접촉 시 자연발화의 위험이 있다.
- 테르밋(Al 분말+Fe_2O_3) 용접에 사용된다(점화제 : BaO_2).
- 수증기(H_2O)와 반응하여 수소($H_2 \uparrow$)를 발생한다.

$$2Al + 6H_2O \rightarrow 2Al(OH)_3 + 3H_2 \uparrow$$

- 산, 염기와 반응하여 수소($H_2 \uparrow$)를 발생하는 양쪽성 원소이다.

$$2Al + 6HCl \rightarrow 2AlCl_3 + 3H_2 \uparrow$$
$$2Al + 2NaOH + 6H_2O \rightarrow 2NaAlO_2 + 3H_2 \uparrow$$

- 주수소화는 절대엄금, 마른 모래 등으로 피복소화한다.

49 옥내저장소의 하나의 저장창고 바닥면적

위험물 저장창고	바닥면적
① 제1류 위험물 중 아염소산염류, 염소산염류, 과염소산염류, 무기과산화물, 그 밖에 지정수량이 50kg인 위험물 ② 제3류 위험물 중 칼륨, 나트륨, 알킬알루미늄, 알킬리튬, 그 밖에 지정수량이 10kg인 위험물 및 황린 ③ 제4류 위험물 중 특수인화물, 제1석유류 및 알코올류 ④ 제5류 위험물 중 유기과산화물, 질산에스테르류, 그 밖에 지정수량이 10kg인 위험물 ⑤ 제6류 위험물	1,000m² 이하
상기 ①~⑤ 외의 위험물을 저장하는 창고	2,000m² 이하
내화구조의 격벽으로 완전히 구획된 실에 각각 저장하는 창고	1,500m² 이하

50 옥외저장소 중 덩어리 상태의 유황을 저장 또는 취급하는 경우

① 하나의 경계표시 내부의 면적 : 100m² 이하
② 2 이상의 경계표시를 설치 시 각각의 경계표시 내부의 면적을 합산한 면적 : 1,000m² 이하(단, 지정수량의 200배 이상 : 10m 이상)
　• 인접하는 경계표시 상호간의 간격 : 공지 너비의 1/2 이상
③ 경계표시 : 불연재료
④ 경계표시의 높이 : 1.5m 이하
⑤ 경계표시에는 유황이 넘치거나 비산하는 것을 방지하기 위한 천막 등을 고정하는 장치를 설치하되, 천막 등을 고정하는 장치는 경계표시의 길이 2m마다 한 개 이상 설치할 것
⑥ 유황을 저장 또는 취급하는 장소의 주위에는 배수구와 분리장치를 설치할 것

51 소요1단위의 산정방법

건축물	내화구조의 외벽	내화구조가 아닌 외벽
제조소 및 취급소	연면적 100m²	연면적 50m²
저장소	연면적 150m²	연면적 75m²
위험물	지정수량의 10배	

※ 소요단위 : 소화설비의 설치대상이 되는 건축물의 규모 또는 위험물의 양의 기준단위

$$\therefore \text{소요단위} = \frac{450m^2}{75m^2} = 6\text{단위}$$

52 옥내 소화설비 설치기준

수평거리	방사량	방사압력	수원의 양(Q : m³)
25m 이하	260(L/min) 이상	350(kPa) 이상	Q=N(소화전 개수 : 최대 5개)×7.8m³ (260L/min × 30min)

53 옥외저장소 보유공지의 너비

저장 또는 취급하는 위험물의 최대수량	공지의 너비
지정수량의 10배 이하	3m 이상
지정수량의 10배 초과 20배 이하	5m 이상
지정수량의 20배 초과 50배 이하	9m 이상
지정수량의 50배 초과 200배 이하	12m 이상
지정수량의 200배 초과	15m 이상

※ 단, 제4류 위험물 중 제4석유류와 제6류 위험물을 저장 또는 취급하는 보유공지는 공지 너비의 1/3 이상으로 할 수 있다.

54 옥외저장탱크의 통기관의 설치기준

1. 밸브 없는 통기관
　• 직경은 30mm 이상일 것
　• 선단은 수평면보다 45도 이상 구부려 빗물 등의 침투를 막는 구조로 할 것
　• 가는 눈의 구리망 등으로 인화방지장치를 할 것 (단, 인화점 70℃ 이상의 위험물만을 인화점 미만의 온도로 저장(취급)하는 탱크에 설치하는 통기관은 제외)
　• 가연성의 증기를 회수하기 위한 밸브를 통기관에 설치하는 경우에 있어서는 해당 통기관의 밸브는 저장탱크에 위험물을 주입하는 경우를 제외하고는 항상 개방되어 있는 구조로 하는 한편, 폐쇄했을 경우에는 10kPa 이하의 압력에서 개방되는 구조로 할 것(이 경우 개방된 부분의 유효단면적은 777.15mm² 이상이어야 함)
2. 대기밸브부착 통기관
　• 5kPa 이하의 압력 차이로 작동할 수 있어야 한다.
　• 가는 눈의 구리망 등으로 인화방지장치를 할 것

55

- 옥내저장탱크의 탱크전용실은 단층건축물에 설치할 것
- 옥내저장탱크와 탱크전용실 벽과의 사이 및 옥내저장탱크의 상호간에는 0.5m 이상의 간격을 유지할 것

56 알킬알루미늄 등, 아세트알데히드 등 및 디에틸에테르 등의 저장기준

- 이동저장탱크에 알킬알루미늄 등을 저장하는 경우에는 20kPa 이하의 압력으로 불활성의 기체를 봉입하여 둘 것
- 옥외 및 옥내저장탱크 또는 지하저장탱크 중 압력탱크 외의 탱크에 저장할 경우

위험물의 종류	유지온도
산화프로필렌, 디에틸에테르	30℃ 이하
아세트알데히드	15℃ 이하

- 옥외 및 옥내저장탱크 또는 지하저장탱크 중 압력탱크에 저장할 경우

위험물의 종류	유지온도
아세트알데히드 등 또는 디에틸에테르 등	40℃ 이하

- 아세트알데히드 등 또는 디에틸에테르 등을 이동저장탱크에 저장할 경우

위험물의 종류	유지온도
보냉장치가 있는 경우	비점 이하
보냉장치가 없는 경우	40℃ 이하

57

원형 탱크의 내용적$(V) = \pi r^2 \times \left(l + \dfrac{l_1 + l_2}{3}\right)$

$\qquad = \pi \times 5^2 \times \left(10 + \dfrac{5+5}{3}\right)$

$\qquad = 1,041.19 \times 0.95$

$\qquad = 994.83 m^3$

> **참고**
> - 저장탱크의 용량＝탱크의 내용적－탱크의 공간용적
> - 저장탱크의 용량 범위 : 90~95%

58 제4류 위험물의 인화점

구분	인화점범위(1atm)	지정품목
특수인화물	• 발화점 100℃ 이하 • 인화점 −20℃ 이하이고, 비점 40℃ 이하	이황화탄소, 디에틸에테르
제1석유류	• 인화점 21℃ 미만	아세톤, 휘발유
제2석유류	• 인화점 21℃ 이상 70℃ 미만	등유, 경유
제3석유류	• 인화점 70℃ 이상 200℃ 미만	중유, 클레오소트유
제4석유류	• 인화점 200℃ 이상 250℃ 미만	기어유, 실린더유
동식물류	• 인화점 250℃ 미만	동식물유의 지육, 종자, 과육에서 추출한 것

59 이상기체 상태방정식

$PV = nRT = \dfrac{W}{M}RT$

$\dfrac{W}{V}(g/L) = \dfrac{PM}{RT}$

$\therefore$ 밀도 $\rho(g/L) = \dfrac{PM}{RT} = \dfrac{0.99 \times 44}{0.082 \times (273+55)}$

$\qquad\qquad\quad = 1.62 g/L$

$$\begin{bmatrix} P : 압력(atm) & V : 부피(L) \\ n : 몰수\left(\dfrac{W}{M}\right) & W : 질량(g) \\ M : 분자량 & T : 절대온도(273+℃)[K] \\ R : 기체상수\ 0.082(atm \cdot L/mol \cdot K) \end{bmatrix}$$

※ CO_2의 분자량 : $12 + 16 \times 2 = 44$

60 간이소화용구의 능력단위

소화약제	용량	능력단위
소화전용 물통	8L	0.3
수조(소화전용 물통 3개 포함)	80L	1.5
수조(소화전용 물통 6개 포함)	190L	2.5
마른 모래(삽 1개 포함)	50L	0.5
팽창질석 또는 팽창진주암(삽 1개 포함)	160L	1.0

정답

01	③	02	④	03	③	04	③	05	②	06	①	07	②	08	①	09	③	10	③
11	①	12	③	13	②	14	②	15	②	16	④	17	①	18	①	19	②	20	④
21	③	22	①	23	②	24	②	25	④	26	②	27	④	28	②	29	④	30	②
31	③	32	③	33	④	34	③	35	①	36	③	37	③	38	③	39	④	40	①
41	①	42	①	43	①	44	②	45	①	46	③	47	①	48	④	49	①	50	④
51	①	52	③	53	②	54	④	55	②	56	①	57	②	58	②	59	③	60	②

해설

01 연소 형태

- 표면연소 : 숯, 코크스, 목탄, 금속분 등
- 분해연소 : 석탄, 목재, 플라스틱, 종이, 중유 등
- 증발연소 : 유황, 나프탈렌, 파라핀(양초), 휘발유 등의 제4류 위험물
- 자기연소(내부연소) : 니트로셀룰로오스, 니트로글리세린 등의 제5류 위험물
- 확산연소 : 수소, 아세틸렌, LPG, LNG 등 가연성 기체

02 아황산가스(SO_2, 이산화황)

- 무색, 자극성 냄새가 나는 유독성 가스이다.
- 자동차 배기가스나 석유류 연소 시 불순물로 생성되므로 대기오염의 주범이 되고 있다.
- 연소개통의 저온부식의 주범이 되어 장치를 부식시킨다.

$$S + O_2 \rightarrow SO_2$$

03 정전기 예방대책

- 접지를 한다.
- 공기 중의 상대습도를 70% 이상으로 한다.
- 유속을 1m/s 이하로 유지한다.
- 공기를 이온화시킨다.
- 제진기를 설치한다.

04 제조소 및 일반취급소의 자동화재탐지설비 설치 대상

- 연면적 500m² 이상인 것
- 옥내에서 지정수량의 100배 이상을 취급하는 것(고인화점 위험물만을 100℃ 미만의 온도에서 자동화재 취급 시 제외)
- 일반취급소로 사용되는 부분 외의 부분이 있는 건축물에 설치된 일반취급소(일반취급소와 일반취급소 외의 부분이 내화구조의 바닥 또는 벽으로 개구부 없이 구획된 것을 제외)

05 메타인산(HPO_3)

가연물에 부착성이 좋아 산소 공급을 차단하는 방진효과가 우수하다(A급 적응성).

※ 분말약제의 열분해반응식

종별	약제명	색상	열분해반응식
제1종	탄산수소나트륨	백색	$2NaHCO_3$ $\rightarrow Na_2CO_3 + CO_2 + H_2O$
제2종	탄산수소칼륨	담자(회)색	$2KHCO_3$ $\rightarrow K_2CO_3 + CO_2 + H_2O$
제3종	제1인산암모늄	담홍색	$NH_4H_2PO_4$ $\rightarrow HPO_3 + NH_3 + H_2O$
제4종	탄산수소칼륨 +요소	회색	$2KHCO_3 + (NH_2)_2CO$ $\rightarrow K_2CO_3 + 2NH_3 + 2CO_2$

06 소화난이도등급 Ⅰ의 제조소등에 설치해야 하는 소화설비

제조소등의 구분		소화설비
암반탱크저장소	유황만을 저장취급하는 것	물분무 소화설비
	인화점 70℃ 이상의 제4류 위험물만을 저장취급하는 것	물분무 소화설비 또는 고정식 포 소화설비
	그 밖의 것	고정식 포 소화설비(포 소화설비가 적응성이 없는 경우에는 분말 소화설비)

07 탄화알루미늄(Al_4C_3) : 제3류(금수성물질)

- 황색 결정 또는 분말로 상온, 공기 중에서 안정하다.
- 물과 반응 시 가연성의 메탄(CH_4)가스를 발생하며 인화폭발의 위험이 있다.

  $$Al_4C_3 + 12H_2O \rightarrow 4Al(OH)_3 + 3CH_4 + 360kcal$$

- 소화 시 마른 모래 등으로 피복소화한다(주수 및 포는 절대엄금).

08

폐쇄형 스프링클러설비의 수원의 양은 30개(헤드의 설치 개수가 30 미만인 경우 그 설치 개수)에 2.4m³를 곱한 양 이상이 되도록 설치하고, 설치된 헤드를 동시에 사용할 때 각 선단의 방사압력은 100kPa 이상이며 방수량은 80L/min 이상이어야 한다.

09 황린(P_4) : 제3류(자연발화성물질)

- 백색 또는 담황색 고체로서 물에 녹지 않고 벤젠, 이황화탄소에 잘 녹는다.
- 공기 중 약 40~50℃에서 자연발화하므로 물속에 저장한다.
- 강알칼리용액에서는 포스핀(인화수소, PH_3)이 생성되므로 이를 방지하기 위해 약알칼리성(pH=9)인 물속에 보관한다.
- 맹독성으로 피부접촉 시 화상을 입는다.
- 연소 시 오산화인(P_2O_5)의 흰 연기를 내며, 일부는 포스핀(PH_3)가스로 발생한다.

  $$P_4 + 5O_2 \rightarrow 2P_2O_5$$

- 소화 시 마른 모래, 물분무 등으로 질식소화한다(봉상주수 시 비산하여 화재면 확대의 위험이 있음).

10 과산화칼륨(K_2O_2) : 제1류(산화성고체)

① 열분해 시 : $2K_2O_2 \rightarrow 2K_2O + O_2\uparrow$ (산소)

② 물과 반응 시 : $2K_2O_2 + 2H_2O \rightarrow 4KOH + O_2\uparrow$ (산소)

③ 염산과 반응 시 : $K_2O_2 + 2HCl \rightarrow 2KCl + H_2O_2$ (과산화수소)

④ CO_2와 반응 시 : $2K_2O_2 + 2CO_2 \rightarrow 2K_2CO_3 + O_2\uparrow$ (산소)

11 유기과산화물 : 제5류, 지정수량 10kg

- 위험물의 1소요단위 : 지정수량의 10배
- 소요단위 $= \dfrac{\text{저장수량}}{\text{지정수량} \times 10\text{배}}$

  $= \dfrac{1000kg}{10kg \times 10} = 10$배

12 제2류 위험물의 지정수량

성질	위험등급	품명	지정수량
산화성고체	Ⅱ	황화린(P_4S_3, P_2S_5, P_4S_7) 적린(P) 황(S)	100kg
	Ⅲ	철분(Fe) 금속분(Al, Zn) 마그네슘(Mg)	500kg
		인화성고체(고형알코올)	1,000kg

13 경보설비

- 비상경보설비
- 누전경보기
- 자동화재속보설비
- 단독경보형감지기
- 자동화재탐지설비
- 가스누설경보기
- 비상방송설비
- 시각경보기
- 통합감시시설

※ 비상조명등설비는 피난설비이다.

14 배출설비 설치기준

- 배출설비는 국소방식으로 할 것
- 배풍기, 배출닥트, 후드 등을 이용하여 강제 배출할 것
- 배출능력은 1시간당 배출장소 용적의 20배 이상으로 할 것(단, 전역방식 : 바닥면적 1m³당 18m³ 이상)
- 급기구는 높은 곳에 설치하고, 인화방지망(가는 눈

구리망)을 설치할 것
• 배출구는 지상 2m 이상 높이에 설치할 것
※ 배출능력(Q)=500m³×20=10,000m³/hr

15 제4류 위험물의 인화점

구분	실린더유	가솔린	벤젠	메틸알코올
인화점	250℃	−43~−20℃	−11℃	11℃
유별	제4석유류	제1석유류	제1석유류	알코올류

16 불활성가스 소화설비의 저장용기 설치기준
• 방호구역 외의 장소에 설치할 것
• 온도가 40℃ 이하이고 온도 변화가 적은 장소에 설치할 것
• 직사일광 및 빗물이 침투할 우려가 적은 장소에 설치할 것
• 저장용기에는 안전장치를 설치할 것
• 저장용기의 외면에 소화약제의 종류와 양, 제조년도 및 제조자를 표시할 것

17 자연발화의 방지법
• 통풍을 잘 시킬 것
• 저장실 온도를 낮출 것
• 퇴적 및 수납 시 열이 쌓이지 않게 할 것
• 습도를 낮출 것
• 물질의 표면적을 최소화할 것

18 제5류(자기연소성, 자기반응성물질)
자기 자신이 산소를 함유하고 있기 때문에 질식소화는 효과가 없으며, 물로 냉각소화한다.
• $C_3H_5(ONO_2)_3$: 니트로글리세린(제5류 위험물, 자기반응성물질)
• $C_6H_4(CH_3)_2$: 크실렌(제4류 제1석유류, 인화성액체)
• C_6H_6 : 벤젠(제4류 제1석유류, 인화성액체)
• $C_2H_5OC_2H_5$: 디에틸에테르(제4류 특수인화물, 인화성액체)

19 제4류 위험물의 위험등급
• 위험등급 Ⅰ : 특수인화물
• 위험등급 Ⅱ : 제1석유류, 알코올류
• 위험등급 Ⅲ : 제2석유류, 제3석유류, 제4석유류, 동식물유류

20
위험물제조소등에 대해 기술 수준에 적합한지의 여부를 판단하는 최소 정기점검 주기는 연 1회 이상이다.

21 전기화재(C급)에 적응성 있는 소화설비
• 할로겐화합물 소화설비
• 청정 소화약제 소화설비
• 불활성가스(CO₂) 소화설비
• 분말 소화설비
• 물분무 소화설비

22 제4류 위험물 취급 장소에 스프링클러설비를 설치 시 1분당 방사밀도

살수기준 면적(m²)	방사밀도(L/m²·분)		비고
	인화점 38℃ 미만	인화점 38℃ 이상	
279 미만	16.3 이상	12.2 이상	살수기준면적은 내화구조의 벽 및 바닥으로 구획된 하나의 실의 바닥면적을 말한다. 다만, 하나의 실의 바닥면적이 465m² 이상인 경우의 살수기준면적은 465m²로 한다.
279 이상 372 미만	15.5 이상	11.8 이상	
372 이상 465 미만	13.9 이상	9.8 이상	
465 이상	12.2 이상	8.1 이상	

• 제4류 제3석유류 : 인화점이 70℃ 이상 200℃ 미만이므로 38℃ 이상에 해당한다.
• 각 실의 바닥면적이 500m²이므로 살수기준면적은 465m² 이상에 해당한다.
  ∴ 방사밀도 : 8.1L/m²·분 이상

23 옥내소화전설비의 압력수조를 이용한 가압송수장치의 압력수조의 압력
$P=p_1+p_2+p_3+0.35MPa$

$$\begin{bmatrix} P : 필요한 압력(MPa) \\ p_1 : 소방용 호스의 마찰손실수두압(MPa) \\ p_2 : 배관의 마찰손실수두압(MPa) \\ p_3 : 낙차의 환산수두압(MPa) \end{bmatrix}$$

∴ $P=3+1+1.35+0.35=5.70MPa$

24
안전관리자, 탱크시험자, 위험물운송자 등 위험물의 안전관리에 관련된 업무를 수행하는 자는 소방청장이 실시하는 안전교육을 받아야 한다.

25 아세트알데히드(CH_3CHO) : 제4류의 특수인화물 (가연성액체)

- 인화점 $-39℃$, 발화점 $185℃$, 연소범위 $4.1~57\%$
- 휘발성, 인화성이 강하고 과일 냄새가 나는 무색 액체이다.
- 물, 에테르, 에탄올에 잘 녹는다(수용성).
- 환원성물질로 강산화제와 접촉을 피해야 하며 은거울반응, 펠링반응, 요오드포름반응 등을 한다.

26 간이소화용구의 능력단위

소화약제	용량	능력단위
소화전용 물통	8L	0.3
수조(소화전용 물통 3개 포함)	80L	1.5
수조(소화전용 물통 6개 포함)	190L	2.5
마른 모래(삽 1개 포함)	50L	0.5
팽창질석 또는 팽창진주암(삽 1개 포함)	160L	1.0

27 고온체의 색깔과 온도

불꽃의 온도	불꽃의 색깔	불꽃의 온도	불꽃의 색깔
500℃	적열	1,100℃	황적색
700℃	암적색	1,300℃	백적색
850℃	적색	1,500℃	휘백색
950℃	휘적색		

※ 온도가 낮을수록 어두운 색을 띠고, 높을수록 밝은 색을 띠게 된다.

28 안전거리를 확보하지 않아도 되는 것

- 제6류 위험물을 취급하는 제조소등
- 주유취급소
- 판매취급소
- 지하탱크저장소
- 옥내탱크저장소
- 이동탱크저장소
- 간이탱크저장소
- 암반탱크저장소

29 탱크 안전성능검사의 종류

① 기초·지반검사 : 옥외탱크저장소의 액체탱크의 용량이 100만L 이상인 탱크
② 충수·수압검사 : 액체 위험물을 저장 또는 취급하는 탱크
③ 용접부검사 : ①의 규정에 의한 탱크
④ 암반탱크검사 : 액체 위험물을 저장 또는 취급하는 암반 내의 탱크

30 질산나트륨($NaNO_3$) : 제1류(산화성고체)

- 백색 고체로서 조해성이 크고 흡수성이 강하므로 습도에 주의한다.
- 물, 글리세린에 잘 녹고, 무수알코올에는 잘 녹지 않는다.
- 가연물, 유기물과 혼합 시 가열하면 폭발한다.
- 분해반응식 : $2NaNO_3 \xrightarrow[\Delta]{300℃} 2NaNO_2 + O_2 \uparrow$

※ 흑색화약 = 질산칼륨 + 숯 + 유황

31

지하저장탱크에 충전 시 과충전을 방지하기 위해 탱크 용량의 최소 90%가 차면 경보음이 울리도록 하는 장치를 설치할 것

32 이동저장탱크저장소의 접지도선 설치대상

제4류 위험물 중 특수인화물, 제1석유류, 제2석유류

33 질산(HNO_3)과 구아니딘[$C(NH)(NH_2)_2$]의 화합물

제5류 위험물

34

① CF_3Br : 할론 1301(억제소화효과)
② $NaHNO_3$(탄산수소나트륨) : 제1종 분말 소화약제 (질식, 냉각효과)

③ $Al_2(SO_4)_3$(황산알루미늄) : 화학포 소화약제(내통)

④ $KClO_4$(과염소산칼륨) : 제1류 위험물(산화성고체)

35 원통형(종형) 탱크의 내용적(V)

- $V = \pi r^2 l$
  $= 3.14 \times 5^2 \times 15$ $\begin{bmatrix} r : 5m \\ l : 15m \end{bmatrix}$
  $= 235.5m^3$

- 탱크의 공간용적이 10%이므로 탱크의 용량은 90% 이다.
  ∴ 탱크의 용량(m^3) $= 235.5m^3 \times 0.9 = 211.95m^3$

36 지정수량 10배 이상의 위험물을 저장(취급)하는 제조소의 경보설비

- 자동화재탐지설비
- 비상경보설비
- 확성장치 또는 비상방송설비 중 1종 이상

37 피난설비 설치기준

- 주유취급소 중 건축물의 2층의 부분을 점포·휴게음식점 또는 전시장의 용도로 사용하는 것에 있어서는 당해 건축물의 2층으로부터 직접 주유취급소의 부지 밖으로 통하는 출입구와 당해 출입구로 통하는 통로·계단 및 출입구에 유도등을 설치할 것
- 옥내주유취급소에 있어서는 당해 사무소 등의 출입구 및 피난구와 당해 피난구로 통하는 통로·계단 및 출입구에 유도등을 설치할 것
- 유도등에는 비상전원을 설치할 것

38 보호액

- 물속에 저장 : 황린, 이황화탄소
- 석유(유동파라핀, 등유, 경유)에 저장 : 나트륨, 칼륨

39 폭발범위(연소범위)

① 메탄 : 5~15%

② 톨루엔 : 1.4~6.7%

③ 에틸알코올 : 4.3~19%

④ 에틸에테르 : 1.9~48%

41

화재분류	종류	색상	소화방법
A급	일반화재	백색	냉각소화
B급	유류 및 가스화재	황색	질식소화
C급	전기화재	청색	질식소화
D급	금속화재	무색	피복소화
F(K)급	식용유화재	—	냉각·질식소화

42 유황(S) : 제2류 위험물(가연성고체)

- 동소체로 사방황, 단사황, 고무상황이 있다.
- 물에 녹지 않고 고무상황을 제외하고 이황화탄소에 잘 녹는 황색 고체이다.
- 공기 중에서 연소 시 푸른빛을 내며 유독한 아황산가스를 발생한다.
  $S + O_2 \rightarrow SO_2 \uparrow$
- 공기 중에서 분말 상태로는 분진폭발 위험성이 있다.
- 환원성이 강한 물질로서 산화성 물질과 접촉 시 마찰, 충격에 의해 발화폭발 위험성이 있다.
- 전기의 부도체로서 정전기 발생에 유의해야 한다.
- 소화 시 다량의 물로 주수소화한다.

43 과산화벤조일[$(C_6H_5CO)_2O_2$, 벤조일퍼옥사이드] : 제5류(자기반응성)

- 무색, 백색 분말 또는 결정으로 폭발성이 강한 강산화제이다.
- 물에 녹지 않고, 알코올에는 약간 녹으며, 유기용제에는 잘 녹는다.
- 희석제(DMP, DBP)와 물을 사용하여 폭발성을 낮출 수 있다.
- 운반할 경우 30% 이상의 물과 희석제를 첨가하여 안전하게 수송한다.
- 보관 시 직사광선을 피하고 냉암소에 보관한다.

44

- 자동차 등에 인화점 40℃ 미만인 위험물을 주유할 때에는 자동차 등의 원동기를 정지시킨다.
- 경유(제2석유류)는 인화점이 50~70℃이므로 원동기를 정지시킬 필요가 없다.

45 제2류 위험물(가연성고체)

'금속분'이라 함은 알칼리금속·알칼리토류금속·철 및

마그네슘 외의 금속분말을 말하고, 구리분·니켈분 및 150마이크로미터의 체를 통과하는 것이 50중량퍼센트 미만인 것은 제외한다.

46 제3류 위험물의 일반적인 성질
• 대부분 무기화합물의 고체이다(단, 알킬알루미늄은 액체).
• 금수성물질(황린은 자연발화성)로 물과 반응 시 발열 또는 발화하고 가연성가스를 발생시킨다.
• 알킬알루미늄, 알킬리튬은 공기 중에서 급격히 산화하고, 물과 접촉 시 가연성가스를 발생하여 발화한다.
• 소화 시 팽창질석, 팽창진주암, 마른 모래가 적당하다.

48 칼륨(K) : 제3류 위험물(자연발화성)
• 비중 0.86, 융점 63.7℃, 은백색 경금속으로 흡습성, 조해성이 있다.
• 보호액으로 석유(유동파라핀, 등유, 경유)나 벤젠 속에 저장한다.
• 연소 시 보라색 불꽃을 내면서 연소한다.
  $4K + O_2 \rightarrow 2K_2O$
• 물 또는 알코올과 반응하여 수소(H_2)기체를 발생시킨다.
  $2K + 2H_2O \rightarrow 2KOH + H_2 \uparrow$ (발열반응)
  $2K + 2C_2H_5OH \rightarrow 2C_2H_5OK + H_2 \uparrow$
  (칼륨에틸레이트)
• 이산화탄소(CO_2)와 접촉 시 폭발적으로 반응한다.
  $4K + 3CO_2 \rightarrow 2K_2CO_3 + C$
  (연소, 폭발)
• 소화 시 주수, CO_2, 할론 소화약제는 절대엄금하고, 건조사 등으로 질식소화한다.

49 과산화수소(H_2O_2) : 제6류(산화성액체)
• 36중량% 이상만 위험물에 적용된다.
• 알칼리용액에서는 급격히 분해되나 약산성에서는 분해가 잘 안 된다. 그러므로 직사광선을 피하고 분해 방지제(안정제)로 인산(H_3PO_4), 요산($C_5H_4N_4O_3$)을 가한다.
• 분해 시 발생되는 산소(O_2)를 방출하기 위해 저장용기의 마개에는 구멍이 있는 것을 사용한다.
• 산화제와 환원제로 사용한다.

50
① 물질 1kg 중 탄소 80%=0.8kg, 수소 14%=0.14kg, 황 6%=0.06kg이 되므로 완전연소반응식에서 산소(O_2)량을 구하여 공기량으로 환산해 준다.
  • C + O_2 → CO_2
    12kg : 32kg
    0.8kg : x
    $x = \dfrac{0.8 \times 32}{2} = 2.13kg$
  • $2H_2$ + O_2 → $2H_2O$
    2×2kg : 32kg
    0.14kg : x
    $x = \dfrac{0.14 \times 32}{2 \times 2} = 1.12kg$
  • S + O_2 → SO_2
    32kg : 32kg
    0.06kg : x
    $x = \dfrac{0.06 \times 32}{32} = 0.06kg$
② 총산소량=2.13+1.12+0.06=3.31kg
  ∴ 총이론공기량=$\dfrac{3.31}{0.23}$=14.4kg

51 액체 연료의 연소 형태
• 증발연소 : 석유류, 알코올류, 에테르, 양초(파라핀) 등
• 액적(분무)연소 : 벙커C유 등
• 분해연소 : 중유, 타르, 글리세린 등
• 등심연소(심화연소) : 심지식 석유버너 등
※ 확산연소는 기체의 연소 형태이다.

52 알킬알루미늄 등을 저장(취급)하는 이동탱크저장소에 비치해야 하는 것
• 긴급 시의 연락처
• 응급조치에 관하여 필요한 사항을 기재한 서류
• 방호복
• 고무장갑
• 밸브 등을 죄는 결합공구 및 휴대용 확성기

53 이산화탄소(CO_2) 저장용기 설치기준
• 방호구역 외의 장소에 설치할 것
• 온도가 40℃ 이하이고 온도 변화가 적은 장소에 설치할 것
• 직사일광 및 빗물이 침투할 우려가 적은 장소에 설치할 것

• 저장용기에는 안전장치를 설치할 것

54 금속나트륨(Na) : 제3류(자연발화성, 금수성)

• 은백색, 광택 있는 경금속으로 물보다 가볍다(비중 0.97, 융점 97.7℃).
• 공기 중 연소 시 노란색 불꽃을 내면서 연소한다.
$$4Na + O_2 \rightarrow 2Na_2O(회백색)$$
• 물 또는 알코올과 반응하여 수소($H_2\uparrow$)기체를 발생시킨다.
$$2Na + 2H_2O \rightarrow 2NaOH + H_2\uparrow$$
$$2Na + 2C_2H_5OH \rightarrow 2C_2H_5ONa + H_2\uparrow$$
• 공기 중 자연발화를 일으키기 쉬우므로 석유류(등유, 경유, 유동파라핀) 속에 저장한다.
• 소화 시 마른 모래 등으로 질식소화한다(피부접촉 시 화상주의).

55 옥내저장탱크의 탱크전용실의 용량(2기 이상 설치 시 탱크 용량 합계)

1. 1층 이하의 층일 경우
   • 지정수량 40배 이하(단, 20,000L 초과 시 20,000L로 함) : 제2석유류(인화점 38℃ 이상), 제3석유류, 알코올류
   • 지정수량 40배 이하 : 제4석유류, 동식물유류
2. 2층 이상의 층일 경우
   • 지정수량 10배 이하(단, 5,000L 초과 시 5,000L로 함) : 제2석유류(인화점 38℃ 이상), 제3석유류, 알코올류
   • 지정수량 10배 이하 : 제4석유류, 동식물유류

56 가솔린(휘발유) : 제4류 제1석유류

• 주성분 : $C_5H_{12} \sim C_9H_{20}$, 인화점 $-43 \sim -20$℃, 비중 3~4
• 발화점 300℃, 연소범위 1.4~7.6%

57 니트로글리세린[$C_3H_5(ONO_2)_3$] : 제5류(자기반응성물질)

• 상온에서는 무색, 투명한 액체지만 겨울에는 동결한다.
• 가열, 마찰, 충격에 민감하여 폭발하기 쉽다.
• 물에 녹지 않고 알코올, 에테르, 아세톤 등에 잘 녹는다.
• 규조토에 흡수시켜 폭약인 다이너마이트를 제조한다.

58

위험물운송자는 장거리(고속국도에서는 340km 이상, 그 밖의 도로에서는 200km 이상)에 걸치는 운송을 하는 때에는 2명 이상의 운전자로 할 것. 다만, 다음의 하나에 해당하는 경우에는 그러하지 아니하다.

• 운송책임자를 동승시킨 경우
• 운송하는 위험물이 제2류 위험물·제3류 위험물(칼슘 또는 알루미늄의 탄화물과 이것만을 함유한 것) 또는 제4류 위험물(특수인화물을 제외)인 경우
• 운송 도중에 2시간 이내마다 20분 이상씩 휴식하는 경우

59 운송책임자의 감독, 지원을 받아 운송해야 할 위험물

알킬알루미늄(R-Al), 알킬리튬(R-Li)

60 황린(P_4) : 제3류 위험물(자연발화성물질), 지정수량 20kg

• 백색 또는 담황색 고체로서 물에 녹지 않고 벤젠, 이황화탄소에 잘 녹는다.
• 공기 중 약 40~50℃에서 자연발화하므로 물속에 저장한다.
• 강알칼리용액에서는 포스핀(인화수소, PH_3)이 생성되므로 이를 방지하기 위해 약알칼리성(pH=9)인 물속에 보관한다.
• 맹독성으로 피부접촉 시 화상을 입는다.
• 연소 시 오산화인(P_2O_5)의 백색 연기를 낸다.
$$P_4 + 5O_2 \rightarrow 2P_2O_5$$
• 소화 시 마른 모래, 물분무 등으로 질식소화한다.